Selbstcoaching im Beruf für Dummies – Schummelseite

Ob Sie Ihre persönliche oder berufliche Entwicklung planen, einer Herausforderung gegenüberstehen oder Ihre Karriere voranbringen wollen – mit Selbstcoaching unterstützen Sie sich selbst bei Ihren Vorhaben und führen sich zu persönlichen Höchstleistungen.

Die Situationen bewerten

Auch wenn es sich in einer stressigen Situation anders anfühlt: Die Situation an sich ist weder gut noch schlecht, sie wird von Ihnen als gut oder schlecht wahrgenommen. Ihre Wahrnehmung und Bewertung entscheiden darüber, wie Sie die Sachlage einstufen. Bevor Sie sich ein Urteil bilden, versuchen Sie daher Folgendes:

- ✔ **Sich die eigene Bewertung der Situation bewusst machen:** Die Bewertung eines Vorfalls ist großenteils (r)eine Ansichtssache. In einer Situation, die Sie als schwierig einstufen, hilft es Ihnen daher, Ihre Bewertung auf den Prüfstand zu stellen: Wie könnte man die Situation noch sehen? Wie würden andere Menschen die Sache sehen, was würde zum Beispiel der Kollege sagen, der durch nichts aus der Ruhe zu bringen ist?

- ✔ **Die Situation erfassen:** Um sich für die beste Reaktion und Bewertung der Situation zu entscheiden, benötigen Sie ein möglichst neutrales Bild der Sachlage. Stellen Sie Ihre spontane Erstbewertung zunächst einmal zur Seite. Stattdessen können Sie die Position eines neutralen Beobachters einnehmen und sich aus dieser Perspektive einen Überblick über die Situation verschaffen. Bemühen Sie sich, die Sachlage lediglich zu beschreiben (»Der Abgabetermin steht kurz bevor«) und nicht zu bewerten (»Es ist wahnsinnig stressig«). Auch Dramatisierungen oder Generalisierungen (Sätze mit »immer«, »nie«, »jeder«, »keiner« …) sollten Sie vermeiden.

- ✔ **Die Situation neu bewerten:** Nachdem Sie die Situation erfasst haben, entscheiden Sie sich bewusst für eine Bewertung. Aus »Ich kann das nicht« wird zum Beispiel »Ich kann das noch nicht« oder »Ich werde das jetzt lernen«. Statt »Es ist wahnsinnig stressig« denken Sie lieber »Ich werde jetzt richtig Gas geben« und »Das ist eine Katastrophe« ersetzen Sie durch »Dumm gelaufen, aber nun müssen wir das Beste daraus machen«.

Richtig reagieren in schwierigen Situationen

Wer es schafft, in schwierigen Situationen einen kühlen Kopf zu bewahren, wird nicht nur die Situation meistern, sondern auch langfristig die Nase vorn haben. So reagieren Sie richtig in herausfordernden Momenten:

- ✔ **Sich die eigenen Fähigkeiten bewusst machen:** Die aktuelle Situation ist sicherlich nicht die erste Herausforderung, der Sie sich gegenübersehen. Erinnern Sie sich an vergangene (aussichtslose) Situationen, die Sie gemeistert haben, und gucken Sie bei sich selbst ab: Welche Fähigkeiten haben Sie bei vergangenen Erfolgen bewiesen, welche Stärken haben Ihnen geholfen, schwierige Situationen zu meistern? Besinnen Sie sich auf das eigene Repertoire an Erfahrungen, Stärken und Talenten, aus dem Sie sich zur Lösung der Dinge beliebig bedienen können.

- ✔ **Selbstbewusst bleiben:** Ihnen ist ein Missgeschick unterlaufen oder Sie wurden kritisiert? Nehmen Sie (berechtigte) Kritik an, aber stellen Sie nicht gleich Ihre gesamte Persönlichkeit infrage. Machen Sie sich bewusst, dass die Kritik sich nur auf einen kleinen Aspekt Ihrer Person bezieht und Ihre Stärken und Fähigkeiten davon völlig unberührt bleiben.

Selbstcoaching im Beruf für Dummies – Schummelseite

- ✔ **Zu eigenen Fehlern stehen:** Jeder Mensch macht Fehler und jeder weiß, dass Menschen Fehler machen. Wichtig ist (neben der Tatsache, dass Sie jeden größeren Fehler möglichst nur einmal machen sollten), dass Sie zu Ihren Fehltritten stehen und die Verantwortung dafür übernehmen.

- ✔ **Sich ärgern bringt nichts als Ärger:** Natürlich dürfen Sie sich ärgern, wenn etwas mal so richtig schiefgelaufen ist. Kultivieren Sie Ihren Ärger aber nicht bis zum Sankt-Nimmerleins-Tag, sondern legen Sie den inneren Schalter möglichst bald auf »Lösungssuche« um und den Ärger damit ad acta. Denn wer sich ausdauernd mit seinem Ärger beschäftigt, fühlt sich ebenso ausdauernd verärgert und nimmt sich die Chance auf angenehmere Gefühle. Und das ist nicht nur ärgerlich, sondern auch sehr blockierend.

- ✔ **Sich Zeit verschaffen:** Lassen Sie sich nicht unter Druck setzen. Wenn Sie noch nicht wissen, welche Reaktion oder Antwort die beste ist, verschaffen Sie sich Zeit. Während eines Gesprächs können Sie sich Zeit verschaffen, indem Sie Ihr Gegenüber durch allerlei Fragen zum Reden bringen.

- ✔ **Auf Lösungen statt auf Probleme konzentrieren:** Natürlich wollen und sollen Sie zunächst verstehen, warum das Problem überhaupt zu einem Problem wurde. Widmen Sie der Fehleranalyse aber nicht mehr Zeit als nötig und richten Sie dann den Blick in die Zukunft. Fragen Sie: »Welche Möglichkeiten bleiben mir nun noch?«, »Was kann ich jetzt tun?« oder »Wie kann ich das Beste aus der Situation machen«, anstatt über das Problem zu lamentieren.

Selbstbewusst auftreten

Das eigene Selbstbewusstsein kann je nach Situation und Gesprächspartner ziemlich schwanken. Nutzen Sie folgende Tricks, um sich in wichtigen Momenten schnell auf »selbstbewusst« zu polen.

- ✔ **Die Macht der Gedanken nutzen:** Die eigenen Gedanken entscheiden maßgeblich darüber, wie Sie sich fühlen. Positive Gedanken rufen positive Gefühle hervor und negative Gedanken negative Gefühle. Vertreiben Sie alle schwächenden Gedanken aus Ihrem Kopf. Halten Sie Geistesblitzen wie »Ich kann das nicht« einfach das Stoppschild vor die Nase. Dann denken Sie sich »stark«, zum Beispiel indem Sie sich in Gedanken ein stärkendes persönliches Motto zuflüstern.

- ✔ **Sich an starke Auftritte erinnern:** Jeder hat schon Momente erlebt, in denen alles zu klappen schien. Erinnern Sie sich an zurückliegende starke Auftritte und an Erfolge, die Sie gefeiert haben. Lassen Sie die Gefühle des Erfolgs und die Momente großen Selbstbewusstseins lebendig werden und gehen Sie mit diesen stärkenden Gefühlen in Ihre aktuelle Situation.

- ✔ **Selbstgespräche kontrollieren:** Was Sie auch tun, es bleibt (fast) nie unkommentiert. Denn in Ihrem Kopf erheben sich etliche Stimmen, um die Geschehnisse zu kommentieren. Diese inneren Gespräche laufen häufig automatisch und unbewusst ab und entscheiden doch wesentlich darüber, wie selbstbewusst Sie sich fühlen. Beobachten Sie daher genau, was Ihnen die inneren Stimmen zuflüstern und greifen Sie korrigierend ein. Sie können der inneren Stimme einen konstruktiven Text vorlegen, der Sie stärkt: »Oh, das ist eine echte Herausforderung. Aber ich habe schon schwierigere Dinge gemeistert. Ich gebe einfach mein Bestes«. Störenden Stimmen entziehen Sie einfach die Redeerlaubnis und entscheiden sich bewusst dafür, *so* nicht denken zu wollen.

- ✔ **So tun als ob:** Sie fühlen sich klein und unterlegen, weil Sie annehmen (müssen), Ihr Gegenüber würde nicht besonders viel von Ihnen halten? Die Vorurteile des anderen können Sie erst mal nicht ändern, aber Sie können sich davon befreien: Stellen Sie sich einfach vor, Ihr Gegenüber würde wahnsinnig viel von Ihnen halten, wäre Ihnen wohlgesonnen und überzeugt von Ihrer Kompetenz (und darf das nur nicht zeigen).

Selbstcoaching im Beruf für Dummies

Lydia Schröder-Keitel

Selbstcoaching im Beruf für Dummies

WILEY

WILEY-VCH Verlag GmbH & Co. KGaA

Bibliografische Information der Deutschen Nationalbibliothek
Die Deutsche Nationalbibliothek verzeichnet diese Publikation
in der Deutschen Nationalbibliografie; detaillierte bibliografische
Daten sind im Internet über http://dnb.d-nb.de abrufbar.

1. Auflage 2013

© 2013 WILEY-VCH Verlag GmbH & Co. KGaA, Weinheim

All rights reserved including the right of reproduction in whole or in part in any form.

Alle Rechte vorbehalten inklusive des Rechtes auf Reproduktion im Ganzen oder in Teilen und in jeglicher Form.

Wiley, the Wiley logo, Für Dummies, the Dummies Man logo, and related trademarks and trade dress are trademarks or registered trademarks of John Wiley & Sons, Inc. and/or its affiliates, in the United States and other countries. Used by permission.

Wiley, die Bezeichnung »Für Dummies«, das Dummies-Mann-Logo und darauf bezogene Gestaltungen sind Marken oder eingetragene Marken von John Wiley & Sons, Inc., USA, Deutschland und in anderen Ländern.

Das vorliegende Werk wurde sorgfältig erarbeitet. Dennoch übernehmen Autoren und Verlag für die Richtigkeit von Angaben, Hinweisen und Ratschlägen sowie eventuelle Druckfehler keine Haftung.

Printed in Germany

Gedruckt auf säurefreiem Papier

Coverfoto: © fotolia, peshkova
Korrektur: Frauke Wilkens, München
Satz: inmedialo Digital- und Printmedien UG, Plankstadt
Druck und Bindung: CPI, Ebner & Spiegel GmbH, Ulm

ISBN: 978-3-527-70878-9

Über die Autorin

Lydia Schröder-Keitel unterstützt als Business Coach Führungskräfte, Führungsnachwuchskräfte und ambitionierte Berufseinsteiger, die alle das gleiche Ziel haben: besser zu werden. Nachdem sie von ihren Klienten immer wieder gefragt wurde, in welchem Buch die ganzen Denkanstöße und Coaching-Übungen nachgelesen werden könnten, beschloss sie, das vorliegende Buch zu verfassen.

Ihr Coaching-Erfolg beruht wesentlich auf der besonderen Kombination ihrer Kompetenzen und Erfahrungen: Sie ist ausgebildeter Coach und hat zudem mehrjährige Berufserfahrung als betriebswirtschaftliche Projektmanagerin in einem internationalen Konzern. Sie kennt daher die Unternehmenswelt und weiß, welche Spielregeln und Soft Skills jeder beherrschen sollte, der vor und in den oberen Etagen eines Unternehmens bestehen möchte.

Als Coach kennt sie sich zudem bestens in Themen und Methoden der persönlichen Entwicklung aus. Nach ihrem Leitprinzip »Führe dich selbst, sonst führen dich andere« hilft Lydia Schröder-Keitel ihren Klienten, ihre Effektivität zu erhöhen, sich selbst erfolgreich durch die Herausforderungen der Berufswelt zu führen und zwischenmenschliche Kompetenzen nicht als Lippenbekenntnis, sondern als Karrierefaktor einzusetzen.

Als Lehrbeauftragte einer amerikanischen Business School lehrt Lydia Schröder-Keitel MBA-Studenten, die eigene persönliche und berufliche Entwicklung voranzutreiben. Als Trainerin für Unternehmen und offene Gruppen vermittelt sie ihr Wissen in praxisnahen Trainings und Workshops.

Lydia Schröder-Keitel hat ein Studium der Wirtschaftswissenschaften an der Universität Hamburg sowie eine Ausbildung zur Bankkauffrau absolviert. Sie lebt und arbeitet in Hamburg und Luxemburg, ist verheiratet und Mutter von drei Kindern.

Cartoons im Überblick
von Christian Kalkert

Seite 27

Seite 87

Seite 147

Seite 201

Seite 257

Seite 311

Internet: www.stiftundmaus.de

Wissenshungrig?

Wollen Sie mehr über die Reihe **... *für Dummies*** erfahren?

Registrieren Sie sich auf www.fuer-dummies.de für unseren Newsletter und lassen Sie sich regelmäßig informieren. Wir langweilen Sie nicht mit Fach-Chinesisch, sondern bieten Ihnen eine humorvolle und verständliche Vermittlung von Wissenswertem.

Abonnieren Sie den kostenlosen
... *für Dummies*-Newsletter:

www.fuer-dummies.de

Entdecken Sie die Themenvielfalt
der ... *für Dummies*-Welt:

- **Computer & Internet**
- **Business & Management**
- **Hobby & Sport**
- **Kunst, Kultur & Sprachen**
- **Naturwissenschaften & Gesundheit**

Inhaltsverzeichnis

Über die Autorin ... 7

Einführung ... 21
Über dieses Buch ... 21
Konventionen in diesem Buch ... 22
Törichte Annahmen über den Leser ... 22
Wie dieses Buch aufgebaut ist ... 23
    Teil I: Effektiv, erfolgreich, einzigartig: Selbstcoaching im Beruf ... 23
    Teil II: Die berufliche und persönliche Weiterentwicklung planen und steuern ... 23
    Teil III: Berufliche Schwierigkeiten – Pardon, Herausforderungen – angehen ... 23
    Teil IV: Die Karriere voranbringen ... 23
    Teil V: Einfach und stark: Coaching-Klassiker, die immer helfen ... 24
    Teil VI: Der Top-Ten-Teil ... 24
Was Sie nicht lesen müssen ... 24
Symbole, die in diesem Buch verwendet werden ... 24
Wie es weitergeht ... 25

Teil I
Effektiv, erfolgreich, einzigartig: Selbstcoaching im Beruf ... 27

Kapitel 1
Kurze Vorstellungsrunde: Angenehm, Selbstcoaching ... 29
Was Selbstcoaching ist und was es nicht ist ... 29
    Das kann Selbstcoaching ... 30
    Das ist nicht drin: Leere Versprechungen ... 31
    Das ist anders: Selbstcoaching im Vergleich zu Coaching ... 32
Zutaten für gutes Gelingen ... 33
    Sich selbst wertschätzen und gleichzeitig offen dafür sein, (noch) besser zu werden ... 34
    Den Mut haben, etwas zu verändern ... 34
    Den Blick auf die Lösung und auf das Ganze richten ... 35
    Die richtigen Werkzeuge auswählen und geduldig anwenden ... 35
Anlässe für Selbstcoaching – und wie dieses Buch weiterhilft ... 36
    Eine private oder berufliche Veränderungsphase ... 37
    Ein dringendes Problem und keine Lösungsansätze ... 38
    Eine Standortbestimmung durchführen und Ziele festlegen ... 39
    Die eigene Karriere in Schwung bringen ... 40

(Kreative) Hilfsmittel für die anstehenden Aufgaben 41
  Wer Fragen stellt, bekommt Antworten 41
  Brainstorming: Das Problem mit voller (Gedanken-)Kraft stürmen 43
  Eine Gedanken(land)karte erstellen 45
  Einfach drauflosschreiben 48

Kapitel 2
Führe dich selbst, sonst führen dich andere   49

Sich führen oder geführt werden 49
  Nicht immer gleich: Selbstbild und Fremdbild 50
  Warum es wichtig ist, sich selbst zu führen 53
  Wo Selbstführung ansetzt: Gedanken, Gefühle, Verhalten 54
Alles unter Kontrolle – emotionale Intelligenz als Erfolgsfaktor 56
  Emotionale Intelligenz: Das steckt dahinter 56
  Wie es um die eigene emotionale Intelligenz steht 58
Die Selbstwahrnehmung schulen 60
  Den Gefühlen auf der Spur 60
  Das Übel an der Wurzel packen 61
Jetzt ist Schluss – negativen Gefühlen Grenzen setzen 62
  Sich nicht von einem Vorfall unterkriegen lassen 63
  Die Gedanken sind nicht frei: Unerwünschte Gefühle stoppen 65
  Hinderliche innere Bilder verändern 67
  Der Marshmallow-Test oder wer zuletzt lacht, lacht am besten 68
Eine guter Denkanstoß muss nicht neu sei 69

Kapitel 3
Los geht's: Einsteigen und warm werden   71

Bei sich selbst abgucken: Eigene Selbstcoaching-Erfahrungen 71
Wegweisend: Das Wertequadrat 72
  Die Stärke in der Schwäche 73
  Kritisieren leicht gemacht 74
Machen oder gemacht werden 75
  Sich selbst auf »proaktiv« polen 76
  Sich auf den eigenen Einflussbereich konzentrieren 79
  Proaktiv oder reaktiv – sich selbst auf die Schliche kommen 80
»Ja-Sager« oder »Nein-Sager«? Die Balance finden 82
  Der »Ja, aber«-Denker 83
  Offen für neue Möglichkeiten: »Ja, und«-Denker 84
  Der weiß, was er nicht will: »Nein, weil«-Denker 85

Teil II
Die berufliche und persönliche Weiterentwicklung planen und steuern — 87

Kapitel 4
Zeit für eine Bestandsaufnahme (klingt nur langweilig) — 89

    Werte – verblüffend wertvoll — 89
        Alles, was zählt – die eigenen Werte benennen — 91
        Drum prüfe, wer sich ewig bindet … — 92
    Das Zufriedenheits- und das Wichtigkeitsbarometer — 94
    Bilanz ziehen: Das läuft gut – die Kraftseite der Bilanz — 96
        Alles selbst gemacht: Erfolge zusammentragen — 96
        Die eigenen Stärken ableiten — 97
    Das könnte besser laufen: Die Entwicklungsseite der Bilanz — 98
        Schwächen erkennen — 98
        In weiter Ferne: Unerreichte Ziele — 100
    Der eigene Umgang mit Krisen — 101
        Das macht eine Krise zur Krise — 102
        Das macht aus einer »Krise« eine »Veränderung« — 103
        Eigene Strategien in Krisensituationen erkennen — 104
        Das hilft in einer Krise — 105

Kapitel 5
Auf zu neuen Zielen — 107

    Das Ziel des Ziels: Bedürfnisse befriedigen — 107
        Immer der Reihe nach: Die Bedürfnispyramide nach Abraham Maslow — 108
        Bedürfnisse im Beruf befriedigen — 110
    Ziele formulieren: Gute Ziele sind smart — 111
        Das Ziel ist spezifisch — 112
        Das Ziel ist messbar — 112
        Je attraktiver, desto besser — 114
        Das Ziel ist realistisch — 115
        Das Ziel ist tragbar — 116
    Dem Leben Richtung geben: Vision und Ziele — 116
        Erfolg für sich persönlich definieren — 117
        Die Vision für das eigene Leben im Rückblick entwerfen — 118
        Die Vision mit Leben füllen — 118
        Und nun? Ziele und Rollen aus der Vision ableiten — 119
    Berufliche Ziele hinterfragen — 121
        Die Karriereanker nach Edgar Schein — 121
        Den Test machen: Die eigenen Karriereanker bestimmen — 125

Kapitel 6
Die Ziele erreichen — 129

- Viel bodenständiger als es klingt: Die Kraftfeldanalyse — 129
  - Erkennen, wer für und was gegen Sie arbeitet — 129
  - Rein ins Vergnügen: Eine Kraftfeldanalyse durchführen — 130
  - Und nun? Handlungsansätze ableiten — 133
- Eine Akteursanalyse durchführen — 135
  - Den Akteuren auf der Spur — 135
  - Und nun? Maßnahmen ableiten — 137
- Auf dem Weg zum Erfolg: Ans Ziel kommen — 138
  - Ein wichtiger Motor: Die eigene Begeisterung — 138
  - Effektiv arbeiten – mit Fahrplan Richtung Ziel — 139
  - Durchhalten ... Durststrecken überwinden — 142
  - Alles auf ein Ziel ausrichten: Voller Fokus und volle Leistung — 143
  - Gute Ideen im Dienste der Menschen — 144
  - Der richtige Antrieb: Sich selbst antreiben — 144
- Ein erfolgreicher Manager werden — 145

Teil III
Berufliche Schwierigkeiten – Pardon, Herausforderungen – angehen — 147

Kapitel 7
Raus aus der Klemme – handlungsstark in schwierigen Situationen — 149

- Die Situation unter die Lupe nehmen — 149
  - Andere Personen stehen im Weg — 149
  - Zwei Menschen, (mindestens) zwei Meinungen — 149
  - Nicht die Meinung, sondern das Verhalten macht die Musik — 150
  - Auf unfeines Verhalten fein reagieren — 151
- Sich selbst im Weg stehen — 153
- Mit Selbstzweifeln und hinderlichen Einstellungen umgehen und sie entlarven — 154
- Selbstzweifel mildern — 155
  - Die Situation genau betrachten — 156
  - Die Situation mit früheren Erfahrungen vergleichen — 156
  - Positive Erfahrungen ins Spiel bringen und verteidigen — 157
- Hinderliche Einstellungen und Gewohnheiten vor Gericht — 157
  - Die Verteidigung — 158
  - Die Anklage — 158
  - Der neutrale Gutachter — 159
  - Die Entscheidung des Richters — 159
  - Die Bewährungszeit — 159

Lösungen sehen statt Probleme 160
    Teufelchen und Engelchen als Helfer bei der Lösungssuche 160
    Die Bewertung der Situation verändern 162
    Aktiv werden 163
Lösungsorientierte Fragen 165
    Aus der Zukunft auf die Gegenwart schauen 165
    Neue Perspektiven einnehmen 165
    Vom erfolgreichen Ende her denken 166
    »Immer«, »alle«, »nie« und andere ungenaue Aussagen entschlüsseln 167

Kapitel 8
Keine Nummer zu groß: Neue Anforderungen erfüllen   *169*

Neue Position, neues Projekt, neues Problem 169
    Ein eleganter Sprung ins kalte Wasser 169
    Erfolgsintelligent sein 171
    Das innere Rollenbild weiterentwickeln 172
Die ersten acht Stunden 173
    Hohe Erwartungen von beiden Seiten 173
    Die Nervosität in den Griff bekommen 174
Die ersten 100 Stunden 176
    Der Praxisschock 176
    Keine Ahnung von nix: Sich inhaltlich einarbeiten 177
    Willkommen im Team 178
Fremdeinschätzungen schätzen 180
    Feedback entgegennehmen 180
    Verstecktes Feedback (und versteckte Anweisungen) verstehen 180
    Mit kleineren Entgleisungen umgehen 181
Fahrt aufnehmen 182
    Motivationsquellen anzapfen 182
    Starten statt warten 183

Kapitel 9
Gut organisiert ist halb gewonnen   *185*

Alles im Griff 185
    Zeitmanagement ist Selbstmanagement 186
    Das Eisenhower-Prinzip 187
    Eine eigene Eisenhower-Matrix erstellen 188
Alles, was wichtig ist 189
    Gut zu merken: Wichtige Aufgaben sind am wichtigsten 189
    Achtung, heiß und fettig (oder dringend und wichtig) 190
    Unter Zeitdruck arbeiten 191
    Die besten Aufgaben: Wichtig, aber eilt nicht 192

Alles nicht so wichtig	193
Tut mir leid, keine Zeit	193
Papierkorb- oder Pausenfüller	194
Alles zu viel	194
Ziele nicht nur im Kopf, sondern auch im Kalender haben	194
Das Pareto-Prinzip	196
Alles, nur das nicht: »Nein« sagen zu Zeiträubern	197
Nicht »Nein« sagen können	197
Perfekt sein wollen	199
Keinen Fahrplan haben	200

Teil IV
Die Karriere voranbringen — 201

Kapitel 10
Mach doch, was ich will – Einfluss nehmen auch ohne Führungsauftrag — 203

Das Harvard-Verhandlungskonzept	203
Menschen und Probleme voneinander trennen	205
Über Interessen statt über Positionen sprechen	206
Lösungsmöglichkeiten entwickeln	207
Objektive Entscheidungskriterien festlegen	208
Auf unfaire Taktiken reagieren	209
Einfluss nehmen hat viele Gesichter	210
Eine starke Wirkung	210
Um etwas bitten	213
Eine kurze Erklärung	215
Meetings unter Kontrolle halten	217
Mit verschiedenen Bürotypen umgehen	218
Kollegen, die sich keiner wünscht	218
»Ja, aber« und »Das funktioniert hier nicht«	220

Kapitel 11
Vorbild starke Marken: Präsent sein — 223

Die Marke »Ich«	223
Selbstmarketing ist nicht peinlich, sondern überall	223
Die Persönlichkeit bleibt, die Wirkung steigt	224
Perfekte Menschen sind langweilig, perfektes Marketing nicht	224
Die Selbstvermarktung planen	225
Aller Anfang ist eine SWOT-Analyse	225
Die Rahmenbedingungen abstecken	226
Stärken ausspielen	227
Sich nicht von Schwächen ausspielen lassen	228

Ein Produkt der Marke »Ich« entwickeln   229
    Einen echten Mehrwert schaffen (für die anderen und sich selbst)   229
    Für etwas stehen: Das Alleinstellungsmerkmal bestimmen   231
Den Rest der Welt überzeugen   233
    Unterwegs in Sachen Selbstmarketing   233
    Probehäppchen bereithalten   235
    Was nichts kostet, ist nichts wert   237
Die Marke »Ich« in 30 Sekunden verkaufen   238
    Das Verkaufsgespräch im Aufzug als Vorbild   238
    Kurz und knackig – einen Elevator Pitch formulieren   239

Kapitel 12
Stresssituationen verstehen und entschärfen   243

Stress entsteht im Kopf   243
Persönliche Stresssituationen erkennen   245
Dem Stress den Wind aus den Segeln nehmen   246
Den Stress wegatmen (funktioniert wirklich)   248
Die mentale Stärke erhöhen   250
    Von Sportlern lernen: Das Spiel im Kopf gewinnen   250
    Sich auf Erfolgskurs bringen   250
Mit Leistungsdruck umgehen   252
    Die Ursache von Leistungsdruck erkennen   252
    Mit überhöhten Anforderungen umgehen   252
Abschalten zum Auftanken   254
    Yoga und Co.   254
    Die eine Sache für mehr Zufriedenheit   256

Teil V
Coaching-Klassiker, die immer helfen   257

Kapitel 13
Das eigene innere Team führen   259

Zwei Seelen wohnen, ach, in meiner Brust   259
    Das Modell vom »inneren Team«   260
    Anlässe für die Arbeit mit dem inneren Team   261
Das innere Team kennenlernen   262
    Die Teammitglieder identifizieren   264
    Die Teammitglieder zu Wort kommen lassen   264
    Das Oberhaupt des inneren Teams   265
Mit dem inneren Team arbeiten   266
    Eine innere Teamkonferenz abhalten   266
    Zerstrittene Teammitglieder versöhnen   268
    Spontan falsch reagiert – ein Beispiel zum Nichtnachmachen   269
    Spontan richtig reagiert – eine Anleitung zum Nachmachen   271

Kapitel 14
Stark wie Popeye (auch ohne Spinat) — 275

- Eine starke Basis: Selbstbewusstsein und Persönlichkeit — 275
  - Selbstbewusstsein aufbauen — 276
  - Das Selbstbewusstsein stärken — 277
- Selbstzweifeln selbstbewusst entgegentreten — 280
  - Die Situation genau betrachten — 282
  - Die Situation mit früheren Erfahrungen vergleichen — 282
  - Positive Erfahrungen ins Spiel bringen — 283
  - Selbstzweifel durch Starkmacher ersetzen — 283
- Ein starker Auftritt – selbstbewusst in Konfliktgesprächen — 286
  - Nur Mut: Das Gespräch vorbereiten und suchen — 286
  - Einen guten Gesprächseinstieg hinlegen — 288
  - Die eigene Wahrnehmung der Situation erklären — 289
  - Für eine konstruktive Beziehung sorgen — 289
  - Selbstbewusst das eigene Gefühl ausdrücken — 290
  - Den anderen seine Sicht darstellen lassen — 290
  - Den Konflikt verstehen und besprechen — 291
  - Eine gemeinsame Lösung finden — 293
  - Das Gespräch zum Abschluss bringen — 293

Kapitel 15
Eine Nachricht an den Mann (oder die Frau) bringen — 295

- Grundregeln der Kommunikation — 295
  - Man kann nicht nicht kommunizieren — 295
  - Die zwei Ebenen der Kommunikation — 296
  - Wie alles anfing, ist Ansichtssache — 297
  - Das Verhältnis zwischen den Gesprächspartnern — 298
  - Wahr ist das, was wahrgenommen wird — 299
- Die vier Seiten einer Nachricht — 300
  - Das Nachrichtenquadrat oder was alles schiefgehen kann — 300
  - Anlässe für einen Blick auf das Nachrichtenquadrat — 301
- Freie Fahrt für die Sache: Die Sachseite richtig nutzen — 302
  - Sachlich bleiben leicht gemacht — 302
  - Wer verstanden werden will, muss sich verständlich machen — 303
- Die Appellseite nutzen — 304
  - Chancen und Risiken von versteckten Appellen — 304
  - Offene Appelle richtig aussprechen — 306
- Die Macht der Beziehungsebene verstehen — 306
- Die Selbstoffenbarungsseite überarbeiten — 308
  - Kompetenz zeigen — 309
  - Die unbewusste Selbstenthüllung erkennen — 309

Teil VI
Der Top-Ten-Teil   *311*

Kapitel 16
Zehn Erste-Hilfe-Tipps für dringende Fälle   *313*

Einundzwanzig, zweiundzwanzig: Ruhe bewahren   313
Die Situation von außen betrachten   314
Die Rollenverteilung klären   315
Innere Selbstklärung durchführen   317
Sich auf bewährte Handlungsmuster besinnen   317
Reaktionen unter Druck durchschauen (die eigenen und die der anderen)   318
Nicht den Kopf verlieren unter Druck   320
Sich nicht um Kopf und Kragen reden   321
Verbalattacken mit Format begegnen   322
Unterstützung suchen   324

Kapitel 17
Zehn Business-Tipps für Frauen   *325*

Nicht fragen, sondern machen   325
Bitte nicht (zu viel) lächeln   326
Von Pokerspielern lernen   327
Nicht jeder muss Sie mögen – aber akzeptieren   327
Sich breitmachen   328
Gefühle sind gut, unter Kontrolle noch besser   329
»Kann ich nicht« stimmt oft nicht   330
Ideen sind keine Fragen   331
Bescheidenheit ist keine Zier   332
Zwei Dinge, die Frau sich bei Mann abgucken kann   333

Kapitel 18
Zehn Business-Tipps (nicht nur) für Männer   *335*

Wer selbst redet, erfährt nichts Neues   335
Wer nicht fragt, bleibt dumm   336
Delegieren macht frei   337
So klappt es mit dem (oder der) Vorgesetzten   339
So klappt es noch besser mit der (oder dem) Vorgesetzten   340
Angriff ist die beste Verteidigung   340
Gefühle sind besser als ihr Ruf   341
Beim anderen Geschlecht punkten   342
Ein Netzwerk aufbauen   343
Business-Tipps für Frauen   344

Stichwortverzeichnis   *345*

Einführung

Für viele Führungskräfte des Top-Managements ist es selbstverständlich, dass sie sich auf Firmenkosten von einem Coach unterstützen lassen. Wer in den oberen Unternehmensetagen angekommen ist, hat aber bereits viel richtig gemacht. Den Top-Führungskräften von morgen bleibt es hingegen oft selbst überlassen, ebenso viel richtig zu machen und den Weg nach oben zu finden. Doch damit ist nun Schluss, denn *Selbstcoaching im Beruf für Dummies* unterstützt alle, die ihren beruflichen Erfolg selbst in die Hand nehmen wollen. Als Coach zum Auf- und Nachschlagen hilft Ihnen dieses Buch, sich selbst durch die Herausforderungen des Berufsalltags zu persönlichen Bestleistungen und den eigenen Zielen zu führen.

Selbstcoaching bedeutet an und mit sich zu arbeiten und dadurch in (fast) jeder Hinsicht besser zu werden. Und darum besser zu werden, besser zu reagieren, sich besser zu positionieren und die Herausforderungen des Berufsalltags besser zu meistern geht es bei *Selbstcoaching im Beruf für Dummies*. In diesem Buch finden Sie typische Werkzeuge und bewährte Methoden aus der Coaching-Praxis, die Ihnen beim Besserwerden helfen. Und zwar so angeleitet, dass Sie auf den professionellen Coach verzichten und sich selbst coachen können.

In einiger Hinsicht ist Selbstcoaching wie eine Bergführung mit einem (gedruckten) Bergführer. So wie der Bergführer dem Kletterer den Weg durch die Natur weist, dient Selbstcoaching dazu, den besten Weg durch die größeren und kleineren Herausforderungen des Berufsalltags einzuschlagen. Der Bergführer hilft dem Kletterer auf den Gipfel, Selbstcoaching dem Karrierewilligen auf die Karriereleiter. Eine gute Bergführung macht auf die Naturschönheiten und Gefahren, die den Weg säumen, aufmerksam. Effektive Selbstcoaching-Übungen öffnen Ihnen ebenfalls die Augen: Sie erkennen, wie Sie persönliche Bestleistungen spontan abrufen können, nehmen Chancen und Fallen des Berufsalltags deutlicher wahr und erkennen, wie Sie aus eigener Kraft das Beste daraus machen.

Ungewohnte körperliche Bewegung, das weiß jeder sportlich zurückhaltende Mensch, kann den einen oder anderen Muskelkater nach sich ziehen. Auch ungewohnte geistige Denkmuster oder neue Verhaltensweisen erfordern oftmals einige Übung, bevor sie sich so gut anfühlen wie sie sind. Das ist normal und wie beim sportlichen Wandern gilt hier die Devise »Durchhalten«. Wer ewig auf der Couch gesessen hat, muss seinen Körper trainieren, um lässig den Gipfel stürmen zu können. Und wer seit Jahr und Tag bestimmte Angewohnheiten pflegt, muss seine Persönlichkeit im Training auf neue, bessere Verhaltensweisen polen. Mit diesem Buch fällt das Training leicht und bringt ebenso viel Spaß wie Erfolg.

Über dieses Buch

Wer sich in einer schwierigen beruflichen Situationen schon einmal gewünscht hat, ein persönlicher Coach stünde ihm in jedem Moment mit Rat und Tat zur Seite, hat allen Grund zur Freude: Mit *Selbstcoaching im Beruf für Dummies* gelingt es jedem, selbst zu diesem persönlichen Coach zu werden. Und dafür müssen Sie das Buch noch nicht einmal von vorn bis hinten durchlesen (obwohl das auch nicht schadet). Sie können direkt in den Abschnitt einsteigen, der Ihr persönliches Thema behandelt.

Sie erfahren in diesem Buch, wie Sie die besten Methoden aus der täglichen Coaching-Praxis wirkungsvoll in Eigenregie anwenden. Mit den bewährten Werkzeugen können Sie typische berufliche Schwierigkeiten (auch »Herausforderungen« genannt) selbst meistern und Hindernisse aus Ihrem Weg räumen. Mithilfe des Selbstcoaching werden Sie Ihre persönlichen, individuellen Lösungen für Ihre Anliegen finden. Diese Lösungen sind authentisch und damit besonders Erfolg versprechend – sowohl für Ihre Karriere als auch für Ihre persönliche Zufriedenheit.

Konventionen in diesem Buch

Beim Lesen dieses Buches dürfen Sie sich auf einiges verlassen:

- ✔ Das Buch ist modular aufgebaut. Die einzelnen Kapitel bauen nicht aufeinander auf und Sie können dort mit dem Lesen anfangen, wo Sie gerne wollen.
- ✔ Der Schwerpunkt in diesem Buch liegt in der Praxis und nicht in der Theorie. Alle Informationen sind so aufbereitet, dass Sie damit direkt etwas anfangen können.
- ✔ Die Anlässe für Selbstcoaching, die in diesem Buch behandelt werden, sind aus dem Berufsalltag und nicht aus der Luft gegriffen. Die Selbstcoaching-Übungen sind konkret auf diese Anlässe abgestimmt und hochwirksam. Die Übungen werden Schritt für Schritt angeleitet und sind so leicht verständlich wie das kleine Einmaleins.

Törichte Annahmen über den Leser

Beim Schreiben dieses Buches habe ich mir Sie in etwa so vorgestellt:

- ✔ Sie interessieren sich für Coaching und wollen Ihre Entwicklung selbst in die Hand nehmen. Dafür würden Sie gerne die Methoden professioneller Coachs anwenden, nur ohne den professionellen Coach.
- ✔ Sie sind gut ausgebildet und voller Elan, Ihre Karriere voranzubringen.
- ✔ Sie sind bereit, an sich zu arbeiten, und neugierig darauf, was Sie aus eigener Kraft alles erreichen können.
- ✔ Sie möchten persönliche Bestleistungen dann abrufen können, wenn es notwendig ist: in allen entscheidenden Momenten, unabhängig davon, ob diese überraschend auftauchen oder von langer Hand geplant sind.
- ✔ Sie finden, dass Sie keine »Anfängerfehler« auf dem Weg nach oben machen müssen, sondern möchten sich wie ein Profi auf dem Unternehmensparkett bewegen.
- ✔ Sie sind daran interessiert, wichtige soziale Schlüsselqualifikationen (»Soft Skills«) zu verbessern, um sich den Umgang mit den lieben Kollegen (und mit sich selbst) zu erleichtern.

Wie dieses Buch aufgebaut ist

Selbstcoaching im Beruf für Dummies ist in sechs Teile gegliedert. Jeder Teil behandelt einen wichtigen Themenbereich des beruflichen Selbstcoaching. In den einzelnen Kapiteln finden Sie alle Informationen und Werkzeuge, die Sie brauchen, um Ihr Selbstcoaching im Beruf zu einem Erfolg werden zu lassen.

Teil I: Effektiv, erfolgreich, einzigartig: Selbstcoaching im Beruf

Vermutlich brennen Sie darauf, sofort einzusteigen und sich selbst zu coachen. Besonders gut wird Ihnen das gelingen, wenn Sie ein klares Bild davon haben, was Selbstcoaching ist, wie es funktioniert und unter welchen Voraussetzungen es *besonders* gut funktioniert. All das erfahren Sie in Teil I. Aber keine Sorge, auch der erste Teil bleibt nicht theoretisch: Sie lernen einige grundlegende Einsichten und Übungen kennen, auf deren Basis Sie Ihr Selbstcoaching besonders gut aufbauen können.

Teil II: Die berufliche und persönliche Weiterentwicklung planen und steuern

Im zweiten Teil erfahren Sie, wie Sie im Selbstcoaching Ihre persönliche Entwicklung planen und steuern. Dabei machen Sie eine überaus angenehme Bekanntschaft. Sie lernen Ihren wichtigsten Verbündeten auf dem Weg zum Erfolg kennen: die eigenen Stärken. Der zweite Teil versorgt Sie zudem mit Übungen, mit deren Hilfe Sie sich ein klares Bild Ihrer eigenen Ziele und Lebensvision machen können. Und da Ziele besonders viel Spaß machen, wenn man sie auch erreicht, lernen Sie zudem geeignete Methoden kennen, mit denen Sie die ersten Schritte Richtung Ziel erfolgreich gehen können.

Teil III: Berufliche Schwierigkeiten – Pardon, Herausforderungen – angehen

Das Berufsleben hält so manche Herausforderung parat: von Problemen ohne Lösung über zu enge Zeitvorgaben bis hin zum Einstieg in die neue Position. Nicht selten sind die Steine, die Ihnen im Weg liegen, sogar von Ihnen selbst dort platziert worden. Zum Beispiel weil Ihre alten Überzeugungen (Einstellungen wie »Ich konkurriere nicht«) hinderlich geworden sind, sich aber dennoch als recht anhänglich erweisen. Im dritten Teil finden Sie erprobte Lösungsmethoden für typische berufliche Herausforderungen.

Teil IV: Die Karriere voranbringen

Um Karriere zu machen, reicht es nicht aus, einfach nur gut zu sein. Sie müssen gut sein *und* dafür sorgen, dass andere – der Vorgesetzte oder der einflussreiche Bereichsleiter – das auch bemerken. In Teil IV erfahren Sie, wie Sie sich und Ihre Vorzüge in Szene setzen. Sie lernen Methoden kennen, die lieben Mitmenschen politisch korrekt zu beeinflussen und für die eigenen Vorhaben zu gewinnen. Da im Wettbewerb um die besten Positionen der Wind rauh werden kann, sichern Sie sich mithilfe des vierten Teils einen entscheidenden Startvorteil: Sie finden heraus, wie Sie belastbarer werden und auch in stressigen Situationen gelassen und mit kühlem Kopf reagieren.

Teil V: Einfach und stark: Coaching-Klassiker, die immer helfen

Im fünften Teil lernen Sie echte Coaching-Klassiker kennen. Dazu gehört das Modell vom inneren Team, mit dem Sie Ihre (uneinigen) inneren Stimmen wieder unter einen Hut bringen und auf den Punkt bringen, was Sie eigentlich wollen. Wer weiß, was er will, kann dieses dann nach außen hin kundtun. Damit Ihnen das besonders selbstbewusst gelingt, erfahren Sie, wie Sie Ihr Selbstbewusstsein stärken und sich auch in Konfliktgesprächen nicht unterkriegen lassen. Und wenn Sie verstehen, wie Kommunikation funktioniert, können Sie Ihre Nachrichten nicht nur selbstbewusst, sondern auch besonders überzeugend an den Gesprächspartner bringen. Deshalb blicken Sie im fünften Teil hinter die Kulissen von Gesprächen und werden dabei erkennen, wie Sie die Wirkung Ihrer Nachrichten verbessern.

Teil VI: Der Top-Ten-Teil

Der Top-Ten-Teil gehört zu den *...für Dummies*-Büchern wie die Sonne zum Sommer. Im Top-Ten-Teil finden Sie kurze Kapitel mit nützlichen Tipps: Neben Erste-Hilfe-Tipps für akute berufliche (und private) Problemsituationen erhalten männliche und weibliche Leser jeweils Business-Tipps, die dem Umstand Rechnung tragen, dass Männlein und Weiblein eben doch nicht völlig gleich sind.

Was Sie nicht lesen müssen

Sie müssen dieses Buch nicht von vorn bis hinten durchlesen. Starten Sie einfach mit dem Thema, das Sie gerade besonders anlacht. Da dieses Buch ein praktischer Begleiter ist, kommt es ohne unnötigen Ballast (komplizierte theoretische Abhandlungen) aus. Den hätten Sie nämlich ohnehin nicht lesen müssen.

Symbole, die in diesem Buch verwendet werden

Im ganzen Buch finden Sie Symbole, die Ihnen die Lektüre erleichtern. Diese Symbole richten Ihre Aufmerksamkeit auf Tipps und Tricks, wichtige Informationen und Fehler, die Sie sich sparen können.

Das macht das Leben leichter. Neben diesem Symbol finden Sie Tipps und Tricks, die Ihnen die Anwendung des Gelesenen erleichtern.

Achtung, Falle: Dieses Symbol kennzeichnet Fallgruben, in die Sie nicht stürzen wollen.

Das sollten Sie wissen. Neben diesem Symbol finden Sie wichtige Informationen, die Sie lesen und am besten auch in Erinnerung behalten sollten.

Hier finden Sie Beispiele.

»Vorsicht« heißt es, wenn dieses Symbol auftaucht. Es warnt Sie davor, die Dinge zu überstürzen, und weist auf Aspekte hin, die Sie bedenken sollten.

Wie es weitergeht

Dieses Buch ist so aufgebaut, dass Sie direkt in die Kapitel einsteigen können, die Sie besonders interessant finden. Vielleicht starten Sie die Lektüre mit einem konkreten Anliegen vor Augen (Sie haben vielleicht gerade Reibereien mit einem Kollegen oder wollen sich fit machen für die Übernahme einer neuen Position). Dann können Sie das Inhaltsverzeichnis oder das Stichwortverzeichnis nutzen, um direkt zu den Abschnitten zu springen, die für Sie hilfreich sind.

Sie werden feststellen, dass es sich beim Selbstcoaching ein bisschen wie mit Sport treiben verhält. Anfangs mag es schwerfallen, sich aufzuraffen und an sich zu arbeiten. Wenn Sie es aber angehen, tut es gut und Sie fühlen sich nach getaner Arbeit so wohl wie nach einem absolvierten Sportprogramm. Und wenn Sie sich eine Zeit lang regelmäßig gecoacht haben, können Sie schon gar nicht mehr ohne: Das Feuer ist entfacht, die Erfolge geben Ihnen recht und Sie führen sich zielsicher überall dahin, wo (und wie) Sie sein wollen.

Teil 1

Effektiv, erfolgreich, einzigartig: Selbstcoaching im Beruf

In diesem Teil ...

Hier stellt sich Ihnen die Methode »Selbstcoaching« vor. Sie entdecken, was Sie mit Selbstcoaching alles anstellen können und was Sie beachten sollten, damit Ihr Selbstcoaching besonders gut gelingt. Sie erhalten einen Überblick über typische Anlässe für Selbstcoaching und erfahren, wie Sie diese mithilfe dieses Buches meistern. Da nicht jeder das Rad neu erfinden muss, lernen Sie bewährte Kreativitätstechniken kennen, mit denen Sie sich beim Selbstcoaching unterstützen können.

Kurze Vorstellungsrunde: Angenehm, Selbstcoaching

In diesem Kapitel

▶ Was Selbstcoaching ist und warum es funktioniert

▶ Wie Selbstcoaching gelingt

▶ Welche kreative Methoden das Selbstcoaching erleichtern

Die wenigsten Menschen gehen wegen jeder Erkältung zum Arzt. Denn die meisten haben schon mehrere Erkältungen überlebt und wissen, wie sie sich selbst helfen können. Zur Not hilft ein Blick in einen medizinischen Ratgeber. Dieser liefert dem Laien nicht nur eine Erklärung für seinen misslichen Zustand, sondern versorgt ihn auch mit Tipps und Tricks, selbigen in den Griff zu bekommen. Ratschläge, wie das eigene Immunsystem auf Vordermann gebracht wird, fehlen selbstverständlich ebenso wenig: Auf dass die nächste Grippe keine Chance hat!

»Schön«, denken Sie nun vielleicht, »aber was hat das mit Selbstcoaching zu tun?« Ganz einfach: Auch Selbstcoaching bringt ein »Immunsystem« auf Trab: das »Karriere-Immunsystem«. Und dieses Buch ist Ihr Ratgeber. Mit dem Karriere-Immunsystem meistern Sie den Umgang mit größeren und kleineren Büro-Übeln. Denn der Rüffel vom Vorgesetzten kann einem das Arbeitsleben ganz schön verleiden, ebenso der Ärger mit den Kollegen oder die Mammutaufgabe, die Sie lösen sollen, ohne dass Sie eine Ahnung hätten, wie Sie an die Sache herangehen (geschweige denn die Zeit dazu). Und das Karriere-Immunsystem kann noch mehr, denn mit einem starken Immunsystem sind Sie bestens abgehärtet und ausgerüstet. Sie können durchstarten und Bestleistungen abrufen, wann immer es notwendig ist (und das ist in aller Regel überraschend).

Mit diesem Kapitel legen Sie den Grundstein für ein starkes Karriere-Immunsystem: Sie erfahren, was Selbstcoaching ist, welche Chancen es Ihnen bietet und welche Grenzen es hat. Sie lesen, mit welcher Einstellung Sie erfolgreich an die Sache herangehen und wie Sie mithilfe von Selbstcoaching typische schwierige Situationen (Entschuldigung – herausfordernde Situationen) meistern.

Was Selbstcoaching ist und was es nicht ist

Selbstcoaching ist wie der Hustenbonbon oder das Geheimrezept zur Stärkung der Abwehrkräfte: Auf viele Herausforderungen des Berufslebens können Sie sich vorbereiten und viele Büro-Wehwehchen können Sie mit Selbstcoaching selbst in den Griff bekommen.

 So wie die medizinische Selbsthilfe hat auch Selbstcoaching seine Grenzen: Wer ernsthaft krank ist, gehört zum Arzt, und wer beim Selbstcoaching nicht weiterkommt, sollte sich von einem professionellen Coach unterstützen lassen. Dieser wird schnell erkennen, was Sie brauchen. Und er wird erkennen, ob Ihnen ein Coach oder eher eine Couch – ein Psychotherapeut zum Beispiel – weiterhelfen kann. Wenn Sie also das Gefühl haben, Ihre Situation nicht in den Griff zu bekommen und von Problemen erdrückt zu werden, sichern Sie sich professionelle Hilfe.

Das kann Selbstcoaching

Im Selbstcoaching nutzen Sie bewährte Coaching-Methoden, um Ihr persönliches Thema zu lösen. Dabei sind Sie Coach und Gecoachter – Coachee genannt – in einer Person. Und das ist ein starkes Gespann, denn Sie als Experte für Ihre eigene Person wählen die Werkzeuge und Methoden aus, die besonders gut zu Ihnen passen.

Das wesentliche Ziel beim Selbstcoaching ist, dass Sie besser werden. In welcher Beziehung Sie besser werden wollen, entscheiden Sie mit Ihrem Thema. Vielleicht wollen Sie sich bessere Ziele setzen, besser die Ziele erreichen oder besser mit eigenen Problemen umgehen. Selbstcoaching können Sie einsetzen, wenn Sie ein Instrument brauchen

✔ zur Selbstführung,

✔ zum Selbstmanagement oder

✔ zur Selbsthilfe.

 Coaching versteht sich als Hilfe zur Selbsthilfe. Im Selbstcoaching haben Sie direkten Zugang zu den Coaching-Methoden und wenden diese in Eigenregie auf Ihr Thema an. Beim Selbstcoaching geht es insbesondere um Inhalte wie:

✔ **Die eigene Selbstwahrnehmung schulen:** Je besser Sie sich kennen und je genauer Sie sich und Ihr Umfeld wahrnehmen, desto besser können Sie Ihre Entscheidungen auf die Gesamtsituation und Ihre persönlichen Vorlieben abstimmen.

✔ **Die eigenen Ressourcen aktivieren:** Im Selbstcoaching richten Sie den Blick auf die eigenen Ressourcen. Die eigenen Ressourcen umfassen all das, was Sie einsetzen können, um Ziele zu erreichen, Schwierigkeiten zu bewältigen oder die persönliche Entwicklung zu fördern.

✔ **Die eigene Person erfolgreich führen:** Dem Gedanken »Führe dich selbst, sonst führen dich andere« folgend, konzentrieren Sie sich im Selbstcoaching darauf, die eigene Person erfolgreich durch kleinere und größere Herausforderungen zu führen.

Das ist nicht drin: Leere Versprechungen

In 100 Tagen vom Praktikanten zum Vorstandsvorsitzenden aufsteigen, sich nie wieder mit Sorgen plagen und keine Rückschläge mehr einstecken müssen – das wäre schön und zwar zu schön, um wahr zu sein. Selbstcoaching ist keine Zauberei, sondern in erster Linie eine intensive Auseinandersetzung mit den eigenen Fähigkeiten. Daher hat Selbstcoaching Grenzen und folgende Annahmen über Selbstcoaching sind Irrtümer:

Stimmt zum Glück nicht: Wer sich selbst coacht, hat nie wieder Sorgen

Sorgen sind nicht nur sehr verbreitet, sondern auch sehr wichtig. Denn Sorgen signalisieren Risiken und ermuntern damit (hoffentlich) zu Sorgfalt: Wer sich sorgt, sucht nach Informationen und Tipps, mit denen sich die bevorstehende Situation meistern lässt. Sorgen tragen damit wie Ängste dazu bei, sich auf das Leben vorzubereiten und Herausforderungen zu bewältigen. Wie so oft im Leben gilt aber auch bei Sorgen, dass die Dosis das Gift macht. Denn wer sich nur noch sorgt, stetig schwarz sieht und sich von seinen Sorgen beherrschen lässt, wird krank. (Wer sich länger wie in einem schwarzen Loch fühlt, sollte professionelle Hilfe suchen.)

Selbstcoaching bedeutet das Ende aller Schwächen

Selbstcoaching, das die Überwindung aller Schwächen verspricht, ist eindeutig dem Bereich »Scharlatanerie« zuzuordnen. Im wirkungsvollen Selbstcoaching wird es nie darum gehen, alle Schwächen auszumerzen. Es geht vielmehr darum, dass Sie sich mithilfe Ihrer Stärken so entwickeln, dass Ihre Schwächen Ihnen möglichst wenig im Wege stehen.

Selbstcoaching ist nichts anderes als positives Denken

Im Selbstcoaching lenken Sie zwar den Blick von dem Problem auf die Lösungsmöglichkeiten. Negative Gedanken und Gefühle werden nach wie vor zu Ihnen gehören. Sie lernen im Selbstcoaching mit diesen negativen Gedanken und Selbstzweifeln umzugehen und konstruktiv darauf zu reagieren. Denn lösungsorientiertes und positives Denken darf nicht dazu dienen, Probleme zu verharmlosen oder zu verleugnen. Wer sich nur auf Probleme konzentriert und in Schwierigkeiten hineinsteigert, tut sich keinen Gefallen. Wer aber jeden negativen Gedanken und jede aufkommende Unsicherheit unterdrückt, tut sich ebenso wenig einen Gefallen.

In einigen Ratgebern und Motivationsseminaren ist ein Konzept, das sich »Positives Denken« nennt, beliebt. Durch konsequentes positives Denken wird den Anwendern ein sorgenfreies und erfolgreiches Leben in Aussicht gestellt. Die Wirksamkeit der Methode wird häufig mit beeindruckenden Fallbeschreibungen belegt und verspricht, dass eigentlich alle alles erreichen könnten (»Man muss nur fest genug daran glauben …«). Viele Psychologen warnen jedoch ausdrücklich vor dem unreflektierten positiven Denken. Der deutsche Psychotherapeut Günter Scheich geht beispielsweise in seinem Buch »Positives Denken macht krank. Vom Schwindel mit gefährlichen Erfolgsversprechen« auf die Gefahren der Methode ein. Denn wer sich einredet, es gehe ihm gut, während es ihm tatsächlich ziemlich dreckig geht, verdrängt lediglich seine Schwierigkeiten. Er nimmt sich damit die Chance, sich aktiv aus seiner misslichen Lage zu befreien. Und wer davon ausgehen muss, dass er an seinem Unglück selbst schuld ist (weil er eben nicht positiv genug gedacht hat), wird sich eher noch unglücklicher fühlen. Herausforderungen meistern Sie nicht dadurch, dass Sie sich die Sache schönreden, sondern dadurch, dass Sie sich ihnen selbstbewusst stellen.

Das ist anders: Selbstcoaching im Vergleich zu Coaching

Sein eigener Coach zu sein bietet gegenüber Sitzungen mit einem professionellen Coach einige Vorteile. Tabelle 1.1 verschafft Ihnen einen Überblick über die Vorzüge und Herausforderungen von Selbstcoaching im Vergleich zu externem Coaching.

Vorteile von Selbstcoaching	Herausforderungen beim Selbstcoaching
Honorar für den Coach wird gespart – oder an sich selbst ausgezahlt (mit Geld-zurück-Garantie).	Coaching-Termin kann leicht abgesagt werden (und stattdessen das gesparte Honorar unter die Leute gebracht werden).
Termine ohne Wartezeit verfügbar, Wochenend- und Feiertagssitzungen sowie Nachtschichten ohne Vorabsprache möglich	Es gibt niemanden, der einen »zwingt« beim Thema zu bleiben.
Keine umständliche Suche nach einem fähigen und vertrauenswürdigen Coach	Man muss einen guten Werkzeugkoffer finden, in dem die Methoden zum Selbermachen angeleitet werden (wie zum Beispiel dieses Buch).
Alles, was besprochen wird, bleibt unter zwei Augen, daher niedrige Hemmschwelle.	Es gibt kein Feedback von außen. Blinde Flecken müssen im Alleingang aufgedeckt werden.
Ein breites Repertoire von Werkzeugen zur Selbsthilfe wird aufgebaut.	Es gilt zu lernen, wie die Selbstcoaching-Werkzeuge richtig angewendet werden (Übung macht den Meister).
Geübte Selbstcoacher können sich bei plötzlichen Schwierigkeiten unbürokratisch selbst helfen.	Es muss gelernt werden, sich selbst mit interessanten Fragen zu überraschen, die zu einem Perspektivenwechsel führen (selbstverständlich lernen Sie das in diesem Buch).
Erfolgreiches Selbstcoaching stärkt Unabhängigkeitsgefühl und Selbstbewusstsein (»Ich kann mir selbst helfen.«).	Die Balance zwischen gesunder Selbstwahrnehmung und ungesunder Selbstkritik muss gefunden werden.

Tabelle 1.1: Selbstcoaching im Vergleich zu externem Coaching: Vorteile und Herausforderungen

Die Vorteile von Selbstcoaching sprechen für sich. Sie können sich durch eine Reihe von Maßnahmen dabei unterstützen, die Herausforderungen des Selbstcoaching zu meistern:

✔ Da Sie dieses Buch in der Hand halten, haben Sie bereits einen wichtigen Grundstein gelegt: Sie haben sich Zugang zu einem effektiven Werkzeugkoffer verschafft. Alle Methoden, die hier für Sie zusammengestellt sind, finden in der täglichen Coaching-Praxis Anwendung. Ihre Wirksamkeit ist somit vielfach erprobt. Die Methoden sind für die Selbstanwendung überarbeitet und aufbereitet worden und in den folgenden Kapiteln werden Sie Schritt für Schritt lernen, sich selbst mit diesen professionellen Werkzeugen zu coachen.

- ✔ Tragen Sie Ihre Selbstcoaching-Termine wie externe Termine in den Kalender ein. Sie können den Terminen auch eine Agenda geben und diese gewissenhaft abarbeiten.
- ✔ Halten Sie Ihre Selbstcoaching-Ergebnisse schriftlich fest. Sie erhöhen damit die Verbindlichkeit und finden in einer nächsten Sitzung zügig den Einstieg.
- ✔ Sprechen Sie mit Freunden oder anderen Personen Ihres Vertrauens über Ihr Selbstcoaching-Thema und Ihren Fortschritt (oder Stillstand). Vielleicht verfügt die Person Ihres Vertrauens über eigene Erfahrungen – zum Thema oder mit Selbstcoaching. Hören Sie sich ruhig Tipps und Ratschläge an. Zuhören kostet nichts und vielleicht ist etwas Interessantes für Sie dabei.
- ✔ Bitten Sie andere um Feedback oder tauschen Sie Erfahrungen aus, die Sie und andere in ähnlichen Situationen gemacht haben.

Vielen Menschen ist es unangenehm, andere um Feedback zu bitten. So fällt es leichter: Fragen Sie nicht nach »Feedback«, sondern bitten Sie den anderen um seine Meinung zu folgenden Punkten:

- ✔ Was kann ich gut?
- ✔ Was kann ich außerdem gut?
- ✔ Worin könnte ich besser sein?

Alternativ können Sie die Person Ihres Vertrauens fragen:

- ✔ Womit sollte ich aufhören?
- ✔ Womit sollte ich anfangen?
- ✔ Womit sollte ich weitermachen?

Zutaten für gutes Gelingen

Eine Voraussetzung für wirksames Selbstcoaching ist, dass Sie mit angemessenen Einstellungen an den Start gehen.

Eine wesentliche Einsicht liegt jedem erfolgreichen Selbstcoaching zugrunde: die Einsicht, dass es auch an Ihnen liegt und dass Sie etwas ändern können. Zwar können Sie weder andere Menschen noch schwierige Situationen dazu zwingen, anders zu sein. Sie und Ihre Probleme bewegen sich aber nicht im luftleeren Raum (dort wäre vieles einfacher). Sie interagieren (wohl oder übel) mit anderen Personen und das in einem bestimmten Kontext. Sie sind sozusagen Teil eines Systems und vermutlich können Sie ein Lied davon singen, dass viele Schwierigkeiten entstehen, weil ein Teil des Systems nicht so will wie der andere. Wenn sich jedoch ein Teil des Systems stark verändert, verändern sich in der Regel auch die anderen »Systemteile«. Im Klartext: Wenn Sie den Kollegen mit Interesse und Höflichkeit überraschen, erhöhen Sie die Chancen, dass er Ihnen wieder wohlgesonnen ist. Dadurch, dass Sie Ihr Verhalten ändern, verändern sich in aller

Regel auch die Reaktionen Ihrer Umwelt auf Sie und Sie erleben eindrucksvoll die eigene Selbstwirksamkeit. (Coaching, das die Wirkungen zwischen der einzelnen Person und seiner Umwelt mit einbezieht, wird in Fachkreisen übrigens als »systemisches Coaching« bezeichnet.)

Sich selbst wertschätzen und gleichzeitig offen dafür sein, (noch) besser zu werden

Im Selbstcoaching kommen Sie sich selbst auf die Schliche. Dabei werden Sie auf Schokoladenseiten stoßen und auf Seiten, die Ihnen weniger lieb sind. Damit das Coaching Sie stärkt und nicht schwächt, dürfen Sie nachsichtig mit Ihren schwachen Seiten sein:

✔ Verzichten Sie auf übermäßige Selbstkritik, sondern betrachten Sie sich mit einem wohlwollenden und gemäßigten Blick.

✔ Ihre schwachen Seiten gehören genauso zu Ihnen wie die Schokoladenseiten. Sie werden sich schneller und erfolgreicher weiterentwickeln, wenn Sie nicht gegen sich selbst und Ihre Schwächen kämpfen, sondern im Einklang mit Ihren Stärken immer besser werden.

✔ Sich wertzuschätzen ist jedoch kein Freibrief dafür, keinen Änderungsbedarf zu sehen. Erkennen Sie Ihre Schwächen und prüfen Sie genau, welche Schwäche Sie getrost Schwäche sein lassen wollen und in welchen Bereichen Sie sich verbessern sollten.

Manche Menschen verurteilen die eigenen Schwächen härter, als es bei nüchterner Betrachtung angemessen wäre. Wenn es Ihnen schwerfällt, sich mitsamt Ihrer Schwächen anzunehmen, versuchen Sie Folgendes: Begeben Sie sich in die Vogelperspektive und tun Sie so, als würden Sie nicht auf sich selbst, sondern auf einen unbekannten Dritten schauen. Aus dieser Vogelperspektive fällt es leichter, die Schwächen (des anderen) neutral und ohne aufbrausende Gefühle wahrzunehmen. Da ist also ein Mensch, der ist sehr ungeduldig, aufbrausend oder unsicher. »Na und«, denken Sie nun vielleicht, »dafür ist dieser Mensch sehr humorvoll, schlagfertig und kommunikativ.« Insgesamt ein überzeugendes Paket.

Den Mut haben, etwas zu verändern

»Nur wer sich ändert, bleibt sich treu« erklärte der deutsche Liedermacher Wolf Biermann. Erfolgreiches Selbstcoaching setzt voraus, dass Sie bereit sind, gewohnte Pfade zu verlassen und Veränderungen einzugehen. Am Anfang kostet es einige Überwindung, die bekannte Komfortzone zu verlassen. Sie werden jedoch feststellen, dass es sich lohnt. Geben Sie sich eine Chance, wirklich voranzukommen:

✔ Seien Sie bereit, vertraute Pfade zu verlassen, wenn Sie auf diesen nicht vorankommen.

✔ Achten Sie auf Ihre Bedürfnisse und halten Sie nicht an Zielen fest, die heute nicht mehr zu Ihnen passen.

✔ Reagieren Sie auf veränderte Umweltbedingungen und verändern Sie sich mit.

Bedenken Sie, dass Sie nicht nur die Hauptperson, sondern vor allem der Regisseur Ihres Lebens sind. Sie sind der Gestalter und nicht der Knecht Ihrer Regieanweisungen. Wenn (alte) Regieanweisungen oder Ziele so gar keinen Sinn mehr ergeben, ersetzen Sie die alten Anweisungen durch zeitgerechte, neue Handlungsanweisungen und Ziele.

Den Blick auf die Lösung und auf das Ganze richten

Manche Menschen machen sich das Leben auf dem Weg zu einer Lösung selbst schwer. Sie steigern sich in das Problem hinein und betrachten dieses losgelöst von seinem Kontext.

✔ Probleme und Risiken liegen in schwierigen Zeiten oft klarer auf der Hand als Lösungen und Chancen. Lassen Sie sich dadurch nicht dazu verleiten, sich länger mit den Problemen zu beschäftigen, als es zum Verständnis der Situation notwendig ist. Lenken Sie Ihre Aufmerksamkeit möglichst frühzeitig von dem Problem auf die Zukunft und mögliche Lösungen. Anstatt sich eingehend mit Ihren Schwächen zu beschäftigen, konzentrieren Sie sich auf Ihre Stärken. Arbeiten Sie mit Ihren Stärken und erforschen Sie, wie Sie Ihre Fähigkeiten einsetzen können, um die Situation zu verbessern.

✔ Ein Problem kommt selten allein: Meistens entsteht es durch die tatkräftige Unterstützung eines Zeitgenossen oder durch eine Verkettung von mehreren (unglücklichen) Umständen. Wenn Sie das Problem aus der Vogelperspektive betrachten, lässt es sich leichter in einen größeren Gesamtzusammenhang einordnen. Das bietet Ihnen die Chance, Lösungen zu erkennen, die bei einem ganz anderen Aspekt ansetzen als dort, wo sich das Problem zeigt. Sie werden dann beispielsweise herausfinden, dass der Kollege Ihr Projekt nicht boykottiert, weil Ihr Projekt schlecht ist, sondern weil Sie sich neulich wenig wertschätzend über seine Fahrkünste geäußert haben.

✔ Bemühen Sie sich um eine angemessene Problemsicht. In schwierigen Situationen neigen viele Menschen dazu, ihre Probleme für größer zu halten, als sie tatsächlich sind.

Natürlich ist es richtig und wichtig, das Problem zu verstehen. Wer – wie gelegentlich gefordert – nicht über das Problem, sondern nur über eine Lösung sprechen möchte, findet unter Umständen eine Lösung, die nicht zu dem Problem passt. Wer aber das Problem verstanden hat, wird nur selten schlauer, indem er es weiter hin und her wälzt. Stattdessen ist es an der Zeit, die Aufmerksamkeit von »Was ist alles schiefgelaufen?« auf »Welche Möglichkeiten habe ich jetzt?« und von »Wer ist schuld?« auf »Was kann ich künftig besser machen?« zu richten.

Die richtigen Werkzeuge auswählen und geduldig anwenden

Selbstcoaching umfasst viele unterschiedliche Techniken, mit denen Sie an Ihr Ziel gelangen können. Dieses Buch ist Ihr Werkzeugkoffer, in dem Sie eine Vielzahl erprobter Werkzeuge finden. Als der Experte für sich selbst entscheiden Sie selbst, welche Werkzeuge zu Ihnen passen und welche Ansätze besonders vielversprechend sind.

Mithilfe des Selbstcoaching werden Sie Ihre persönliche und berufliche Entwicklung aktiv steuern und vorantreiben. Seien Sie geduldig und geben Sie sich Zeit, damit die neu angewendeten Techniken ihre ganze Wirkung entfalten können. Eingefahrene Gewohnheiten lassen sich nicht über Nacht ändern. Selbstcoaching ist dann besonders wirkungsvoll, wenn Sie bereit sind, geduldig an sich selbst zu arbeiten und Schritt für Schritt voranzukommen.

Sie werden erleben, dass Sie manchmal mit Siebenmeilenstiefeln voranzuschreiten scheinen und dass es dann wieder Zeiten gibt, in denen das Tempo eher dem einer Schnecke gleicht. Beides ist völlig normal. Wichtig ist, dass Sie sich in den Zeiten langsameren Lernens nicht entmutigen lassen und auch Rückschläge gelassen hinnehmen. Stellen Sie sich darauf ein, dass Sie während Ihres Selbstcoaching einen Mix aus Entwicklungssprüngen, Zeiten mit Rückschlägen oder Stillstand und echten Aha-Momenten erleben werden.

Stärken Sie sich mithilfe der Visualisierungstechnik: Stellen Sie sich vor Ihrem geistigen Auge vor, wie Sie Rückschläge und Hindernisse auf Ihrem Weg zum Selbstcoaching-Ziel meistern und schließlich strahlend das Ziel erreichen. Die Ergebnisse einer amerikanischen Studie machen deutlich, wie wertvoll diese geistige Vorbereitung ist. Studenten, die kurz vor dem Examen standen, wurden von Forschern in drei Gruppen eingeteilt.

- ✔ Die erste Gruppe machte einfach weiter wie zuvor und bereitete sich ohne Anleitung auf das Examen vor.

- ✔ Die zweite Gruppe von Studenten wurde gebeten, sich regelmäßig auszumalen, wie es sein würde, wenn sie das Examen erfolgreich bestanden hätten. Vor ihrem geistigen Auge sahen sie sich als glückliche Absolventen, fühlten die Erleichterung nach getaner Arbeit und den Stolz auf die erbrachten Leistungen.

- ✔ Die dritte Gruppe wurde gebeten, sich nicht nur das bestandene Examen, sondern auch den Weg dorthin mit allen seinen Widrigkeiten auszumalen. Die Studenten stellten sich vor, wie sie sich durch schwierige Zeiten durchbissen, Furcht einflößende Berge von Lehrbüchern durchackerten und schließlich das Examen erfolgreich ablegten.

Anschließend wurden die Examensergebnisse der drei Gruppen miteinander verglichen. Es zeigte sich, dass die zweite Gruppe besser abgeschnitten hatte als die erste. Noch besser allerdings hatte die dritte Gruppe abgeschnitten, die sich nicht nur ihren Erfolg, sondern auch die Überwindung der Widerstände auf dem Weg zum Erfolg ausgemalt hatte.

Anlässe für Selbstcoaching – und wie dieses Buch weiterhilft

Es gibt viele Gründe für Selbstcoaching. Einige Anlässe und Herausforderungen stehen jedoch immer wieder ganz oben auf der Motivliste für Selbstcoaching. Die in Abbildung 1.1 aufgeführten Anlässe sind Spitzenreiter. Lesen Sie, wie Sie sich mit diesem Buch in solchen Situation selbst weiterhelfen.

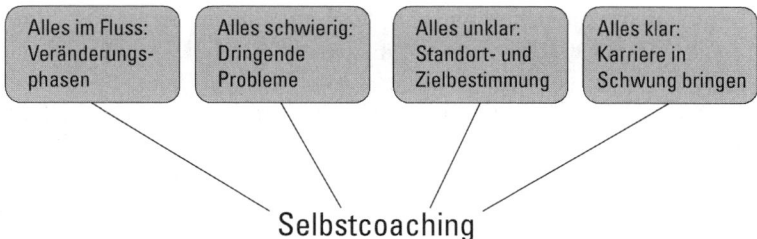

Abbildung 1.1: Alles lösbar: typische Anlässe für Selbstcoaching

Eine private oder berufliche Veränderungsphase

Wenn die Dinge sich verändern, haben Sie alle Hände voll zu tun. Eine private oder berufliche Veränderungsphase führt daher bei vielen Menschen zu dem Wunsch, sich den Veränderungsprozess mithilfe von Selbstcoaching zu erleichtern. So kann Selbstcoaching Sie bei Veränderungen unterstützen:

✔ **Den Veränderungsprozess gestalten**

Bei einer Veränderung zählt nicht nur das, was Sie tun, sondern vor allem auch, mit welchen Gedanken Sie es tun. Sind Sie zuversichtlich und optimistisch oder blicken Sie eher ängstlich und unsicher in die Zukunft? Im Selbstcoaching stellen Sie Ihre Selbstzweifel und innerlichen Widersacher (»Ob ich so etwas wohl kann?«) auf den Prüfstand. Sie machen sich bewusst, welche Ihrer Stärken Sie einsetzen können, um den Veränderungsprozess zu verbessern. In Kapitel 4 erhalten Sie im Abschnitt »Bilanz ziehen: Das läuft gut – die Kraftseite der Bilanz« eine Anleitung, die Sie zu Ihren Stärken führt.

✔ **Neue Anforderungen erkennen und erfüllen**

Eine neue Position, ein neues Unternehmen oder auch nur ein neues Projekt: Jedes Mal, wenn etwas Neues beginnt, sind Sie gefordert. Sie müssen erkennen, worauf es nun ankommt, Ihre Mitmenschen möglichst für sich gewinnen und die Anforderungen am besten spielend meistern. Im Selbstcoaching können Sie sich auf einen Neustart vorbereiten. Mithilfe von Kapitel 8 können Sie sich für den Neuanfang wappnen.

✔ **Sich in eine neue Rolle einfinden**

Neue Anforderungen haben häufig einen besonders herausfordernden Aspekt: Sie verändern die Rolle, die Sie spielen. Statt Neueinsteiger sind Sie nun der neue Senior, statt Kollege der Vorgesetzte. Im Selbstcoaching helfen Sie sich dabei, diese neue Rolle auszufüllen. Sie klären für sich, was für jemanden in dieser Rolle besonders wichtig, typisch oder empfehlenswert ist. Innere Unklarheiten können Sie mithilfe des Modells vom inneren Team, das Sie in Kapitel 13 kennenlernen, klären. Ob Ihre Werte zu Ihrer neuen Rolle passen, können Sie in Kapitel 4 im Abschnitt »Drum prüfe, wer sich ewig bindet ...« überprüfen.

 Manchmal werden Veränderungen nicht von Ihnen angestoßen (und auch gar nicht gewünscht). Äußere Umstände und andere Menschen können Sie in Situationen bringen, in denen sich trotzdem etwas ändern *muss*. Oftmals führt eine Blockadehaltung Sie dann nicht weiter, sondern direkt in die Opferrolle. Lassen

Sie sich nicht zum Opfer machen, sondern nehmen Sie Einfluss und arbeiten Sie proaktiv an der Veränderung mit. Bedenken Sie, dass Sie sich entweder selbst verändern können oder aber von den Umständen verändert werden. Im Selbstcoaching können Sie lernen, mit einer proaktiven Haltung zum Gestalter der Veränderung zu werden. Selbst wenn Sie die Veränderung nicht angestoßen haben, können Sie sich innerlich (und äußerlich) vom Opfer der Umstände zum Gestalter der neuen Situation entwickeln.

Ein dringendes Problem und keine Lösungsansätze

Probleme kommen manchmal schneller, als man gucken kann, die zugehörige Lösung hingegen lässt sich gerne alle Zeit der Welt. Beim Selbstcoaching helfen Sie sich und der Lösung auf die Sprünge:

✔ **Angemessene Problemsicht erreichen**

   Nichts klappt mehr, die Welt ist gegen Sie und es gibt nichts, das Sie tun könnten? Tatsächlich fühlen sich Probleme oft so an. Im Selbstcoaching erkennen Sie, dass dieses Gefühl vor allem daher rührt, dass Probleme sich gerne in den Vordergrund spielen. Es scheint dann nichts anders mehr zu geben als das Problem. Da diese Sicht in der Regel das Problem zu wichtig nimmt, bemühen Sie sich im Selbstcoaching zunächst um eine angemessene Problemsicht.

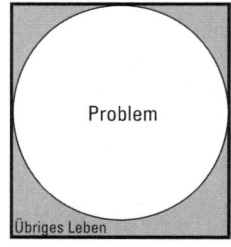 

Unangemessene Prolemsicht (meistens)

Angemessene Problemsicht (in aller Regel)

Abbildung 1.2: Probleme machen sich oft breiter, als sie sind.

✔ **Verstehen, was das Problem zum Problem macht**

   »Warum«, denken Sie vielleicht, »sollte ich darüber nachdenken, was das Problem zum Problem macht? Das weiß ich bereits: mein Chef.« Chefs können zwar ganz wunderbar dazu beitragen, dass eine Sache zum Problem für Sie wird. Ganz ohne Hilfe von außen, genauer gesagt von Ihnen, Ihren Vorstellungen und Ihrer Bewertung der Situation, gelingt es dem Chef aber nicht. In Kapitel 4 blicken Sie hinter die Kulissen einer Krise und in Kapitel 12 erfahren Sie, was alles zusammenkommen muss, damit Stress entsteht. Manchmal tragen auch eigene Selbstzweifel oder hinderliche Einstellungen zu einem Problem bei. In Kapitel 7 erhalten Sie eine Anleitung, wie Sie sich selbst aus dem Weg gehen.

Wenn Sie verstehen, wodurch das Problem so groß, der Stress so enorm oder die Krise zur Krise wurde, haben Sie die Sache zwar noch nicht gelöst. Aber Sie haben einen großen Schritt nach vorn gemacht:

✔ Sie verstehen, welche Möglichkeiten Sie haben, die Intensität des Problems, der Krise oder der stressigen Situation zu beeinflussen.

✔ Sie finden Ansätze, mit der Situation umzugehen.

✔ Sie können sich mit dem Gefühl, nicht mehr Opfer, sondern Gestalter Ihrer Situation zu sein, auf den Weg Richtung Lösung begeben.

✔ Sie können für die Zukunft vorsorgen: Sie erkennen, an welchen Punkten Sie arbeiten können, um ähnliche Situationen zu vermeiden.

✔ **Neue Perspektiven einnehmen und auf neue Ideen kommen**

Der Vorteil im Gespräch mit anderen Menschen liegt darin, dass Sie auf neue Gedanken kommen, neue Blickwinkel einnehmen und vielleicht das ein oder andere Mal denken: »So habe ich das noch gar nicht gesehen« oder »Da wäre ich nicht drauf gekommen«. Im Selbstcoaching werden Sie aus eigener Kraft auf Ideen kommen, die gar nicht typisch für Sie sind, oder Ansichten formulieren, die Sie überraschen. Das gelingt Ihnen, indem Sie sich auf ungewöhnliche Fragestellungen einlassen und das Problem nicht nur mit Ihren, sondern auch durch die Augen anderer Menschen betrachten. In Kapitel 7 finden Sie lösungsorientierte Fragen und Anleitungen, wie Sie das Problem einmal ganz anders betrachten könnten.

Sie dürfen sich im Selbstcoaching zum Beispiel trauen, Probleme auch einmal ungewöhnlichen anzugehen: Suchen Sie doch nach Ideen, wie Sie die Lage noch schlimmer machen könnten. Das klingt nicht zielführend? Ist es aber. Lassen Sie sich in Kapitel 7 im Abschnitt »Teufelchen und Engelchen als Helfer bei der Lösungssuche« davon überzeugen.

Eine Standortbestimmung durchführen und Ziele festlegen

Die persönliche Weiterentwicklung lässt sich besonders gut auf der Basis einer Standortbestimmung planen. Das ist ein starkes Fundament für die weitere Entwicklung:

✔ den Status quo erkennen,

✔ verstehen, wie der Status quo erreicht wurde,

✔ erkennen, was am Status quo gut ist und was besser sein könnte.

Beim Selbstcoaching verschaffen Sie sich diese Erkenntnisse: Kapitel 4 bietet Ihnen einen Leitfaden für eine Bestandsaufnahme. Dabei müssen Sie sich Ihre Stärken und Schwächen nicht aus den Fingern saugen, sondern leiten sie aus Ihrer bisherigen Entwicklung ab.

Eine ausführliche Bestandsaufnahme durchzuführen, ist weit mehr als eine Pflichtübung. Es ist ganz im Gegenteil die Basis für das, was in Coaching-Sprache als »ressourcenorientiertes Selbstcoaching« bezeichnet wird. »Ressourcenorientiert« bedeutet, dass Sie im Selbstcoaching Ihre Ressourcen erkennen und sich

Zugang zu ihnen verschaffen. »Was denn für Ressourcen?«, fragen Sie sich nun vielleicht. Die persönlichen Ressourcen umfassen alles, was Ihnen zur Verfügung steht, um Ihre Ziele zu erreichen: Persönliche Stärken, Erfolgsrezepte und Kraftquellen gehören ebenso dazu wie Kontakte, Expertise und Fachkenntnisse. Die eigenen Ressourcen sind die wichtigsten Verbündeten auf dem Weg zu den persönlichen Zielen. Die eigene Hilfe zur Selbsthilfe wird besonders effektiv, wenn Sie

- ✔ erkennen, welche der eigenen Stärken in der gegebenen Situation nützlich sind,
- ✔ bei sich selbst abgucken, wie Sie ähnliche Situationen in der Vergangenheit gemeistert haben,
- ✔ überprüfen, welche vernachlässigten Ressourcen Sie wieder »aufpäppeln« sollten (»Früher war ich viel selbstbewusster ...«).

Bevor Sie sich Ihren Zielen zuwenden, können Sie sich mithilfe des Zufriedenheits- und des Wichtigkeitsbarometers in Kapitel 4 ein erstes Bild davon machen, wie zufrieden Sie mit Ihrem Lebensweg in verschiedenen Lebensbereichen sind.

Die Übungen in Kapitel 5 unterstützen Sie dabei, den Blick von der Vergangenheit und der Gegenwart auf die Zukunft zu richten. Sie überprüfen Ihre Ziele und machen sich gegebenenfalls auf die Suche nach geeigneteren Zielen. Wenn Sie Ihre Ziele dann nach dem Smart-Prinzip formuliert haben, werden Sie das Gefühl haben, bereits den ersten Schritt auf dem Weg Richtung Ziel getan zu haben.

Die eigene Karriere in Schwung bringen

Sie tun, was Sie können, und kommen trotzdem nicht so richtig voran? Oder Sie ahnen, dass Sie mehr für Ihre Karriere tun könnten, wissen aber nicht wie? Mit Selbstcoaching können Sie Ihre persönliche Effektivität in vielen Bereichen erhöhen. Damit sorgen Sie dafür, dass das, was Sie tun, häufiger die Ergebnisse nach sich zieht, die Sie angestrebt haben. Das tut der Karriere gut:

- ✔ **Arbeitsorganisation verbessern**

    Wer seine Pflichtaufgaben im Griff hat und Zeiträubern nicht auf den Leim geht, hat einen klaren Vorteil: Er hat Zeit, prestigeträchtige Extra-Aufgaben zu übernehmen oder immer etwas mehr zu leisten, als der Vorgesetzte erwartet. Beides ist ausgesprochen förderlich für die Karriere. In Kapitel 9 steht, wie Sie Zeiträuber unschädlich machen und Ihr Zeitmanagement auf Vordermann bringen.

- ✔ **Überzeugend kommunizieren**

    Was wie eine Floskel klingt, ist in Wahrheit ein wichtiger Schlüssel zum Erfolg. Wer überzeugend kommuniziert, kann andere für sich und die eigenen Ideen gewinnen. Er kann andere in seinem Sinne beeinflussen. Und er kann die persönliche Atmosphäre – ein unterschätzter Erfolgsfaktor – zwischen den Beteiligten verbessern. Im Selbstcoaching können Sie sich in Kapitel 13 zunächst damit auseinandersetzen, was Sie eigentlich genau zum Thema sagen wollen. Denn eine Stimme in Ihnen möchte womöglich »Ja« sagen, eine andere »Ja, aber« und eine dritte »Nein, nur wenn«. In Kapitel 15 werfen Sie anschließend einen Blick darauf, was alles gesagt wird, wenn etwas gesagt wird. Mit diesem Wissen gelingt es Ihnen, Ihre Nachrichten auf allen Ebenen effektiv zu gestalten. Und wenn doch einmal etwas schiefgeht und Sie vor einem Konflikt stehen, wenden Sie sich an Kapitel 14. Mit diesem Kapitel machen Sie sich fit für einen selbstbewussten Auftritt im Konfliktgespräch.

✔ **Selbstmarketing betreiben und die eigenen Stärken angemessen verkaufen**

Haben Sie sich auf das Lob Ihres Vorgesetzten auch schon einmal antworten hören: »Ach, das war doch gar nicht so schwierig«? Oder haben Sie die Frage »Was machen Sie eigentlich genau?« ohne Pfiff beantwortet und sich später geärgert, dass Sie sich nicht besser präsentiert haben? Dann blättern Sie zu Kapitel 11 und erfahren Sie, wie Sie zukünftig die Chance, sich richtig zu verkaufen, nutzen.

(Kreative) Hilfsmittel für die anstehenden Aufgaben

Im Selbstcoaching geht es darum, die Wahrnehmung von sich selbst, den Umständen um einen herum und den eigenen Handlungsspielraum zu erweitern. Gerade in schwierigen Zeiten dreht sich das eigene Denken jedoch oft im Kreis. Um einen neuen Blick auf die Situation zu bekommen, müssen Sie aus den eingefahrenen Denkbahnen ausbrechen. Kreativitätstechniken wie Brainstorming und Mindmapping können Sie auf der mentalen Erkundungs- und Entdeckungstour unterstützen.

Wer Fragen stellt, bekommt Antworten

Es ist tatsächlich so einfach, wie es klingt: Wer sich die richtigen Fragen stellt, befindet sich auf dem bestem Weg zu den Antworten, die ihn weiterbringen.

Einige Fragen sind im Coaching-Prozess besonders beliebt und nützlich. Dazu gehören Fragen wie die folgenden:

Lösungs- und ressourcenorientierte Fragen

Lösungs- und ressourcenorientierte Fragen richten die Aufmerksamkeit weg vom Problem auf das, was geht und sein soll. Anstatt nach Problemursachen und Schuldigen zu fragen, fragen sie nach Lösungen, Handlungsoptionen und den Ressourcen, die dafür eingesetzt werden können. Wie würde die beste Lösung für das Problem aussehen?

✔ Welche Möglichkeiten bleiben Ihnen offen? Was könnten Sie jetzt tun? Welche Alternativen haben Sie immer noch?

✔ Was können Sie tun um die Situation zu verbessern?

✔ Wie könnten andere Menschen dazu beitragen, die Situation zu verbessern?

✔ Welche eigene Stärke könnten Sie einsetzen, um die Situation zu verbessern?

✔ Wie haben Sie in der Vergangenheit ähnliche Probleme gelöst?

✔ Was bräuchten Sie, um das Problem lösen zu können?

✔ Woran werden Sie feststellen, dass Sie den richtigen Weg eingeschlagen haben?

In Kapitel 7 lernen Sie weitere lösungsorientierte Fragen genauer kennen.

Die Wunderfrage

Bei der Wunderfrage wird angenommen, das Problem hätte sich auf wundersame Weise von selbst gelöst. Die nachfolgenden Fragen untersuchen die Auswirkungen des Wunders:

✔ Angenommen, Ihr Problem hätte sich wie durch ein Wunder gelöst. Woran würden Sie merken, dass das Problem gelöst ist? Was genau wäre anders?

✔ Wie würden Sie sich verhalten, was würden Sie tun? Welche Gedanken hätten sich verändert?

✔ Woran würden andere Personen bemerken, dass das Wunder geschehen und Ihr Problem gelöst ist?

✔ Wann war es schon einmal ein bisschen wie nach dem Wunder in letzter Zeit?

✔ Was könnten Sie jetzt tun, um ein bisschen dieses Wunders eintreten zu lassen?

Problemorientierte Fragen

Problemorientierte Fragen stellen das Problem und nicht die Lösung in den Mittelpunkt. Dazu gehören auch Verschlimmerungsfragen, die auf den ersten Blick paradox wirken. Schließlich wollen Sie das Problem ja in aller Regel lösen und nicht verschlimmern. Dennoch offenbaren diese Fragen gute Ansatzpunkte für eine Lösung: Sie verdeutlichen Ihnen, was nicht eintreten darf.

✔ Wie könnten Sie die Sache noch verschlimmern?

✔ Was könnte geschehen und alles noch schlimmer machen?

✔ Wie können andere Menschen dazu beitragen, dass das Problem bestehen bleibt?

✔ Welches neue Problem könnte auftauchen, wenn das erste Problem gelöst wäre?

✔ Was ist gut daran, wenn das Problem noch eine Weile bestehen bleibt?

✔ Welchen Preis hätte es, wenn das Problem gelöst wäre?

Skalierungsfragen

Mit Skalierungsfragen können Sie sich den aktuellen Stand der Dinge sowie Fortschritte gut verdeutlichen. Typische Fragen sind:

✔ Wo auf der Skala zwischen 1 und 10 befinden Sie sich jetzt?

✔ Was müsste passieren, dass Sie sich eine 8 statt eine 7 geben? Was wäre anders, was würden Sie anders machen?

- ✔ Was macht den Unterschied zwischen einer 3 und einer 5 aus? Woran würde Ihr Umfeld merken, dass Sie nun bei 5 stehen?
- ✔ Wer kann dazu beitragen, dass Sie auf Stufe x kommen?
- ✔ Woran würden Sie merken, dass Sie Stufe x erreicht haben?
- ✔ Bei welchem Wert würden Sie das Thema nicht mehr als Problem ansehen?

Zirkuläre Fragen

Zirkuläre Fragen ermöglichen Ihnen, in einfacher Weise weitere Perspektiven neben der eigenen in die Antwort aufzunehmen. Anstatt direkt nach der eigenen Einschätzung zu fragen, geht es bei zirkulären Fragen darum, wie andere Personen die Lage wohl bewerten würden (wenn sie gefragt würden).

- ✔ Wenn ich Ihren Vorgesetzten fragen würde, was würde er Ihnen raten?
- ✔ Wie, denken Sie, schätzen die Kollegen das Verhältnis zwischen Ihnen und dem Chef ein?
- ✔ Stellen Sie sich vor, ich fragte die Personalleitung, wie Sie sich besser positionieren könnten im Beförderungsprozess – was würde sie mir antworten?
- ✔ Welche Argumente würde ein Experte wohl für Ihren Plan finden und welche dagegen?
- ✔ Was glauben Sie, was Ihr Verhalten für die Kollegen bedeutet?

Brainstorming: Das Problem mit voller (Gedanken-)Kraft stürmen

Wer eine Lösung für sein Problem sucht, kann sich der Sache analytisch nähern und sich logisch denkend Schritt für Schritt voranarbeiten. Große Fragen füllen den Kopf aber manchmal derart mit Fragezeichen aus, dass sie dem analytischen Denken im Wege stehen. Dann kann es hilfreich sein, »Brainstorming« zu machen und das Problem mit voller Gedankenkraft zu stürmen.

Brainstorming ist eine kreative Technik, um Ideen zu finden und zu sammeln. Anstatt analytisch Schritt für Schritt voranzugehen, lassen Sie beim Brainstorming die Ideen spontan aus sich heraussprudeln. Dabei dürfen Sie die gewohnten Denkpfade verlassen und auch ungewöhnliche Eingebungen auf Ihre Brainstormingliste mit aufnehmen. Besonders effektiv ist Brainstorming, wenn Sie Folgendes beachten:

- ✔ Schreiben Sie alle Ideen auf, die Ihnen in den Kopf kommen. Sie dürfen dabei ruhig »herumspinnen«, Quantität geht vor Qualität. Nutzen Sie die Ideen, die Sie bereits aufgeschrieben haben, als Inspirationsquelle.
- ✔ Halten Sie Ihren inneren Kritiker zurück und bewerten Sie die Ideen nicht. Verzichten Sie also darauf, im Kopf schon einmal die Vor- und Nachteile der Idee durchzugehen. Dafür ist später Zeit, jetzt gilt es zunächst, möglichst viele Ideen zu sammeln.

✔ Nehmen Sie auch Ideen auf, die Ihnen eigentlich unsinnig erscheinen. Gedanken wie »Das ist Quatsch« oder »Das geht sowieso nicht« haben jetzt Pause. Häufig erkennen Sie (später) in fantasievollen und ungewöhnlichen Ideen genau den Ansatz, der Ihnen zum Lösungsdurchbruch verhilft.

So gehen Sie beim Brainstorming vor:

1. **Frage aufschreiben**

   Formulieren Sie die Frage, die Sie beantworten wollen, möglichst genau. Diese Frage schreiben Sie auf ein leeres Blatt Papier. Bevorzugen Sie Papier, das nicht liniert oder kariert ist und Ihnen damit eine gewisse Struktur vorgibt.

2. **Zeitrahmen für Brainstorming festlegen**

   Nehmen Sie sich 15 Minuten (oder wie lange Ihnen angemessen erscheint) Zeit für Ihr Brainstorming. Sorgen Sie dafür, dass Sie in dieser Zeit nur Augen für Ihre Frage haben, versorgen Sie sich also vorher mit allem lebensnotwendigen wie Energiefutter und Co. Damit Sie nicht zwischendurch auf die Uhr schauen müssen, können Sie sich einen Wecker stellen. Nun sind Sie ganz für die Frage und die Ideen da.

3. **Ideen sammeln**

   Jetzt geht es los: Werden Sie kreativ und schreiben Sie alle Ideen auf. Nutzen Sie dabei ruhig das ganze Papier aus und schreiben Sie mal in diese und mal in jene Ecke. Dadurch, dass Sie Ihre Ideen nicht fein säuberlich neben- oder untereinander notieren, unterstützen Sie sich dabei, Ihre gewohnten Denkbahnen zu verlassen.

4. **Dranbleiben**

   Sie sind fertig mit dem Ideensammeln, die Zeit ist aber noch nicht um? Dann sind Sie noch nicht fertig mit dem Ideensammeln. Versuchen Sie, während der Zeit, die Sie sich gegeben haben, tatsächlich bei Ihrer Frage zu bleiben. Wenn Ihnen nichts mehr einfällt, schauen Sie sich Ihre Ideensammlung an, kritzeln Sie auf der Sammlung herum oder schmücken Sie die Ideen mit kleinen Zeichnungen. Oftmals lässt sich so noch eine weitere Idee hervorlocken.

    Kritzeln ist übrigens besser als sein Ruf: Wer einer langweiligen Rede zuhören muss und dabei auf einem Blatt Papier herumkritzeln darf, erinnert sich später besser an den Inhalt der Rede. Das haben Psychologen der Universität im südwestenglischen Plymouth in einer Studie festgestellt. Vermutlich, so die Wissenschaftler, hält das Gekritzel einen davon ab, sich Tagträumen hinzugeben. Und ohne Tagträume im Kopf ist mehr Platz für die (langweiligen) Ausführungen des Redners. Wenn Sie im Brainstorming nun ebenso kritzeln, während Sie sich bemühen, weitere Ideen sprudeln zu lassen, kann das einen ähnlichen Effekt haben: Sie schalten nicht völlig ab und haben daher die Chance, noch etwas Interessantes zu entdecken.

5. **Ideen bewerten**

   Die Zeit ist rum und Ihre Ideensammlung steht. Nun dürfen Sie sich die Ideen genauer ansehen. Geben Sie jeder Idee eine Chance und bewerten Sie ihr Potenzial. Versuchen Sie auch aus unsinnigen Ideen Lösungsansätze zu gewinnen. Dabei können Ihnen folgende Fragen helfen:

✔ Was müsste geschehen, damit die Idee umsetzbar wäre?

✔ Was können Sie dazu beitragen, dass diese Möglichkeit eintritt?

✔ Welcher Teilaspekt der Idee lässt sich weiterverfolgen? Versuchen Sie, Handlungsmöglichkeiten aus den Ideen abzuleiten mit Sätzen wie »Ich könnte höchstens mal versuchen …«, »Eigentlich müsste ich …« oder »Der wahre Kern in dieser Idee ist, dass …«.

Sie kennen Brainstorming nur als Methode für Gruppen und nicht als Übung für Einzelpersonen? Richtig ist, dass bei einem Brainstorming in der Gruppe die einzelnen Teilnehmer sich gegenseitig mit ihren Ideen inspirieren können. Falsch ist aber, dass Gruppenbrainstorming dem Einzelbrainstorming überlegen ist. Ein Sozialpsychologe der Universität Utrecht ließ es drauf ankommen und ließ Einzelbrainstormer gegen Gruppenbrainstormer antreten. Sein Feststellung: Die Brainstormer, die das Problem im Alleingang stürmten, generierten 20 bis 50 Prozent mehr Einfälle als die Gruppendenker. Und origineller waren die Einfälle der Alleindenker sogar auch.

Eine Gedanken (land) karte erstellen

Manchmal gehen einem so viele Gedanken und Fragen zu einem Thema durch den Kopf, dass es nicht einfach ist, den Über- und damit den Durchblick zu behalten.

Der britische Psychologe Tony Buzan hat mit seinen Mindmaps oder Gedankenlandkarten ein Mittel präsentiert, das hilft, den Überblick zu behalten. Das menschliche Gehirn denkt gerne in Assoziationen und Vernetzungen und so schlug Buzan vor, die Gedanken zu einem Thema in ähnlicher Struktur auf Papier zu bringen. Bei einer Mindmap stehen die Gedanken zu einem Thema daher nicht unter- oder nebeneinander wie auf einem Notizzettel, sondern werden auch bildhaft in Struktur gebracht. Im Mittelpunkt der Mindmap steht das Hauptthema. Von diesem Mittelpunkt aus werden alle Aspekte des Themas systematisch und sortiert nach Leitbegriffen erfasst.

Mit einer Mindmap können Sie sich einem Thema bildhaft nähern und Ihre Gedanken zum Thema strukturieren und ordnen. Das bringt Ihnen so einiges:

✔ Die Zusammenhänge werden auf den ersten Blick deutlich.

✔ Mit einer Mindmap lassen sich auch komplexe Themen anwenderfreundlich in ihre Einzelteile zerlegen.

✔ Durch die visuelle Darstellung fällt es leicht, das Thema für sich zu erschließen und sich wichtige Fakten zu merken.

Neue Informationen und Aspekte können Sie übrigens jederzeit in die Mindmap aufnehmen, ohne dass die Übersichtlichkeit leidet. Sie zeichnen einfach einen weiteren Hauptast für den neuen Aspekt.

Eine Mindmap erstellen

Eine Mindmap können Sie zu jedem Thema erstellen, das Sie von allen Seiten beleuchten wollen. Erstellen Sie zum Beispiel eine Mindmap zum Thema »Selbstcoaching«: Was wollen Sie eigentlich durch Selbstcoaching erreichen, was beinhaltet Selbstcoaching für Sie, wie werden Sie Selbstcoaching einsetzen? Mit einer Selbstcoaching-Mindmap schlagen Sie zwei Fliegen mit einer Klappe: Sie sammeln Erfahrungen mit der Methode Mindmapping und schaffen gleichzeitig eine Basis für Ihren Selbstcoaching-Prozess.

So gehen Sie vor:

1. Schreiben Sie das Thema, um das es geht, auf ein leeres, großes Blatt in die Mitte. Versehen Sie den Begriff mit einer Umkreisung, damit auf den ersten Blick klar ist, welches Wort das Hauptthema ist.

2. Nun heißt es kreativ werden. Lassen Sie Ihren Gedanken auf einem separaten Zettel freien Lauf und schreiben Sie Gesichtspunkte auf, die Ihnen zu Ihrem Hauptthema einfallen. Folgende Fragen sind hilfreich:

    - Welche Aspekte sind bei diesem Thema wichtig?
    - Welche Fragen stellen Sie sich?
    - Was bereitet Ihnen Kopfzerbrechen?
    - Anhand welcher Kriterien möchten Sie zu einer Entscheidung bei dem Thema kommen?

3. Jetzt kehren Sie zurück zur Mindmap. Ziehen Sie von dem Hauptthema mehrere Linien in alle Richtungen. Diese Linien sind die Hauptäste der Mindmap. Jeder Hauptast steht für einen bestimmten Aspekt des Hauptthemas. Die Hauptäste helfen Ihnen, Ihre Gedanken und Ideen zu einem Thema strukturiert nach Themenbereichen zu Papier zu bringen.

4. Versehen Sie nun die Hauptäste mit Leben: Ordnen Sie die Schlüsselwörter auf Ihrem Notizzettel in Themenbereiche und finden Sie gemeinsame Oberbegriffe. Für die Selbstcoaching-Mindmap finden Sie vielleicht Oberbegriffe wie Ziele, Methoden, Anlässe, Motivation und Fragen. Wer zum Beispiel eine Mindmap im Rahmen der Jobsuche erstellt, interessiert sich zum Beispiel für Oberthemen wie Gehalt, Hauptaufgaben, Verantwortung, Branche, Entwicklungsmöglichkeiten und Freizeit.

5. Die Hauptäste tragen die Hauptaspekte, nun dürfen Sie die Hauptäste weiter verästeln. Ordnen Sie alle Schlüsselwörter von Ihrem Notizzettel den Oberbegriffen auf den Hauptästen zu.

6. Die Mindmap ist fertig. Sie haben eine durch Haupt- und Nebenäste strukturierte Gedankenkarte erstellt, auf der Sie Ihre Gedanken, Fragen, wichtigen Gesichtspunkte zu dem Hauptthema auf einen Blick erfassen können.

Machen Sie sich das Leben und das Mindmapping leicht und verzichten Sie darauf, ein wertvolles Gesamtkunstwerk erstellen zu wollen. Eine Mindmap muss keinen künstlerischen Anforderungen genügen, sondern Ihnen dabei helfen, die eigenen Gedanken zu ordnen. Sie arbeiten schließlich nicht an der Bewerbungsmappe für die Kunsthochschule, sondern an Ihrer persönlichen Entwicklung. Bedenken Sie auch, dass Sie die Mindmap nur für sich persönlich erstellen und andere Menschen nicht schlau daraus werden müssen.

1 ► Kurze Vorstellungsrunde: Angenehm, Selbstcoaching

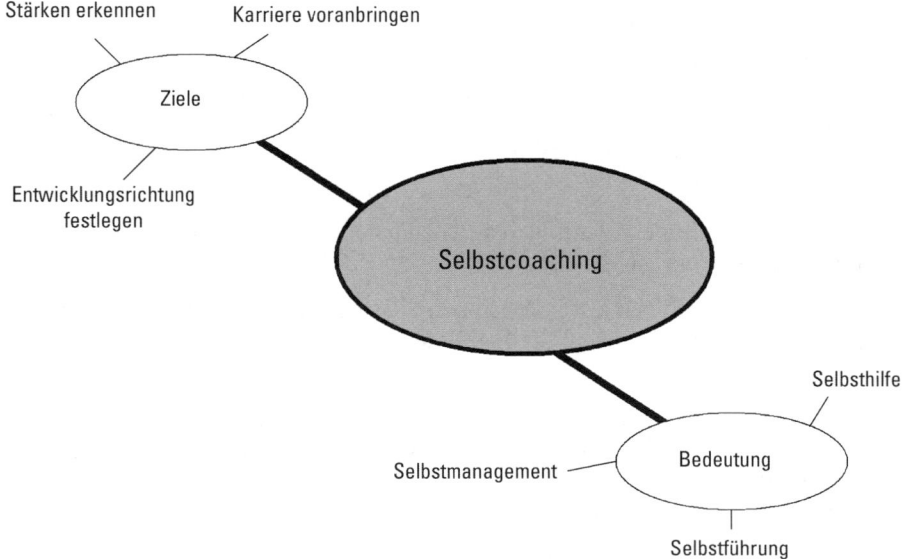

Abbildung 1.3: Eine Mindmap zum Thema »Selbstcoaching«

So wird die Mindmap ein Erfolg

Sie entscheiden selbst, wie Ihre Mindmap aussieht. Ob Sie nun verschiedene Farben für Haupt- und Nebenäste verwenden, mit Symbolen arbeiten oder sogar kleine Bilder in die Mindmap aufnehmen – erlaubt ist alles, was Ihnen hilft. Es gibt zudem einige Tipps, die sich bei der Erstellung von Mindmaps bewährt haben:

✔ Fassen Sie sich kurz. Ganze Sätze oder Satzteile sollten es nicht in die Mindmap schaffen, sie müssen draußen warten. Versuchen Sie, nur Schlüsselbegriffe zuzulassen. Alles andere ist überflüssiger Ballast. Die Schlüsselwörter regen Sie beim späteren Blick auf die Mindmap zu genau den Assoziationen an, aus denen sie entstanden sind. Schlüsselwörter können neben Hauptwörtern auch Tätigkeitswörter (Verben) oder Eigenschaftswörter (Adjektive) sein. Bei der Frage, was Selbstcoaching für Sie bedeutet, ersetzen Sie also beispielsweise »dass ich lerne, mich selbst zu managen« durch den Schlüsselbegriff »Selbstmanagement«.

✔ In eine Mindmap gehören nur die Aspekte, die sich von dem zentralen Thema oder einer damit verbundenen Frage ableiten lassen. Manchmal schießt einem während des Mindmapping eine Idee, Fragestellung oder ein Gesichtspunkt durch den Kopf, der zwar extrem wichtig, aber eigentlich ebenso unpassend ist. Machen Sie keine Kompromisse: Was nicht zum Hauptthema passt, sollte auch nicht passend gemacht werden. Notieren Sie den wichtigen Gedanken auf einem separaten Zettel und kümmern Sie sich später darum – vielleicht in einer neuen Mindmap.

✔ Spendieren Sie jedem Schlüsselwort einen eigenen Ast. Achten Sie aber darauf, dass kein Ast in der Luft hängt, sondern alle Äste miteinander verbunden sind. Damit stellen Sie sicher, dass die Aspekte logisch miteinander verbunden sind und alle an Ihrem zentralen Thema hängen.

Einfach drauflosschreiben

Schlüsselwörter und knappe Ideen zu formulieren, ist nicht jedermanns Sache. Bei manchen Menschen fließen die Gedanken eher, wenn sie sich in ganzen Sätzen oder Satzteilen ausdrücken. Wichtig ist, dass Sie trotzdem spontan und fantasievoll bleiben und sich nicht zensieren. Das können Sie dadurch sicherstellen, dass Sie ohne abzusetzen nonstop schreiben und sich keine Pause gönnen.

- ✔ Schreiben Sie Ihre Frage auf ein leeres Blatt Papier – oder in ein neu geöffnetes Word-Dokument, je nachdem, ob Sie lieber tippen oder per Hand schreiben.

- ✔ Legen Sie einen Zeitrahmen fest und nehmen Sie sich vor, sich (zum Beispiel) 10 Minuten ganz in das Thema zu versenken. Stellen Sie sich ruhig einen Wecker, damit Sie nicht auf die Uhr schauen müssen.

- ✔ Legen Sie los: Schreiben Sie alles auf, was Ihnen zu der Frage durch den Kopf geht. Kümmern Sie sich nicht um die Rechtschreibung, den roten Faden oder wohlformulierte Sätze, das ist jetzt nebensächlich. Jetzt geht es darum, dass Sie Ihre Gedanken zum Sprudeln bringen und sich dem Gedankenfluss hingeben.

- ✔ Schauen Sie beim Schreiben nur nach vorn und nicht zurück: Verzichten Sie darauf, das Geschriebene noch einmal durchzulesen. Erlauben Sie sich, Gedanken doppelt, ohne logischen Zusammenhang oder in Satzfragmenten niederzuschreiben.

- ✔ Wenn Sie fertig sind, kann es hilfreich sein, vor der Lektüre eine kurze Pause einzulegen. Manche Menschen finden es auch hilfreich, die Auswertung der Niederschrift an einem anderen Ort durchzuführen. Die Auswertung kann beispielsweise in einem anderen Zimmer, im Garten oder auch nur auf der anderen Seite des Schreibtischs geschehen.

- ✔ Werten Sie Ihre Niederschrift aus. Folgende Fragen können Sie dabei unterstützen:
  - Welcher Gedanke überrascht mich und warum? Welche Gedanken habe ich erwartet?
  - Welche Argumente habe ich besonders betont, was finde ich besonders wichtig? Notieren Sie sich alle Argumente, die Sie in Ihrem Text erkennen. Versuchen Sie auch, die Argumente zu entdecken, die Sie nicht ausdrücklich niedergeschrieben haben, die sich aber hinter den Gedanken verstecken.
  - Welche Gefühle melden sich in mir zu Wort bei diesem Thema? Erkennen Sie auch die Gefühle, die Sie nicht aufgeschrieben haben, die aber hinter Ihren Gedanken stecken.
  - Welche inneren Stimmen melden sich in Ihnen zu dem Thema und was sagen diese Stimmen? Nutzen Sie das Modell vom inneren Team, das in Kapitel 13 vorgestellt wird, um Ihr inneres Team abzubilden.

 Wenn Ihnen Schreiben nicht so sehr liegt, können Sie Ihre Gedanken auch in ein Aufnahmegerät wie zum Beispiel einen MP3-Player hineinsprechen. Lassen Sie sich auch beim Sprechen nicht aus dem Fluss bringen und überlegen Sie nicht, wie es sich wohl anhört, was Sie da sagen. Bei der Auswertung Ihres Textes können Sie nicht nur auf die Inhalte, sondern auch auf Ihre Stimmung achten: Wann klangen Sie eher ratlos oder unzufrieden, bei welchen Aspekten ist Ihre Stimme förmlich aufgeblüht?

Führe dich selbst, sonst führen dich andere

In diesem Kapitel

▶ Warum Selbstführung die bessere Führung ist

▶ Die Steuerhebel der Selbstführung kennenlernen

▶ Warum »emotionale Intelligenz« nicht nur wichtig klingt, sondern es auch ist

▶ Erkennen, wie emotionale Intelligenz im Berufsalltag weiterhilft

---

Von dem amerikanischen Managementvordenker Peter Drucker stammt der Satz: »Nur wenige Führungskräfte sehen ein, dass sie letztendlich nur eine Person führen müssen: sich selbst.« Dem bleibt nur hinzuzufügen, dass auch nur wenige Personen erkannt haben, dass jeder bereits seit Langem eine Führungskraft ist. Denn jeder muss zumindest eine Person führen: die eigene Person. Und jeder kann entscheiden, ob er die eigene Führung aktiv in die Hand nimmt oder ob er sich die Zügel aus der Hand nehmen lässt.

Wer sich nicht selbst führt, wird von anderen geführt: von den Vorstellungen und Zielen anderer Menschen oder auch von zufälligen äußeren Umständen, die mal das eine und mal das andere Ziel begünstigen. Die Fähigkeit, sich selbst effektiv führen zu können, ist ein wesentlicher Erfolgsfaktor für die berufliche Karriere. Karrierewillige wissen, dass ein Einser-Examen schon längst kein Garant mehr für einen rasanten Aufstieg im Unternehmen ist. Die akademischen Qualifikationen sind lediglich eine Eintrittskarte ins Unternehmen. Wer im Unternehmen vorankommen möchte, muss seinen fachlichen Leistungen soziale Schlüsselqualifikationen zur Seite stellen. Dazu gehört die Fähigkeit, die eigenen Gefühle und Reaktionen zu kontrollieren und zielgerichtet einzusetzen. In diesem Kapitel erfahren Sie, wie Sie das hinbekommen. Sie werden feststellen, dass Sie damit nicht nur etwas für Ihre Karriere tun. Sie tun damit vor allem auch etwas für sich persönlich, denn Sie gewinnen an Souveränität und Zufriedenheit und befinden sich so auf direktem Weg in ein erfülltes Berufsleben.

Sich führen oder geführt werden

Die meisten Menschen sorgen besser dafür, dass sie örtliche Ziele (den neuen Arbeitgeber, die neue Freundin oder das neue Restaurant) erreichen, als dafür, dass sie die eigenen Lebensziele erreichen. Glauben Sie nicht? Dann machen Sie den Test:

Stellen Sie sich vor, Sie sollten sich morgen um Punkt neun Uhr mit Ihrem Arbeitgeber im Rathaus Ihres Wohnortes treffen.

Lesen Sie erst weiter, wenn Sie Tabelle 2.1 wie im Beispiel illustriert ausgefüllt haben:

Der Weg zum Ziel	Ziel: Arbeitgeber erreichen
Startpunkt	Heimadresse
Route	– zur Bushaltestelle laufen – in den Bus 107 steigen – bis Einkaufszentrum fahren – Umsteigen in Bus 113 – bis zur Endstation fahren – Straße in Fahrtrichtung weitergehen, 1. Straße links abbiegen. Geschafft.
Hilfsmittel	– Geld für Busfahrkarte – Regenschirm für Fußweg
Zeitplanung	– 30 Minuten Fahrzeit – 10 Minuten Fußweg – 20 Minuten Puffer
Startzeit	8:10 (inklusive 10 Minuten Puffer)
Wichtige Hinweise an sich selbst	wenn der Bus nicht spätestens um 30 nach da ist, in ein Taxi steigen

Tabelle 2.1: Durchdacht: der Weg zum Ziel

Das war so einfach, dass Sie sich wundern, wozu diese Übung gut sein sollte? Sie haben offensichtlich – wie die meisten Menschen – eine gute Vorstellung davon, wie Sie Ihr Ziel erreichen. Aber haben Sie eine ebenso gute Vorstellung davon, wie Sie Ihre beruflichen Ziele erreichen? Machen Sie die Probe aufs Exempel:

Wo wollen Sie in Ihrer beruflichen Entwicklung in einem Jahr (in drei Jahren, in fünf Jahren) stehen und wie kommen Sie dahin? Skizzieren Sie Ihren geplanten Werdegang in Tabelle 2.2 ebenso ausführlich wie den Weg zum Rathaus. Wenn Ihnen auch das leicht fällt, haben Sie die Nase vorn: Sie führen sich nicht nur direkt auf Zielkurs, sondern lassen auch die meisten Ihrer Mitstreiter blass aussehen. Die meisten Menschen sind nämlich deutlich besser darauf vorbereitet, räumliche Ziele pünktlich zu erreichen, als die eigenen Lebensziele (überhaupt) zu erreichen. Wenn Sie die Tabelle nicht aus dem Stand ausfüllen können, wird Sie das den meisten Menschen allerdings sympathisch machen. Bleiben Sie sympathisch, aber kommen Sie trotzdem an Ihr Ziel und planen Sie den Weg zu Ihren beruflichen Zielen.

Nicht immer gleich: Selbstbild und Fremdbild

Die wenigsten haben vor, sich als Einsiedler durch eine einsame Berglandschaft zu führen. Wer sich aber durch den Bürodschungel führen möchte, wird dabei wohl oder übel auf Artgenossen treffen, die ihm wohl oder übel gesonnen sind. Daher tut er gut daran, dreierlei zu verstehen:

✔ Wie die Welt tickt, die die Bühne für das Projekt »Selbstführung« ist. Das kulturelle und soziale Umfeld bestimmt dieses Ticken ebenso wie die Unternehmenskultur des Arbeitgebers.

2 ► Führe dich selbst, sonst führen dich andere

Durchdacht: Der Weg zum Ziel	Ziel: Arbeitgeber erreichen	Berufliches Ziel oder Lebensziel
Startpunkt	Heimadresse	
Route	– zur Bushaltestelle laufen – in den Bus 107 steigen – bis Einkaufszentrum fahren – Umsteigen in Bus 113 – bis zur Endstation fahren – Straße in Fahrtrichtung weitergehen, 1. Straße links abbiegen. Geschafft.	
Hilfsmittel	– Geld für Busfahrkarte – Regenschirm für Fußweg	
Zeitplanung	– 30 Minuten Fahrzeit – 10 Minuten Fußweg – 20 Minuten Puffer	
Startzeit	8:10 (inklusive 10 Minuten Puffer)	
Wichtige Hinweise an sich selbst	wenn der Bus nicht spätestens um 30 nach da ist, in ein Taxi steigen	

Tabelle 2.2: Durchdacht? Der Weg zum Ziel

✔ Wie die eigene Person tickt und

✔ wie die Welt die eigene Person sieht.

Wie und wohin Sie sich führen, hängt wesentlich davon ab, welches Bild Sie von sich selbst haben. Und wie die anderen auf Sie reagieren, hängt wesentlich davon ab, welches Bild diese von Ihnen haben. Je besser Selbst- und Fremdbild übereinstimmen, desto weniger Irritationen werden zwischen Ihnen und Ihren Mitmenschen auftauchen – und desto erfolgreicher können Sie sich durch das Berufsleben führen.

Das Johari-Fenster, benannt von und nach seinen geistigen Vätern, den Sozialpsychologen Joseph Luft und Harry Ingham, illustriert, dass es im Bild eines jeden Menschen einen blinden Fleck gibt.

Abbildung 2.1 stellt das Johari-Fenster dar: So wie Ihnen ein roter Punkt auf der Nase ohne Spiegel nicht bewusst würde, erkennen Sie auch den sogenannten blinden Fleck nicht ohne »Spiegel«. Die Mitmenschen wissen daher in aller Regel etwas von Ihnen, das Ihnen entweder unbekannt oder im Moment zumindest nicht bewusst ist. Der blinde Fleck beinhaltet zum Beispiel:

✔ **Unbewusste Angewohnheiten und Verhaltensweisen**

Der eine lächelt ständig, ohne es zu merken, der andere juckt sich in Stresssituationen unbewusst an der Nase. Die meisten Menschen hegen die ein oder andere Angewohnheit, die andere als typisch beschreiben würden, die ihnen selbst aber gar nicht bewusst ist.

	Mir bekannt	Mir unbekannt
Anderen bekannt	Öffentliches Wissen	Blinder Fleck
Anderen unbekannt	Mein Geheimnis	Allen ein Geheimnis

Abbildung 2.1: Das Johari-Fenster: Ich sehe was, was du nicht siehst.

✔ **Überzeugungen und typische Charakterzüge**

Sie wissen zwar im Grunde um Ihre Ansichten und Persönlichkeitsmerkmale und könnten diese selbst entdecken, wenn Sie sich die Zeit dafür nehmen würden. Im Alltag mag es Ihnen aber oft nicht bewusst sein, welche Überzeugung oder welcher Charakterzug aus Ihnen spricht. Umgekehrt nehmen Sie Überzeugungen anderer Menschen vermutlich schnell als »typisch« wahr. So kommt es dann, dass Sie beispielsweise schon wissen, wie der Vorgesetzte auf den Vorschlag reagieren wird (und recht behalten) – während er selbst der Ansicht ist, seine Reaktion war völlig offen und nicht vorhersehbar.

✔ **Wirkung von äußerem Auftreten und und Körpersprache**

Die Wirkung des neuen Kleides gehört ebenso in diese Kategorie wie die abgelaufenen Schuhsohlen, die Ihnen noch gar nicht aufgefallen sind. Auch über die Wirkung Ihrer Körpersprache samt Gesten und Mimik können Sie nur Vermutungen anstellen, Gleiches gilt für den Tonfall und den Klang der Stimme.

Je größer der blinde Fleck ist, desto hinderlicher wird er. Die Signale, die Sie unbewusst senden, wirken sich unmittelbar auf Ihr Auftreten aus. Wenn beispielsweise Körpersprache und Mimik so gar nicht zu dem passen wollen, was jemand sagt, wird er kaum überzeugen. Und wer bekannt für seine »Das war schon immer so«-Mentalität ist, wird schwerlich als Reformer überzeugen. Leuchten Sie den blinden Fleck also möglichst gut aus und erhöhen Sie damit die Wahrscheinlichkeit Ihre Ziele zu erreichen.

So verkleinern Sie den blinden Fleck:

✔ Bitten Sie andere Menschen um Feedback. Wenn Sie ein allgemeines Feedback wünschen, können Sie dafür die Fragen aus Kapitel 1 nutzen. Wenn Sie gerne eine Rückmeldung für eine konkrete Situation hätten, trauen Sie sich, danach zu fragen: »Was meinst du, warum hört mir in den Abteilungsmeetings keiner zu?«

✔ Videokamera, Fotoapparat und auch Tonaufnahmen haben schon für so manche Überraschung gesorgt (»Wie bitte, das soll ich sein?«). Nutzen Sie die technische Unterstützung und verschaffen Sie sich selbst Feedback, indem Sie sich selbst mit den Augen der anderen zusehen.

✔ Im Rahmen des Selbstcoaching werden Sie zahlreiche Übungen kennenlernen, deren erklärtes Ziel die eigene Selbstreflexion und Selbsterkenntnis ist. Mit diesen Übungen können Sie sich das eigene Verhalten bewusster machen, zum Beispiel indem Sie sich Gedanken über die eigenen Wertvorstellungen und Glaubenssätze machen.

Warum es wichtig ist, sich selbst zu führen

Stellen Sie sich vor, Sie wären in einer fremden Stadt und hätten Appetit auf Pizza. Sie haben zwei Möglichkeiten, wie Sie sich diesen Wunsch erfüllen.

✔ Sie können das Internet, die Telefonauskunft oder kundige Mitbürger befragen, wo sich eine gute Pizzeria befindet. Bei der Gelegenheit versorgen Sie sich vermutlich gleichzeitig mit der Adresse der Pizzeria und (falls Sie weder ein Navigationsgerät noch Kartenmaterial besitzen) mit einer Wegbeschreibung. Die Chancen, dass Sie in den Genuss der gewünschten Mahlzeit kommen, stehen gut.

✔ Sie können auf gut Glück kreuz und quer durch die Stadt fahren und sich spontan von hier nach dort treiben lassen. Diese bei Abenteurern beliebte Variante mag zwar die Abenteuerlust stillen, den Appetit auf Pizza aber nur mit etwas Glück (und den Appetit auf eine gute Pizza mit noch etwas mehr Glück.)

Ankommen werden Sie in beiden Fällen mit Sicherheit irgendwo. Die Frage ist nur, ob Sie dort auch hinwollten. Auch wer sich von äußeren Umständen mal in die und mal in jene Richtung schicken lässt, kann schließlich durchaus zufrieden sein mit seinem Weg. Genauso gut kann er jedoch auch unzufrieden werden mit dem Weg, auf den er sich hat bringen lassen. Und wer nicht weiß, was er will, hat am Ende nur noch die Möglichkeit zu wollen, was er bekommen hat.

Was für die Fahrt zur Pizza gilt, gilt daher auch für Fahrt durch den Tag: Je genauer Sie wissen, wo Sie hinwollen, und je genauer Sie planen, wie Sie dorthin kommen, desto höher ist Ihre Chance, abends zufrieden auf den Tag zurückzublicken.

Den meisten Menschen fällt vermutlich als Erstes der Vorgesetzte ein, wenn sie gefragt werden, von wem oder was sie geführt werden. Das ist nicht von der Hand zu weisen, allerdings gibt es in diesem Führungsfall einen Vorteil: Sie wissen, dass der Vorgesetzte sich anschickt, Sie zu führen. Und die meisten Menschen überwachen dieses Vorhaben durchaus kritisch und hinterfragen Führungsstil wie Führungsziel sorgfältig. Viel schwieriger ist es, sich dem Einfluss der heimlichen (Ver-)Führer zu entziehen: Es mag Ihnen gar nicht bewusst sein, wie der Kollege Sie (mit Komplimenten) manipuliert oder wie der Freund Sie im Namen der Freundschaft willig an seinen Zielen arbeiten lässt. Auch im Alltag lauern zahlreiche Verführungen darauf, Sie von Ihrem Weg abzubringen: das Sonderangebot der Lieblingsmarke, der gesprächige Kollege am Kaffeeautomaten und der

Zufall, der mal dieses und mal jenes für Sie bereithält. Lassen Sie sich ruhig von anderen Menschen oder Umständen führen. Aber lassen Sie nicht zu, dass Ihnen das nicht bewusst ist – denn dann geben Sie tatsächlich die Zügel aus der Hand.

Wo Selbstführung ansetzt: Gedanken, Gefühle, Verhalten

Ein wichtiges Ziel beim Selbstcoaching besteht darin, das meiste aus den eigenen Fähigkeiten, kurz: aus sich selbst, zu machen. Um das Beste aus sich herausholen zu können, lohnt ein Blick auf das, was die Handlungen eines Menschen bestimmt. Bei dieser (nicht abschließenden) Betrachtung zeigt sich, dass die Gefühle und die Gedanken eines Menschen sowie seine körperliche Verfasstheit sein Verhalten bestimmen – und andersherum andersrum. Wie in jedem komplexen Organismus hängen die einzelnen Teile nicht nur zusammen, sondern beeinflussen sich wechselseitig, wie Abbildung 2.2 illustriert.

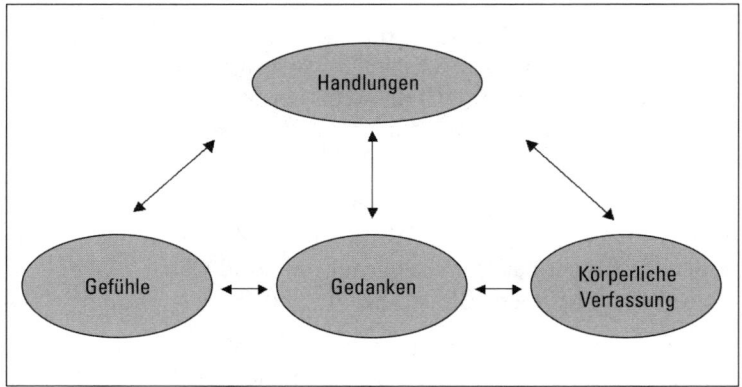

Abbildung 2.2: Unter der Lupe: Aspekte menschlichen Verhaltens

Für den Menschen heißt das: Sobald sich ein Aspekt verändert, verändern sich auch die anderen Aspekte. Wer unausgeschlafen und hungrig ist, dem fällt es schwerer, klare Gedanken zu fassen, als einem erholten, zufriedenen Menschen. Und wer denkt, alle Welt sei gegen ihn, fühlt sich weniger selbstsicher als derjenige, der sich für den Größten hält – und verhält sich dementsprechend zurückhaltender.

 Selbstcoaching ist besonders wirksam, wenn Sie sich nicht auf einen Teilbereich – Gedanken, Gefühle oder körperliche Verfassung – konzentrieren, sondern alle Aspekte gleichermaßen berücksichtigen. In einem Zustand körperlicher Entspannung sind Sie besonders aufnahmefähig für neue Impulse. Bauen Sie daher zunächst körperlichen Stress ab, zum Beispiel indem Sie Sport oder Entspannungstechniken für sich entdecken. Sie werden merken, dass ein körperlicher Entspannungszustand eine angenehme Wirkung auf Ihren Geist hat und die Gedanken beruhigt. Wenn Sie dann zum Beispiel an Ihrer mentalen Stärke arbeiten, richten Sie Ihre Aufmerksamkeit auch auf die aufkommenden Gefühle. Überprüfen Sie, ob die Gefühle angenehm sind oder ob etwas nicht stimmt. Arbeiten Sie so lange an den Gedanken und Gefühlen, bis sich wirklich alles stimmig anfühlt.

Gedanken auf konstruktive Bahnen führen

Im Selbstcoaching lernen Sie, Ihre Gedanken in konstruktive Bahnen zu lenken. Sie beschäftigen sich mit

- ✔ den eigenen inneren Selbstgesprächen. Sie erkennen, dass Sie fast durchgängig mit sich selbst im Gespräch sind. Sie lernen, wie Sie die inneren Selbstgespräche nutzen, um sich selbst zu stärken und auf Erfolgskurs zu bringen.

- ✔ den eigenen Ansichten und Wertvorstellungen. Manche Ansichten sind einem so in Fleisch und Blut übergegangen, dass es schwerfällt, sie überhaupt zu entdecken. Im Selbstcoaching spüren Sie auch versteckte Ansichten und Werte auf, von denen Sie sich (unbewusst) steuern lassen. Sie überprüfen, ob die Ansichten und Werte heute noch zu Ihnen, Ihrer Position und Ihren Zielen passen.

- ✔ der Frage, wie Sie äußere Umwelteinflüsse bewerten. Für den einen ist das Glas halb leer, für den anderen ist es halb voll. Sie machen sich bewusst, wie Sie äußere Faktoren bewerten, und überprüfen, ob Sie die Bewertung verbessern können.

- ✔ den eigenen Erfahrungen und Fähigkeiten. Alte Erfahrungen geraten manchmal in Vergessenheit. Dabei heißt es nicht umsonst Erfahrungsschatz. Beim Selbstcoaching entdecken Sie diesen Schatz neu und lernen, wichtige Fähigkeiten und (verschüttete) Stärken zu aktivieren.

Sich wohlfühlen in seiner Haut

Entspannungsübungen und Sport tun nicht nur dem Körper gut, sondern auch den Gedanken und Gefühlen: Wer seinem Körper hilft, Stress abzubauen, hilft auch seinen Gedanken und Gefühlen, auf ruhigere Bahnen zu kommen. In einem Zustand innerer Ausgeglichenheit können Sie mit Selbstcoaching die beste Wirkung erzielen. Denn dann ist Ihr Geist besonders aufnahmefähig und aufgeschlossen für neue Erkenntnisse.

Sie tun Ihrem Körper (und sich) beispielsweise etwas Gutes, indem Sie

- ✔ Entspannungstechniken für sich entdecken. In Kapitel 12 erhalten Sie im Abschnitt »Abschalten zum Auftanken« einen Überblick über bewährte Techniken.

- ✔ Sport treiben.

- ✔ sich selbst belohnen.

- ✔ dafür sorgen, dass Sie sich wohl- und nicht verkleidet fühlen in Ihrer Kleidung.

- ✔ sich ausgewogen und gesund ernähren (»Du bist, was du isst«).

- ✔ körperliche Bedürfnisse (nach Schlaf, Ruhe, Aktion) erkennen und berücksichtigen.

Viele Wege führen zur körperlichen Entspannung. Fast jeder hat ein eigenes Repertoire individueller Lieblingsentspannungsformen wie einfach nichts tun, Musik hören oder im Internet surfen. Neben diesen individuellen Formen gibt es systematische Methoden zur körperlichen und geistigen Entspannung wie autogenes Training, Meditation und Co. Was von einigen als Nachteil an diesen Methoden empfunden wird, ist gleichzeitig ihr Vorteil: Die Methoden strengen zunächst einmal an, da sie systematisch erlernt und eingeübt werden wollen. Das allerdings führt auch dazu, dass der Entspannungszustand später schneller und zuverlässiger erreicht wird als durch viele der individuellen Erholungsvorlieben. Sie bekommen dadurch nicht nur das Gefühl, sich und den eigenen Erregungszustand gut steuern zu können – Sie können sich gut steuern. Dadurch wiederum macht Ihre Fähigkeit zur Selbsthilfe und Selbstkontrolle sowie Ihr Wissen um die eigene Selbstwirksamkeit (»Was ich mache, bringt etwas«) einen großen Sprung nach vorn.

Gefühle nutzen statt von Gefühlen geführt zu werden

Gefühle sind ein mächtiger Begleiter und lassen sich daher mächtig gut nutzen. Die Voraussetzung dafür ist, dass Sie den Gefühlen nicht ausgeliefert sind, sondern sie kontrollieren und steuern können. Wer das besonders gut beherrscht, darf sich mit der Auszeichnung »emotional intelligent« schmücken. In den folgenden Abschnitten erfahren Sie, was dafür notwendig ist.

Alles unter Kontrolle – emotionale Intelligenz als Erfolgsfaktor

»Was nützt ein hoher IQ, wenn man ein emotionaler Trottel ist?«, fragt der US-amerikanische Psychologe und Wissenschaftsjournalist Daniel Goleman in seinem Buch »EQ. Emotionale Intelligenz«. Da die Karriereleiter für emotionale Trottel meist nicht sehr hoch reicht (Ausnahmen bestätigen die Regel), tut jeder Karrierebegeisterte gut daran, seine emotionale Intelligenz zu schulen.

Emotionale Intelligenz: Das steckt dahinter

»Gefühle sind die geheimen Regisseure unseres Alltags« – davon ist der Neurowissenschaftler Antonio Damasio überzeugt. Werden Sie also zum Intendanten und lernen Sie, mit den Regisseuren zu arbeiten. Ein emotional intelligenter Mensch ist genau dazu in der Lage, denn er hat ein Gefühl für Gefühle – für die eigenen wie für die der anderen – und ist in der Lage, konstruktiv mit ihnen umzugehen und sie zu steuern. In Abbildung 2.3 erfahren Sie, aus welchen Zutaten eine gute emotionale Intelligenz besteht.

Menschen, die sich emotional intelligent verhalten können, haben einige Vorteile:

- ✔ Sie lassen sich nicht von ihren Gefühlen übermannen und schaffen es, auch in heiklen Situationen besonnen zu reagieren.
- ✔ Sie können sich in ihre Mitmenschen einfühlen und verspielen daher nicht (unbemerkt) wichtige Sympathiepunkte. Es gelingt ihnen mithilfe ihres Einfühlungsvermögens, eher andere Menschen für sich und die eigenen Ziele zu gewinnen.
- ✔ Emotional intelligente Menschen verstehen es, die Macht der Gefühle konstruktiv für sich ausnutzen (zum Beispiel zur Motivation von sich selbst und den eigenen Mitarbeitern).
- ✔ Sie sind stabilere Persönlichkeiten und häufig stressresistenter, da ihr »Gefühlshaushalt« ausgeglichen ist.

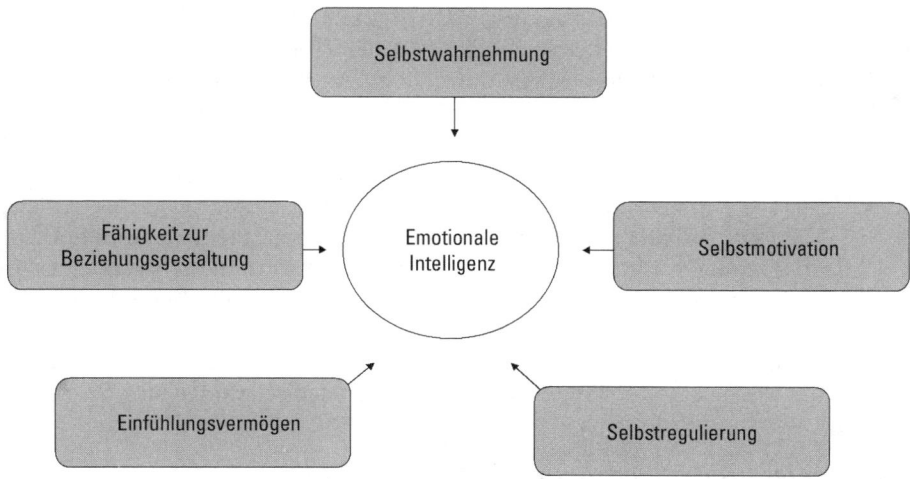

Abbildung 2.3: Zutaten für emotionale Intelligenz (nach dem Rezept von Daniel Goleman)

✔ Bei der **Selbstwahrnehmung** geht es darum, dreierlei zu erkennen:

- die eigenen Gedanken und Gefühle
- die Gründe für die eigenen Gedanken und Gefühle
- die Gefühle hinter den Gefühlen

Im Abschnitt »Die Selbstwahrnehmung schulen« weiter hinten in diesem Kapitel erhalten Sie das notwendige Werkzeug für die Forschungsreise in Ihre Gefühlswelt.

✔ Zur **Selbstmotivation** zählt auch die Fähigkeit, Gefühlen und Impulsen zu widerstehen. Im Abschnitt »Der Marshmallow-Test oder wer zuletzt lacht, lacht am besten« weiter hinten in diesem Kapitel erfahren Sie, was es damit auf sich hat.

✔ Die **Selbstregulierung** beschreibt die Kunst, die eigenen (aufbrausenden) Gefühle in Balance halten zu können. Im Abschnitt »Jetzt ist Schluss – negativen Gefühlen Grenzen setzen« weiter hinten in diesem Kapitel lernen Sie Methoden kennen, mit denen das gelingt.

✔ Beim **Einfühlungsvermögen** geht es darum, wie gut Sie Gefühle und Verhalten anderer Menschen erkennen und nachvollziehen können.

✔ Die **Fähigkeit zur Beziehungsgestaltung** basiert auf einer zwischenmenschlichen Intelligenz und befähigt Sie, stabile Beziehungen zu anderen Menschen aufzubauen. Ein wichtiger Baustein dafür ist die Fähigkeit, erfolgreich mit anderen Menschen zu kommunizieren. In Kapitel 15 erfahren Sie alles, was für eine geglückte Kommunikation wichtig ist. Und Kapitel 10 liefert Ihnen Tipps, wie Sie auch bei unterschiedlicher Interessenlage in Verhandlungen (über den Auftrag, den Kinofilm, das Restaurant) mithilfe des Harvard-Verhandlungskonzepts nicht nur Ihre Interessen, sondern auch die Ihres Gegenübers berücksichtigen.

 Sie würden gerne in den Gesichtern Ihrer Mitmenschen lesen können? Dann meditieren Sie. Der ehemalige tibetische Mönch Lobsang Tenzin Negi entwickelte an der US-amerikanischen Universität Emory ein spezielles Meditationsprogramm aus alten tibetisch-buddhistischen Praktiken und zeigt in einer Studie, dass sich mit dieser Meditation das Einfühlungsvermögen deutlich verbessern lässt. Die Meditationsvariante »Cognitively-Based Compassion Training« – kurz CBCT – trainiert die kognitive Fähigkeit, die Gefühle anderer Menschen zu erkennen. Testpersonen der Studie, die CBCT trainiert hatten, lagen bei dem Test »In den Augen von anderen lesen« klar vor der untrainierten Vergleichsgruppe. Sie benannten auch unter erschwerten Bedingungen die Gefühle ihres Gegenübers deutlich besser. Die Ergebnisse wurden gestützt durch Aufnahmen der Hirnaktivität mittels Magnetresonanztomografie: Die trainierten Studienteilnehmer wiesen eine verstärkte Hirnaktivitäten in den relevanten Hirnbereichen auf.

Wie es um die eigene emotionale Intelligenz steht

Es lohnt sich in doppelter Hinsicht, die Aufmerksamkeit auf die eigene emotionale Intelligenz zu richten: Sie erfahren dadurch etwas über sich selbst und schaffen damit die beste Basis für die weitere Entwicklung. Und Sie verstehen besser, was es mit der emotionalen Intelligenz auf sich hat: Sie erkennen, dass es sich bei Weitem nicht um ein theoretisches Modell handelt, sondern um ausgesprochen wertvolle Verhaltensweisen für den Berufsalltag.

Gehen Sie die folgenden Fragen in Ruhe durch. Denken Sie daran, dass niemand Ihre Antworten bewertet. Sie tun sich selbst einen Gefallen, wenn Sie möglichst ehrliche statt möglichst rühmliche Antworten finden.

Die eigene Selbstwahrnehmung

Durch die Beantwortung der folgenden Fragen kommen Sie der eigenen Selbstwahrnehmung auf die Spur.

- ✔ Rufen Sie sich typische Situationen Ihres Berufslebens vor Augen: Wie sehen Sie sich selbst in diesen Situationen?
- ✔ Wie verhalten Sie sich in Meetings, wie im Gespräch mit den Kollegen oder in der Diskussion mit dem Vorgesetzten? Sind Sie im Wesentlichen immer der Gleiche? Oder fühlen Sie sich ganz unterschiedlich, je nachdem, wer vor Ihnen steht?
- ✔ Wie treten Sie auf, welche Signale senden Sie vermutlich durch Körpersprache und Stimmführung?
- ✔ Wie fühlen Sie sich in typischen beruflichen Situationen? Welche Gefühle melden sich in Ihnen und wie gehen Sie damit um?
- ✔ In welchen Situationen würden Sie sich gerne anders fühlen? Was bräuchten Sie, um sich anders fühlen zu können?

Selbstmotivation und Impulskontrolle

Wie es um Ihre Selbstmotivation und Impulskontrolle steht, erforschen Sie, wenn Sie sich folgende Fragen stellen:

- ✔ Was motiviert Sie besonders? In Kapitel 8 haben Sie die Möglichkeit, im Abschnitt »Motivationsquellen anzapfen« herauszufinden, welche Faktoren besonders motivierend auf Sie wirken.
- ✔ Wie spornen Sie sich selbst an? Wie motivieren Sie sich zu einer langweiligen Aufgabe?
- ✔ In welchen Situationen fällt es Ihnen leicht, sich anzuspornen und in welchen Situationen können Sie sich schwerlich aufraffen?
- ✔ Wie gut gelingt es Ihnen, plötzliche Impulse zu kontrollieren? Was tun Sie, um die Impulse zu beherrschen?
- ✔ Wie schaffen Sie es, auf etwas, das Sie unbedingt haben möchten, noch länger zu warten? Mit welchen Worten reden Sie sich Geduld zu?
- ✔ Wie vertreiben Sie negative Gedanken und Stimmungen?

Die eigene Selbstregulierung

Die eigene Fähigkeit zur Selbstregulierung nehmen Sie mit folgenden Fragen unter die Lupe:

- ✔ Denken Sie an eine herausfordernde Situation zurück: Haben Sie Ihren Gefühlen freien Lauf gelassen (wie sah das aus?) oder haben Sie Haltung bewahrt?
- ✔ Wir fühlen und verhalten Sie sich, wenn Sie eine Auseinandersetzung mit einem Kollegen, Vorgesetzten oder Freund haben?
- ✔ Sind Sie schnell auf 180 oder gelingt es Ihnen auch in herausfordernden Situationen (Streit, Stress, Schwierigkeiten), innerlich und äußerlich ruhig zu bleiben?
- ✔ Woran könnten andere merken, dass Sie sich gerade sehr anstrengen müssen, um Ihren Gefühlen nicht Luft zu machen?
- ✔ Was tun Sie, wenn Sie kurz davor sind, die Selbstbeherrschung zu verlieren? Wie können Sie sich beruhigen?

Das eigene Einfühlungsvermögen

Das eigene Einfühlungsvermögen können Sie mit folgenden Fragen überprüfen:

- ✔ Interessieren Sie sich dafür, wie es in anderen Menschen aussieht – oder interessieren Sie sich eher für die Daten und Fakten der fachlichen Zusammenarbeit?
- ✔ Können Sie sich in der Regel gut vorstellen, wie Ihre Mitmenschen sich fühlen, oder sind diese eher ein Buch mit sieben Siegeln für Sie?
- ✔ Was tun Sie, um die Gemütszustand anderer Menschen zu erkennen? Worauf achten Sie besonders?

- ✔ Können Sie es an der Körpersprache erkennen, wenn jemand versucht, seine Gefühle zu verbergen? Erkennen Sie, welche Gefühle er verbergen möchte?
- ✔ Woran haben Sie in der Vergangenheit erkannt, dass etwas nicht stimmte mit einem Mitmenschen?
- ✔ Sind Sie manchmal überrascht von den Reaktionen anderer Menschen? Wann passiert das und was vermuten Sie, aus welchem Grund Sie mit Ihrer Einschätzung danebenlagen?

Die Fähigkeit zur Beziehungsgestaltung

Ihre Fähigkeit zur Beziehungsgestaltung erkennen Sie mithilfe folgender Überlegungen:

- ✔ Wie zeigen Sie Interesse an Ihren Mitmenschen? Merken Sie sich beispielsweise deren Interessen, Familiengeschichten oder Vorlieben? Erkundigen Sie sich nach dem Befinden der anderen?
- ✔ Wie gehen Sie auf andere Menschen zu? Sind Sie aufgeschlossen oder zurückhaltend, warten Sie, bis der andere Sie anspricht, oder ergreifen Sie die Initiative?
- ✔ Wie finden Sie nach einer schwierigen Situation die richtigen Worte (oder sagen Sie vorsichtshalber gar nichts?) Fällt es Ihnen leicht, den ersten Schritt zu machen?
- ✔ Hören Sie anderen Menschen gerne zu? Was tun Sie, um sicherzustellen, dass Sie den anderen richtig verstehen?
- ✔ Wie begegnen Sie unterschiedlichen Ansichten und Wertvorstellungen?
- ✔ Fällt es Ihnen leicht, eigene Vorurteile zu erkennen und abzulegen?
- ✔ Suchen Sie aktiv das Gespräch mit anderen? Machen Sie gerne Small Talk oder sprechen Sie lieber dann, wenn es auch etwas zu sagen gibt?
- ✔ Wissen Sie in der Regel, was der andere von Ihnen erwartet?

Die Selbstwahrnehmung schulen

Manche werden vielleicht finden, Selbstwahrnehmung sei doch nichts Besonderes. Schließlich merkt doch jeder, ob er sich gerade gut oder schlecht fühlt. Das dürfte zwar im Großen und Ganzen stimmen, ist aber nur die halbe Wahrheit. Denn die Selbstwahrnehmung geht einen Schritt weiter.

Eine gute Selbstwahrnehmung ist die Basis dafür, im Sinne der eigenen Ziele handlungsfähig zu bleiben – oder zu werden. Denn nur wer genau versteht, was gerade warum in ihm vorgeht, kann konstruktiv darauf reagieren und den richtigen Weg einschlagen.

Den Gefühlen auf der Spur

Die Selbstwahrnehmung startet damit, dass Sie die eigenen Gefühle und Gedanken zulassen und erkennen. Lassen Sie sich innerlich freien Lauf und horchen Sie in sich hinein, welche

Gedanken und Gefühle sich melden. Versuchen Sie nicht, sich zu zensieren. »Verbotene Gedanken« bekämpfen Sie nicht, indem Sie sie unterdrücken, sondern indem Sie ihnen auf den Grund gehen und Alternativen für sich finden.

In manchen Situationen liegt der Grund für den Unmut auf der Hand (zum Beispiel wenn die Kaffeemaschine immer noch streikt). In anderen Situationen ist der Unmut vielschichtiger und setzt sich wie ein Puzzle aus mehreren Übeln zusammen. Es stellt sich dann häufig ein großes Gefühl, wie zum Beispiel Ärger, ein, in dem die anderen Gefühle verpackt sind. Die beste Reaktion auf dieses Paket können Sie bestimmen, indem Sie des Übels Wurzel aufspüren.

Ob Sie bereits die Wurzel des Übels erkannt haben oder nicht, können Sie übrigens im Gespräch mit Ihren Mitmenschen feststellen. Fassen Sie das Übel in einem Satz zusammen, zum Beispiel: »Ich bin unzufrieden, weil die Kaffeemaschine immer noch defekt ist, ich aber Riesenlust auf ein Tässchen Kaffee habe.« Diese Aussage ist ziemlich eindeutig und wer sie vernimmt, kann sich ein recht genaues Bild Ihrer inneren Qualen machen. Lautet die Zusammenfassung des Übels aber: »Ich bin ärgerlich, weil das Meeting mit dem Teamleiter nicht gut gelaufen ist«, bleibt Platz für Spekulationen: Was genau ist schlecht gelaufen, warum ärgert Sie das, was wollten Sie eigentlich erreichen – die Aussage vermittelt einem Dritten keine eindeutige Ursache für Ihr Befinden. Sie haben die wirklichen Verursacher Ihres Ärgers noch nicht benannt.

Das Übel an der Wurzel packen

Gefühle wie Ärger oder Wut spielen sich gerne in den Vordergrund und verbergen hinter sich oftmals die Gefühle, die tatsächlich verletzt wurden. Wer zum Beispiel nach einem kritischen Kommentar des Vorgesetzten Ärger verspürt, ist selten einfach nur ärgerlich. Trotzdem fühlt er sich nicht selten wie gelähmt vor Ärger und sitzt handlungsunfähig am Schreibtisch. Wenn Sie erkennen, welche Gefühle hinter einem großen Gefühl wie Ärger stecken, werden Sie wieder handlungsfähig und können die beste Reaktion auf das »Ärgernis« planen.

Greta Geradeaus ist ärgerlich. Der Teamleiter hat ihr Konzept zur Verbesserung der Mitarbeiterzufriedenheit harsch abgebügelt. Vor lauter Ärger fiel ihr noch nicht einmal mehr eine passende Antwort ein und zurück an ihrem Schreibtisch kann sie keinen klaren, sondern nur ärgerliche Gedanken fassen. Greta beschließt, dass es so nicht weitergehen kann. Sie führt eine Atemübung durch, um ihren Kopf frei zu bekommen, und wirft dann einen genauen Blick auf ihren Ärger. Hinter ihrem Ärger steckt einiges und sie erkennt, dass sie nicht einfach ärgerlich ist, sondern vor allem

- ✔ enttäuscht, weil ihre Leistungen nicht anerkannt wurden,
- ✔ machtlos, weil sie nicht die Gelegenheit bekam, sich zu erklären,
- ✔ entmutigt, weil der Teamleiter zwar nicht mit Kritik, dafür aber mit konstruktiven Vorschlägen geizt hat und sie keine Ansatzpunkte zur Verbesserung sieht.

Nachdem Greta ihren Ärger durchschaut hat, kehren ihre Kräfte zurück. Sie fühlt sich handlungsfähig und wird den Teamleiter um die Gelegenheit bitten, ihr

Konzept zu verteidigen. (»Ich glaube, Sie haben mich da an dem einen oder anderen Punkt missverstanden. Das würde ich gerne klären.«) Sie nimmt sich außerdem vor, ihren Vorgesetzten danach zu fragen, was sie besser machen kann. (»Ich habe verstanden, dass Ihnen dieser Aspekt nicht gefällt. Was wäre Ihnen stattdessen wichtig, welche Themen würden Sie sich wünschen?«)

Die eigenen Gefühle richtig zu benennen, ist nicht immer einfach. Oftmals spüren Sie, dass Sie sich nicht wohlfühlen, können die Gründe dafür aber nicht richtig in Worte fassen. Diese Übung hilft weiter:

- ✔ Lassen Sie das Gefühl zu und Ihren Gedanken freien Lauf.

- ✔ Schreiben Sie sich auf, was Ihnen durch den Kopf geht. Spüren Sie jeder Stimme nach und nehmen Sie jede Regung auf (auch die Regungen, die politisch nicht ganz korrekt sind).

- ✔ Gehen Sie jedem Gedanken auf den Grund, um sicherzustellen, dass sich dahinter kein weiteres Gefühl versteckt. Das gelingt Ihnen, indem Sie sich W-Fragen stellen: Warum macht mich das traurig? Warum hat es mich gestört? Welche meiner Werte oder Hoffnungen sind verletzt worden? Was hatte ich eigentlich erhofft? …

- ✔ Lassen Sie die einzelnen Gedanken und Gefühle zu eigenen Persönlichkeiten werden mithilfe des Modells vom inneren Team, das in Kapitel 13 ausführlich beschrieben und in Abbildung 2.4 dargestellt ist. Das Modell hilft Ihnen dabei, einem unklaren Gefühl (»Das gefällt mir alles irgendwie nicht«) auf den Grund zu gehen, indem Sie es auf mehrere innere Teammitglieder aufteilen. Alles, was Sie dafür brauchen, sind zugespitzte Formulierungen, die als Überschrift für einen Teilbereich des unklaren Gefühls stehen könnten. Dann tauchen zum Beispiel ein Desillusionierter (»Ich hatte mir das anders vorgestellt«), ein Enttäuschter (»Schade, dass es nicht geklappt hat.«) und ein Erschöpfter (»Ich kann nicht mehr«) auf der Bühne auf und das unklare Gefühl macht seinen Abgang.

- ✔ Wenn Sie verstanden haben, wie es genau in Ihnen aussieht, sind Sie bestens dafür ausgerüstet, sich auf den Weg Richtung Lösung zu machen.

Jetzt ist Schluss – negativen Gefühlen Grenzen setzen

Wenn der Kopf voller wüster Gedanken und der Bauch voller Wut ist, schaden Sie damit vor allem einem: sich selbst. Der Auslöser Ihres Zorns bleibt davon gänzlich unberührt. Er hat es nicht nur geschafft, Sie in diesen unangenehmen Zustand zu versetzen, er hat Sie dadurch zudem erheblich geschwächt. Denn mit einem Riesenärger im Bauch können Sie keine kühlen Entscheidungen treffen und Ihre Urteilskraft ist eingeschränkt. Führen Sie sich zurück auf festeren Boden, bevor Sie etwas aussprechen oder tun, das Sie später bereuen.

Sie können das ABC-Modell aus der rational-emotiven Therapie des Psychologen Albert Ellis nutzen.

- ✔ Nehmen Sie zuerst den Auslöser (das »A«) unter die Lupe.

- ✔ Dann machen Sie sich bewusst, dass Sie zu verschiedenen Bewertungen (das »B«) der Situation kommen können.

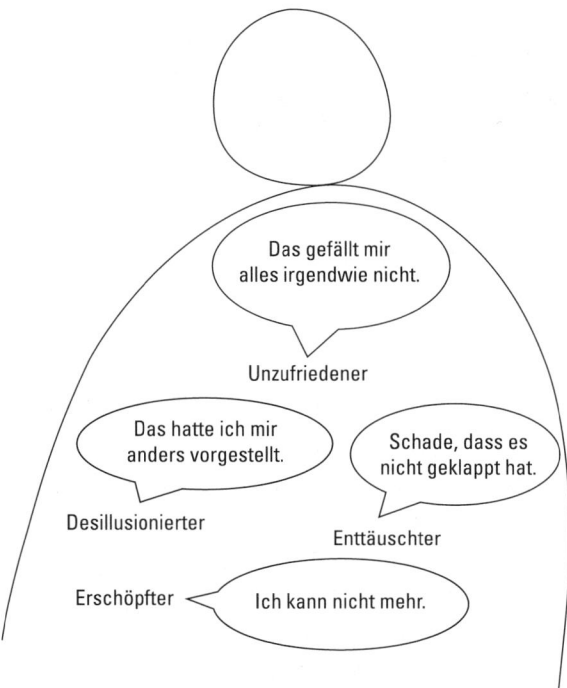

Abbildung 2.4: Innere Stimmen erfassen: das innere Team

✔ Erkennen Sie, dass Ihre Gefühle im Wesentlichen eine Konsequenz (das »C« des englischen »consequence«) Ihrer Bewertung, nicht aber der Situation selbst sind.

In Kapitel 12 erhalten Sie weitere Informationen zur ABC-Technik und erfahren, wie Sie die Technik gegen Stress einsetzen.

Sich nicht von einem Vorfall unterkriegen lassen

Verschiedene Menschen können ganz unterschiedlich auf das gleiche (negative) Feedback reagieren. Der eine ist am Boden zerstört, den anderen kümmert es eher wenig. Das liegt daran, dass man die Situation nicht nur erlebt, sondern vor allem auch bewertet. In Abbildung 2.5 ist aufgeführt, was bei der Bewertung von Situationen zu beachten ist.

Bei der Bewertung der Situation hilft Folgendes:

Verschiedene Perspektiven einnehmen

Es gibt nicht die eine richtige Sicht der Dinge. Probieren Sie daher aus, wie sich verschiedene Ansichten anfühlen und mit welcher Sicht der Dinge Sie konstruktiv weiterarbeiten können.

✔ Bemühen Sie sich, die Situation aus verschiedenen Blickwinkeln zu betrachten. Sie können sich fragen, wie Ihr Kollege, Ihr Kumpel oder Ihre Freundin die Lage beschreiben würde. Oder Sie machen sich zum Anwalt der Situation und tragen alles zusammen, was

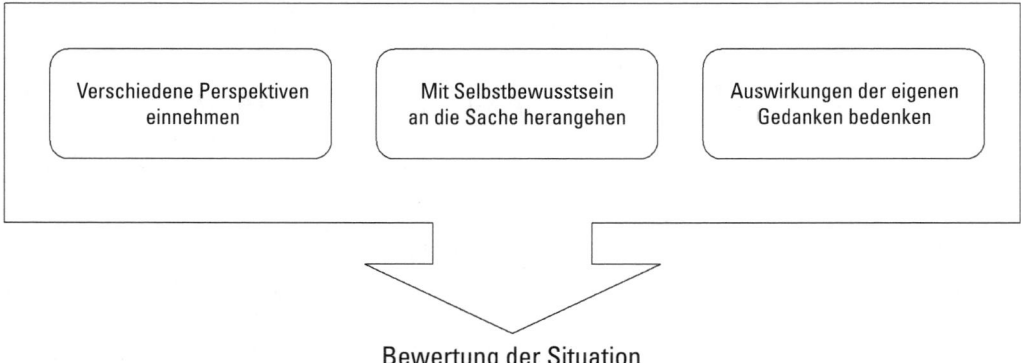

Abbildung 2.5: Das hilft bei der Bewertung von Situationen.

gut an der Sache ist. Selbstverständlich können Sie sich auch zum Ankläger erheben und den Blick auf die Nachteile richten.

✔ Werfen Sie einen nüchternen Blick auf die Lage und beschreiben Sie die Situation aus der Perspektive eines neutralen Zuschauers.

✔ Bemühen Sie sich, die Situation nicht zu bewerten (»Die Kritik des Teamleiters ist völlig unberechtigt«), sondern nur wiederzugeben (»Der Teamleiter gibt sein Feedback zu meinem Konzept. Er hat Änderungswünsche«). Wenn Sie die Sache nur schwarzsehen können, bitten Sie Personen Ihres Vertrauens um deren Einschätzung. Personen, die nicht direkt beteiligt sind, haben nämlich oftmals eine angemessenere Problemsicht.

Mit Selbstbewusstsein an die Sache herangehen

Bevor Sie sich zu einer Bewertung der Lage hinreißen lassen, packen Sie Ihr Selbstbewusstsein aus.

✔ Glauben Sie an sich selbst und erinnern Sie sich an Ihre Fähigkeiten und Leistungen.

✔ Stellen Sie nicht Ihre gesamte Person infrage, nur weil Ihnen ein kleines Missgeschick unterlaufen ist.

✔ Gehen Sie davon aus, dass die Reaktionen anderer Menschen zunächst einmal etwas über das Wohlbefinden dieser anderen Menschen aussagen und nicht über deren Einstellung zu Ihnen. Der Kollege ist unfreundlich, die Freundin zickig und der Vorgesetzte kurz angebunden und Sie schließen daraus, dass keiner Sie mag? Vergessen Sie das. Im Klartext: Bevor Sie sich den schwarzen Peter zuschieben, nehmen Sie an, dass der Kollege Stress zu Hause, die Freundin schlecht geschlafen und der Vorgesetzte Ärger mit seinem Vorgesetzten hat.

Auswirkungen der eigenen Gedanken bedenken

Bedenken Sie, dass die eigenen Gedanken wesentlich bestimmen, wie Sie sich fühlen. Oder andersherum: Bedenken Sie, dass Sie bestimmen können, wie Sie sich fühlen, indem Sie die eigenen Gedanken kontrollieren.

✔ Unangenehme Gedanken rufen unangenehme Gefühle hervor, schöne Gedanken schöne Gefühle und neutrale Gedanken neutrale Gefühle.

✔ Wer dramatisiert oder sich selbst schwach redet (»Das schaffe ich nicht«), ruft die entsprechenden Gefühle auf den Plan.

✔ Prüfen Sie daher genau, ob Ihre Gedanken eine angemessene Bewertung des Auslösers und Ihrer eigenen Fähigkeiten darstellen.

Die wenigsten Situationen haben das Zeug zum Weltuntergang. In aller Regel ist die Lage weit weniger dramatisch, als sie im ersten Moment erscheint. Dem Teamleiter gefällt das Konzept nicht? Das ist zwar schade, denn er hat (vermutlich) das letzte Wort. Es ist aber keine allgemeingültige Bewertung Ihrer Arbeit, sondern lediglich *seine* Ansicht. Ein anderer Teamleiter wäre womöglich begeistert gewesen. Das hilft zwar Ihrem Konzept nicht weiter, aber Ihnen: Machen Sie sich klar, dass Sie es mit einem einzelnen Geschmacksurteil zu tun haben, das sich zudem lediglich auf eine einzelne Arbeitsleistung von Ihnen bezieht. Damit wird weder Ihr gesamtes fachliches Können noch Ihre Persönlichkeit infrage gestellt.

So bewerten Sie die Situation selbstbewusst:

✔ Aus »Mein Konzept kommt nicht an, ich kann nichts« wird dann »Mein Konzept kommt nicht an, er hat anscheinend andere Vorstellungen«.

✔ Aus »Das ist das Ende meiner Karriere« wird »Nächstes Mal werde ich die Richtung für das Konzept im Vorwege genauer abstimmen«.

✔ Statt »Das ist das Schlimmste, was passieren konnte«, denken Sie lieber: »Jeder hat unterschiedliche Vorstellungen. Der Teamleiter hat viel Erfahrung, aus seinem Feedback kann ich bestimmt etwas Nützliches für mich mitnehmen.«.

Die Gedanken sind nicht frei: Unerwünschte Gefühle stoppen

Es ist eine Sache einzusehen, dass negative Gefühle aus negativen Gedanken folgen und dass der Urheber dieser negativen Gedanken der eigene Kopf ist. Eine ganz andere Sache ist es, die negativen Gedanken einzustellen und sich schöne Gefühle zu machen. Wenn Sie die Situation aus dem Stand nicht günstiger bewerten können (oder wollen), sind Sie den Gefühlen dennoch nicht machtlos ausgeliefert. So nehmen Sie Gefühlen, die Sie nicht haben wollen, die Macht:

✔ **Die Gefühle akzeptieren**

Ja, Sie haben richtig gelesen: Machen Sie auf gut Freund mit den Gefühlen, die Sie nicht haben wollen. Denn Sie haben diese Gefühle nun einmal und zudem haben Sie sogar zu einem guten Teil selbst dazu beigetragen. Wer also gegen die Gefühle ankämpft, kämpft gegen sich selbst. Überlisten Sie sich und die Gefühle lieber und akzeptieren Sie erst einmal, dass Sie sich so fühlen. Nehmen Sie wahr, was Sie fühlen und denken und sagen Sie sich, dass das in Ordnung geht.

✔ **Den Gefühlen die Macht nehmen**

Die Gefühle haben die Macht über Ihr Wohlbefinden, solange sie sich in Ihnen so breit machen, dass Sie keinen klaren Gedanken fassen können. Begrenzen Sie also den Raumanspruch der störenden Gefühle und schaffen Sie Raum für klare Gedanken. Das gelingt Ihnen am besten, indem Sie aus dem Geschehen aussteigen. Setzen Sie dem Gefühlstreiben ein Ende ganz nach dem Motto: »Liebe Gefühle, ich verstehe, dass ihr da seid. Aber jetzt reicht es mir. Ich steige aus.« Und dann steigen Sie aus. Sie haben verschiedene Möglichkeiten dazu:

- Die Gedanken stoppen: Stoppen Sie die unschönen Gedanken (»Jetzt ist alles vorbei«), die zu den unschönen Gefühlen geführt haben. Sie wissen nicht wie? Stellen Sie sich den Gedanken in den Weg und zeigen Sie ihnen ein Stoppschild. Wenn nötig, werfen Sie den Gedanken mit Gewalt aus Ihrem Kopf (»Jetzt ist Schluss mit diesem Gedanken. Ich will und werde den Gedanken stoppen.«).

- Durch bewusstes Atmen den Erregungszustand abkühlen: Erst einmal tief durchatmen – dieser einfache Tipp hat es in der Tat in sich. Ruhiges und kontrolliertes Atmen beruhigt tatsächlich das Gemüt. Probieren Sie es zum Beispiel mit der Atemübung aus, die in Kapitel 12 als Waffe gegen Stress empfohlen wird.

- Mithilfe körperlicher Bewegung wieder runterkommen: Wenn die Umstände es erlauben, gönnen Sie sich körperliche Bewegung. Lassen Sie Dampf ab, notfalls indem Sie dreimal das Treppenhaus hoch- und runterlaufen.

Es ist gar nicht so einfach, ärgerlich zu bleiben, während Sie etwas tun, das Ihnen Vergnügen bereitet. Im Büro ist es allerdings oftmals gar nicht so einfach, etwas Vergnügliches zu tun. Vielleicht finden Sie trotzdem etwas: Kaffee trinken gehen, den lustigen Cartoon von heute Morgen noch mal anschauen oder mit dem Lieblingskollegen nette Worte austauschen beruhigt ärgerliche Gemüter.

✔ **Noch ein Versuch: Die Situation bewerten**

Nachdem sich die Gefühle abgekühlt haben und der Kopf sich wieder zugänglich für klare Gedanken erweist, lässt sich ein zweiter Versuch starten: Gehen Sie zurück auf Los (also zu der Situation, die für das ganze Übel verantwortlich ist) und überprüfen Sie Ihre Bewertung noch einmal. Ist nun wirklich alles vorbei oder besteht die Hoffnung, dass 90 Prozent Ihres Lebens weitergehen wie bisher? Womöglich gelingt es Ihnen mit etwas innerem Abstand, die Situation statt rabenschwarz in zartem Grau zu sehen – vielleicht sogar mit einem schwachen weißen Schimmer. Übrigens: Schlechte Kritik wird auch mit Abstand nicht weniger kritisch. Aber Sie erkennen mit etwas Abstand, dass davon in aller Regel nicht die Welt untergeht.

 Die Situation erscheint Ihnen nach wie vor aussichtslos und Sie sind kurz davor, die Krise zu kriegen? Dann blättern Sie zu Kapitel 4. Dort erfahren Sie, wie Stehaufmännchen Krisen meistern – nachmachen erwünscht.

Hinderliche innere Bilder verändern

Auch wenn Sie aus den überwältigenden Gefühlen ausgestiegen sind, hinterlassen diese manchmal ein Andenken in Form von hinderlichen innerlichen Bildern. Innere Bilder besitzen eine starke Kraft – positive Bilder eine positive Kraft und negative Bilder eine negative Kraft. Sie können die negativen Bilder, die bei schlechten Gefühlen aufkommen, aber umdeuten und sie damit unschädlich machen. So gehen Sie vor:

✔ Rufen Sie sich die Situation in Erinnerung, in der sich das Gefühl zum ersten Mal vorstellte.

✔ Lassen Sie das Gefühl zu. Welches Bild verbinden Sie damit? Was taucht vor Ihrem inneren Auge auf, wenn Sie dem Gefühl Raum geben?

✔ Stellen Sie sich vor, Sie könnten ein Foto von Ihrem inneren Bild aufnehmen: Was wäre auf dem Foto zu sehen? Gehen Sie der Sache nach: Welche Stimmung vermittelt das Bild und in welcher Position sehen Sie sich? Vielleicht sehen Sie sich selbst mit dem Rücken zur Wand stehen, in einer einsamen Ecke sitzen oder unter der Bettdecke verkrochen.

✔ Beschreiben Sie nun die Gedanken und Gefühle, die das Bild in Ihnen auslöst. Wie fühlen Sie sich mit dem Rücken zur Wand, in der Ecke oder unter der Bettdecke? Was sehen Sie, wie sehen Sie sich, wie fühlt sich das an?

✔ Nun sehen Sie das vermeintlich negative Bild positiv. Welche Vorteile verschafft Ihnen die Situation, worauf ließe sich aufbauen? Sie können die Bilder zum Beispiel so deuten:

- Wer mit dem Rücken zur Wand steht, kann nicht von hinten angegriffen werden. Er überblickt das ganze Geschehen, kann sich einen Eindruck verschaffen und sich wieder in die Mitte des Treibens bewegen, wenn er so weit ist. Sie haben also Zeit, sich zu sammeln und dann kraftvoll auf die Bildfläche zurückzukehren.

- Unter der Bettdecke ist erst mal Ruhe. Wer sich dorthin zurückzieht, ist geschützt vor den Blicken der anderen und steigt aus dem Trubel aus. Die Bettdecke kann eine schützende Höhle bilden, in der sich die Gedanken ordnen und Kraft sammeln lässt.

- Wer in der einsamen Ecke hockt, hat für den Moment Ruhe vom Außenleben. Er könnte in der Ecke seine Gedanken ordnen oder sogar ungestört eine vergnügliche Tätigkeit ausüben, zum Beispiel ein Buch lesen.

 Bei der Umdeutung der inneren Bilder geht es nicht darum, dass Sie sich tatsächlich mit einem Buch in die Ecke setzen sollen. Das Ziel der Umdeutung ist vielmehr, dass die negativ besetzten inneren Bilder ihren Schrecken verlieren. Falls Sie sich also in eine Ecke gedrängt fühlen, denken Sie daran, dass sich auch in der Ecke notfalls etwas Nettes machen lässt. Sie erleben die Ecke dann nicht mehr als Falle, sondern vielleicht sogar als eine Schutzzone, in der Sie neue Kräfte sammeln und aus der heraus Sie wieder aktiv werden.

Der Marshmallow-Test oder wer zuletzt lacht, lacht am besten

Gefühle machen das Leben bunt, aber sie sind bei Weitem nicht nur eine Dekoration des Lebens. Gefühle helfen Ihnen maßgeblich dabei, Ihre Ziele zu erreichen. Bei der Fähigkeit zur Selbstmotivation machen Sie sich diesen Aspekt der Gefühle zunutze:

- ✔ Gefühle (»Haben wollen«) erhöhen die Attraktivität von Zielen und damit den Wunsch und die Bemühungen, das Ziel zu erreichen. In Kapitel 5 erfahren Sie, wie Sie ein Ziel so formulieren, dass Sie größtmögliche Unterstützung von Ihren Gefühlen bekommen.

- ✔ Gefühle üben eine motivierende Wirkung aus. In Kapitel 8 erfahren Sie, wie Sie Motivationsquellen anzapfen. Dabei hilft Ihnen die Macht der positiven Gedanken und Gefühle: Diese stellen sich schon bei der Vorstellung ein, Sie könnten Ihr Ziel erreichen.

- ✔ Ein besonderer Aspekt der Selbstmotivation ist der, freiwillig auf einen kleinen Erfolg oder eine kleine Belohnung verzichten zu können. Nicht umsonst, versteht sich, sondern nur, um später einen doppelten Gewinn einzufahren. Die Fähigkeit, kurzfristigen Verlockungen zu widerstehen, um sich größere Verlockungen in der Zukunft zu sichern, ist eine wesentliche Grundlage für Erfolg.

Stellen Sie sich einmal vor, Sie wären noch einmal vier Jahre alt. Sie sitzen ganz allein in einem leeren, ungeschmückten Zimmerchen. Vor Ihnen steht ein kleiner Tisch und darauf liegt Ihre Lieblingsschokolade. Ihnen läuft das Wasser im Munde zusammen und angesichts der ganzen Langeweile um Sie herum, können Sie an nichts anderes mehr denken, als an den süßen Wohlgeschmack der Schokolade. Sie wissen, dass Sie zugreifen dürfen, wenn Sie wollen. Sie wissen aber auch, dass Sie belohnt werden, wenn Sie sich beherrschen: Ihnen wurde nämlich in Aussicht gestellt, ein zweites Stück Schokolade zu bekommen. Der Haken daran ist, dass Sie zunächst 15 Minuten der Verlockung widerstehen müssen, die Schokolade zu essen.

Dieses Experiment hat der Psychologe Walter Mischel mit vierjährigen Kindern in den 1960er-Jahren an der Universität Stanford durchgeführt. Da es sich bei dem Objekt der Begierde nicht um Schokolade, sondern um Marshmallows handelte, wurde die Studie als Marshmallow-Test bekannt. 13 Jahre nach dem Marshmallow-Test nahm Walter Mischel die mittlerweile jugendlichen Probanden noch einmal unter die Lupe: Er interessierte sich für ihre Persönlichkeit und untersuchte beispielsweise ihre schulischen und außerschulischen Erfolge und ihre Fähigkeit, konstruktive Beziehungen zu anderen Menschen aufzubauen. Die Ergebnisse der Studie sind ebenso überraschend wie eindeutig:

- ✔ Die Kinder, die der Versuchung widerstanden hatten, waren durchschnittlich zu deutlich stabileren und erfolgreicheren Persönlichkeiten herangewachsen als die Kinder, die der Versuchung nachgegeben hatten. Die standhaften Kinder waren besser in der Schule, gut eingebunden in ihr soziales Umfeld und hatten keine nennenswerten Probleme.

- ✔ Die Kinder, die der Versuchung schnell nachgegeben hatten, taten sich im Durchschnitt deutlich schwerer. Sie waren weniger erfolgreich in der Schule, gerieten leichter in Stress und hatten mit mehr Problemen zu kämpfen.

Der Marshmallow-Test zeigt, wie bedeutend die Fähigkeit ist, die eigenen Impulse (»Greif zu!«) kontrollieren zu können. In der Psychologie ist die Fähigkeit zum Belohnungsaufschub, also das Wartenkönnen auf eine Belohnung, als wichtiger Erfolgsfaktor für beruflichen und sozialen Erfolg anerkannt. Wer auf eine sofortige Verlockung verzichten kann, um sich später mit einer größeren Verlockung zu belohnen, hat somit die besten Voraussetzungen für persönlichen Erfolg.

Eine kleine Belohnung jetzt oder eine größere Belohnung später – diese Entscheidung hatten die Kinder beim Marshmallow-Test zu treffen. Auch im Erwachsenenalter trifft jeder immer wieder ähnliche Entscheidungen. Diese sind jedoch nicht immer auf den ersten Blick als Einladung zum Belohnungsaufschub zu erkennen. Denn meistens geht es nicht um Süßigkeiten, sondern um subtilere Verlockungen. Es geht dann zum Beispiel darum, den ungeliebten Kollegen jetzt nicht hängen zu lassen, um später vor dem Chef als »Retter« dastehen zu können. Oder es geht darum, dem Vorgesetzten nicht zwischen Tür und Angel von der genialen Idee zu erzählen, um damit im nächsten Abteilungsmeeting einen großen Auftritt zu haben. Wenn Sie das nächste Mal also vor der Entscheidung stehen, ob Sie lieber jetzt einen kleinen oder später einen größeren Triumph feiern möchten, erinnern Sie an den Marshmallow-Test: Warten Sie auf die größere Belohnung, es lohnt sich (fast) immer.

Eine guter Denkanstoß muss nicht neu sei

Für die persönliche Führung sind gute Einsichten wie Richtungspfeiler. Sie dienen als

✔ Orientierung und Wegweiser,

✔ Anregung und Denkanstoß,

✔ Mutmacher und persönlicher Glaubenssatz.

Auf der Suche nach hilfreichen Erkenntnissen ist der Einzelne nicht auf die Grenzen seines eigenen Einfallsreichtums begrenzt, sondern darf sich aus dem reichen Erfahrungsfundus der Menschheit bedienen. Erkenntnisse anderer Menschen können ein besonders erfrischender Impuls und eine Bereicherung für die eigene Gedankenwelt sein.

Ein guter Spruch ist umso besser, je besser er Ihnen weiterhilft. Sie nutzen die Kraft der Erkenntnisse besonders gut aus, wenn Sie sich die Zeit nehmen, über den Spruch nachzudenken:

✔ Welches Gefühl weckt der Gedanke in Ihnen? Für welche hinderlichen Gedanken eignet sich die Erkenntnis als »Gegengift«?

✔ In welchen Situationen hätte es Sie weitergebracht, wenn Sie nach dem Gedanken gelebt hätten? Was hätten Sie gewonnen?

✔ In welchen zukünftigen Situationen möchten Sie sich an den Gedanken erinnern? Wie werden Sie den Gedanken für sich ausnutzen, welche Handlungen werden Sie daraus ableiten?

Die Geschichte ist voll von wertvollen Einsichten. Lassen Sie sich inspirieren und entscheiden Sie selbst, welchen Gedanken Sie auf Ihrem weiteren Weg mitnehmen möchten.

- ✔ Wenn der Wind der Veränderung weht, bauen die einen Windmühlen und die anderen Mauern. (chinesisches Sprichwort)
- ✔ Nicht weil es schwer ist, wagen wir es nicht, sondern weil wir es nicht wagen, ist es schwer. (Seneca)
- ✔ Auch aus Steinen, die dir in den Weg gelegt werden, kann man etwas Schönes bauen. (Johann Wolfgang von Goethe)
- ✔ Man kann niemanden überholen, wenn man in seine Fußstapfen tritt. (Francois Truffaut)
- ✔ Den größten Fehler, den man im Leben machen kann, ist, immer Angst zu haben, einen Fehler zu machen. (Dietrich Bonhoeffer)
- ✔ Misserfolg ist lediglich eine Gelegenheit, mit neuen Ansichten noch einmal anzufangen. (Henry Ford)
- ✔ Es ist wichtiger, das Richtige zu tun, als etwas richtig zu tun. (Peter Drucker)
- ✔ Wer sieben Mal hinfällt, sollte acht Mal wieder aufstehen. (chinesische Weisheit)
- ✔ Wer nicht auf seine Weise denkt, denkt überhaupt nicht. (Oscar Wilde)
- ✔ Wenn die Zeit kommt, in der man könnte, ist die vorüber, in der man kann. (Marie von Ebner-Eschenbach)
- ✔ Ein Pessimist sieht die Schwierigkeiten in jeder Möglichkeit, ein Optimist sieht die Möglichkeiten in jeder Schwierigkeit. (Winston Churchill)
- ✔ Nur tote Fische schwimmen mit dem Strom. (unbekannt)
- ✔ Wer einen Fehler gemacht hat und ihn nicht korrigiert, begeht einen zweiten. (Konfuzius)
- ✔ Wir können nicht zu neuen Ufern aufbrechen, wenn wir nicht bereit sind, das alte aus den Augen zu verlieren. (Seneca)
- ✔ Wer sich nicht entscheiden kann, muss die Folgen der Entscheidungen hinnehmen, die andere für ihn treffen. (unbekannt)
- ✔ Die Kunst ist, einmal mehr aufzustehen, als man umgeworfen wird. (Winston Churchill)

Los geht's: Einsteigen und warm werden

In diesem Kapitel

▶ Eigene Selbstcoaching-Erfahrungen nutzen

▶ Die Stärke in der Schwäche erkennen und nutzen

▶ Mit proaktivem Verhalten zum »Macher« werden

▶ Den Unterschied zwischen »Ja, aber«- und »Ja, und«-Denkern erkennen

Ein Gärtner bereitet die Erde vor, bevor er die Saat in den Boden steckt und erzielt so die besten Erträge. Was dem Gärtner beim Gärtnern hilft, hilft auch dem Selbstcoacher beim Selbstcoaching: Sie können den Ertrag des Selbstcoaching ebenso erhöhen, indem Sie den Boden (sich selbst) auf das Coaching vorbereiten. Denn was für den Gärtner der gute Dünger ist, ist für den Selbstcoacher die gute Erkenntnis. Zum einen wäre da die Erkenntnis, dass Sie sich vermutlich schon viel länger coachen, als Ihnen dieser Ausdruck bekannt ist. Zum anderen finden Sie in diesem Kapitel grundlegende Einsichten, die Sie beim Selbstcoaching im Hinterkopf behalten sollten. Diese Einsichten werden Ihnen nämlich nicht nur das Selbstcoaching, sondern auch das Leben leichter machen – zum Beispiel dadurch, dass Sie einen guten Kern in den eigenen Schwächen entdecken. Sie erfahren in diesem Kapitel außerdem, wie Sie sich zu einem »Macher« machen und welche Vorteile es hat, auch mal fünf gerade sein zu lassen und einfach das Beste aus den Dingen zu machen.

Bei sich selbst abgucken: Eigene Selbstcoaching-Erfahrungen

Bei sich selbst abzugucken ist im Selbstcoaching nicht nur erlaubt, sondern wird sogar belohnt. Jeder hat in seinem Leben bereits Erfolge erzielt, Niederlagen erlitten und Rückschläge hinnehmen müssen. Manchmal ist das gut gelungen, manchmal hat es viel Kraft gekostet. Aus beiden Erfahrungen lässt sich einiges für die eigene Zukunft lernen:

✔ welche Verhaltensweisen, Ansichten und Stärken zu den eigenen Erfolgen beigetragen haben,

✔ was zu Rückschlägen und Niederlagen geführt hat und

✔ mit welchen eigenen Stärken die Niederlagen und Rückschläge hätten vermieden oder abgemildert werden können.

Auch wenn es Ihnen nicht bewusst ist, haben Sie sich vermutlich schon häufig im Leben selbst gecoacht. Denn das tun Sie immer dann, wenn Sie auf Ihre Gedanken oder Gefühle einwirken oder eigene Stärken im richtigen Moment ausspielen.

 Bevor Sie den »offiziellen« Selbstcoaching-Prozess starten, forschen Sie nach, welche Erfahrungen Sie in der Vergangenheit mit Selbstcoaching gemacht haben. Sie haben dabei die Chance zu entdecken, was Ihnen besonders gut hilft und welche Methoden Sie eher nicht noch einmal anwenden möchten.

Machen Sie sich Folgendes bewusst:

✔ In welchen Situationen steuern Sie die eigenen Gedanken oder Gefühle bewusst?

✔ Wie wirken Sie auf die eigenen Gedanken oder Gefühle ein?

✔ In welchen Situationen lassen Sie sich von einer inneren Stimme hilfreiche Handlungsanweisungen zuflüstern (»Du kannst das, los steh auf und mach deinen Punkt«)?

✔ Was haben Sie bereits unternommen, um sich der eigenen Stärken bewusst zu werden?

✔ Inwiefern gleichen Sie eigene Schwächen bereits bewusst durch eigene Stärken aus?

✔ In welchen Situationen und bei welchen Themen haben Sie bereits Methoden angewendet, die zum Selbstcoaching gezählt werden können?

✔ Welche Erfahrungen haben Sie gemacht, welche Erfolge haben Sie erzielt?

✔ Welche Methoden haben sich als ungünstig für Sie erwiesen und warum?

✔ Was ist aus Ihrer persönlichen Erfahrung wichtig für erfolgreiches Selbstcoaching?

Wegweisend: Das Wertequadrat

Vieles im Leben ist in Maßen gut und in Massen schädlich. Das wusste bereits Aristoteles, als er in seiner Nikomachischen Ethik bestimmte, was eine Tugend ist: die rechte Mitte nämlich zwischen »zu viel« und »zu wenig«. Das gilt für Wein ebenso wie für menschliche Eigenschaften und Persönlichkeitsmerkmale. Wer sparsam ist, nennt eine Tugend sein Eigen. Wer aber zu sparsam ist, wird geizig und damit weder tugendhaft noch sonderlich beliebt. Ein wenig Großzügigkeit stünde dem Geizigen gut zu Gesicht – in Maßen, wohlbemerkt, denn sonst wird aus der Großzügigkeit schnell Verschwendung.

Das Wertequadrat zeigt, wie nah Stärken und Schwächen beieinanderliegen und wie aus einer übertriebenen Tugend eine Untugend wird. Es wurde erstmals von dem Psychologen Paul Helwig vorgestellt und von dem Kommunikationspsychologen Friedemann Schulz von Thun weiterentwickelt. In Abbildung 3.1 ist das Wertequadrat für die Tugenden »Sparsamkeit« und »Großzügigkeit« dargestellt.

 Mit dem Wertequadrat können Sie viel Gutes anstellen:

✔ erkennen, welcher positive Kern in einer »Untugend« oder Schwäche liegt

✔ vorhersehen, was aus der Tugend wird, wenn sie übertrieben wird

✔ entdecken, mithilfe welcher Tugend eine Schwäche entwickelt werden kann

✔ formulieren, wie das Entwicklungsziel für eine Schwäche aussieht (»Ich werde großzügiger sein, ohne verschwenderisch zu werden.«)

✔ Feedback an Zeitgenossen sozialverträglich formulieren

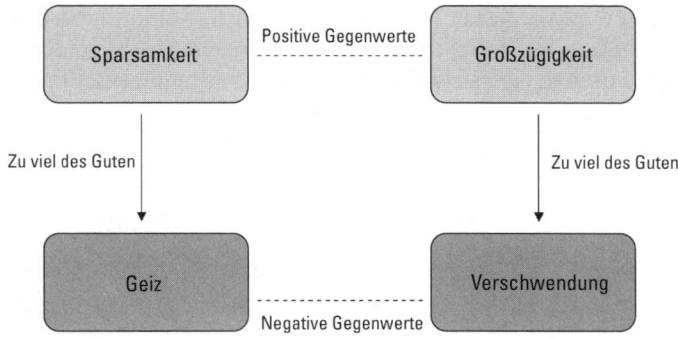

Abbildung 3.1: Das Wertequadrat: Zu viel des Guten ist auch nicht gut.

Die Stärke in der Schwäche

Die gute Botschaft des Wertequadrats ist, dass Schwächen oft auf einer Stärke basieren. Diese Stärke allerdings schlägt über die Strenge und entwertet sich in der Übertreibung selbst.

 Im Selbstcoaching können eigene Schwächen mithilfe eigener Stärken abgeschwächt werden. Das Wertequadrat hilft dabei, den guten Kern der Schwächen zu verstehen und zu bestimmen, in welche Richtung die Entwicklung gehen soll.

Folgendes Beispiel zeigt, wie Sie das Wertequadrat anwenden können: Stellen Sie sich vor, Sie hätten eine Schwäche für Ihre eigenen Entscheidungen. Ihr Vorgesetzter jedoch sieht diese als Alleingänge an, mit denen Sie seinen Führungsfittichen entfliehen wollten. Er ist nicht erfreut und bittet zum Gespräch. Mithilfe des Wertequadrats können Sie sich ein klares Bild Ihrer Stärken und Schwächen verschaffen und sich auf das Gespräch vorbereiten. So gehen Sie vor:

✔ Überlegen Sie, was das gegenteilige Extrem zu den Alleingängen ist, und platzieren Sie es in Feld 4 (siehe Abbildung 3.2). Das andere Extrem wäre zum Beispiel, keinen Schritt alleine, gehen zu können und durch Unselbstständigkeit aufzufallen.

✔ Nun werden Sie zum Coach: Was würden Sie jemandem raten, der keinen (Arbeits-)Schritt allein machen kann? Wahrscheinlich würden Sie ihn ermutigen, etwas selbstständiger zu sein und sich eigene Entscheidungen zuzutrauen. Schreiben Sie diese Tugend in Feld 1. Diese Tugend in Feld 1 »Selbstständiges Arbeiten« ist der gute Kern Ihrer »Untugend«.

✔ Fahnden Sie nun nach dem guten Kern des negativen Gegenwerts »Unselbstständigkeit« in Feld 4. Vielleicht kommen Sie zu dem Ergebnis, dass ein Unselbstständiger gut darin ist, sich mit anderen abzustimmen.

✔ Tragen Sie den positiven Aspekt in Feld 2 ein. Nun sehen Sie, wo die Reise hingehen sollte: Wer zu nicht abgestimmten Alleingängen neigt, dem tut etwas mehr Abstimmung gut. Lassen Sie die Stärke »Selbstständiges Arbeiten« also regelmäßig mit der Schwestertugend »Abstimmung« spielen. So stellen Sie sicher, dass die Stärke stark bleibt und nicht durch ein Zuviel des Guten entwertet wird.

✔ Im Gespräch mit dem Vorgesetzten können Sie sich souverän und reflektiert zeigen. Verweisen Sie galant auf die Stärke Ihrer Schwäche, indem Sie das andere Extrem ins Spiel bringen (»Sie wünschen sich sicherlich keine unselbstständigen Mitarbeiter.«). Dann zeigen Sie, dass Sie verstanden haben, worum es dem Vorgesetzten geht und erklären: »Ich werde zukünftig selbstständig arbeiten, mich aber besser mit Ihnen abstimmen.«

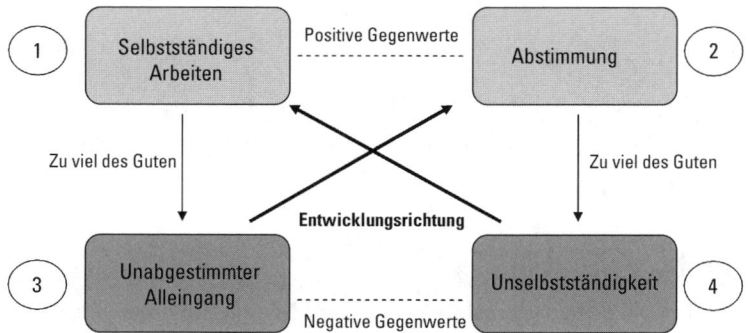

Abbildung 3.2: Die zwei Seiten der Medaille

Nutzen Sie das Wertequadrat, wenn Sie sich um eine neue Position bewerben: Betonen Sie nicht nur, dass Sie zum Beispiel sehr durchsetzungsstark sind. Denken Sie auch daran, die Schwestertugend zu erwähnen, und verweisen Sie darauf, dass Sie erkennen, wann es Zeit ist, auch einmal nachzugeben.

Kritisieren leicht gemacht

Feedback zu geben ist einfach, wenn die Botschaft lautet »Alles ist super«. Wenn der Kollege aber nervt mit seiner ständigen Fragerei oder die Kollegin mit ihrem Sich-durchsetzen-Wollen, ist Fingerspitzengefühl beim Kritisieren gefragt.

Kritik mit Fingerspitzengefühl an den Kritisierten zu bringen lohnt sich:

✔ Der Kritisierte schaltet nicht gleich auf Durchzug.

✔ Die Bereitschaft, das kritische Feedback anzunehmen, steigt, wenn es nicht mit dem Holzhammer (»Du nervst«) vorgebracht wird.

✔ Die persönliche Beziehung wird geschont, wenn zeitgleich etwas Wertschätzendes ausgedrückt wird.

Mithilfe des Wertequadrats werden Sie die richtigen Worte für das kritische Feedback finden. Machen Sie sich dafür die einzelnen Felder des Wertequadrats bewusst. So gehen Sie vor:

✔ Schreiben Sie die anstrengende Eigenschaft des anderen in Feld 3 des Wertequadrats (siehe Abbildung 3.2). Die Kollegin, die keine Ruhe gibt, bevor sie die eigene Ansicht durchgesetzt hat, empfinden Sie womöglich als unkooperativ und stur.

✔ Suchen Sie nach dem guten Kern dieser Eigenschaft. (Wenn Sie nichts finden, suchen Sie noch etwas weiter.) Sie werden (irgendwann) zu dem Schluss kommen, dass die Kollegin durchaus durchsetzungsfähig ist.

- ✔ Füllen Sie Feld 4 des Wertequadrats mit dem anderen Extrem zur Sturheit. Das andere Extrem wäre zum Beispiel, zu allem Ja und Amen zu sagen und keine eigenen Impulse einzubringen.

- ✔ Leiten Sie nun den positiven Gegenwert, die Schwestertugend, des Durchsetzungsvermögens ab und schreiben Sie ihn in Feld 2. Dafür können Sie sich entweder fragen, welcher gute Kern in einem »Ja-Sager« steckt, oder Sie überlegen, welches Verhalten Sie sich von der unkooperativen Kollegin wünschen würden. Die Eigenschaft, auch einmal nachgeben zu können, wird Ihnen in diesem Zusammenhang sicher wünschenswert erscheinen. Voilà, Sie haben eine Schwestertugend für Feld 2.

- ✔ Nun können Sie die Aussprache mit der Kollegin planen. Nehmen Sie sich vor, den guten Kern »Durchsetzungsfähigkeit« zuerst zu würdigen. Damit zeigen Sie, dass Sie die Eigenschaften der Kollegin durchaus wertschätzen, es Ihnen aber in der ein oder anderen Situation etwas zu viel des Guten ist. (»Ich finde das sehr gut, dass Sie eigene Standpunkte haben und diese durchsetzen wollen. Damit leisten Sie einen wichtigen Beitrag zu unseren Diskussionen. Bei einigen Themen ist es mir aber etwas zu viel des Guten. Zum Beispiel bei der Diskussion um die Marketingmaßnahmen hätte ich mir gewünscht, dass Sie auch einmal nachgeben.«)

Als Vorgesetzter können Sie mithilfe des Wertequadrats Feedbackgespräche planen. Bei der Einstellung neuer Mitarbeiter sollten Sie darauf achten, dass der Bewerber seinen Stärken die entsprechenden Schwestertugenden zur Seite stellen kann. Dann ist das Risiko geringer, dass ein Zuviel des Guten irgendwann anstrengend wird. Testen Sie also, ob der Bewerber nicht nur taktisch, sondern auch authentisch ist, ob er harmonieliebend, aber auch konfliktfähig ist.

Machen oder gemacht werden

Es gibt Menschen, genannt »Macher«, die machen. Sie machen, indem sie Aufgaben anpacken, indem sie Lösungen suchen, indem sie Dinge vorantreiben.

Und es gibt Menschen, die warten vornehmlich darauf, dass »mal jemand etwas macht«. Sie verharren nicht nur passiv, sondern gerne auch lamentierend in ihrer Situation, bis etwas gemacht wird – von einem Macher, denn (so meinen diese Menschen) »ich selbst kann ja nichts machen«.

Was meinen Sie, welche Menschen das Gefühl haben, ihr Leben unter Kontrolle zu haben: die Macher oder die Menschen, die warten, dass etwas gemacht wird? (Zugegeben, das ist eine rhetorische Frage, aber für manche Menschen wie ein »Augenöffner«.)

»Macher« sehen sich selbst als Gestalter von Situationen – und sind es auch. Passive Menschen hingegen fühlen sich nicht selten als Opfer der äußeren Umstände. Und damit haben sie gar nicht so unrecht. Denn immerhin haben sie gewartet, dass jemand anders die Initiative, die Führung und damit die Gestaltung der Situation übernimmt.

Sie werden zu einem Macher, indem Sie

✔ handeln und das Spielfeld aktiv abstecken, anstatt auf das Spiel anderer zu warten.

✔ die Energie auf das richten, was Sie ändern können, und nicht auf das, was Sie nicht ändern können (die Laune des Vorgesetzten, das Wetter oder den Geldwertverfall).

✔ sich auf Möglichkeiten und Alternativen konzentrieren statt auf Probleme und die Schuldigen an diesen Problemen.

Sich selbst auf »proaktiv« polen

Der Begriff »proaktiv« wurde von dem österreichischen Psychiater Viktor E. Frankl im deutschsprachigen Raum eingeführt. Viktor Frankl bezeichnete damit die Fähigkeit eines Menschen, sein eigenes Verhalten zu steuern und so die Automatik von Reiz und nachfolgender Reaktion zu unterbrechen.

Stephen Covey, ein US-amerikanischer Guru in Sachen Selbsthilfe, griff Frankls Konzept in seinem Buch »Die 7 Wege zur Effektivität« auf und machte es berühmt. Er erklärte »proaktiv sein« zu einem seiner sieben Prinzipien effektiver Menschen. Was es bedeutet, proaktiv zu sein, illustriert Covey mit einem Modell, das dem in Abbildung 3.3 auffallend gleicht. Im Wesentlichen geht es um Folgendes:

✔ Der vorbestimmte Mensch reagiert mehr oder weniger automatisch auf die Impulse der Umwelt. Auf den Anpfiff des übellaunigen Chefs reagiert er eben so, wie er immer auf Anpfiffe reagiert (je nach Temperament mit Tränen, Rückzug oder Angriff).

✔ Ein proaktiver Mensch nimmt den Umweltreiz wahr, reagiert aber nicht automatisch darauf. Er ist in der Lage zu wählen, mit welchem Verhalten er auf den Impuls reagieren möchte. Der proaktive Mensch entscheidet beispielsweise, den übellaunigen Chef heute mal nicht ganz so ernst zu nehmen und auf Durchzug zu schalten.

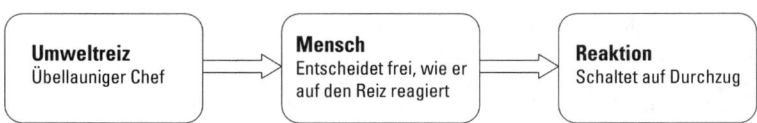

Abbildung 3.3: Die Fähigkeit, Reiz auch mal Reiz sein zu lassen

Nach Stephen Covey ist zwar jeder in der Lage, seine automatischen Reaktionen zu unterbrechen und sich bewusst für ein Verhalten zu entscheiden. Das bedeutet aber nicht, dass der Einfluss der Gene, der psychischen Entwicklung oder der Umwelt keine Rolle spielt. Diese Faktoren prägen die Persönlichkeit jedes Einzelnen ebenso wie die Erfahrungen, die er im Laufe seines Lebens gemacht hat. Zur Diskussion steht daher nicht, dass die äußeren Umstände das Verhalten prägen, sondern lediglich, ob sie es bestimmend festlegen.

Proaktiv zu sein heißt aber nicht nur, die automatische Reaktion auf Umweltreize zu unterbrechen. Proaktive Menschen machen sich das Leben durch allerlei Verhaltensweisen leichter.

Welche das sind, erkennen Sie, wenn Sie sich selbst auf proaktiv programmieren:

Bewusst für eine Reaktion entscheiden

Machen Sie sich bewusst, dass Sie es in der Hand haben, wie Sie auf Ihre Umwelt reagieren. Proaktive Menschen fühlen sich selten als Opfer (»Ich konnte nicht anders.«), sondern als Gestalter (»Ich habe mich für dieses Verhalten entschieden.«). Sie haben dadurch das Gefühl, die Kontrolle über das eigene Leben zu haben und nicht von einem Umstand zum nächsten geschubst zu werden.

Die Verantwortung für das eigene Verhalten und dessen Konsequenzen übernehmen

Scheuen Sie sich nicht, sich eigene Fehler einzugestehen, und scheuen Sie sich ebenso wenig, sich die eigenen Erfolge selbstbewusst zuzuschreiben. Wenn ein proaktiver Mensch sich nach einem Misserfolg ins stille Kämmerlein zurückzieht, dann nur, um aus der Sache etwas zu lernen. Jeden Erfolg hingegen sollten Sie auf dem Konto der eigenen Selbstwirksamkeit verbuchen. Das bedeutet: Merken Sie sich, dass Sie wirklich etwas ausrichten und Einfluss ausüben können. Damit haben Sie ein starkes Gegengift für Gedanken wie »Macht alles keinen Sinn, ich kann eh nichts ändern« zur Hand.

Aktiv sein und die Initiative ergreifen

Handeln Sie, anstatt darauf zu warten, dass jemand anders handelt. Das gibt Ihnen zum einen das Gefühl, etwas tun zu können und dem anderen oder der Situation nicht hilflos ausgeliefert zu sein. Zum anderen schaffen Sie durch Ihre Handlungen Fakten und gestalten die Situation mit. In Kapitel 8 finden Sie im Abschnitt »Starten statt warten« Tipps, wie Sie sich von typischen (lähmenden) Situationen des Berufsalltags nicht lähmen, sondern zu einem proaktiven Auftritt verleiten lassen.

Nach Lösungen suchen und nicht nach Schuldigen

Proaktive Menschen analysieren, wodurch ein Fehler entstanden ist. Das ist sinnvoll, damit sie es nächstes Mal besser machen können. Unsinnig hingegen ist es, leidvoll dem missglückten Projekt nachzutrauern. Wer in der Problemsicht gefangen bleibt, wird nur Fehler und Schuldige, nicht aber Möglichkeiten und Chancen erkennen. Beschränken Sie die Trauer über einen Misserfolg daher auf ein Minimum und fragen Sie sich stattdessen lieber, was Sie nun tun können und welche Alternativen Sie noch haben.

Das Gefühl, keine Alternativen und ebenso wenig Einfluss zu haben, ist nicht nur unangenehm, sondern auch gefährlich: Es kann Sie direkt an den Rand einer Krise bringen. Tatsächlich haben Sie jedoch in den allermeisten Situationen eine Alternative. Manchmal dauert es allerdings etwas länger, bis Sie diese erkennen oder sich mit ihr anfreunden können. In Kapitel 4 erfahren Sie im Abschnitt »Der eigene Umgang mit Krisen«, mit welchen proaktiven Verhaltensweisen Sie sich vor schweren Krisen schützen können.

Schon in Gedanken proaktiv sein

Die Gedanken beeinflussen, wie Sie sich fühlen: Wer denkt, jeder mag ihn, fühlt sich gut – wer (wenn auch zu Unrecht) denkt, keiner mag ihn, fühlt sich eher nicht so gut. Daraus folgt:

✔ Wenn Sie die Gedanken auf reaktiv und pessimistisch schalten, fühlen Sie sich bald ebenso.

✔ Wenn Sie in Gedanken auf proaktiv und optimistisch schalten, steigt die eigene Stimmung.

Die meisten Gedanken schießen einem zwar automatisch in den Kopf. Dennoch ist niemand seinen Gedanken willenlos ausgeliefert. Sie können sich nämlich bewusst dafür entscheiden, einem ebenso automatischen wie ungünstigen Gedanken das Stoppschild zu zeigen und ihn durch einen konstruktiveren Artgenossen zu ersetzen.

Fangen Sie daher schon in Gedanken damit an, proaktiv zu sein. Ersetzen Sie ungünstige Gedanken (»Ich kann nichts machen.«) durch eine proaktive Einstellung (»Mir bleiben jetzt mehrere Möglichkeiten.«). In Tabelle 3.1 finden Sie nützliche proaktive Einstellungen.

Reaktive Gedanken	Proaktive Gedanken
Da kann man nichts machen.	Mal sehen, welche Alternativen ich finde.
Es ist aussichtslos.	Es gibt immer einen Weg.
Da bin ich machtlos.	Mal sehen, welche Möglichkeiten ich jetzt habe.
So bin ich eben, Mathematik lag mir noch nie.	Ich kann mich entwickeln und einen Zugang zur Mathematik finden.
Es macht mich so wütend.	Ich habe die Kontrolle über meine Gefühle. Wenn etwas mich wütend macht, dann weil ich das zulasse.
Mir bleibt keine Zeit für so etwas.	Mir ist es wichtiger, etwas anderes zu tun.
Das geht so nicht.	Ich möchte das so nicht machen.
Ich muss jetzt gehen.	Ich möchte jetzt gehen.
Ich kann nicht länger bleiben.	Ich möchte nicht länger bleiben.
Schlimmer geht nicht.	Nun kann ich es nur noch besser machen.

Tabelle 3.1: Geht nicht, gibt's nicht: eine proaktive Einstellung an den Tag legen

 Üben Sie sich darin, proaktiv zu denken. Fangen Sie am besten gleich damit an: Erinnern Sie sich an eine Situation, in der sich heute oder in der letzten Woche ein reaktiver Gedanke gemeldet hat. Vielleicht fällt Ihnen ein, dass Ihr Vorgesetzter Sie um eine statistische Analyse gebeten hatte. Und dass Sie in Gedanken direkt kapituliert haben (»Statistik liegt mir einfach nicht. Das konnte ich schon an der Uni nicht.«) Programmieren Sie sich um:

✔ Beschreiben Sie, welche Gedanken sich in Ihrem Kopf zu Wort gemeldet haben.

✔ Überlegen Sie, mit welchen proaktiven Gedanken Sie hätten reagieren können. (»Aha, Statistik. Hab ich an der Uni nie kapiert. Jetzt habe ich noch eine Chance, die Modelle endlich zu erlernen. Mit Praxisbezug fällt mir das bestimmt leichter.«)

Sie finden es unrealistisch, proaktiv zu reagieren, weil Sie glauben, dass Sie die Aufgabe nicht lösen können? Dann versuchen Sie Folgendes:

- ✔ Erinnern Sie sich an Situationen in der Vergangenheit, in denen Sie – zu Ihrer eigenen Überraschung – eine unlösbare Mammutaufgabe erfolgreich gemeistert haben.
- ✔ Wie sind Sie damals vorgegangen, was hat Ihnen geholfen?
- ✔ Stellen Sie sich vor, Sie könnten mit Ihrem alten Ich sprechen, unmittelbar nach dem damaligen Erfolgserlebnis. Welchen Tipp hätten Sie sich für zukünftige Herausforderungen gegeben?

Sich auf den eigenen Einflussbereich konzentrieren

Stephen Covey zufolge kennen proaktive Menschen den Unterschied zwischen ihrem Einfluss- und ihrem Interessenbereich. Im eigenen Einflussbereich liegt all das, was Sie beeinflussen können. In Ihrem – meistens größeren – Interessenbereich hingegen liegt all das, was für Sie zwar von Interesse, aber ohne jede Möglichkeit der Einflussnahme ist. Abbildung 3.4 zeigt den Unterschied von Interessen- und Einflussbereich.

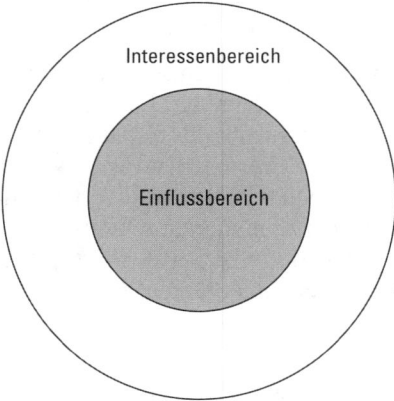

Abbildung 3.4: Decken sich meistens nicht: Einflussbereich und Interessenbereich.

Im eigenen Einflussbereich finden Sie als Erstes Ihre eigene Person, das eigene Verhalten und die eigenen Gedanken. Auch die Art und Weise, wie Sie Ihre Aufgaben verrichten, wie Sie anderen Menschen begegnen oder schwierige Situationen bewerten, können Sie beeinflussen. Sie können ebenfalls entscheiden, wie Sie Ihre Fähigkeiten und Mittel einsetzen, und Sie können versuchen, andere Menschen zu beeinflussen. Ob diese sich beeinflussen lassen, liegt allerdings jenseits Ihres Einflussbereichs. Die Reaktion der anderen liegt in Ihrem Interessenbereich, in Gesellschaft weiterer interessanter Dinge wie dem Wetter, der Anzahl der freien Positionen mit Personalverantwortung und dem Sechser im Lotto.

Sich und seine Energien auf den eigenen Einflussbereich zu konzentrieren, bringt viele Vorteile:

- ✔ Es besteht die berechtigte Hoffnung, dass die Anstrengungen im Einflussbereich erfolgreich sind. Und dadurch wiederum steigt das – ebenfalls berechtigte – Gefühl, dass Sie in der Lage sind, Wirkungen und Erfolge zu erzielen. Wer sich auf den eigenen Einflussbereich konzentriert, hat in der Regel das gute Gefühl, sein Leben unter Kontrolle zu haben.

- ✔ Menschen, die sich vornehmlich auf ihren Interessenbereich konzentrieren, haben oft das Gefühl, nichts ausrichten zu können. Und mit diesem Gefühl liegen sie auch richtig, solange sie ihre Anstrengungen auf den Interessenbereich richten. Sobald sie sich aber für den eigenen Einflussbereich interessieren, fühlen sie sich nicht mehr als Opfer, sondern als Gestalter.

- ✔ Wer seine Anstrengungen auf den eigenen Einflussbereich konzentriert, schafft nicht nur Fakten, sondern auch beste Voraussetzungen, den Einflussbereich zu vergrößern. Durch überzeugende Arbeit im eigenen Einflussbereich lässt dieser sich wunderbar ausweiten: Ihre Bereitschaft, Verantwortung für Dinge in Ihrem Einflussbereich zu übernehmen, gefällt beispielsweise dem Vorgesetzten. Er macht Sie daraufhin zu seinem Stellvertreter und schon dürfen Sie sich über einen größeren Einflussbereich freuen. Und exzellente fachliche Expertise macht erst Kreise in Fachkreisen, dann Sie zum anerkannten Experten und damit schließlich Ihren Einflussbereich größer.

Im eigenen Einflussbereich können Sie etwas bewegen. Und wer etwas bewegt, erfährt die eigene Selbstwirksamkeit. Ein starkes Selbstwirksamkeitsgefühl wiederum ist ein wichtiger Baustein für eine gefragte Eigenschaft, die Psychologen als »resilient« bezeichnen. Wer resilient ist, lässt sich von Krisen und traumatischen Erlebnissen nämlich relativ wenig aus der Bahn werfen. Aber wie wird man resilient? Psychologen haben herausgefunden, dass resiliente Menschen eine besonders hohe Selbstwirksamkeitserwartung haben. Konzentrieren Sie sich also auf Ihren Einflussbereich und stärken Sie damit nicht nur Ihre Erfolgsquote, sondern auch das eigene Selbstwirksamkeitsgefühl.

Proaktiv oder reaktiv – sich selbst auf die Schliche kommen

Mit dem Test in Tabelle 3.2 können Sie herausfinden, ob Sie eher zu einem proaktiven oder zu einem reaktiven Umgang mit alltäglichen Geschehnissen neigen. So geht es:

- ✔ Lesen Sie die Aussagen durch und machen Sie Ihr Kreuz an der (für Sie) richtigen Stelle. Ein Punkt steht für »Ich stimme gar nicht zu« und fünf Punkte stehen für »Ich stimme voll und ganz zu«.

- ✔ Zählen Sie die Punkte aller Aussagen, die ungerade Nummern haben, zusammen. Tragen Sie den Gesamtwert in Tabelle 3.3 ein. Der Gesamtwert zeigt, mit wie vielen Punkten Sie den Aussagen zu einem eher reaktiven Verhalten zugestimmt haben.

- ✔ Zählen Sie dann die Punkte aller Aussagen, die gerade nummeriert sind, zusammen. Sie erhalten so die Anzahl der Punkte, mit denen Sie den proaktiven Verhaltensweisen zugestimmt haben. Tragen Sie den Wert in Tabelle 3.3. ein.

3 ► Los geht's: Einsteigen und warm werden

	In welchem Maße stimmen Sie der Aussage zu?	Gar nicht 1	2	3	4	Voll und ganz 5
1	Im Berufsalltag reagiere ich meistens automatisch.					
2	Ich nehme auch in Standardsituationen wahr, dass ich Verhaltensalternativen habe.					
3	In meinem Job ist alles gleich wichtig.					
4	Ich setze bei meinen Aufgaben klare Prioritäten.					
5	Ich vertraue der Meinung anderer auch, ohne sie zu überprüfen.					
6	Ich sammele gerne Informationen, um mir meine eigene Meinung zu bilden.					
7	In meinem Job kommt es darauf an, dass ich richtig reagiere.					
8	In meinem Job kommt es darauf an, dass ich die Dinge vorantreibe.					
9	Ich fühle mich oft fremdbestimmt.					
10	Ich handele meistens selbstbestimmt.					
11	Bei Problemen suche ich zunächst nach dem Schuldigen.					
12	Mich interessiert bei Problemen vor allem, wie ich zur Lösung beitragen kann.					
13	Wenn mir ein Fehler unterlaufen ist, rechtfertige ich mich.					
14	Mir fällt es leicht, die Verantwortung für meine Fehler zu übernehmen.					
15	Ich fühle mich oft als Opfer der Umstände.					
16	Ich fühle mich meistens als Gestalter der Situation.					
17	Manchmal fühle ich mich regelrecht ausgeliefert.					
18	Ich fühle mich in schwierigen Situationen vor allem herausgefordert.					
19	Manchmal fühle ich mich wie ein kleines Rädchen im Getriebe.					
20	Ich sehe mich als ein Gestalter, der zu dem großen Ganzen beiträgt.					
21	Die Zeit läuft mir oft davon, weil ich so viele dringende Aufgaben zu erledigen habe.					
22	Ich habe meine Termine gut im Griff und Zeit für die wirklich wichtigen Aufgaben.					
23	Ich bevorzuge es, wenn alles beim Alten bleibt.					
24	Ich finde Veränderungen spannend.					
25	Meine Motivation entsteht meistens durch äußere Faktoren.					
26	Ich motiviere mich überwiegend selbst.					

Tabelle 3.2: Reaktiv oder proaktiv – dem eigenen Verhalten auf der Spur

Gesamtpunktzahl der ungerade nummerierten Aussagen (1, 3, 5, 7 und so weiter)	Gesamtpunktzahl der gerade nummerierten Aussagen (2, 4, 6, 8 und so weiter)
Punkte reaktives Verhalten	Punkte proaktives Verhalten

Tabelle 3.3: Reaktiv oder proaktiv – die Würfel sind gefallen.

✔ Bewerten Sie das Ergebnis:
- Haben Sie den proaktiven oder den reaktiven Aussagen mehr Punkte gegeben?
- Überrascht Sie das Ergebnis?
- Sind Sie mit dem Ergebnis zufrieden?
- Was nehmen Sie für die Zukunft mit, welche Verhaltensweisen werden Sie ändern oder stärken?

»Ja-Sager« oder »Nein-Sager«? Die Balance finden

Stellen Sie sich vor, es ist Sommer und Sie haben endlich Urlaub. Da das Wetter in diesem Jahr auch in Ihren Breitengraden ganz hervorragend sein soll, haben Sie einen Badeurlaub an der heimischen Küste geplant. Es kommt, wie es kommen musste: Just an Ihrem ersten Urlaubstag regnet, nein, schüttet es in Strömen.

Unterschiedliche Menschen würden auf diese zunächst unerfreuliche Tatsache unterschiedlich reagieren.

✔ Der »Ja, aber«-Typ würde vermutlich zu folgendem Schluss kommen: »Ja, es regnet, aber vielleicht wird es ja besser. Ich vertreibe mir heute die Zeit zu Hause und warte mal ab, wie es morgen wird.«

✔ Der »Ja, und«-Typ würde vielleicht denken: »Ja, es regnet. Na und. Beim Baden werde ich sowieso nass. Und bei dem Wetter hab ich sicher Glück und finde einen Parkplatz direkt am Strand.«

✔ Der »Nein, weil«-Typ hingegen würde nach einem Blick aus dem Fenster womöglich zu der Überzeugung gelangen: »Nein, so geht das nicht. Ich muss hier weg, denn ich will Badeurlaub machen. Also ab zum Flughafen, ich fliege in die sichere Sonne.«

Der niederländische Bestsellerautor Berthold Gunster beschreibt in seinem Buch »Ja – aber was, wenn alles klappt?«, wie eine »Ja aber«-Einstellung oftmals den Blick auf die Möglichkeiten einer Situation verdeckt. Nach einem kurzen Abgleich zwischen Wunsch (Sonne) und Wirklichkeit (Regen) vergrübelt der eingefleischte »Ja, aber«-Denker seine Zeit mit der Feststellung, was aber alles nicht so gut ist, weil es nicht zu seiner ursprünglichen Vorstellung passt. Das könnte sich in etwa so anhören: »Ich könnte ja trotzdem losfahren«, »Aber bei Regen macht das keinen Spaß«, »Ich könnte mich erst mal in ein Café setzen«, »Aber eigentlich wollte ich baden gehen«, »Ich könnte ins Schwimmbad gehen«, »Aber das kann ich auch im Winter« und so weiter.

Der »Ja, aber«-Denker

Ein »Ja, aber« kann, je nach Dosierung, sehr produktive Auswirkungen haben oder aber hemmend wirken.

- ✔ »Ja, aber« ist die Antwort von Kritikern. Diese beobachten einen Sachverhalt mit einem prüfenden Blick und können dabei Nachteile und Schwachpunkte der Situation erkennen. Viele Berufszweige leben von dem kritischen »Ja, aber«-Blick: Wissenschaftler, Wirtschaftsprüfer oder auch Journalisten werden dafür bezahlt, sich nicht mit der erstbesten Erklärung zufriedenzugeben, sondern der Sache skeptisch auf den Grund zu gehen.

- ✔ Zu viel »Ja, aber« überschreitet jedoch schnell die produktive Grenze zur weniger produktiven Nörgelei oder auch Besserwisserei.

- ✔ Wer immer »Ja, aber« sagt, kommt nicht voran. Nach Berthold Gunster ist das wichtigste Merkmal eines chronischen »Ja, aber«-Denkers, dass er abwartet und abwartet und abwartet. Er ist gefangen in einem »einerseits ja, aber andererseits ...« und damit unfähig, eine Entscheidung zu treffen.

- ✔ Chronische »Ja, aber«-Denker übersehen so manche Chance. Sie messen die tatsächliche Welt an ihren ursprünglichen Erwartungen und Plänen und finden heraus, was alles anders ist, als es sein sollte. Darauf sind sie so konzentriert, dass sie die Möglichkeiten, die genau darin liegen, dass die Welt anders ist, nicht wahrnehmen.

Chronische »Ja, aber«-Denker laufen Gefahr, die tatsächliche Welt zu verpassen, während sie darüber grübeln, wie die Dinge eigentlich hätten sein sollen. Kritisches Grübeln kostet nun einmal Zeit. Grübeln Sie daher, wenn Sie es für notwendig halten, aber schaffen Sie den Absprung: Nehmen Sie sich vor, irgendwann »Stopp« zu dem »Ja, aber« und »Ja« zur Wirklichkeit zu sagen. Wer weiß, was sich aus der Wirklichkeit alles machen lässt.

Sich aus der »Ja, aber«-Haltung befreien

Wenn das eigene Bauchgefühl »Ja, aber« sagt, kann das wichtig und wegweisend sein. Nehmen Sie ein innerliches »Ja, aber« daher ernst und nutzen Sie es konstruktiv:

- ✔ Prüfen Sie, wer oder was in Ihnen »Ja, aber« sagt und welche Bedenken diese Stimme hat. Manchmal muss man akzeptieren, dass noch keine Entscheidung getroffen werden kann. Setzen Sie sich aber selbst einen Termin, bis zu dem Sie sich entscheiden wollen, wie es weitergehen soll. So stellen Sie sicher, dass Sie nicht in einem ewigen »Ja, aber« stecken bleiben.

- ✔ Entwickeln Sie das »Ja, aber« zu einem »Ja, und« oder zu einem »Nein, weil«. Beides macht Sie handlungsfähig und den Weg frei für neue Lösungen. Prüfen Sie daher, was Sie bräuchten, um sich für ein »Ja, und« oder ein »Nein, weil« entscheiden zu können.

- ✔ Wenn Sie sich für eine »Ja, und«- oder eine »Nein, weil«-Lösung entschieden haben, bleiben Sie standhaft. Trauern Sie nicht Ihren ursprünglichen Plänen und Vorstellungen hinterher. Dadurch geraten Sie lediglich wieder in die Fänge des »Ja, aber«.

- ✔ Vertreten Sie Ihre Entscheidung selbstbewusst – sich selbst gegenüber ebenso wie anderen gegenüber. Trauen Sie sich, »Nein, weil« als Antwort zu geben, wenn das für Sie die einzig richtige Antwort ist. Wichtig ist, dass Sie authentisch bleiben und die eigenen Bedürfnisse schützen. Was beim besten Willen nicht zu Ihnen passt, müssen Sie auch nicht passend machen. Bedenken Sie aber die Auswirkungen Ihrer Entscheidungen und entscheiden Sie sich bewusst dafür, diese zu akzeptieren.

Besonders heikel ist es, wenn Sie zu einem anderen Menschen »Ja, aber« sagen. Jeder, der bereits versucht hat, sich selbst zu ändern, weiß, wie schwierig bis unmöglich das ist. Da überrascht es nicht, dass es noch deutlich schwieriger (um nicht zu sagen: ziemlich aussichtslos) ist, andere Menschen zu ändern. Natürlich kann es geschehen, dass Sie an einen besonders anpassungsfähigen Zeitgenossen geraten. Dann ist es möglich, dass ein einmaliges »Ja, ich will mit dir zusammenarbeiten. Aber nur, wenn du nicht mehr so ungeduldig bist.« ihn in einen geduldigen Menschen verwandelt. Sehr wahrscheinlich ist das allerdings nicht. Entscheiden Sie sich daher (nach möglichst wenigen fehlgeschlagenen Veränderungsversuchen) für ein klares »Ja, und« oder ein »Nein, weil«.

- ✔ Wenn Sie für sich selbst zu einem »Ja, und« kommen, könnten Ihre Worte in Ihrem Selbstgespräch lauten: »Ja, ich will mit der Kollegin zusammenarbeiten. Und ich werde mich selbst in folgender Weise ändern, um ihre Ungeduld zu ertragen: …«

- ✔ »Nein, weil« bedeutet dementsprechend so viel wie: »Nein, ich kann mich nicht so ändern, dass ich ihre Ungeduld ertragen kann. Da wir freiwillig zusammenarbeiten würden, kann und werde ich mich dagegen entscheiden.«

Offen für neue Möglichkeiten: »Ja, und«-Denker

In einer unerwarteten Situation melden sich bei Weitem nicht immer »Ja, aber«-Gedanken. Manchmal schießt einem auch spontan ein »Ja, und« oder ein »Nein, weil« durch den Kopf.

»Ja, und« zu denken hat eine besonders konstruktive Qualität:

- ✔ »Ja, und«-Denker sagen »Ja« zur Wirklichkeit. Sie konzentrieren sich nicht auf die Mängel einer Situation, sondern auf das, was da ist. Und sie akzeptieren, dass die Situation so ist, wie sie ist.

- ✔ Wer einer unerwarteten Situation mit einem »Ja, und« begegnet, öffnet Augen und Türen für neue Möglichkeiten. Er erkennt, was die Situation bietet, und zeigt sich flexibel und offen, das Beste daraus zu machen.

Zu viel des Guten ist auch nicht gut und so hat auch die »Ja, und«-Sichtweise ihre Grenzen. Denn wer seine eigenen Erwartungen grundsätzlich schnell über Bord wirft und sich an die neue Sachlage anpasst, ist zwar flexibel, aber auch so flatterig wie das Fähnchen im Winde. Prüfen Sie also, wann Ihre Pläne unumstößlich und Sie damit gezwungen sind, Rückgrat zu beweisen.

Wer die Wirklichkeit bejahen möchte, sollte sich zunächst um ein möglichst genaues Bild derselben bemühen. Das klingt zwar trivial, ist es aber bei Weitem nicht. Denn das, was Sie als

Wirklichkeit wahrnehmen, ist in den meisten Fällen bereits Ihre Interpretation der Dinge. Das liegt daran, dass jeder die Wirklichkeit durch seine eigene Brille sieht: durch die Brille der eigenen Erwartungen, der eigenen Annahmen und Vorurteile und auch der eigenen Erfahrungen. Nehmen Sie die Situation, zu der Sie »Ja, und« sagen wollen, daher möglichst vorurteilfrei unter die Lupe. Das kann dabei helfen:

✔ Mit anderen Menschen über deren Sicht der Dinge sprechen.

✔ Andere um Feedback bitten. Besonders leicht lässt es sich nach dem Schema, das in Kapitel 1 im Abschnitt »Das ist anders: Selbstcoaching im Vergleich zu Coaching« beschrieben wird, um Feedback bitten.

✔ Gedanklich bewusst die Perspektive anderer Menschen einnehmen. Sie könnten die Situation durch die Brille Ihrer Freunde, Kollegen oder des Vorgesetzten betrachten oder auch durch die eines Anwalts, Politikers oder Komikers.

Sagen Sie »Ja, und« zu sich selbst. Das gelingt Ihnen, indem Sie sich auf Ihre Stärken konzentrieren und diese ausbauen. Sie können oftmals viel mehr erreichen, wenn Sie die eigenen Stärken stärken, als wenn Sie Ihre Schwächen abschwächen. Auch andere Menschen werden eher wahrnehmen, dass Sie eine Stärke noch weiter ausgebaut haben, und weniger, dass Sie eine Schwäche abgeschwächt haben. Denken Sie beispielsweise an die Noten in der Schulzeit. Wer es in Mathe von einer Vier auf eine Drei geschafft hat, fällt anderen weniger auf als derjenige, der sich von einer Zwei auf eine Eins hochgearbeitet hat. Auch Führungskräfte sind übrigens gut beraten, sich auf die Stärken ihrer Mitarbeiter zu konzentrieren. Der US-amerikanische Managementvordenker Peter Drucker betont in seinem Werk »Die ideale Führungskraft«, dass erfolgreiche Manager es verstehen, die Stärken von Menschen und Situationen zu nutzen.

Der weiß, was er nicht will: »Nein, weil«-Denker

»Nein, weil«- Denker halten an den eigenen Vorstellungen fest, anstatt ihre Pläne der Situation anzupassen. Wie alles im Leben hat das Vor- und Nachteile:

✔ »Nein, weil«-Denker zeichnen sich dadurch aus, dass sie Widerstand ausüben können. Sie sind häufig starke Persönlichkeiten, die unabhängig von der Meinung anderer handeln. Sie scheuen sich nicht, als Einzige gegen etwas zu sein, wenn dieses »Etwas« nun einmal fundamental gegen ihre Vorstellungen verstößt.

✔ Anstatt die Pläne an die Wirklichkeit anzupassen, bleiben »Nein, weil«-Typen ihren Plänen treu. Damit stehen sie zunächst vor einem Problem. Denn die Wirklichkeit ist, wie sie ist, und neigt nicht dazu, sich zuliebe des »Nein, weil«-Denkers noch einmal zu ändern.

✔ Chronische »Nein, weil«-Denker laufen Gefahr, gegen alles und jeden anzukämpfen. Das ist anstrengend und birgt die Gefahr, dass sie die Augen vor der Wirklichkeit verschließen. Denn die Wirklichkeit ist nun einmal so, wie sie ist. Wenn die Firma Stellen abbaut, der Kollege das Rennen um die Leitungsposition gewinnt oder die eigene Analyse vor Fehlern wimmelt, macht ein Nicht-wahrhaben-Wollen die Sache auch nicht besser.

So setzen Sie ein »Nein, weil« optimal ein:

✔ **Die eigenen Annahmen vor dem »Nein« kritisch überprüfen:** Prüfen Sie, ob Ihr »Nein« gerechtfertigt ist, dass heißt, ob Sie tatsächlich von den richtigen Annahmen ausgehen. Sind Ihre Vorstellungen realistisch und umsetzbar? Diese Frage können Sie leicht beantworten, wenn Sie Ihre Ziele bereits nach dem smart-Prinzip formulieren. Über das smart-Prinzip erfahren Sie in Kapitel 5 mehr.

✔ **Die eigenen Pläne bestätigen:** Manchmal ändern sich die Prioritäten und damit die Bedeutung, die Vorstellungen oder Plänen beikommt. Bevor Sie Ihre Vorstellungen gegen Widerstände verteidigen, vergewissern Sie sich, dass die Vorstellungen immer noch richtig und wichtig für Sie sind. Wer seine Vorstellungen gegen Widerstände durchsetzt, zahlt dafür oftmals einen Preis. Prüfen Sie daher, welchen Preis (zum Beispiel Sympathieverlust) Sie zahlen müssten und ob Ihnen die Sache das wert ist.

✔ **Die eigenen Pläne diplomatisch durchsetzen:** Finden Sie zunächst heraus, gegen wen oder was Sie antreten. Liegt die Situation, die nicht zu Ihren Plänen passt, in Ihrem Einflussbereich oder liegt Sie außerhalb des Einflussbereichs in Ihrem Interessenbereich?

- Innerhalb Ihres Einflussbereichs haben Sie gute Chancen, Ihre Interessen durchzusetzen. Führen Sie sich vor Augen, welchen Aufwand Sie dafür betreiben müssten und welchen Preis Sie eventuell zahlen müssten. Und dann handeln Sie, sonst laufen Sie Gefahr, in die »Ja, aber«-Falle zu geraten.

- Liegt das Übel in Ihrem Interessenbereich, müssen Sie sich damit abfinden, dass Sie (im Moment) nur sich, nicht aber das Übel mit Sicherheit ändern können. Behalten Sie Ihr Ziel also bei, sehen Sie sich aber nach alternativen Wegen zu dem Ziel um. Wer bei strömendem Regen störrisch vor dem Fenster sitzt und auf Sonnenschein für den heimischen Badeurlaub hofft, könnte seine Zeit sicher besser nutzen. Zum Beispiel damit, einen Flug (das ist der Preis, den Sie für das Ziel Badeurlaub zahlen müssten) in den Süden zu buchen.

- Das, was andere Menschen tun oder lassen, ist für Sie sehr oft von (großem) Interesse. Sie haben ein Interesse daran, dass Ihr Vorgesetzter Ihnen eine ordentliche Gehaltserhöhung spendiert, die Kollegen Ihnen ungeliebte Arbeiten abnehmen oder der Kantinenchef Ihr Lieblingsgericht wöchentlich auf die Speisekarte setzt. Da Sie jedoch in den meisten Fällen nur unwesentliche bis gar keine Möglichkeiten der direkten Einflussnahme haben, liegt das Verhalten der anderen zwar in Ihrem Interessenbereich, aber knapp außerhalb Ihres Einflussbereichs. Sie können aber durch kluges Verhalten einen gewissen Einfluss darauf nehmen, was andere tun werden. In Kapitel 10 lernen Sie einige Strategien kennen, mit denen Sie politisch korrekt und sozialverträglich Einfluss ausüben und Ihre Mitmenschen in die richtige Richtung bugsieren können. Wenn Sie dabei auf einen Artgenossen, einen anderen »Nein, weil«-Vertreter treffen, ist diplomatisches Geschick gefragt: Nutzen Sie das Harvard-Verhandlungsprinzip aus Kapitel 10, um Ihre Vorstellungen hart in der Sache und fair im Umgang zu vertreten und eine Win-win-Lösung zu erzielen.

Teil II

Die berufliche und persönliche Weiterentwicklung planen und steuern

In diesem Teil ...

Hier stehen die eigenen persönlichen Ressourcen und Ziele im Mittelpunkt. Sie führen eine Persönlichkeitsinventur durch und verschaffen sich einen Überblick über Ihre Stärken und Schwächen. Diese saugen Sie sich nicht aus den Fingern, sondern Sie leiten Ihre Fähigkeiten ganz praktisch aus Ihrem bisherigen Leben, aus erzielten Erfolgen und eingesteckten Niederlagen ab. Sie erkennen, wie Sie sich mithilfe der eigenen Stärken weiterentwickeln und persönliche Schwachpunkte ausgleichen können. In diesem Teil wagen Sie außerdem den wichtigsten Schritt in Richtung Zielerreichung: Sie setzen sich Ziele. Die Ziele saugen Sie sich ebenso wenig wie Ihre Fähigkeiten aus den Fingern, sondern leiten sie aus Ihrer persönlichen Lebensvision und Ihrer Vorstellung von Erfolg und Karriere ab. Sie erfahren, auf welche Methoden und Erfolgsfaktoren Sie setzen können, damit (fast) nichts mehr schiefgehen kann auf dem Weg zum Ziel.

Zeit für eine Bestandsaufnahme (klingt nur langweilig)

In diesem Kapitel

▶ Sich selbst und die eigenen Werte (besser) kennenlernen
▶ Einen Blick auf die eigene Zufriedenheit werfen
▶ Eine persönliche Bilanz erstellen und damit arbeiten
▶ Krisen verstehen und lernen, damit umzugehen

Die persönliche Weiterentwicklung lässt sich besonders gut auf Basis einer gründlichen Standortbestimmung planen. Das ist weniger anstrengend, als es klingt, und bringt neben interessanten Einsichten sogar Spaß. Denn wenn Sie verstehen, welche Werte, Stärken und Schwächen Sie Ihr Eigen nennen, haben Sie eine starke Grundlage zum Durchstarten. In diesem Kapitel erfahren Sie, wie Sie eine persönliche Bilanz aufstellen und damit arbeiten. Sie analysieren, in welchen Lebensbereichen alles nach Plan läuft und in welchen Bereichen Sie ruhig noch etwas nachlegen dürfen. Da das Leben bekanntlich kein bunter Teller ist, serviert es einem immer wieder Dinge, auf die sich gut verzichten ließe. Dazu gehören Krisen aller Art. In diesem Kapitel werfen Sie einen Blick hinter die Kulissen der Krise und erfahren, wie Sie Ihre gute Miene im bösen Spiel beibehalten.

Werte – verblüffend wertvoll

Ihre Werte bestimmen, was Sie für gut und was für falsch halten. Werte mischen bewusst oder unbewusst bei den meisten Entscheidungen mit. Wer zum Beispiel ein unmoralisches Angebot als ein ebensolches ablehnt, bezieht sich bewusst auf seine Werte (»Das kann ich nicht annehmen.«). Wer dem Kollegen, der zu Unrecht kritisiert wird, spontan zu Hilfe eilt, lässt sich – vermutlich eher unbewusst – von seinem Gerechtigkeitssinn leiten.

Werte sind wertvoll, aber Vorsicht: Nicht alle Werte eignen sich gleichermaßen für das Privatleben ebenso wie für das Berufsleben. Das Streben nach Harmonie mag beispielsweise eine tragfähige Basis für ein erfülltes Privatleben sein. Einer beruflichen Karriere kann es jedoch im Wege stehen. Besser geeignet wären hier Werte wie »Fairness« oder »Kollegialität«.

Die eigenen Werte zu kennen und zu hinterfragen, bringt sowohl für Sie persönlich als auch für Ihre Karriere einiges.

✔ **Werte sind eine Entscheidungshilfe in schwierigen Situationen.** Wer seine Werte kennt, weiß, was ihm wichtig ist. Und wer weiß, was ihm wichtig ist, kann Situationen und Angebote schnell einschätzen und für sich bewerten.

Im Berufsleben zahlt sich diese Entscheidungshilfe gleich dreifach aus:

- Sie treten entscheidungsstark auf,
- Sie treffen nachvollziehbare Entscheidungen und können gute Gründe angeben, warum Sie für oder gegen etwas sind,
- Sie sind verlässlich und entscheiden nicht heute so und morgen so.

Horchen Sie in einer zwiespältigen Entscheidungssituation in sich hinein. Wozu raten Ihre Werte Ihnen? Entscheidungen, die im Einklang mit den eigenen Werten stehen, bereuen Sie später deutlich seltener. Denn Sie wissen, dass Sie einen guten Grund für Ihre Entscheidung hatten und sich selbst damit treu geblieben sind.

✔ **Werte verleihen Selbstsicherheit und Authentizität.** Die eigenen Werte können wie ein persönlicher Leuchtturm wirken: Sie bieten Ihnen eine Orientierung für Ihre Ansichten, Meinungen und Verhaltensweisen. Und das gänzlich unabhängig davon, was andere denken und meinen. Das macht Sie unabhängig und lässt Sie selbstsicher auftreten. Wer seine Werte kennt, bildet sich zudem einfacher eine Meinung und traut sich, diese souverän zu vertreten. Sie schärfen damit Ihr Profil, zeigen Ihren Mitmenschen, wer Sie sind und was Ihnen wichtig ist.

Eine starke Wertebasis stärkt Ihnen den Rücken für einen starken Auftritt auf der Unternehmensbühne:

- Eine eigene Meinung und den Mut, diese zu vertreten, machen Sie zu einem interessanten Gesprächspartner.
- Ein selbstbewusstes und unabhängiges Auftreten zieht andere Menschen in den Bann.
- Wer seinen Mitmenschen glaubhaft Orientierung bieten kann, besitzt eine wichtige Führungsqualität.

✔ **Wer seine Werte kennt, hat die Möglichkeit, sie weiterzuentwickeln.** Manchmal führen Wertvorstellungen in eine Sackgasse statt auf die Karriereleiter. Das passiert meistens dann, wenn die Werte nicht zu der Situation oder zu dem Umfeld passen. Wer erkannt hat, dass ihm eigene Werte im Wege stehen, kann aber darauf reagieren. Im Abschnitt »Drum prüfe, wer sich ewig bindet …« weiter hinten in diesem Kapitel steht, wie das geht.

Im Berufsleben hilft Ihnen das,

- um zu überprüfen, welche Werte Sie im Job eher behindern und welche förderlich sind.
- in schwierigen Situationen zu verstehen, inwieweit Sie sich mit Ihren Wertvorstellungen selbst im Weg stehen – und ob dies bei genauerer Betrachtung gerechtfertigt ist oder nicht.

Alles, was zählt – die eigenen Werte benennen

Kennen Sie eigentlich Ihre Werte? Einige wichtige persönliche Werte kann sicherlich jeder spontan aufzählen. Andere Werte bedürfen schon etwas mehr Nachdenkens. Und wieder andere Werte werden einem spätestens dann bewusst, wenn Antworten auf nicht alltägliche Fragen gefordert sind.

Auf dem Weg zu den eigenen Werten

Führen Sie die nachfolgenden Sätze fort und finden Sie heraus, welche Werte Sie in Ihren Antworten offenbaren.

- ✔ Im Privatleben ist mir besonders wichtig, dass ...
- ✔ Im Beruf ist mir besonders wichtig, dass ...
- ✔ Wenn ich eines verändern könnte, dann wäre das ...
- ✔ Ein gesundes Misstrauen/Disziplin/Vertrauen finde ich ...
- ✔ Ich brauche besonders/Ich finde, es wird unterschätzt, dass ...
- ✔ Disziplin halte ich für ...

 Formulieren Sie Ihre persönlichen zehn (na gut, fünf) Gebote. Überlegen Sie dafür, was Ihnen im Umgang mit sich selbst und im Umgang mit anderen Menschen besonders wichtig ist. Sie können für verschiedene Lebensbereiche verschiedene Gebote angeben. Im Verhältnis zu Ihrem Partner möchten Sie vermutlich andere Werte betonen als im Verhältnis zu Ihren Arbeitskollegen. Auf welche Verhaltensweisen, Ansichten oder Eigenschaften möchten Sie in den jeweiligen Bereichen nicht verzichten?

- ✔ Ich mag Menschen, die .../Ich arbeite gerne mit Menschen, die ...
- ✔ Unwichtig finde ich .../Ich halte es für völlig überschätzt, dass ...
- ✔ Meine Arbeitsweise ist besonders ...
- ✔ Im Umgang mit anderen Menschen kommt es vor allem darauf an, dass ...
- ✔ Mir ist besonders wichtig, dass meine Kollegen (meine Vorgesetzten, meine Freunde, meine Familie ...) mich ...
- ✔ Die meisten Menschen sollten .../Die Welt wäre besser, wenn ...
- ✔ Mein Berufsleben wäre besser, wenn ...
- ✔ Ein guter Kollege/Chef/Freund zeichnet sich dadurch aus, dass er ...

Eine Wertepyramide bauen

Sie wollen nicht mehr kreativ sein, sondern auf einfacherem Weg zu Ihren Werten gelangen? In Ordnung, dann streichen Sie aus der Übersicht in Tabelle 4.1 alle Werte bis auf die zehn, die Ihnen am wichtigsten erscheinen. Werte, die Ihnen in der Übersicht fehlen, dürfen Sie gerne ergänzen.

Harmonie	Nächstenliebe	Genuss	Wissbegierde	Transparenz
Rücksicht	Freiheit	Gerechtigkeit	Leistungsbereitschaft	Risikofreude
Fairness	Genügsamkeit	Besonnenheit	Rationalität	Verantwortung
Flexibilität	Fleiß	Höflichkeit	Innovation	Mut
Kollegialität	Intuition	Herzlichkeit	Besitz	Integrität
Gehorsam	Hilfsbereitschaft	Wohlwollen	Ordnung	Risikoaversion
Respekt	Ehrlichkeit	Bescheidenheit	Glaube	Wachstum
Freundschaft	Aufrichtigkeit	Disziplin	Dialogorientierung	Vorsicht
Zuverlässigkeit	Authentizität	Gesetzestreue	Anstand	Nachhaltigkeit
Toleranz	Zivilcourage	Zusammenhalt	Pflichterfüllung	Teamorientierung
Mitgefühl	Unabhängigkeit	Gleichberechtigung	Selbstbestimmung	Tradition
Bewahrung	Sicherheit	Individualität	Gesunde Skepsis	Pflichtbewusstsein
....	....	....	....	

Tabelle 4.1: Bausteine für eine persönliche Wertepyramide

Anschließend erstellen Sie aus Ihren zehn wichtigsten Werten eine persönliche Wertepyramide:

✔ Der Wert, der Ihnen am wichtigsten erscheint, bildet die Spitze der Pyramide.

✔ Darunter stehen auf der zweiten Stufe die zwei nächstwichtigen Werte.

✔ Anschließend folgen auf der dritten Stufe die drei nächstwichtigen Werte und darunter auf der vierten Stufe die vier übrigen Werte.

Die Wertepyramide hilft Ihnen, Ihre Ziele, Entscheidungen und Prioritäten zu überprüfen, und bietet Ihnen Orientierung bei allen Entscheidungen im alltäglichen Leben.

Drum prüfe, wer sich ewig bindet ...

Hinter einem unguten Gefühl steckt nicht selten ein verletzter Wert. Auch Konflikte beruhen oft darauf, dass einer der Konfliktpartner einen Verstoß gegen seine Werteordnung sieht. Allerdings sind häufig zwei Blicke notwendig, um die Wurzel des Übels aufzuspüren und zu erkennen, dass (und welche) Werte verletzt worden sind.

Gehen Sie einem unguten Gefühl, einem aufwühlenden Streit oder einem mehr oder minder starken Grummeln in der Magengrube nach. Das gibt Ihnen die Chance

✔ zu verstehen, warum Sie sich unwohl gefühlt haben,

4 > Zeit für eine Bestandsaufnahme (klingt nur langweilig)

✓ zu überprüfen, ob Ihre eigenen Erwartungen und Werte zu der Rolle, die Sie in der Situation spielen, passen,

✓ zu erarbeiten, inwieweit Sie Ihre Wertvorstellungen anpassen wollen (oder sollten), um Ihrer Rolle gerecht zu werden oder beruflich voranzukommen.

Die Situation verstehen

Gehen Sie in Gedanken den Arbeitstag oder auch die vergangene Arbeitswoche durch: Welche Ereignisse, Gespräche oder Diskussionen haben Sie aufgewühlt oder Ihnen ein mehr oder minder starkes Magengrummeln verursacht?

Richten Sie Ihre Aufmerksamkeit auf folgende Fragen:

✓ Welche Standpunkte wurden bei dem Ereignis, das Sie aufgewühlt hat, ausdrücklich oder implizit vertreten? Bei welchen Verhaltensweisen oder Aussagen regte sich ein innerlicher Widerstand?

✓ Welche Werte wurden aus Ihrer Sicht verletzt?

✓ Welche Aussagen hätten von Ihnen stammen können, wodurch fühlten Sie sich bestätigt? Forschen Sie nach, warum Sie welcher Aussage zustimmen konnten, welcher Ihrer Wertvorstellungen entsprach die Aussage?

Die Situation hinterfragen

Prüfen Sie, ob die Werte, die aus Ihrer Sicht verletzt wurden, zu der Situation und zu den Rollen der Beteiligten passen.

✓ Welche Rolle haben Sie in der Situation gespielt, welche Rolle hat Ihr Gegenüber gespielt?

✓ Was ist aus Ihrer Sicht wichtig für jemanden, der diese Rolle spielt?

✓ Was würden andere Menschen sagen, was für die jeweilige Rolle besonders wichtig ist?

✓ Hinterfragen Sie Ihre Erwartungen – sind sie realistisch? Wer zum Beispiel erwartet, dass ein Vorgesetzter Harmonie vor Pflichterfüllung stellt, hegt eine unrealistische Erwartung. Überprüfen Sie, welche Werte jemand braucht, um die Rolle erfolgreich auszufüllen.

Die junge Führungskraft Hanna Harmonie fühlt sich unwohl: Sie hatte gestern ihren Mitarbeiter Markus Machichnicht in einem freundlichen Gespräch gebeten, bis heute Abend eine Präsentation zu erstellen. Nun ist der Abend da, die Präsentation jedoch nicht in Sicht und Markus bereits im Feierabend. Hanna analysiert die Lage und stellt fest:

✓ Hanna mag es nicht, ihre Macht auszuspielen. Dominanz findet sie unangenehm und meint, dass es auch anders gehen müsste. Daher hat sie Markus Machichnicht die Aufgabe übertragen und dabei an die Werte »gegenseitige Unterstützung« (»Ich brauche die Präsentation, bitte mache das für mich.«) und »Pflichtbewusstsein« (»Markus weiß, dass es zu seinem Job gehört, für mich Präsentationen vorzubereiten. Das muss ich nicht noch betonen.«) appelliert.

✔ Markus Machichnicht hat beide Werte verletzt.

✔ Hanna ist bewusst, dass sie die Rolle der Führungskraft und Markus die des Mitarbeiters innehat. Sie erkennt, dass sie als Führungskraft weniger Werte wie »Harmonie« und »gegenseitige Unterstützung« bemühen sollte. Insbesondere ein Mitarbeiter, dessen Pflichtbewusstsein nicht von allein anspringt, braucht eine stärkere Führungshand.

✔ Hanna definiert für sich, was eine Führungskraft nicht nur nett, sondern auch effektiv werden lässt. Sie beschließt, sich zukünftig an den Werten »Kollegialität«, »Verantwortung« und »Pflichterfüllung« zu orientieren. Ihrer Verantwortung als Führungskraft wird sie gerecht, indem sie ihren Mitarbeiter zu Pflichterfüllung anhält und dabei so kollegial wie möglich auftritt. Sie ist bereit, zukünftig Respekt durch Verweis auf ihre Funktion als Führungskraft einzufordern.

Schlussfolgerungen ziehen

Die Analyse der Situation kann zu drei unterschiedlichen Ergebnissen führen:

✔ Die eigenen Werte passen nicht zur Situation oder zu der eigenen Rolle in der Situation.

✔ Die Erwartungen, die an den anderen gestellt wurden, passen nicht zu seiner Rolle in der jeweiligen Situation.

✔ Die Werte und Erwartungen entpuppen sich als goldrichtig: Sie sind sowohl der eigenen Rolle als auch der Rolle des anderen sowie der Situation angemessen. In diesem Fall dürfen Sie den Grund für Ihre Verstimmungen in einem unangemessenen Verhalten des anderen sehen.

Das Zufriedenheits- und das Wichtigkeitsbarometer

Das Zufriedenheits- und das Wichtigkeitsbarometer bieten Ihnen die Chance, ohne viel Aufwand eine erste Bilanz zu ziehen. So erhalten Sie einen ersten Überblick über Ihren Status quo:

✔ Markieren Sie in Abbildung 4.1, wie zufrieden Sie mit Ihrer Situation in den einzelnen Lebensbereichen sind, und verbinden Sie die einzelnen Punkte. Wenn Sie sehr zufrieden sind, geben Sie sich 10 Punkte, wenn Sie überhaupt nicht zufrieden sind, reicht es nur für einen Punkt.

✔ Überlegen Sie nun, wie wichtig Ihnen die einzelnen Lebensbereiche für Ihren persönlichen Erfolg sind. Verteilen Sie dann Punkte von 1 (nicht so wichtig) bis 10 (sehr wichtig) und machen Sie Ihr Kreuzchen an der entsprechenden Stelle im Wichtigkeitsbarometer in Abbildung 4.2.

✔ Übertragen Sie nun die Punktwerte aus dem Wichtigkeitsbarometer in das Zufriedenheitsbarometer aus Abbildung 4.1 ein. Verbinden Sie dann wieder die einzelnen Punkte, am besten in einer anderen Farbe als bereits verwendet.

4 ➤ Zeit für eine Bestandsaufnahme (klingt nur langweilig)

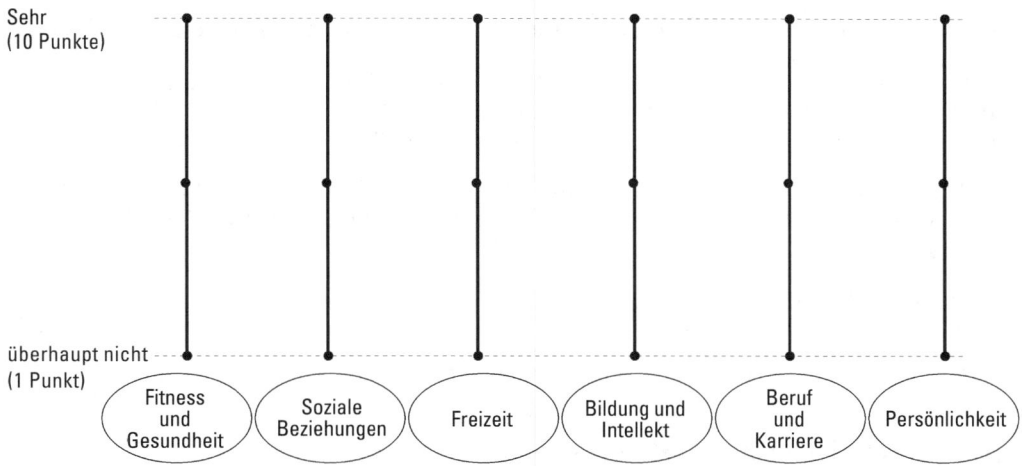

Abbildung 4.1: Das Zufriedenheitsbarometer

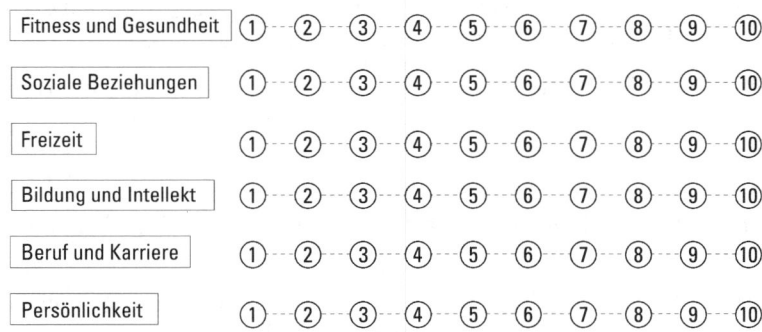

Abbildung 4.2: Das Wichtigkeitsbarometer

✔ Vergleichen Sie die beiden Kurven und stellen Sie sich diese einfachen Fragen:

- »Und?«

Was halten Sie von dem Bild, das sich Ihnen bietet? Inwieweit stimmen Ihre Zufriedenheits- und Wichtigkeitswerte überein? Welche Gedanken gehen Ihnen durch den Kopf?

- »Na und?« (Gute Fragen müssen nicht kompliziert sein.)

Wie bewerten Sie die Kurven, welche Schlüsse ziehen Sie daraus? Sind Sie überrascht, dass Punkte voneinander abweichen? Oder überrascht Sie eher, dass einige Punkte genau übereinstimmen? Was lernen Sie für sich?

- »Und nun?«

Was nehmen Sie mit für die Zukunft? Was werden Sie zukünftig anders machen, wo befinden Sie sich bereits auf dem richtigen Weg? Woran werden Sie sich erinnern?

Bilanz ziehen: Das läuft gut – die Kraftseite der Bilanz

Die Kraftseite der persönlichen Bilanz enthält alles, woraus Sie Kraft schöpfen können: Ihre Stärken und Talente gehören genauso dazu wie Ihre bisherigen Erfolge und alles, worauf Sie stolz sind. Es gibt einige gute Gründe, die Kraftseite der persönlichen Bilanz zu füllen:

✔ Die geballte Ladung an Stärken und Erfolgen tut dem eigenen Selbstbewusstsein gut. Ein Blick auf die Kraftseite versorgt Sie in schwierigen Zeiten mit einer zusätzlichen Portion Selbstsicherheit.

✔ Die Kraftseite zeigt die Ressourcen an, mit denen neue Projekte gestartet und Schwächen ausgeglichen werden können.

✔ Wer die eigenen Stärken kennt, kann diese optimal ausnutzen und einsetzen.

Alles selbst gemacht: Erfolge zusammentragen

Die Kraftseite der Bilanz füllen Sie mit allen Leistungen, Erfolgen und Errungenschaften, die Ihnen persönlich etwas bedeuten. Berufliche Leistungen sind dabei ein wichtiger Bestandteil, aber bei Weitem nicht alles. Die persönliche Bilanz soll ein umfassendes Bild der eigenen Persönlichkeit vermitteln und klopft daher mehrere Lebensbereiche ab:

✔ **Fitness und Gesundheit:** Das Sportprogramm, das Sie seit Monaten mit Ausdauer absolvieren, gehört ebenso in die persönliche Bilanz wie der erfolgreiche Abschied von beliebten Lastern.

✔ **Soziale Beziehungen:** Denken Sie bei sozialen Beziehungen nicht nur an Partnerschaften, sondern machen Sie sich auch Ihre gute Beziehung zu Ihrer Familie, zu den Nachbarn oder zu Kollegen bewusst.

✔ **Freizeit:** Hier ist Platz für Leistungen in Freizeitaktivitäten. Der erste Preis im Heimwerkerwettbewerb fällt ebenso in diese Kategorie wie die Erfolge beim Pokerspielen oder Schwimmtraining.

✔ **Bildung und Geist:** In diesem Bereich dürfen Sie mit Ihren Schul- und Hochschulabschlüssen glänzen und mit Ihrem besonderen Wissen (in welchen Bereichen auch immer) auftrumpfen. Vergessen Sie nicht, dass auch kulturelle Bildung Bildung ist und Sattelfestigkeit in den Opern dieser Welt eine ebenso starke Leistung ist wie die solide Kenntnis der Kunstszene. Auch für Ihre spirituelle, ganzheitliche Entwicklung ist in dieser Kategorie Platz. Führen Sie also hier Ihr erfolgreich absolviertes Meditationsseminar genauso auf wie Ihre Fertigkeiten in Entspannungstechniken.

✔ **Beruf und Karriere:** Hier führen Sie alles auf, was Sie in einem Bewerbungsgespräch auf die Frage »Was sind Ihre bisherigen beruflichen Erfolge?« antworten würden.

Gehen Sie die einzelnen Lebensbereiche durch und schreiben Sie alles auf,

✔ was Sie bisher erreicht haben. Dazu zählen nicht nur prominente Erfolge wie der erfolgreiche Projektabschluss und das Angebot von dem Traumarbeitgeber, sondern auch alltägliche Leistungen wie stabile Freundschaften oder die Organisation des Familienfestes.

4 ➤ Zeit für eine Bestandsaufnahme (klingt nur langweilig)

✔ worauf Sie stolz sind, was Sie (an sich) mögen. Ob Sie hervorragend Klavier spielen oder Schach, ob Sie diejenige sind, die den Freundeskreis zusammenhält, oder ob Sie allein Gebirgstouren meistern – schreiben Sie Ihre Talente und Vorlieben auf die Kraftseite.

Immer dann, wenn Sie die eigene Komfortzone erfolgreich verlassen haben, haben Sie besonders viel für sich erreicht. Nehmen Sie diese ganz persönlichen Erfolge unter die Lupe. Wie haben Sie das geschafft, welche Stärken haben Sie aktiviert, was hat Ihnen dabei geholfen, über sich hinauszuwachsen? Halten Sie die Ergebnisse auf der Kraftseite der Bilanz fest. In Abbildung 4.3 sehen Sie, wie eine persönliche Bilanz aussehen kann.

Die eigenen Stärken ableiten

Nachdem die Kraftseite der Bilanz prallgefüllt ist mit allem, was Sie erreicht und erkämpft haben, ernten Sie die Früchte. Denn nun geht es darum, Ihre Stärken hinter diesen Errungenschaften zu benennen. Hinter allem, was Sie erreicht haben, stehen nämlich Ihre Fähigkeiten und Eigenschaften.

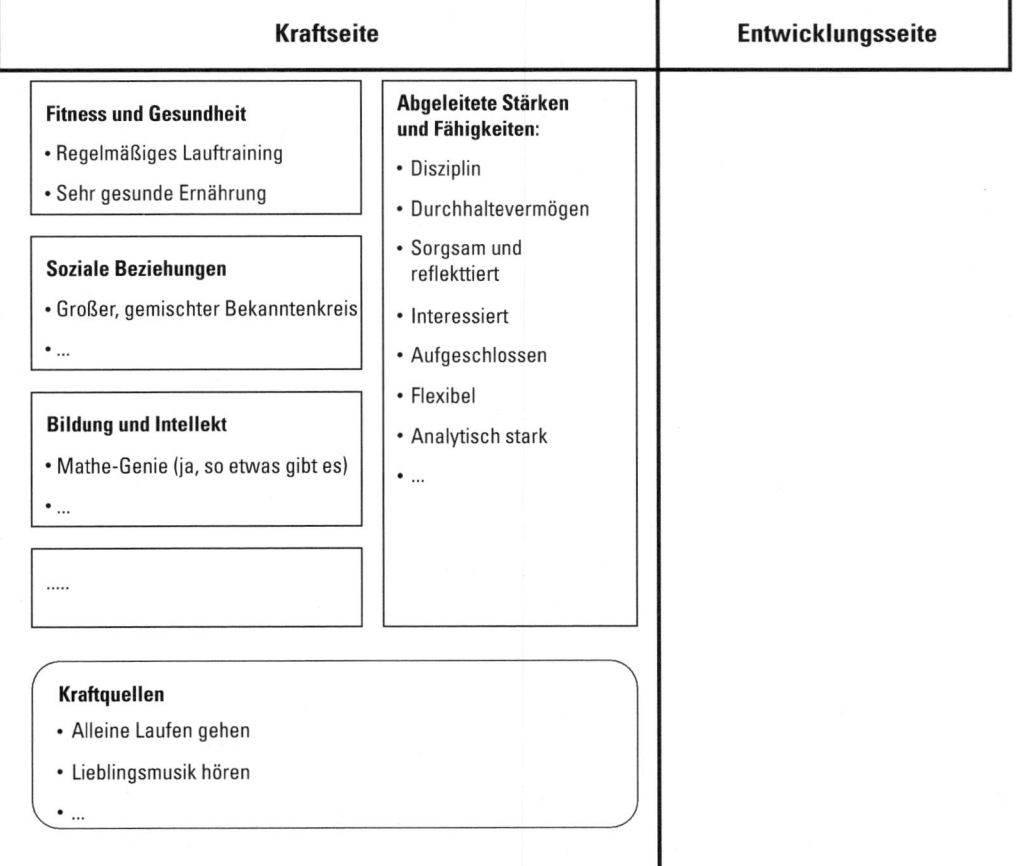

Abbildung 4.3: Eine persönliche Bilanz erstellen

Richten Sie Ihre Aufmerksamkeit auf folgende Fragen:

- ✔ Einige persönliche Stärken sind Ihnen sicherlich bewusst. Welche dieser Stärken haben Sie eingesetzt, um all das zu erreichen, was sich auf der Kraftseite gesammelt hat? Schreiben Sie die Stärken auf.

- ✔ Stellen Sie sich vor, jemand anders hätte alles das erreicht, was auf der Kraftseite steht. »Wow!«, denken Sie nun vielleicht. »Was für ein erfolgreicher Mensch.« Was meinen Sie, wie ist dieser Mensch, welche Fähigkeiten hat er, was kann er besonders gut? Überlegen Sie, wie dieser Mensch das alles wohl geschafft hat. Notieren Sie sich die Eigenschaften und Fähigkeiten, die Sie bei jemandem vermuten würden, der auf so eine Kraftseite blickt.

Bereichern Sie die Kraftseite mit Ihren persönlichen Quellen für Zufriedenheit und Ausgeglichenheit.

Beantworten Sie sich einfach folgende Fragen und nehmen Sie die Antworten in Ihre Bilanz mit auf:

- ✔ Was macht Sie zufrieden, welche Aktivitäten der einzelnen Lebensbereiche genießen Sie besonders?

- ✔ Womit können Sie Ihre Laune immer heben?

- ✔ In welchen Bereichen laden Sie Ihre Batterien schnell wieder auf?

Das könnte besser laufen: Die Entwicklungsseite der Bilanz

Die rechte Seite Ihrer persönlichen Bilanz richtet den Blick auf alles, was besser laufen könnte. Dazu gehören Ziele, die Sie nicht erreicht, Projekte, die Sie nie beendet, und Chancen, die Sie nicht ergriffen haben. Erlauben Sie sich, aus der Vergangenheit zu lernen, und analysieren Sie, wie Sie es zukünftig besser machen können.

Schwächen erkennen

Eines vorweg: Verabschieden Sie sich von der Vorstellung, alle Ihre Schwächen ablegen zu können. Jeder Mensch hat und behält ausgewählte persönliche Schwächen. Sie können jedoch daran arbeiten, dass Sie die Schwächen und nicht die Schwächen Sie kontrollieren. Und Sie können Ihre Stärken einsetzen, um Schwachpunkte auszugleichen.

Schwachpunkte (Pardon, Entwicklungspotenzial) identifizieren

Sie erkennen eigene Schwachpunkte, wenn Sie sich folgende Fragen stellen:

- ✔ Welche Probleme haben Sie immer wieder? Geraten Sie immer wieder in Zeitdruck? Nehmen Sie immer wieder mehr Arbeitsaufträge an, als Sie erledigen können? Oder haben Sie immer wieder Temperamentsausbrüche, die Sie im Nachhinein bereuen?

4 ➤ Zeit für eine Bestandsaufnahme (klingt nur langweilig)

✔ Gibt es unangenehme Situationen mit anderen Menschen, in die Sie immer wieder geraten? Wer grundsätzlich mit seinen Vorgesetzten aneinandergerät oder sich immer wieder im Nu unbeliebt macht im Kollegenkreis, tut gut daran, im eigenen Verhalten nach Gründen für diese missliche Situation zu suchen.

✔ Welche Themen sind »Reizthemen« für Sie und warum? Was bräuchten Sie, um entspannter auf diese Themen zu reagieren?

 Malen Sie sich doch einmal Ihr Wunsch-Ich aus. Welche Eigenschaften hat das Wunsch-Ich, von denen Sie (noch) träumen? Stellen Sie sich vor, Sie wünschten sich zum Beispiel die Eigenschaft, auch in schwierigen Situationen die Ruhe selbst zu bleiben. Das können Sie sich gut vorstellen, aber Sie haben dennoch keine Idee, wie Sie dahin kommen? Bereiten Sie doch einfach den Boden für diese Eigenschaft: Stellen Sie sich vor, die gewünschte Eigenschaft wäre eine seltene Pflanze. Und Sie wären ein geschickter Gärtner. Womit würden Sie den Boden düngen, auf dem diese Pflanze gedeihen soll? Der »Ruhe selbst« täte zum Wachsen sicherlich etwas »Gelassenheit«, »emotionale Stabilität« und »Zuversicht (»wird schon werden«)« gut. Für Sie bedeutet das: Definieren Sie, in welchen Situationen Sie künftig gelassener reagieren werden. Stellen Sie sich die Situation vor dem inneren Auge vor und beobachten Sie Ihr gelassenes Ich. Wie benimmt es sich, was sagt es, wie reagiert es? Verfahren Sie ebenso mit den anderen Düngerzutaten. Dann werden Sie bald die Früchte der Arbeit und damit die seltene Pflanze »die Ruhe selbst« ernten können.

Die Entwicklung anstoßen

Nachdem Sie erkannt haben, welche persönlichen Schwächen Raum zur Entwicklung bieten, starten Sie die Entwicklung.

✔ Betrachten Sie die Schwäche von allen Seiten, um sich ein genaues Bild zu verschaffen. Womöglich steckt in der Schwäche nämlich durchaus etwas Hilfreiches oder die Schwäche bewahrt Sie vor anderen Widrigkeiten. Wer als Schwäche erkannt hat, dass er im Arbeitsleben Wettbewerb vermeidet, zieht sich damit zwar aus der Beförderungs-, aber auch aus der Machtkampfschusslinie. Sie können sich ein umfassendes Bild von Ihren Schwächen machen, indem Sie sie vor Gericht stellen. In Kapitel 7 steht im Abschnitt »Hinderliche Einstellungen und Gewohnheiten vor Gericht«, wie das geht.

✔ Entscheiden Sie sich, wie Sie mit der Schwäche umgehen möchten. Grundsätzlich haben Sie drei Möglichkeiten:

- Sie akzeptieren, dass Sie diese Schwäche haben, und geben sich damit zufrieden. Eine faire Entscheidung, keiner ist perfekt.

- Sie begeben sich nicht mehr in Situationen, in denen diese Schwäche offenkundig wird. In der Regel ist das nicht die beste Idee. Zum einen ist es im Berufsleben schlecht umsetzbar, zum anderen kultivieren Sie damit eine Schwäche und lassen sich von ihr einschränken. Und Letzteres gilt es unbedingt zu vermeiden.

Ziehen Sie also lieber Möglichkeit drei in Betracht:

- Sie arbeiten an sich und der Schwäche und ändern sich. Das ist die anspruchsvollste Lösung, die aber einen echten Gewinn verspricht. Lesen Sie weiter.

✔ Alle Schwächen, die Sie ändern wollen, setzen Sie in das Wertequadrat, das Sie in Kapitel 3 kennenlernen. Mithilfe des Wertequadrats gelingt es Ihnen leicht, die Entwicklungsrichtung zu bestimmen und zu verstehen, wo die Reise hingehen soll.

In weiter Ferne: Unerreichte Ziele

Gehen Sie die einzelnen Lebensbereiche durch und richten Sie Ihre Aufmerksamkeit auf Ziele, die Sie nicht erreicht oder aufgegeben haben.

Was hätten Sie gebraucht, um das Ziel weiter zu verfolgen und zu erreichen?

Notieren Sie sich, was nötig gewesen wäre, von welchen Eigenschaften es gerne etwas mehr hätte sein dürfen. Achten Sie darauf, dass Sie positive Formulierungen finden. Also statt: »Ich war einfach zu faul«, bescheinigen Sie sich: »Ich hätte fleißiger sein sollen«. Folgendes Beispiel illustriert, wie Sie auch aus verfehlten Zielen noch etwas Gutes für sich (nämlich für Ihre weitere Entwicklung) ziehen:

Stellen Sie sich vor, Sie hätten sich fest vorgenommen, in diesem Jahr mindestens einen Vortrag auf einer wichtigen Fachkonferenz zu halten. Haben Sie aber nicht. In so einem Fall bietet es sich an, sich einen Freifahrtschein auszustellen und die Lage schönzureden. (Das Jahr war überraschend kurz, es gab keine wirklich guten Konferenzen und so wichtig war das Vorhaben nun auch wieder nicht.) Das mag im Ansatz alles stimmen. Es sollte Sie aber dennoch nicht davon abhalten, genauer hinzuschauen. Denn immerhin war Ihnen das Vorhaben einmal wichtig. Machen Sie sich also nichts vor und gestehen Sie sich ein, dass Sie einfach etwas (zu viel) Lampenfieber hatten, sich fachlich nicht fit gefühlt haben oder sonstigen Einflüsterungen des inneren Störenfrieds verfallen sind. Bringen Sie die positiven Eigenschaften zu Papier, die Ihnen gefehlt haben. Also in diesem Fall

✔ ein stärkeres Selbstbewusstsein, dass Sie ein guter Redner sind,

✔ bessere fachliche Qualifikationen und

✔ konstruktivere innere Selbstgespräche.

In der Psychologie ist es ein bekanntes Phänomen, dass Menschen sich die eigenen (Fehl-)Entscheidungen schönreden. Sobald die eigenen Erwartungen mit den tatsächlichen Ereignissen nicht übereinstimmen, ist der Mensch geneigt, passend zu machen, was nicht passt. (Das Phänomen hört auf den schönen Namen »kognitive Dissonanz«.) Das ist zwar ganz nützlich, um im Alltag nicht an sich und den eigenen Entscheidungen zu (ver-)zweifeln. Es hilft allerdings nicht dabei, Ansätze für Verbesserungen und Entwicklungsmöglichkeiten zu erkennen. Tun Sie weit entfernte Ziele und aufgegebene Vorhaben also nicht vorschnell ab (»War sowieso nur eine Schnapsidee.«). Finden Sie lieber ehrlich heraus, woran das Ganze gescheitert ist und was Sie für einen Erfolg anders hätten machen müssen.

Welche Schritte können Sie einleiten, um Ihre Fähigkeiten und Ressourcen aufzustocken?

Im vorangegangenen Beispiel könnten Sie zum Entschluss kommen, Folgendes zu tun:

- ✔ das eigene Redeselbstbewusstsein aufpolieren (zum Beispiel indem Sie bei kleineren Anlässen immer wieder mal vorpreschen und Erfahrungen sammeln).
- ✔ für herausragende fachliche Qualifikationen sorgen (zum Beispiel durch ein Gespräch mit Experten oder ein gutes Fachbuch).
- ✔ die eigenen inneren Dialoge verbessern.
- ✔ auf eigenen Fähigkeiten und Ressourcen aufbauen. In dem eigenen Erfahrungsschatz findet sich meistens vieles, auf das sich prima bauen lässt.

Identifizieren Sie auf der Kraftseite der Bilanz die eigenen positiven Erfahrungen, in denen Sie die notwendigen Fähigkeiten bereits bewiesen haben.

- ✔ Werfen Sie die eigenen Stärken in die Waagschale und wiegen Sie damit die Schwächen auf. Natürliche Feinde der Redeangst sind zum Beispiel die Stärken Disziplin und Perfektionismus, die dazu führen, dass die Vorbereitung auf den Auftritt einfach 110-prozentig ausfällt. Auch Spontaneität (»Irgendetwas fällt mir immer ein.«) und Humor (gut für eine lustige Eingangsanekdote als Eisbrecher) lassen Redeangst schwinden.
- ✔ Zusätzlich zu Ihren eigenen (inneren) Ressourcen, können Sie sich Ressourcen von außen beschaffen. Wenn Ihr Chef auch findet, Sie sollten mal einen wirklich guten Fachvortrag halten, dann darf er Sie auch gerne bei der Vorbereitung unterstützen. Das muss nicht immer mit einer Schulung sein, Sie könnten ihn auch einfach als Gesprächspartner einspannen und ein »Expertengespräch« mit ihm führen.

 Trauen Sie sich, andere Menschen nach Feedback zu fragen. Der Kollege, der Ihnen wohlgesonnen ist, hat vielleicht eine durchaus interessante Antwort auf die Frage: »Was meinst du, warum bin ich schon wieder nicht befördert worden? Was müsste ich anders machen, um auf mich aufmerksam zu machen?«

Der eigene Umgang mit Krisen

Die nächste Krise kommt bestimmt (keine gute Nachricht, aber lesen Sie weiter, es wird besser). Die gute Nachricht ist nämlich, dass Sie sich schon jetzt für die nächste Katastrophe wappnen können. Es besteht tatsächlich eine reelle Chance, dass die nächste Krise mit entsprechender Vorbereitung deutlich milder ausfällt. Das hilft:

- ✔ verstehen, was eine Krise zur Krise macht
- ✔ die eigenen Strategien im Umgang mit Krisen erkennen und hinterfragen
- ✔ bei krisenfesten Zeitgenossen abgucken (das ist dieser Typ Mensch, der sich durch scheinbar nichts erschüttern lässt)

Das macht eine Krise zur Krise

Wer in einer Krise steckt, wird den Vorschlag, die Krise doch einfach als Chance zu sehen, nicht mehr hören können. Denn das ist nicht nur leichter gesagt als getan, es verdeutlicht auch eindrucksvoll den Unterschied zwischen Theorie und Praxis. In der Praxis ist eine Krise nämlich zunächst einfach nur bedrohlich. Trotzdem ist es sinnvoll, sich einige Dinge zu vergegenwärtigen und damit zumindest zu verhindern, dass die Krise an Kraft gewinnt.

Das chinesische Wort für Krise (»Weiji«) setzt sich aus zwei Schriftzeichen zusammen: Das erste Zeichen, »Wei«, bedeutet »Gefahr«. Das zweite Zeichen (»Ji«) heißt so viel wie »wichtiger Zeitpunkt« und kann sogar im Sinne von Chance verstanden werden.

Das Wort »Krise« stammt aus dem Altgriechischen und bezeichnet eine »(Ent-)Scheidung, die sich zuspitzt«. In einer Krise erreicht eine schwierige Situation also ihren Höhepunkt. Mit dem Höhepunkt ist aber auch gleichzeitig der Wendepunkt erreicht: Von nun an wird zwar womöglich alles anders, aber nicht noch schlimmer.

Eine Krise entsteht, wenn (mindestens) zwei Dinge zusammenkommen:

✔ eine Situation, die als bedrohlich bewertet wird, und

✔ das Gefühl, die Hände seien gebunden und man sei der Situation hilflos ausgeliefert.

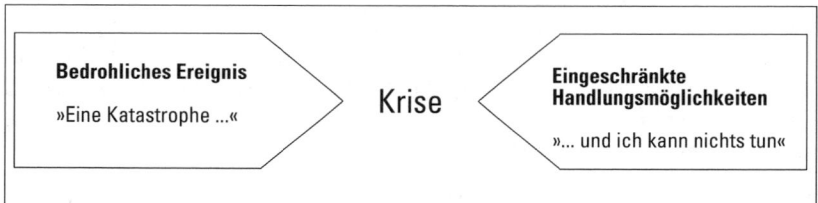

Abbildung 4.4: Der Stoff, aus dem Krisen sind

Wenn dann noch die bewährten Lösungsstrategien keine Wirkung zeigen, gewinnt die Krise schnell an Kraft. So weit, so ungünstig. »Wie soll ich denn in so einer Situation eine Chance sehen?« werden Sie sich fragen. Zugegeben, es bedarf etwas guten Willens. Aber dann findet sich so einiges:

✔ In der Krise können Entscheidungen nicht mehr aufgeschoben, sondern müssen sofort getroffen werden. Dazu gehört auch die Entscheidung, bisherige Lebensmodelle und Überzeugungen abzulegen und durch zukunftstauglichere zu ersetzen.

✔ Die Krisensituation sorgt dafür, dass die getroffenen Entscheidungen zeitnah umgesetzt werden.

✔ Krisenzeiten laden dazu ein, die eigene Entwicklungsrichtung zu hinterfragen. Auch Themen, die gar nicht unbedingt mit der Krise zu tun haben, werden nicht selten »in einem Abwasch« miterledigt. Viele Menschen nehmen sich in Krisen eher die Zeit, das eigene Leben zu überdenken und ihre Prioritäten und eingeschlagenen Wege zu überprüfen und zu korrigieren.

- ✔ Die Krise zieht Veränderungen nach sich. Der alte Trott, der in die Krise geführt oder sie zumindest nicht verhindert hat, muss abgelegt werden. Das verursacht zwar Trennungsschmerz, bietet aber tatsächlich die Gelegenheit, eine etwas krisenfestere Gangart zu wählen. Wer zum Beispiel mit der festen Überzeugung durchs Berufsleben geht, dass sein erster Arbeitgeber auch sein letzter Arbeitgeber sein wird, den wirft die betriebsbedingte Kündigung umso mehr aus der Bahn. Es lohnt sich daher, die nächste Arbeitsstelle mit einer flexibleren Einstellung anzutreten. Und schon wird der nächste Arbeitgeberwechsel kein Drama, sondern womöglich sogar selbst initiiert sein.

Das macht aus einer »Krise« eine »Veränderung«

Ein Blick auf »den Stoff, aus dem Krisen sind« (siehe Abbildung 4.4) verrät bereits erste Ansatzpunkte für eine Besserung.

- ✔ Die Bewertung der Situation trägt wesentlich zur Krise bei. Die Lage würde sich also bessern, wenn sich entweder die Situation oder aber die Bewertung derselben verändern ließe. Die Situation können Sie vielleicht nicht wesentlich beeinflussen. Aber Sie können die Situation bewerten, wie Sie lustig sind.

- ✔ Das als ungünstig bewertete Ereignis gewinnt an Bedrohlichkeit, wenn Sie das Gefühl haben, nichts dagegen unternehmen zu können. Tatsächlich kann es vorkommen, dass Sie an der Situation erst einmal nicht viel ändern können. Aber wer ein wenig nach links und rechts schaut, wird schnell erkennen, dass er durchaus Alternativen hat.

- ✔ In der Regel betrifft das Ereignis, das sich anschickt, eine Krise auszulösen, einen bestimmten Lebensbereich. Und selbst in dem betroffenen Lebensbereich ist meistens nicht alles schlecht, sondern wiederum »nur« ein Teilbereich. Ein schwerer Streit mit dem Vorgesetzten belastet das berufliche Leben zwar, führt aber (meistens) nicht zur Kündigung und auch nicht zu einem schwierigen Verhältnis zu anderen Kollegen. Besinnen Sie sich daher auf die Aspekte, die unangetastet bleiben, und auf die Lebensbereiche, in denen nach wie vor alles gut läuft. Sie werden die Krise damit automatisch als weniger bedrohlich für Ihre Gesamtpersönlichkeit empfinden.

Natürlich kann man sich nicht alles schönreden und das sollen Sie auch gar nicht. Sie sollen die Lage aber auch nicht schwärzer reden, als sie ist. Vermeiden Sie es daher, die Krise zu verstärken, indem Sie für sich die Opferrolle reklamieren und sich mit Gedanken à la »Supergau«, »Katastrophe« und »schlimmste Niederlage seit Waterloo« das Leben noch schwerer machen. Bemühen Sie sich stattdessen um eine gemäßigtere Sicht der Dinge. Mit welchen milderen Worten lässt sich Ihre Lage beschreiben? Oftmals tut es gut, die Situation aus der Zukunft zu betrachten: Wie werden Sie wohl mit 80 Jahren diese Phase in Ihrem Leben bewerten (sofern Sie sich dann überhaupt noch an diesen »Supergau« erinnern)?

In Kapitel 7 finden Sie im Abschnitt »Die Bewertung der Situation verändern« Beispiele, wie Sie zu einer günstigeren Bewertung finden.

Oliver und Nicole sind Führungsnachwuchskräfte in einem internationalen Konzern. Noch vor Ablauf des ersten Jahres offenbart der Vorgesetzte ihnen, dass er aus Kostengründen angehalten ist, sein Team zu halbieren. Als Neueinsteiger würden die beiden zu den ersten gehören, die das sinkende Schiff im nächsten halben Jahr verlassen müssen.

Für Oliver schlägt die Nachricht ein wie ein Blitz und katapultiert ihn mitten in eine handfeste Krise. Er ist nicht nur verzweifelt darüber, dass er seinen Job verliert. Er zweifelt zudem an seinen Fähigkeiten und sieht sich als Führungsnachwuchskraft infrage gestellt. Er fühlt sich wie gelähmt und handlungsunfähig, denn immerhin hat jemand anders über ihn entschieden. Die Situation demotiviert ihn zusehends und er kann seine täglichen Aufgaben kaum noch erfüllen. Das wiederum bestätigt ihn in seiner Auffassung, nicht qualifiziert genug zu sein.

Nicole hingegen fängt sich nach dem ersten Schreck. Natürlich bedauert sie die Entscheidung. Aber sie weiß, dass sie weder die Erste noch die Letzte sein wird, die ihren Job verliert. Nicole weigert sich, die Kündigung persönlich zu nehmen. Noch am selben Tag wird sie aktiv: Sie registriert sich in sämtlichen Jobsuchmaschinen und stößt Kontakte an, die ihr hilfreich werden könnten. Für den Fall, dass ein neuer Arbeitgeber auf sich warten lässt, fasst sie ein MBA-Programm im Ausland ins Auge. Sie nimmt sich vor, mit ihrem Vorgesetzten über eine Abfindung zu verhandeln.

Eigene Strategien in Krisensituationen erkennen

So verschieden Krisen sein können, so verschieden reagieren Menschen in Krisensituationen. Kennen Sie Ihre eigenen Strategien im Umgang mit Krisensituationen? So lernen Sie Ihre Strategien kennen:

Richten Sie Ihre Aufmerksamkeit auf vergangene Niederlagen, Verluste oder Misserfolge und analysieren Sie Ihr Verhalten und Ihre Gefühle von damals gründlich. Die Leitfrage für Ihre Analyse lautet: »Wie habe ich die Krise gemeistert?«. Folgende Fragen führen in Richtung Antwort:

- ✔ Wie sind Sie damals mit der Situation umgegangen? Wie sah Ihre erste Reaktion aus, wie die zweite und nach welcher Reaktion haben Sie sich besser gefühlt?
- ✔ Welche Gedanken und Vorstellungen haben Ihnen Kraft gegeben, woran haben Sie sich orientiert?
- ✔ Welches Verhalten war aus heutiger Sicht besonders hilfreich für Sie? Welche Reaktion hat Ihnen im Nachhinein nicht viel gebracht oder die Lage sogar verschlimmert?
- ✔ Welche Ihrer Stärken haben Sie eingesetzt?
- ✔ Was hätten Sie gebraucht, um die Krise besser wegstecken zu können? Wie können Sie das bekommen, was Sie brauchen?
- ✔ Im Nachhinein sehen die Dinge oft ganz anders aus. Wenn Sie mit Ihrem heutigen Wissen an die Krise denken: Welche Tipps würden Sie sich gerne in die Krisensituation schicken? Schreiben Sie sich die Tipps auf.

✔ Wie zufrieden sind Sie mit Ihren Krisenbewältigungsstrategien der Vergangenheit? Was wollen Sie in Zukunft genauso, was wollen Sie anders machen?

Manche Menschen denken, sie hätten noch nie eine Krise wirklich gemeistert. Denn sie haben in Krisensituationen Reißaus genommen und sich der Situation nicht gestellt oder schlicht abgewartet. Dennoch haben sie mit dieser Reaktion die Situation gemeistert, denn die Krise ist weg und sie sind noch da. Nun geht es darum zu verstehen, ob die gezeigten Strategien die besten sind oder ob das Lösungsrepertoire für die Zukunft um andere Strategien erweitert werden sollte.

Das hilft in einer Krise

In einer Krisensituation ist es wichtig, sich bewusst zu machen, dass es zwar *eine* Krise, aber bei Weitem nicht nur *die* Krise gibt. Da gibt es nämlich noch einige mehr.

Die eigenen Stärken

Auf der Kraftseite der Bilanz haben Sie ein umfangreiches Stärkenrepertoire zusammengetragen. Auf diese Fähigkeiten können und sollten Sie bauen. Das Gute an der Kraftseite ist, dass dort nicht nur Stärken aufgelistet sind. Sie haben direkt daneben auch die Beweise dafür stehen, dass Sie diese Fähigkeiten wirklich Ihr Eigen nennen dürfen: Denn das sind die Erfolge und Errungenschaften, aus denen Sie die Stärken abgeleitet haben. Lesen Sie also nach, was Sie schon alles geschafft haben, und lassen Sie es zu, dass sich ein gewisser Stolz in Ihnen breitmacht.

Die eigenen Erfahrungen (inklusive der ein oder anderen gemeisterten Krise)

Neben Ihren Erfolgen finden Sie auf der Entwicklungsseite der Bilanz alles, was Sie aus den Krisen, die Sie gemeistert haben, gelernt haben. Erinnern Sie sich daran, dass und wie Sie vergangene Krisen gemeistert haben. Was hat Ihnen damals besonders gut geholfen? Würde das auch heute helfen? Welche Tipps hätten Sie sich im Nachhinein in vergangenen Krisen gerne gegeben? Welcher Tipp erscheint Ihnen in der aktuellen Situation besonders hilfreich?

Andere Lebensbereiche, in denen es nicht kriselt und die Halt bieten können

Eine Krise entspringt meistens einem bestimmten Lebensbereich. Die anderen Bereiche sind davon häufig völlig unberührt. Machen Sie sich also bewusst, dass bei Weitem nicht Ihre ganze Welt zusammenbricht.

Lassen Sie es nicht zu, dass Ihre innere Verfassung Schatten auf die Lebensbereiche wirft, die nach wie vor nach Plan verlaufen. Denn wenn Sie sich gehen lassen, kann es schnell geschehen, dass auch anderswo einiges aus dem Ruder läuft. So ein erneuter »Misserfolg« wiederum würde Ihren Eindruck, alles laufe schief, bestätigen und einen Teufelskreis in Gang setzen. Alles geht schief, weil Sie glauben, dass es schiefgehen wird. Das wiederum bestätigt Sie in Ihrer Überzeugung, was dazu führt, dass ... und so weiter und so fort.

Von Stehaufmännchen lernen

Menschen, die Krisen scheinbar spielend meistern, verfügen über einige hilfreiche Eigenarten. Diese sind bei Weitem keine Zauberei, sondern lassen sich (fast spielend leicht) kopieren:

- ✔ **Selbstbewusstsein:** Eine Krise kann das eigene Selbstbewusstsein auf eine harte Probe stellen. Umso wichtiger ist es also, dass die Krise auf ein stabiles Selbstbewusstsein trifft, das sich nicht so leicht erschüttern lässt. Wer sich selbst mag, von seinen eigenen Vorzügen überzeugt ist und gut mit sich umgeht (also keine Selbstgespräche wie »Ich bin ein Verlierer«), lässt sich weniger schnell von widrigen Umständen umwerfen.

- ✔ **Proaktives Handeln:** Es ist leicht, sich in einer Krisensituation selbst zu bemitleiden und als Opfer zu fühlen. Damit wird aber weder die Situation noch das Empfinden besser. Viel konstruktiver ist es, sich aus der Opferrolle zu befreien und zu handeln. Krisenfeste Menschen ergreifen die Initiative. Sie starten, anstatt zu warten (in Kapitel 3 steht, wie das geht). Sie erkennen ihren Einflussbereich und weiten ihn durch überlegte Handlungen aus. Das Erkennungsmerkmal proaktiver Menschen ist übrigens eine proaktive Sprache. Aus »Da kann man nichts machen« wird »Mal sehen, welche Alternativen sich finden lassen«, »So bin ich nun einmal« wird zu »Nur wer sich ändert, bleibt sich treu« und »Wenn ich nur könnte …« heißt auf proaktiv »Ich werde einfach mal …«.

- ✔ **Konzentration auf Lösungen statt auf Probleme:** Krisenfeste Menschen verbringen ihre Zeit weniger mit den Problemen, sondern mehr mit der Suche nach Lösungen. Statt »Was alles nicht mehr geht« fragen sie sich: »Wie könnten potenzielle Lösungen aussehen?« Wohlbemerkt Lösungen, also Plural, denn wer flexibel und offen für verschiedene Alternativen ist, erhöht die Trefferchance gewaltig.

- ✔ **Emotionale Stabilität und ein Sinn im Leben:** Eine echte Krise färbt schnell das ganze Leben schwarz. Das ist nicht nur unangebracht, es ist auch ungesund. Wer einen Sinn in seinem Leben (und womöglich sogar in der Krise) sieht, hat eine gute Orientierung, einen Lichtstreifen am Horizont, der durch die dunklen Zeiten hindurchhilft. Emotional stabile Menschen zeichnen sich dadurch aus, dass sie Gefühle zwar zulassen, sich aber von denselben nicht überfahren lassen. Anstatt heute himmelhoch jauchzend und morgen zu Tode betrübt zu sein, bemühen sie sich um einen ausgeglichenen Mittelweg. Diesen Mittelweg findet, wer sich nicht in eine Situation hineinsteigert, sondern die Lage auch aus einer anderen Perspektive, mit Abstand oder mit einer veränderten Bedeutung sehen kann. Eine gewisse emotionale Intelligenz, über deren Bausteine Sie in Kapitel 2 etwas erfahren, gibt der Krisenfestigkeit einen weiteren Schliff.

- ✔ **Ein soziales Netzwerk und keine Scheu, es für die eigenen Zwecke zu nutzen:** Viele Menschen, die Krisenzeiten mühelos zu überstehen scheinen, haben sich von einem verabschiedet: Sie haben Einstellungen wie »Da muss ich allein durch« oder »Mir kann sowieso keiner helfen« abgelegt. Die Fähigkeit, sich Unterstützung holen zu können und anderen (und sich selbst) ohne falschen Stolz die Krise einzugestehen, erweist sich als echte Stärke. Das soziale Netzwerk hilft nicht nur gegen das Gefühl, dass die ganze Welt sich gegen einen verschworen hat. Denn es macht klar, wie viele (wichtige) Menschen auf seiner Seite sind. Gleichzeitig helfen Gespräche mit anderen Menschen, den Krisenfokus aufzuweichen und daran zu erinnern, dass es auch noch etwas anderes als die Krise gibt. Andere Menschen haben andere Sichtweisen und in einer Krise tut es gut, neue Lösungsideen zu finden und verschiedene Perspektiven einzunehmen.

Auf zu neuen Zielen

In diesem Kapitel

▶ Erkennen, welche Bedürfnisse hinter einem Ziel stehen

▶ Von der Kunst, Ziele richtig zu formulieren

▶ Eine Lebensvision entwerfen und Ziele daraus ableiten

▶ Verstehen, worauf es in der eigenen Karriere ankommt

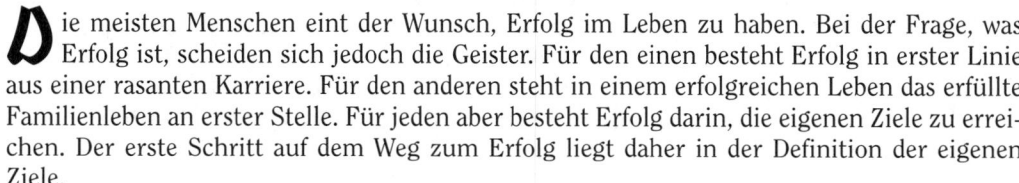

Die meisten Menschen eint der Wunsch, Erfolg im Leben zu haben. Bei der Frage, was Erfolg ist, scheiden sich jedoch die Geister. Für den einen besteht Erfolg in erster Linie aus einer rasanten Karriere. Für den anderen steht in einem erfolgreichen Leben das erfüllte Familienleben an erster Stelle. Für jeden aber besteht Erfolg darin, die eigenen Ziele zu erreichen. Der erste Schritt auf dem Weg zum Erfolg liegt daher in der Definition der eigenen Ziele.

In diesem Kapitel begeben Sie sich auf die Suche nach Ihren großen Lebenszielen und leiten leicht erreichbare Zwischenziele daraus ab. Sie finden heraus, was Sie vom Leben wollen und wie Sie sich schon mit der Definition Ihrer Ziele den Weg zu selbigen ebnen. Und Sie machen sich bewusst, was in Ihrer Berufslaufbahn nicht fehlen darf, wenn Sie das machen wollen, was für Sie eine »Karriere« ist.

Das Ziel des Ziels: Bedürfnisse befriedigen

So unterschiedlich Ziele auch sind, sie haben immer das gleiche Ziel: Sie dienen dazu, persönliche Bedürfnisse zu erfüllen.

Die Bedürfnisse, um die es eigentlich geht, bleiben oft hinter den Zielen versteckt. Es lohnt sich jedoch, die Bedürfnisse offenzulegen, denn damit eröffnen sich Ihnen einige Möglichkeiten:

✔ Sie verstehen besser, warum Ihnen das Ziel wichtig ist (»Warum genau will ich das eigentlich?«).

✔ Sie können überprüfen, mit welchem Ziel sich Ihr Bedürfnis noch (besser) befriedigen ließe (»Lässt sich das Bedürfnis durch dieses oder durch ein anderes Ziel am besten und am leichtesten befriedigen?«).

✔ Sie bekommen einen Motivationsschub für den Weg zum Ziel gratis dazu (»Das ist mir wichtig, es geht immerhin um mein Bedürfnis nach Anerkennung.«).

Fragen Sie sich daher bei Zielen, die Ihnen durch den Kopf schießen, welches Bedürfnis in Ihnen nach diesem Ziel ruft. Dann können Sie prüfen, ob Ziel und Bedürfnis wirklich das ideale Paar sind oder ob sich noch ein etwas besseres Ziel finden lässt.

 Manche Ziele rücken auch trotz ehrlicher Anstrengung in immer weitere Ferne. Dann müssen Sie sich manchmal eingestehen, dass Sie das formulierte Ziel realistischerweise nicht erreichen werden. Sie müssen dann aber nicht gleich das ganze Vorhaben über den Haufen werfen. Finden Sie lieber heraus, welches Bedürfnis hinter dem Ziel steht und wie Sie dieses Bedürfnis noch erfüllen könnten. Welches Ziel würde das Bedürfnis zwar nicht zu 100 Prozent befriedigen, aber zu guten 80 Prozent?

Immer der Reihe nach: Die Bedürfnispyramide nach Abraham Maslow

Der US-amerikanische Psychologe Abraham Maslow hat sich in den 1940er-Jahren auf die Suche nach den Motiven für menschliche Handlungen gemacht und sechs Bedürfnisgruppen formuliert. Er stellte fest, dass manche Bedürfnisse Vorrang haben vor anderen Bedürfnissen. Beispielsweise sorgen die (meisten) Menschen zunächst dafür, ausreichend Nahrung und ein Dach über dem Kopf zu haben. Erst wenn diese elementaren Bedürfnisse erfüllt sind, kümmern sie sich um Bedürfnisse wie den Porsche als Statussymbol oder die Beförderung als Zeichen der Anerkennung. Die Bedürfnispyramide verbildlicht die Rangfolge der Bedürfnisgruppen nach Abraham Maslow. Maslow weist dabei auf Folgendes hin:

✔ Die ersten vier Bedürfniskategorien (Grund-, Sicherheits-, soziale und Individualbedürfnisse) sind Mangelbedürfnisse. Wenn Bedürfnisse dieser Kategorien nicht befriedigt sind, kann das negative körperliche oder psychische Folgen haben. Wer nicht genug schläft, wird krank. Aber auch Menschen, die ständig Angst um ihre Existenz haben müssen oder ohne soziale Verbindungen leben, leiden nicht selten unter körperlichen oder psychischen Folgen.

✔ Die Kategorien Selbstverwirklichung und Transzendenz sind Wachstumsbedürfnisse. Diese Bedürfnisse können nach Maslow nicht komplett befriedigt werden. Sie bleiben daher ein stetiger Motor für die eigene Entwicklung.

✔ Die Menschen werden zu unterschiedlichen Zeiten von unterschiedlichen Bedürfnissen angetrieben. Sie erfüllen zunächst die rangniederen Bedürfnisse und streben dann Schritt für Schritt nach Höherem. Dabei werden die Bedürfnisse der niederen Stufen selbstverständlich weiterhin befriedigt, aber zunehmend en passant. Die Suche nach Essbarem ist nicht mehr die Tagesaufgabe, sondern tritt in den Hintergrund, wenn die Pizzeria nebenan nicht nur geöffnet, sondern auch erschwinglich ist. Solange aber ein Bedürfnis nicht befriedigt ist, übt es eine starke Motivation aus. Je stärker das Bedürfnis dann befriedigt wird, desto mehr tritt es in den Hintergrund und macht die Bühne frei für die nächste Liga an Bedürfnissen.

 Die Bedürfnisse stehen in der Pyramide zwar in einer Reihenfolge, werden aber nicht streng hintereinander abgearbeitet. Die einzelnen Stufen müssen also nicht erst zu 100 Prozent erfüllt sein, damit ein Bedürfnis der höherstehenden Kategorie in den Vordergrund treten kann. Wann jemand seine grundlegenden Bedürfnisse befriedigt sieht und nach höheren Bedürfnissen strebt, ist individuell unterschiedlich.

Abbildung 5.1: Darum geht es: die wichtigsten Bedürfnisse nach Abraham Maslow.

Die einzelnen Kategorien können frei nach Maslow folgendermaßen beschrieben werden:

✔ **Grundbedürfnisse:** Die Grundbedürfnisse umfassen die Elementarbedürfnisse der Nahrungsaufnahme und die Versorgung mit allem, was lebenswichtig ist. Schlaf gehört ebenso dazu wie Gesundheit, Schutz vor Naturgewalten (durch ein Dach über dem Kopf) und die Luft zum Atmen.

✔ **Sicherheitsbedürfnisse:** Hier geht es in erster Linie um den Schutz vor Gefahr. Öffentliches Recht und Ordnung gehört ebenso dazu wie die persönliche finanzielle Absicherung. Ein festes Einkommen, vielerlei Versicherungen, eine sichere Rente, Eigentum und Kündigungsschutz dienen dazu, dass diese Sicherheitsbedürfnisse im Alltag befriedigt werden.

✔ **Soziale Bedürfnisse:** Soziale Bedürfnisse umfassen das Bedürfnis nach Kommunikation, Freundschaften, Partnerschaften oder familiären Beziehungen. Es geht darum, sich zugehörig zu fühlen und im Austausch mit den Mitmenschen zu stehen.

✔ **Individualbedürfnisse:** Die Individualbedürfnisse lassen sich unterteilen in die eigene Wertschätzung und Selbstachtung und in die Wertschätzung und Achtung, die einem von den Mitmenschen zuteilwird.

- Bei der eigenen Wertschätzung steht der Aufbau eines gesunden Selbstwertgefühls im Vordergrund. Das Selbstwertgefühl schätzt Dinge wie persönliche Stärken, Erfolgserlebnisse, Unabhängigkeit oder Triumphe aller Art.

- Die lieben Mitmenschen befriedigen die Individualbedürfnisse, indem sie uns Respekt oder Anerkennung entgegenbringen. Auch Geltungsbedürfnisse wie Macht und Einfluss oder alle Arten von (anerkannten) Statussymbolen befriedigen gewisse Individualbedürfnisse.

✓ **Selbstverwirklichung:** Die Formen der Selbstverwirklichung sind so unterschiedlich wie die Menschen selbst. Während der eine seiner Persönlichkeit künstlerisch Ausdruck verleiht, strebt der andere die Auszeichnung »Manager des Jahres« an. Um eines aber geht es allen bei der Selbstverwirklichung: Es geht darum, die eigene Persönlichkeit zu entfalten und Potenziale auszuschöpfen.

✓ **Transzendenz:** Abraham Maslow hat die Stufe »Transzendenz« erst in den 1970er-Jahren an die Spitze seiner Bedürfnispyramide gestellt. Das Wort »Transzendenz« leitet sich von dem lateinischen Wort für »Übersteigen« ab. Das, was überstiegen werden soll, ist die sinnliche Erfahrung und die Grenzen des eigenen Ichs. In dieser Stufe geht es um den tieferen Sinn des Lebens, um Religion und die Suche nach Gott oder einer anderen Dimension, die über das eigene Ich hinausgeht.

Ein Bergsteiger erreicht sein Tagesziel und versorgt sich als Erstes mit Nahrungsmitteln und Wasser. Nach dem Essen macht er sich daran, seine Unterkunft für die Nacht zu richten. Danach schnappt er sich sein Handy und telefoniert mit seiner Freundin. Er ist stolz aus seinen Tageserfolg und lässt sich auch von ihr ausführlich bewundern. Wieder allein mit sich und den Bergen, geht er die Tour durch. Er fragt sich, was er noch besser machen, wie noch mehr über sich hinauswachsen könnte und plant in Gedanken schon die nächsten, noch anspruchsvolleren Projekte. Er sieht die Sonne hinter den Bergen untergehen und sinniert über Gott und die Welt.

Bedürfnisse im Beruf befriedigen

Die einzelnen Bedürfnisse lassen sich im Berufsleben durch ganz unterschiedliche Dinge befriedigen. In Tabelle 5.1 sind einige Beispiele aufgeführt.

Bedürfnisse der Kategorie …	können im Berufsleben befriedigt werden durch …
Grundbedürfnisse	✓ Arbeitszeiten, die Zeit für die persönliche Entspannung lassen
	✓ Kantine mit gesundem Essen
	✓ Wasserautomaten in den Büros
	✓ firmeninterne Sportangebote
Sicherheitsbedürfnisse	Rahmenbedingungen:
	✓ sicherer Arbeitsplatz
	✓ Kündigungsschutz
	✓ transparente Lohnpolitik
	✓ Altersversorgung
	Inhaltlich:
	✓ klare Aufgabenverteilung, Ziele und Spielregeln

5 ▶ Auf zu neuen Zielen

Bedürfnisse der Kategorie ...	können im Berufsleben befriedigt werden durch ...
Soziale Bedürfnisse	✔ formale Stellenbeschreibung ✔ Information und Transparenz ✔ Teamarbeit und Team-Building-Maßnahmen ✔ Firmenfeste ✔ Großraumbüros, Cafeteria, Konferenzräume ✔ fairer Umgang mit allen Mitarbeitern
Individualbedürfnisse	✔ Interesse an dem einzelnen Mitarbeiter ✔ Anerkennung und Wertschätzung der Einzelleistung ✔ Übertragung von Verantwortung ✔ Aufgaben, die den persönlichen Stärken und Vorlieben entsprechen ✔ Seminare und Trainings ✔ Jobrotation zur Erkundung neuer Aufgabengebiete ✔ Beförderungen ✔ Gelegenheiten, sich (und seine Arbeitserfolge) zu präsentieren
Selbstverwirklichung	✔ Freiräume bei der Erfüllung der Aufgabe ✔ Beteiligung an der Zielformulierung ✔ Möglichkeiten der Mitbestimmung ✔ Förderung der individuellen Stärken ✔ Würdigung von neuen Ideen ✔ Work-Life-Balance mit ausreichend Zeit für private Aktivitäten ✔ Gründung eines eigenen Unternehmens
Transzendenz	✔ Toleranz gegenüber verschiedenen Weltanschauungen und Religionen

Tabelle 5.1: Einfach erfüllt: Bedürfnisse im Berufsalltag

Ziele formulieren: Gute Ziele sind smart

Haben Sie sich schon einmal gefragt, was eigentlich der Unterschied zwischen Wünschen und Zielen ist? Wünsche erfüllen sich mit etwas Glück. Ziele hingegen erfüllen sich nicht von selbst, sondern wollen aktiv erreicht werden. Wünsche sind Vorlieben (»Es wäre schön, wenn ...«), Ziele sind »smart« wie Abbildung 5.2 verdeutlicht.

Der erste Schritt auf dem Weg zum Ziel besteht darin, es richtig zu formulieren. Diese Kunst können Sie nicht nur schnell und unkompliziert, sondern auch noch in diesem Abschnitt erlernen.

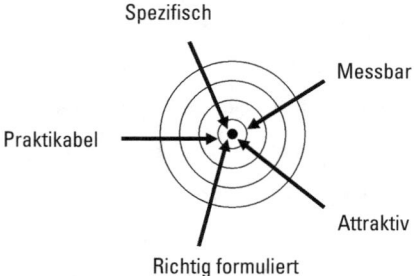

Abbildung 5.2: Gute Ziele sind smart.

Das Ziel ist spezifisch

Stellen Sie sich vor, Sie hätten morgen ein Meeting mit einem neuen Geschäftspartner, bei dem Sie noch nie waren. Sie sollen um 10 Uhr da sein. Vermutlich finden Sie es selbstverständlich, dass Sie sich vor der Abfahrt darüber informieren, wo die Fahrt hin gehen soll. Wahrscheinlich werden Sie sich nicht damit zufriedengeben zu erkunden, in welchen Stadtteil Sie fahren müssen. Der Straßenname ist durchaus nützlich und womöglich gehen Sie noch einen Schritt weiter und interessieren sich zudem für die Hausnummer. Die genaue Adresse des Zielorts hilft Ihnen dabei, ihn pünktlich und ohne große Umwege (dem Navi sei Dank) zu erreichen. So weit, so selbstverständlich.

Erstaunlicherweise lassen viele Menschen weit weniger Vorsicht walten, wenn es um die eigenen Karriere- und Lebensziele geht. Diese sind nicht selten unklar und unkonkret: »Ich möchte Karriere machen« ist in etwa so informativ wie »Ich muss um zehn Uhr in einer großen Stadt sein«. »Karriere machen« heißt für jeden etwas anderes und Sie sollten zumindest sicher sein, dass Sie wissen, was es für Sie bedeutet. Bemühen Sie sich daher, das Ziel möglichst genau zu beschreiben. Das bietet Ihnen nicht nur die Gelegenheit, sich darüber klar zu werden, was Sie genau wollen. Es schafft zudem eine gute Basis, um den nächsten Schritt in Richtung Ziel zu bestimmen. Fassen Sie das Ziel daher so konkret wie möglich. Damit erhöht sich die Trefferwahrscheinlichkeit enorm.

 Folgender kleiner Test hilft Ihnen zu überprüfen, ob Ihr Ziel spezifisch formuliert ist: Erzählen Sie drei verschiedenen Freunden von Ihrem Ziel. Fragen Sie die Freunde, was sie sich unter dem Ziel vorstellen. Wenn die drei Antworten ähnlich ausfallen und zudem das treffen, was Sie sich vorgenommen haben, haben Sie ein spezifisches Ziel formuliert.

Das Ziel ist messbar

Formulieren Sie das Ziel so, dass es messbar ist. Das wirkt nicht nur motivierend, es ist auch richtungsweisend: Zum einen schaffen Sie damit konkrete Anhaltspunkte, an denen Sie sich auf dem Weg zur Zielerreichung orientieren können. Zum anderen können Sie Ihre Fortschritte und Erfolge anhand der Bewertungskriterien überprüfen. Die Bewertungskriterien legen Sie selbst fest und dabei ist insbesondere bei Verhaltenszielen (»Ich möchte mehr so und so sein.«) durchaus Fantasie gefragt. In Tabelle 5.2 finden Sie Beispiele für Bewertungskriterien. Bei quantitativen Zielen (»Mehr Geld verdienen«) liegen die Bewertungskriterien auf der Hand (»10 Prozent mehr ab Januar«). Bei nicht quantitativen Zielen können Sie sich bei der Definition der Bewertungskriterien von folgenden Fragen leiten lassen:

✔ Woran merke ich, dass ich das Ziel erreicht habe? Wie fühle ich mich, wie verhalte ich mich?

✔ Woran merken andere, dass ich mein Ziel erreicht habe beziehungsweise auf dem Weg zum Ziel bin?

✔ Was tue ich, das ich heute nicht tue, wenn ich das Ziel erreicht habe?

Ein schwammiges Ziel wie »Ich will glücklich sein« liefert wenig Ansatzpunkte für die ersten Schritte Richtung Ziel. Womöglich wissen noch nicht einmal Sie ganz genau, was es für Sie bedeutet »glücklich zu sein«. Bei der Suche nach Bewertungskriterien haben Sie die Chance, das Ziel für sich noch einmal zu klären und zu schärfen.

Wunsch	Maßnahmen	Ziel	Maßnahmen	Kriterien für die Zielerreichung
»Ich möchte abnehmen.«	Hoffen	»In den nächsten zwei Wochen fünf Kilo abnehmen.«	✔ Ernährungsplan aufstellen ✔ Sportprogramm absolvieren	✔ Zeit ✔ verlorene Kilos
»Ich möchte mich mehr beteiligen.«	Wünschen	»Ich werde in den nächsten drei Wochen in jedem Meeting mindestens drei Beiträge leisten.«	✔ Informationen sammeln ✔ Beiträge planen ✔ Arbeitsunterlagen erstellen	✔ Anzahl der Beiträge pro Meeting
»Ich möchte mein Netzwerk ausweiten.«	Ausmalen	»Ich werde innerhalb von einem Monat zwanzig neue Netzwerkpartner gewinnen und mich virtuell mit ihnen verlinken.« (»Die Netzwerkpartner werde ich hier treffen: Fachkonferenz nächste Woche, After-Work-Party am Donnerstag, Seminar Ende des Monats.«)	✔ zu Veranstaltungen anmelden ✔ Small Talk üben ✔ Menschen ansprechen	✔ Anzahl neu hinzugewonnener Kontakte ✔ besuchte Veranstaltungen

Wunsch	Maßnahmen	Ziel	Maßnahmen	Kriterien für die Zielerreichung
»Ich möchte Karriere machen.«	Erträumen	»in den nächsten zwei Jahren die Personalverantwortung für ein Team im Bereich Controlling übernehmen«	✓ Extra-Aufgaben übernehmen ✓ fachlich fit machen ✓ Führungsambitionen kundtun	✓ Zeitraum ✓ Bereich Controlling ✓ Personalverantwortung
»Ich möchte mehr Zeit für Freunde haben.«	darauf Freuen	»pro Monat fünf Abende freihalten und mit Freunden treffen« (Beziehungspflege ist eine wichtige, aber nicht dringende Aufgabe. Wie Sie mit solchen Aufgaben umgehen, steht in Kapitel 10.)	✓ Zeitplanung verbessern ✓ Freunde kontaktieren ✓ Termine abmachen	✓ Anzahl der Treffen mit Freunden

Tabelle 5.2: Vom Wunsch zum Ziel

Auf der Suche nach Bewertungskriterien hilft es, sich einige Fragen zu stellen.

Was genau machen Sie anders, wenn Sie am Ziel sind? Wer sich mehr beteiligen möchte, wird antworten, er wäre zukünftig aktiver. Damit ist die Frage aber noch lange nicht beantwortet; werden Sie konkreter: Wie äußert sich das, bis wann, wie oft und mit wem werden Sie aktiv? Auch Fragen wie »wie viel«, »wie lange« oder »wie schnell« können zu geeigneten Bewertungskriterien führen.

Je attraktiver, desto besser

Gute Ziele sind attraktiv, noch bessere Ziele sind attraktiver. Mit der Frage, ob das Ziel für Sie überhaupt attraktiv ist, steht und fällt das ganze Vorhaben. Es liegt auf der Hand, dass es wenig Gründe gibt, ein nicht attraktives Ziel zu verfolgen. Ebenso offensichtlich ist ein attraktives Ziel ein starker Motivator, mit dem Sie auch Durststrecken überstehen werden. Kitzeln Sie daher aus Ihrem Ziel das heraus, was für Sie wirklich zählt. Dabei helfen folgende Überlegungen:

✓ Warum wollen Sie das Ziel erreichen? Warum also wollen Sie eigentlich Karriere machen, mehr Geld verdienen, sich mehr beteiligen und so weiter?

✓ Was gewinnen Sie für sich, wenn Sie das Ziel erreichen? Welches Bedürfnis befriedigen Sie, wenn Sie das Ziel erreichen?

✓ Nutzen Sie die Kraft der Visualisierung und malen Sie sich bildlich aus, wie es aussieht, wenn Sie das Ziel erreicht haben. Wie sehen Sie aus, wie lachen Sie, wie geben Sie sich, wie reagieren die anderen auf Sie? Lassen Sie alle Ihre Sinne mitsprechen und malen Sie ein lebendiges Zielbild.

✔ Wie fühlen Sie sich, wenn Sie das Ziel erreicht haben? Spüren Sie in sich hinein und nehmen Sie alle positiven Regungen wie Freude, Stolz und Zufriedenheit war. Wenn Sie diese positiven Gefühle mit dem Zielbild verknüpfen, gewinnt es an Macht. Damit steigt die Wahrscheinlichkeit, dass Sie auf dem Weg zum Ziel durchhalten. Rufen Sie sich die positiven Gefühle in schwierigen Situationen und bei Rückschlägen wieder ins Gedächtnis. Malen Sie sich genau aus, wie Sie sich fühlen und wie (zufrieden, glücklich, mächtig …) Sie aussehen, wenn Sie das Ziel erreicht haben.

Achten Sie darauf, dass Sie das Ziel positiv formulieren. Dann kann vor Ihrem inneren Auge ein hilfreiches Bild von Ihrem Ziel entstehen. Verneinende Formulierungen (»Denken Sie nicht an einen blauen Elefanten«) führen fast immer dazu, dass vor dem inneren Auge der blaue Elefant auftaucht. Das Unterbewusstsein versteht »nicht« nun einmal nicht. Vor Ihrem inneren Auge sollte jedoch nicht der Zustand auftauchen, den Sie verlassen wollen. Statt »Ich will kein Sachbearbeiter mehr sein« legen Sie also lieber fest, was Sie wollen: »Ich will Führungsverantwortung übernehmen«.

Das Ziel ist realistisch

Ziele, die zu hoch gesteckt werden, sind unerreichbar und nicht motivierend. Ziele, die zu tief gesteckt werden, sind langweilig. Bei der Zielformulierung kommt es daher darauf an, den goldenen Mittelweg zu finden.

✔ Wählen Sie das Ziel so, dass Sie Erfolgsaussichten sehen. Sie können das Ziel auch in Haupt- und Zwischenziele zerlegen und Schritt für Schritt vorangehen. Aus »Ich schreibe einen Risikomanagement-Bestseller« wird dann erst einmal »Ich erstelle ein Konzept für ein Risikomanagement-Buch und nehme Kontakt zu Verlagen auf«.

✔ Erkennen Sie Ihren Einflussbereich und bedenken Sie, dass dieser (oftmals) nicht so groß ist wie Ihr Interessenbereich. Natürlich wäre es schön, wenn jede Firma einen Sonderbonus an ihre Mitarbeiter ausschütten, Gleittage verschenken und niemanden mehr entlassen würde. Es liegt nur leider nicht in Ihrer Macht. Bleiben Sie mit Ihren Zielen daher in dem Bereich, den Sie beeinflussen können.

✔ Achten Sie darauf, dass Sie das Ziel im Wesentlichen aus eigener Kraft erreichen können. Wenn viele andere Personen zur Zielerreichung mitspielen müssen, haben Sie nur bedingt Einfluss auf das Geschehen. Und das ist nicht besonders motivierend. Wählen Sie das Ziel also so, dass die Kontrolle im Wesentlichen bei Ihnen liegt.

Bedenken Sie, dass Sie nur darüber bestimmen können, was Sie selbst tun werden. Es ist zwar traurig, aber wahr, dass Sie die anderen nicht ändern können. Konzentrieren Sie daher auf das, was Sie tun werden (wenn auch mit dem Ziel, dass die anderen dann anders auf Sie reagieren). Ein Ziel wie »Mein Vorgesetzter soll mich loben« fassen Sie besser in andere Worte. Formulieren Sie das Verhalten als Ziel, das Sie zeigen werden, damit er gar nicht anders kann, als Sie zu loben (»Ich werde meine Aufgaben immer etwas besser erfüllen, als mein Chef erwartet.«).

Das Ziel ist tragbar

Der Ratschlag »Sei vorsichtig mit deinen Wünschen, sie könnten in Erfüllung gehen« ist auch für die eigenen Ziele angebracht. Denn mit der Zielerreichung wird sich einiges ändern. Das ist zum einen so gewollt und Sinn der Sache. Zum anderen können neben diesen erwünschten Änderungen aber auch unerwünschte Nebenwirkungen auftreten. Wer zum Beispiel das Ziel erreicht hat, »Nein« sagen zu können, muss womöglich mit schwindenden Sympathiewerten rechnen. Und wer endlich die lang ersehnte Führungsposition erreicht hat, muss hinnehmen, dass vor lauter Managementaufgaben kaum noch Zeit für die echte fachliche Arbeit bleibt. Damit Sie nicht von unerwünschten Nebenwirkungen überrascht werden (»Das hatte ich mir anders vorgestellt.«), sollten Sie das Ziel von allen Seiten betrachten, bevor Sie durchstarten. Überprüfen Sie auch, ob sich der Aufwand, den Sie zur Erreichung des Ziels betreiben müssen, lohnt:

✔ Was muss ich einsetzen, um das Ziel zu erreichen? Wie leicht oder schwer fällt mir das? Lohnt sich der Einsatz?

✔ Wie verändert sich mein Verhältnis zu Menschen, die mir wichtig sind, wenn ich das Ziel erreicht habe?

✔ Welchen Preis werde ich für die Zielerreichung zahlen? Ist es mir das wert? Welche persönlichen Gewinne, aber auch Verluste wird die Zielerreichung nach sich ziehen?

Manchmal sind die Ziele für die einzelnen Lebensbereiche wunderbar klar und deutlich formuliert. Es ist nur ebenso klar und deutlich, dass die Ziele miteinander konkurrieren und sich nicht gleichzeitig erreichen lassen. Wer eine steile Karriere anstrebt und gleichzeitig täglich ab 17 Uhr auf dem Sportplatz auflaufen möchte, hat (höchstwahrscheinlich) einen kleinen, aber feinen Zielkonflikt. Prüfen Sie daher, ob Ihre Ziele sich untereinander vertragen. Einen Streit unter den Zielen können Sie mit dem Modell vom inneren Team lösen, über das Sie in Kapitel 13 mehr erfahren. Führen Sie eine innere Teamkonferenz durch und lassen Sie das Teamoberhaupt eine Entscheidung treffen, welchem Ziel Vorrang einzuräumen ist.

Dem Leben Richtung geben: Vision und Ziele

Bevor der erste Stein eines neuen Hauses gelegt wird, ist die halbe Arbeit bereits getan. Der Architekt hat sich eine klare Vorstellung davon gemacht, wie das Haus aussehen soll. Er hat einen sorgfältigen Entwurf gezeichnet. Darin hat er den Charakter des Hauses festgelegt und bestimmt, ob das Haus drei oder doch nur ein Badezimmer haben wird. Erst nach eingehender Prüfung des Entwurfs und womöglich mehreren Änderungsschleifen gibt er sein Okay für die zweite Phase, den tatsächlichen Hausbau.

Der US-amerikanische Bestsellerautor Stephen Covey empfiehlt in seinem Buch »Die 7 Wege zur Effektivität«, es dem Architekten gleichzutun und auch im Leben »schon am Anfang das Ende im Sinn zu haben«. Das bedeutet, dass Sie sich bereits heute vorstellen sollten, am Ende des Lebens angelangt zu sein und aus dieser Perspektive einen Blick zurückzuwerfen. Denn der Architekt Ihres Lebens sind Sie. Sie werden vermutlich zustimmen, dass ein ganzes Leben ein (mindestens) ebenso wichtiges Projekt ist wie ein Hausbau. Dann aber gibt es keinen Grund, den Lebensentwurf weniger sorgfältig anzulegen als den Entwurf des Hauses. Falls Ihnen das Haus im Nachhinein nicht gefällt, können Sie sich immerhin noch beim Architekten beschweren (wenn auch vermutlich ohne Erfolg). Wenn Ihnen aber Ihr Leben im Nachhinein nicht gefällt, ist guter Rat teuer. Nehmen Sie sich daher die Zeit und bestimmen Sie, wie Ihr Leben aussehen soll.

Sie haben die Wahl: Sie können sich in Ihrem Leben von Umständen oder anderen Menschen leiten lassen. Das wird Sie mit Sicherheit irgendwohin führen. Vielleicht aber dorthin, wo der Pfeffer wächst und wo Sie eigentlich nie sein wollten. Sie können aber auch aktiv die Kontrolle übernehmen und sich von Ihren eigenen Plänen leiten lassen. Die beste Medizin gegen Gedanken wie »Eigentlich hätte ich viel lieber ...« ist ein sorgfältiger Lebensentwurf.

Erfolg für sich persönlich definieren

Tatsächlich gibt es nur eines, das Sie bei Ihrer persönlichen Definition von Erfolg beachten müssen: Lassen Sie sich nicht von anderen Leuten reinreden. Denn es gibt keine richtige oder falsche Ansicht darüber, was Erfolg beinhaltet. Es gibt aber sehr wohl eine Ansicht, die zu Ihnen und Ihrem Leben passt, und viele Ansichten, die es nicht tun.

Der erste Schritt in Richtung Erfolg besteht darin, »Erfolg« für sich persönlich zu definieren. Ein Blick in den Duden verrät, dass Erfolg hat, wer seine Ziele erreicht. Das hilft jedoch nur bedingt weiter, denn es wirft die (nicht minder interessante) Frage nach den eigenen Zielen auf. Für Sie heißt das: Finden Sie heraus, was Sie vom Leben wollen, und sorgen Sie dafür, dass Sie es bekommen.

Bedenken Sie, dass Sie Ihre persönliche Entwicklung entweder selbst steuern oder aber gesteuert werden. Sorgen Sie dafür, dass Sie das tun, was Sie gerne tun möchten – sonst bleibt Ihnen nur noch im Nachhinein »zu wollen«, was Sie getan haben.

Erfolgskriterien aus bisherigen Erfolgen ableiten

Die Frage, welche Bewertungskriterien Sie für persönlichen Erfolg haben, lässt sich aus der Kraftseite der persönlichen Bilanz ableiten. In Kapitel 4 finden Sie eine Anleitung, wie Sie die Kraftseite der persönlichen Bilanz erstellen. (Sie wollen jetzt keine Bilanz aufstellen? Brauchen Sie auch nicht. Dann erinnern Sie sich einfach an die größten persönlichen Erfolge, die Sie gefeiert haben.)

✔ Welche Erfolge sind Ihnen besonders wichtig? In welchen Lebensbereich gehören die Erfolge, an die Sie sich als Erstes erinnert haben?

✔ Was würden andere Menschen (die Freundin, der Kollege, die Mutter ...) sagen, was Ihre größten Erfolge sind? Inwieweit weicht diese Erfolgsvorstellung von Ihrer ab? Warum bedeuten Ihnen andere Errungenschaften mehr?

 Der Kollege sieht Ihren größten Erfolg in dem geglückten Projektabschluss, Sie hingegen sind besonders stolz auf das breite Netzwerk, das Sie sich aufgebaut haben. Der Projektabschluss freut Sie zwar auch, erscheint Ihnen aber für Sie persönlich weniger bedeutend. Achten Sie darauf, dass Sie sich nicht von anderen Menschen vorsagen lassen, was ein beachtenswerter Erfolg ist und was nicht. Nur wenn Sie sich an Ihren persönlichen Erfolgskriterien orientieren, werden Sie sich auf lange Sicht auch erfolgreich fühlen. Sonst sind irgendwann alle Menschen zufrieden mit Ihnen, bis auf eine Ausnahme: Sie selbst.

Die Vision für das eigene Leben im Rückblick entwerfen

Stellen Sie sich vor, Sie haben morgen Geburtstag. Sie werden neunzig Jahre alt. Ihnen geht es blendend, Sie sind glücklich und mit sich selbst im Reinen. Sie werden ein wenig sentimental und lassen Ihr erfolgreiches Leben Revue passieren.

- ✔ Was sind Ihre wichtigsten persönlichen Erfolge, wenn Sie im Alter von (fast) neunzig Jahren auf Ihr Leben zurückblicken?
- ✔ Was haben Sie erreicht, das Ihnen besonders viel bedeutet?
- ✔ Worauf sind Sie besonders stolz? In welchen Momenten waren Sie besonders glücklich?

Nehmen Sie sich Zeit für diese Übung und malen Sie sich die Antworten lebendig aus. Je intensiver Sie sich auf das Gedankenspiel einlassen, desto schärfer wird Ihre persönliche Vision eines erfolgreichen Lebens. Beantworten Sie nun noch einmal die Frage, was für Sie persönlich zu einem erfolgreichen Leben dazugehört.

 Folgendes Gedankenspiel lässt Sie einen anderen Blick auf die Frage werfen, welche Art von Erfolg und Anerkennung Ihnen besonders wichtig ist:

Stellen Sie sich vor, Sie hätten Ihre Memoiren geschrieben. Sie erhalten viel Lob für Ihre Lebensgeschichte und werden für Ihre Erfolge von – fast – allen Seiten sehr gelobt. Auf wessen Lob könnten Sie am ehesten verzichten? Wessen Anerkennung ist hingegen besonders wichtig? Gehen Sie die wichtigen Menschen in Ihrem Leben in Gedanken durch und hinterfragen Sie, wie wichtig Ihnen das Lob dieser Menschen ist und warum. Sie können auch aus der folgenden Aufzählung zwei Personen benennen, auf deren Lob Sie verzichten können: ein Freund, ein Arbeitskollege, der Vorgesetzte, ein Familienmitglied, der Partner, ein intellektueller Aussteiger, die breite Öffentlichkeit, die Experten in Ihrem Fach.

Die Vision mit Leben füllen

Im vorhergehenden Abschnitt »Die Vision für das eigene Leben im Rückblick entwerfen« haben Sie sich vorgestellt, am Vorabend Ihres neunzigsten Geburtstags auf Ihr Leben zurückzublicken. Jetzt ist Ihr neunzigster Geburtstag bereits in vollem Gange. Da Sie noch fit und wendig sind, haben Sie es sich nicht nehmen lassen, eine imposante Party zu schmeißen. Wie zu solchen Anlässen üblich, melden sich mehrere Redner zu Wort. Die Redner lassen besondere Momente aus Ihrem Leben Revue passieren, würdigen Ihre Leistungen und sprechen Ihnen ihre Anerkennung aus.

Überlegen Sie:

✔ Wen wünschen Sie sich als Redner? Bestimmen Sie die Redner:

- Welche Familienmitglieder – der Ehepartner, die Kinder, Enkelkinder, Brüder, Schwestern oder andere – sollen zu Wort kommen?
- Wer von Ihren Freunden soll eine Rede halten?
- Welche Menschen, mit denen Sie gemeinsam gearbeitet haben, dürfen ein paar Worte sagen?
- Welche anderen Menschen, zum Beispiel aus Musik- oder Sportvereinen, halten eine Rede?

✔ Was würden Sie von den Rednern gerne über sich und Ihr Leben hören? Was für ein Bild sollen die Redner von Ihnen zeichnen? Was für einen Menschen sollen die Reden widerspiegeln? Halten Sie Ihre Gedanken fest.

Lassen Sie sich Zeit und überprüfen Sie, ob Sie mit Ihrem Redeentwurf wirklich zufrieden sind. Grundlegende Fehler sind in der Planungsphase leichter zu korrigieren als in der Umsetzungsphase. Um beim Beispiel des Hauses zu bleiben: Es ist relativ einfach, im Entwurf statt eines Swimmingpools ein Gästezimmer im Untergeschoss einzuplanen. Wenn der Swimmingpool aber erst einmal gefüllt ist, lässt sich nicht mehr so leicht ein Gästezimmer daraus machen (außer für Fische).

✔ An welche Momente und an welche Ihrer Eigenschaften, Leistungen oder Ansichten sollen die Redner erinnern?

Diese Übung gibt Ihnen die Chance, sich ein genaues Bild davon zu machen, was Ihnen im Leben wichtig ist, wie Sie sein und was Sie erreichen wollen. Halten Sie Ihre Gedanken fest, zum Beispiel in Form der Aufstellung in Tabelle 5.3.

»Wie aufwendig!« mag der ein oder andere nun denken. »Kann ich denn nicht einfach ins Blaue hinein leben und das Leben genießen?« Doch, das können Sie. Und wenn Sie Glück haben, gefällt Ihnen sogar, was Sie erleben. Vielleicht gefällt es Ihnen aber auch nicht. Dinge, auf die Sie nicht verzichten wollen, sollten Sie daher unbedingt einplanen, bevor es zu spät ist, und konsequent verfolgen.

Und nun? Ziele und Rollen aus der Vision ableiten

Mit den Reden für den neunzigsten Geburtstag steht die Lebensvision. Damit diese kein schöner Traum bleibt, leiten Sie im nächsten Schritt konkrete Ziele und Rollen für die einzelnen Lebensbereiche ab. Sie können Tabelle 5.3 als Vorlage nutzen und an Ihre Bedürfnisse anpassen (zum Beispiel indem Sie die Lebensbereiche individuell definieren und vielleicht die Bereiche »Esoterik«, »Abenteuer« oder »Studium« aufnehmen).

Die Lebensvision konkretisieren

Konkretisieren Sie die Lebensvision, indem Sie sich folgende Fragen beantworten:

✔ Welche wichtigen Rollen spielen Sie? In Ihrer Lebensvision entdecken Sie möglicherweise auch Rollen, die Sie in Ihrem Leben einmal spielen wollen, auch wenn Sie das zurzeit noch nicht tun (zum Beispiel Vater oder Mutter sein). Schenken Sie auch diesen Rollen Beachtung. Sie werden im nächsten Schritt nach Maßnahmen suchen, die Sie in diese Rollen führen.

✔ Wie sind Sie in den einzelnen Rollen, was für eine Art von Vorgesetzter, Vater oder Kumpel sind Sie? Vergessen Sie nicht die Rolle »Ich selbst«: Sie ist eine Ihrer wichtigsten Rollen und möchte genauso sorgfältig geplant und beachtet werden wie die anderen Rollen. Schreiben Sie sich die wichtigsten Eigenschaften der einzelnen Rollen auf.

✔ Welche Ziele wollen Sie erreichen? Was möchten Sie in den einzelnen Rollen leisten?

Formulieren Sie für Ihre drei wichtigsten Rollen einen kurzen Leitsatz. Darin halten Sie fest, von welchen Gedanken Sie sich in diesen Rollen leiten lassen. Für die Rolle »Bruder« könnte der Leitsatz »Ich habe immer ein offenes Ohr und stehe mit Rat und Tat zur Seite« lauten. Die Rolle »Ich selbst« könnte beispielsweise dem Gedanken »Ich achte auf meine Bedürfnisse und respektiere meine Grenzen« folgen.

Lebensbereich	Rollen	Wie bin ich in dieser Rolle?	Ziele/Leistungen
Persönlichkeit Gesundheit und Fitness	Ich selbst	✔ achte auf mich selbst ✔ tue mir Gutes ✔ ausgeglichen und stabil	✔ Entspannungstechniken erlernen ✔ Marathon laufen ✔ Liste schreiben, was mir gut tut
Soziale Beziehungen	Kumpel Ehemann	✔ verlässlich, unterhaltsam, tolerant ✔ respektvoller Umgang miteinander	✔ stabiler Freundeskreis ✔ Ehe ohne Scheidung
Beruf und Karriere	Experte für Thema X Sprecher bei Konferenzen	✔ kompetent und bestens informiert ✔ überzeugender Redner	✔ regelmäßige Publikationen in Fachzeitschriften ✔ als Top-Speaker eingeladen werden

Tabelle 5.3: Die Vision greifbar machen

Pläne schmieden

Sie haben sich nun einen Überblick davon verschafft, was Ihnen im Leben wichtig ist und welche Rollen Sie wie ausfüllen wollen. Nun können Sie die ersten Schritte in die Wege leiten, damit Ihre Vision auch Wirklichkeit wird.

✔ Definieren Sie für jede Rolle kurz-, mittel- und langfristige Ziele. In Kapitel 6 erfahren Sie, wie Sie sich auf dem Weg zum Ziel selbst unterstützen können.

✔ Planen Sie, wie Sie sich in den wichtigsten Rollen in nächster Zeit verhalten werden. Woran merken Sie und andere Menschen, dass Sie die Eigenschaften haben, die Sie in Tabelle 5.3 notiert haben? In welchen konkreten Taten und Verhaltensweisen zeigen sich diese Eigenschaften? Planen Sie für jede wichtige Rolle, was Sie in den nächsten Wochen tun werden, um diese Eigenschaft zu zeigen.

Im Alltag geraten Visionen und langfristige Ziele schnell aus den Augen. Planen Sie daher zukünftig für jede Woche oder für jeden Monat mindestens eine wichtige Aktivität für jede Ihrer wichtigen Rollen ein. Für die Rolle »Schwester« können Sie sich zum Beispiel vornehmen, Ihre Schwester wieder einmal zu besuchen und sich als Zuhörerin anzubieten. So stellen Sie sicher, dass Sie auch im Alltag Dinge tun, die im Einklang mit Ihrer Vision stehen und Sie Ihren Lebenszielen näher bringen.

Berufliche Ziele hinterfragen

Wer Hochschulabgänger nach ihren beruflichen Zielen befragt, erhält (fast immer) auch die Antwort »Karriere machen«. Wer weiterfragt, was denn eigentlich eine Karriere sei, bekommt nicht selten statt einer Antwort einen verdutzten Blick zugeworfen. So klar den meisten Zeitgenossen ist, dass sie Karriere machen wollen, so unklar ist vielen von ihnen, was genau das für sie bedeutet.

Früher war alles einfacher und anscheinend auch die Antwort auf die Frage, was Karriere ist und wie man eine solche macht: Mit steigender Verweildauer im Unternehmen wurden verdiente Mitarbeiter nahezu automatisch jährlich ein Stückchen die Karriereleiter hochgeschickt. Heutzutage geht jedoch kaum noch jemand davon aus, dass er bei seinem ersten Arbeitgeber alt wird. Jobwechsel sind an der Tagesordnung und werden zunehmend zum Karrierefaktor. Wem die Karriere in der eigenen Firma zu langsam vorangeht, lässt sich einen Wechsel (gerne auch zur Konkurrenz) vergolden. Der Preis für den plötzlichen Geld- und Verantwortungssegen ist, dass jeder einzelne seine Karriere eigenständig organisieren, stärken und ins Gleichgewicht mit seinen weiteren Lebenszielen bringen muss. Das Konzept der Karriereanker des Sozialpsychologen und Mitbegründers der Organisationspsychologie Edgar Schein kann sich dabei als hilfreich erweisen.

Die Karriereanker nach Edgar Schein

Edgar Schein stellte fest, dass karrierewillige Arbeitnehmer sich nicht nur zwischen einer Fach- oder Führungslaufbahn entscheiden müssen. Sie müssen weit mehr Entscheidungen für ihre Karrierelaufbahn treffen, die Schein in acht verschiedenen »Karriereankern« beschreibt. Ein Karriereanker verkörpert eigene Talente, Vorlieben, Werte und Motive.

Edgar Schein unterscheidet die folgenden Karriereanker:

- Totale Herausforderung
- Lebensstilintegration
- Selbstständigkeit und Unabhängigkeit
- Unternehmerische Kreativität
- Im Dienste einer Sache
- General Management
- Technisch-funktionale Kompetenz
- Sicherheit und Stabilität

Die Anker verdeutlichen, wie unterschiedlich die Antworten auf die Frage »Was gehört zu einer erfolgreichen Karriere?« ausfallen können. Der eine empfindet seine berufliche Laufbahn als Karriere, wenn er selbstständig arbeitet und sein eigener Herr ist. Der andere gehört zu den Karrieretypen, die sich eine klassische Führungsposition im General Management wünschen. Und der dritte bescheinigt sich selbst eine erfolgreiche Karriere, wenn er Berufs- und Privatleben gleichermaßen erfüllt ausleben kann.

Totale Herausforderung

Der Karriereanker »Totale Herausforderung« lässt sich in dem Leitgedanken »das Unmögliche möglich machen« ausdrücken. Menschen mit diesem Karriereanker teilen folgende Eigenarten:

- Herausforderungen, ungelöste Probleme und knifflige Fragestellungen lassen ihr Herz höher schlagen.
- Einfache Dinge reizen sie nicht. Je einfacher, desto langweiliger.
- Sie suchen immer neue Herausforderungen, sei es durch intellektuelle Fragestellungen, technische Fragen oder im Umgang mit schwierigen Menschen. Auch der Wettbewerb mit anderen oder mit sich selbst (»Ich übertrumpfe mich selbst«) ist diesem Karrieretyp willkommen.

Lebensstilintegration

Der Leitgedanke bei diesem Karriereanker könnte lauten: »Arbeit und Privatleben sind gleich wichtig«. Dieser Karrieretyp legt Wert auf Folgendes:

- Erfolg hat viele Facetten und besteht nicht nur aus beruflichem Erfolg und dem Aufstieg auf der Karriereleiter.
- Die private und berufliche Persönlichkeit muss unter einen Hut passen. Das bedeutet auch, dass die eigenen persönlichen Bedürfnisse nicht von den Arbeitsbedingungen eingeschränkt werden dürfen.

- ✔ Private Erfüllung ist (mindestens) ebenso wichtig wie beruflicher Erfolg.
- ✔ Die berufliche Karriere wird so gewählt, dass sie mit den privaten Zielen (Familienleben, Freizeit, Feiern) im Einklang steht und diese nicht behindert.

Selbstständigkeit und Unabhängigkeit

Dieser Karriereanker lässt sich mit dem Satz »Ich möchte die volle Entscheidungs- und Gestaltungsfreiheit über meine Arbeit haben.« beschreiben. Das ist diesem Karrieretyp wichtig:

- ✔ selbstständig und ohne ständige Rücksprachen eigenverantwortlich arbeiten zu können
- ✔ flexibel die eigenen Arbeitszeiten und -umstände bestimmen zu können
- ✔ Gestaltungsfreiräume nach eigenem Empfinden ausfüllen zu können
- ✔ möglichst wenig Vorschriften und Einschränkungen von Dritten zu unterliegen

Sicherheit und Stabilität sind ebenso wie Unabhängigkeit und Selbstständigkeit Werte, die sich jeder Arbeitnehmer mehr oder minder stark wünscht. Trotzdem sind sie nicht für jeden Arbeitnehmer auch Karriereanker. Karrieretypen, die in diesen Werten ihren Anker haben, gehen nämlich einen entscheidenden Schritt weiter als die anderen: Sie bewerten ihre berufliche Karriere erst dann als Erfolg, wenn sie die genannten Werte erreicht haben.

Unternehmerische Kreativität

Der leitende Gedanke für den Karriereanker »Unternehmerische Kreativität« könnte lauten: »Irgendwann möchte ich mein eigenes Unternehmen gründen«. Diese Karrieretypen interessieren sich insbesondere für Folgendes:

- ✔ Sie wollen selbst etwas aufbauen und ihre eigenen Ideen in die Tat umsetzen können.
- ✔ Als Angestellte in einem Unternehmen halten sie Augen und Ohren offen, um möglichst viel Wissen und Erfahrungen für ihr eigenes Projekt mitzunehmen.
- ✔ Sie interessieren sich für neue Geschäftsideen und für Möglichkeiten, diese umzusetzen.
- ✔ Trotz Rückschlägen auf dem Weg zum eigenen Unternehmen verfolgen sie ihr Ziel weiter.

Im Dienste einer Sache

Dieser Karriereanker lässt sich mit dem Satz »Meine Arbeit soll sinnvoll sein« beschreiben. Menschen mit diesem Anker wünschen sich in der Arbeit Folgendes:

- ✔ Die eigene Arbeit soll nicht nur Geld bringen, sondern vor allem Sinn ergeben. Was Sinn ergibt, wird individuell entschieden. Menschen mit diesem Anker sind nicht selten Idealisten, die sich einem Thema ganz verschrieben haben.
- ✔ Die gute Sache ist wichtiger als eine bestimmte Position oder ein bestimmter Arbeitgeber. Um das idealistische Ziel zu erreichen, nehmen sie Wechsel in Kauf.

✔ Beförderungen sind uninteressant, wenn sie nicht dazu führen, dass sie der guten Sache besser dienen können. Ganz im Gegenteil, eine Beförderung würde dieser Karrieretyp ablehnen, wenn er befürchten würde, in der neuen Position weniger gut an der Sache arbeiten zu können.

General Management

Der Leitsatz dieses Karriereankers könnte »Ich möchte die Fäden in der Hand halten und den Laden managen« lauten. Dieser Karrieretyp wünscht sich eine Aufgabe mit folgenden Merkmalen:

✔ Organisations- und Führungsaufgaben sind wichtiger als fachliche Inhalte.

✔ Er möchte Verantwortung für Personen und Projekte tragen und steht für den Erfolg der von ihm geleiteten Unternehmungen gerade.

✔ Expertenwissen ist weniger wichtig als die Fähigkeit, ein Unternehmen führen und steuern zu können. Statt auf fachliches Spezialwissen setzt dieser Karrieretyp auf seine analytischen Fähigkeiten, seinen Blick für das Ganze und sein unternehmerisches Geschick.

Technisch-funktionale Kompetenz

Dieser Karriereanker lässt sich mit dem Satz »Ich möchte ein anerkannter fachlicher Experte sein« beschreiben. Ein Karrieretyp mit diesem Anker legt Wert auf Folgendes:

✔ Die Aufgabe erfordert Fachkompetenz und stellt eine fachliche Herausforderung dar und bietet die Möglichkeit, die eigenen Kompetenzen weiterzuentwickeln.

✔ Fachliche Fragestellungen dürfen knifflig sein. Dieser Karrieretyp ist nicht nur bereit, lange an der besten fachlichen Lösung »herumzubasteln«, es macht ihm sogar Spaß.

✔ Eine Führungsaufgabe, die mehr Managementaufgaben als inhaltliche Arbeit erfordert, ist uninteressant.

Dieser Karrieretyp fällt durch seine großen fachlichen Kompetenzen auf. Schnell wird ihm daher das Angebot gemacht, eine Managementfunktion zu übernehmen und die Abteilung zu leiten. Viele Aufgaben von Führungskräften haben mit der eigentlichen fachlichen Arbeit aber nicht mehr viel zu tun, sondern belaufen sich eher auf allgemeine Managementaufgaben. Wenn Sie diesen Karriereanker bei sich sehen, sollten Sie bei Positionswechseln darauf achten, ob Sie weiterhin die Möglichkeit haben werden, fachlich zu arbeiten. Und Sie sollten sich fragen, ob Sie die Aufgaben des allgemeinen Managements ebenso gut im Griff haben werden wie Ihre fachlichen Projekte.

✔ Die Leitung eines fachlichen Teams ist interessant, sofern das eigene inhaltliche Wissen in dieser Funktion gebraucht und geschätzt wird.

Sicherheit und Stabilität

Der Karriereanker »Sicherheit und Stabilität« drückt sich in der Einstellung »Hauptsache meine Position ist sicher« aus.

Folgende Einstellungen kennzeichnen diesen Karrieretyp:

✔ Der Job soll sicher und die Gefahr einer Veränderung möglichst gering sein.

✔ Die erreichte Position sollte diesem Karrieretyp das Gefühl vermitteln, die eigene Karriere stabilisiert zu haben. Nun darf er sich entspannen.

✔ Dieser Karrieretyp ist bereit, sich an die Bedürfnisse des Arbeitgebers anzupassen, um seine Jobsicherheit zu erhöhen.

✔ Der Inhalt der Arbeit oder das Prestige der erreichten Position ist nachrangig im Vergleich zu der Frage, wie stabil das Arbeitsverhältnis ist.

Den Test machen: Die eigenen Karriereanker bestimmen

Edgar Schein hat in seinem Buch »Types of Career Anchors: Discovering your real values« einen Test zum Bestimmen der eigenen Karriereanker vorgestellt. Die Fragen in Tabelle 5.4 sind an diesen Test angelehnt.

✔ Gehen Sie die Aussagen durch und verteilen Sie Punkte: 1 heißt »Ich stimme überhaupt nicht zu« und 5 steht für »Ich stimme voll und ganz zu«.

Nummer	Aussage	Bewertung von 1 bis 5
1	Karriere machen heißt für mich vor allem, ein anerkannter Experte in meinem Fachgebiet zu werden.	
2	Karriere besteht darin, die Führung zu übernehmen und das Unternehmen zu leiten.	
3	Selbstständigkeit und Unabhängigkeit zählen für mich mehr als Sicherheit und Stabilität.	
4	Ich wünsche mir eine Karriere, die vor allem Sicherheit und Stabilität verspricht.	
5	Ich träume davon, mich selbstständig zu machen.	
6	Ich möchte in meinem Beruf vor allem meiner Berufung nachgehen und anderen Menschen und der Gesellschaft dienen.	
7	Ich beschäftige mich lieber mit wirklich harten Problemnüssen als damit, die Hierarchieleiter hinaufzuklettern.	
8	Ich wähle meinen Job so, dass ich größtmögliche Freiheiten habe, mein Privatleben zu gestalten.	
9	Ich möchte in meinem Job vor allem meine fachlichen und technischen Kenntnisse einsetzen und Expertenwissen aufbauen.	
10	Ich wäre lieber eine Führungskraft als ein Experte ohne Leitungsbefugnisse.	

Nummer	Aussage	Bewertung von 1 bis 5
11	Die Freiheit, über meine Aufgaben, Termine und Arbeitsweise selbst zu entscheiden, wiegt für mich mehr als die Sicherheit eines Jobs, bei dem andere über mich entscheiden.	
12	Mir ist es besonders wichtig, dass mein Arbeitsplatz und damit meine finanzielle Situation gesichert ist.	
13	Ich wünsche mir vor allem, dass ich gute Ideen habe, aus denen ich meine eigene Firma aufbauen kann.	
14	Ich finde, ich mache Karriere, wenn ich einen echten Beitrag für die Gesellschaft leiste.	
15	Ich finde, eine erfolgreiche Karriere besteht vor allem darin, schwierige Herausforderungen zu bewältigen.	
16	Anstatt in der Hierarchie hochzuklettern, möchte ich lieber genug Zeit für mein Privatleben haben.	
17	Ich möchte nur Führungskraft werden, wenn ich in der Funktion noch fachlich arbeiten kann, anstatt komplett von Organisations- und Führungsaufgaben eingenommen zu werden.	
18	Ich finde Karriere machen heißt vor allem, eine Leitungsfunktion als General Manager zu bekommen.	
19	Um mich erfolgreich zu fühlen, muss ich unabhängig und frei arbeiten können.	
20	Ich suche vor allem einen sicheren Job in einem stabilen Umfeld.	
21	Für mich gehört es zu einer erfüllten Karriere, dass ich etwas geschaffen habe, das komplett meinen eigenen Ideen entsprungen ist.	
22	Ich möchte meine Talente dafür einsetzen, die Welt zu verbessern und nicht, um die Karriereleiter hinaufzuklettern.	
23	Ich finde, ich habe Karriere gemacht, wenn ich unlösbare Probleme gelöst oder unbesiegbare Parteien besiegt habe.	
24	Mir ist es wichtig, meine privaten Ziele zu erreichen und sie nicht zugunsten einer beruflichen Karriere zurückstellen zu müssen.	
25	Ich fühle mich nur dann erfolgreich, wenn ich meine fachlichen Fähigkeiten perfektionieren kann.	
26	Ich wünsche mir, Verantwortung für andere Menschen zu tragen und Entscheidungen zu treffen, die Einfluss auf viele Menschen haben.	

5 ➤ Auf zu neuen Zielen

Nummer	Aussage	Bewertung von 1 bis 5
27	Ich arbeite am liebsten gänzlich unabhängig und bin mein eigener Herr.	
28	Ich würde einen unsicheren Job nur im Notfall akzeptieren, auch wenn er noch so spannend ist.	
29	Mein eigenes Business hochzuziehen, ist mir wichtiger als eine Karriere als Angestellter.	
30	Ich möchte meine Stärken vor allem zugunsten von Menschen einsetzen, die meine Hilfe gebrauchen können.	
31	Ich langweile mich, wenn ich keine Probleme bewältigen und knifflige Aufgaben lösen muss.	
32	Karriere heißt für mich Karriere auf voller Linie; ich möchte meine beruflichen, persönlichen und familiären Ziele gleichermaßen verfolgen.	
33	Ich möchte so gut werden, dass meine Meinung als anerkannte Expertenmeinung zählt.	
34	Ich möchte vor allem andere führen und managen, in welcher Branche ist mir weniger wichtig.	
35	Ich wünsche mir einen Job, bei dem mir keiner reinredet.	
36	Sicherheit und Stabilität finde ich wichtiger als Selbstständigkeit und Unabhängigkeit.	
37	Ich halte immer die Augen offen nach einer Geschäftsidee, mit der ich mich selbstständig machen könnte.	
38	Meine Arbeit ist nur so viel wert wie der Beitrag, den sie zum Wohle der Gesellschaft leistet.	
39	Ich wünsche mir eine Karriere, in der ich meine Stärken im Bereich Problembewältigung oder Durchsetzungsvermögen entfalten kann.	
40	Ich suche mir meinen Job so aus, dass noch genug Zeit für mein Privatleben bleibt.	

Tabelle 5.4: Karriere ist ... – frei nach Edgar Schein

✔ Übertragen Sie Ihre Bewertung der einzelnen Aussagen in Tabelle 5.5. Die Fragen sind von links nach rechts geordnet. Die Punkte für Frage Nummer eins tragen Sie also dort ein, wo die 1 steht, die Punkte von Frage Nummer zwei rechts daneben bei der 2 und so weiter.

✔ Wenn Sie alle Punkte übertragen haben, suchen Sie die Aussagen mit der höchsten Punktzahl heraus. Sie stellen vielleicht fest, dass Sie die Bestbewertung von fünf Punkten sechsmal vergeben haben.

✔ Wählen Sie aus den höchstbewerteten Aussagen die drei aus, die Sie für Ihre berufliche Entwicklung am wichtigsten finden. Zum Beispiel finden Sie besonders wichtig, dass Ihnen genug Zeit bleibt für das Privatleben (Frage 40), dass Ihnen im Job keiner groß reinredet (Frage 35) und dass Sie gute Ideen für eigene Unternehmungen haben (Frage 13).

✔ Gewähren Sie Ihren Top-3-Aussagen Punktenachschlag. Zu jeder der drei Antworten zählen Sie noch einmal drei Punkte hinzu.

✔ Anschließend rechnen Sie die Punkte pro Spalte zusammen. Jede Spalte steht für einen Karriereanker.

✔ Multiplizieren Sie die Summe jeder Spalte mit 2,941. Sie erhalten anschließend den prozentualen Wert, den jeder Karriereanker erreicht hat. Beispiel: Sie haben allen Fragen zum Karriereanker »General Management« voll und ganz zugestimmt. Zusätzlich gehören auch alle Top-3-Aussagen der Kategorie »General Management« an, sodass Sie zusätzlich neun Punkte zu der Spalte hinzuzählen. Macht in Summe stolze 34 Punkte für »General Management«. Nun multiplizieren Sie 34 mit 2,941 und erhalten einen Wert von gerundet 100 Prozent für diesen Karriereanker. Das ergibt Sinn, denn immerhin haben Sie dem Anker die volle Punktzahl gegeben, besser geht's nicht. Hinter diesem Anker stehen Sie zu 100 Prozent.

Technisch-funktional	General Management	Selbstständigkeit/ Unabhängigkeit	Sicherheit/ Stabilität	Unternehmerische Kreativität	Im Dienste einer Sache	Totale Herausforderung	Lebensstilintegration
1	2	3	4	5	6	7	8
9	10	11	12	13	14	15	16
17	18	19	20	21	22	23	24
25	26	27	28	29	30	31	32
33	34	35	36	37	38	39	40
Summe	Summe	Summe	Summe	Summe	Summe	Summe	Summe
Jeweils drei Zusatzpunkte für die Top-3-Aussagen zu der Summe hinzuzählen							
Jede Summe mit 2,941 multiplizieren							
Prozent	Prozent	Prozent	Prozent	Prozent	Prozent	Prozent	Prozent

Tabelle 5.5: Welcher Anker hat gepunktet?

Die Ziele erreichen

In diesem Kapitel

▶ Erkennen, welche Faktoren für und gegen die eigenen Ziele arbeiten

▶ Verstehen, welche Rolle andere Personen auf dem Weg zum Ziel spielen (können)

▶ Von erfolgreichen Menschen lernen, was zum Erfolg führt

Jeder Schütze kann ein Lied singen von dem Unterschied zwischen »zielen« und »treffen«. Zielen tun Sie bereits: Die Ziele stehen, sie sind vorbildlich formuliert und warten nur darauf, erreicht zu werden. Zwischen den Zielen und der Ausgangssituation liegt jedoch noch ein weiter Weg und am Wegesrand wartet der ein oder andere (innere) Schweinehund. Nun geht es also darum, nicht nur zu zielen, sondern ebenfalls zu treffen. Ein Schütze analysiert vor seinem Schuss die Windrichtung und richtet sich entsprechend aus. Ebenso können auch Sie die Gegen- und Rückenwinde einkalkulieren, die rund um Ihr Ziel wehen.

In diesem Kapitel erfahren Sie, wie das geht. So wie das Rad bereits erfunden wurde, wurde auch die Frage bereits beantwortet, was zur Zielerreichung und zu Erfolg führt. In diesem Kapitel erläutere ich, welche Zutaten erfolgreichen Menschen zu ihrem Erfolg verholfen haben. Alles, was zu tun bleibt, ist, es den Erfolgreichen nachzumachen und einer von ihnen zu werden.

Viel bodenständiger als es klingt: Die Kraftfeldanalyse

Die Kraftfeldanalyse geht auf den Begründer der Sozialpsychologie Kurt Lewin zurück und ist weit weniger abenteuerlich, als der Name vermuten lässt. Sie ist ein Instrument, mit dem Sie sich einen guten Überblick darüber verschaffen können, welche Umstände und Menschen Sie bei der Umsetzung eines Plans behindern oder unterstützen. Es geht dabei nicht um unsichtbare Kräfte, die auf wundersame Weise den Weg zum Ziel umweben. Eine Kraftfeldanalyse ist alles andere als esoterisch, sie ist im Gegenteil sehr bodenständig, sachlich und vor allem praktisch.

Erkennen, wer für und was gegen Sie arbeitet

Die Analyse des Kraftfeldes macht alle förderlichen und hinderlichen Kräfte rund um ein Veränderungsvorhaben herum sichtbar. Klingt immer noch mystisch? Ist es aber nicht:

✔ Das Veränderungsvorhaben, um das es geht, ist Ihr Ziel. Denn damit werden Sie den heutigen Ausgangszustand verändern, sonst würde sich der ganze Aufwand wenig lohnen.

✔ Auf dem Weg zum Ziel haben Sie Unterstützer und Gegner – in Form von Menschen und in Form von äußeren Umständen. Die Kräfte, die sich auf das Vorhaben auswirken, können also förderlich oder eher hinderlich sein.

- ✔ Förderliche Kräfte sind zum Beispiel liebenswerte Mitmenschen oder günstige äußere Bedingungen, die Ihnen Rückenwind auf dem Weg zum Ziel geben.

- ✔ Hinderliche sind die Dinge, die mit aller Macht in die falsche Richtung wirken und gegen die Sie auf dem Weg zum Ziel ankämpfen müssen. Dazu gehören neben Zeitgenossen, denen Ihre Richtung nicht passt, alle Situationen, die sich ungünstig auf die Zielerreichung auswirken können.

- ✔ Das Kraftfeld ist eine (poetisch klingende, aber ganz und gar sachliche) Bezeichnung für das Umfeld, in dem Sie sich mit Ihrem Plan bewegen, samt der förderlichen und hinderlichen Kräfte, in deren Mitte sich Ihr Vorhaben befindet.

Mit der Kraftfeldanalyse können Sie sich einen Überblick davon verschaffen, welche Kräfte mit Ihnen an einem Strang ziehen und gegen welche Faktoren Sie anarbeiten müssen. Die Analyse hilft Ihnen dabei,

- ✔ einen Überblick über die Ausgangssituation zu erhalten. Sie können die Kraftfeldanalyse anwenden, um jede Art von Veränderungsvorhaben zu beleuchten. Dabei kann es um große Ziele gehen, die Sie sich gesteckt haben, oder auch um Lösungen für Alltagssituationen.

- ✔ zu erkennen, welche Faktoren einen hemmenden oder förderlichen Einfluss auf Ihr Vorhaben haben. Neben Unterstützern oder Gegnern lassen sich mit dieser Methode auch rein sachliche Argumente und Umstände erfassen, die nicht an Personen gebunden sind (und die schnell mal übersehen werden).

- ✔ Ansatzpunkte zu finden, wie Sie sich den Weg zum Ziel erleichtern können.

Rein ins Vergnügen: Eine Kraftfeldanalyse durchführen

Die Kraftfeldanalyse beginnt damit, dass Sie die aktuelle Ausgangssituation formulieren und das Ziel, das Sie erreichen wollen. Sie können nicht nur ein abstraktes Ziel wie »Führungsverantwortung übernehmen« bearbeiten, sondern auch die Hindernisse oder Antriebskräfte für eine konkrete Position (»Gruppenleiter Controlling Osteuropa«) prüfen. In Abbildung 6.1 finden Sie ein Beispiel dafür, wie eine Kraftfeldanalyse aussehen kann.

Nachdem Sie das Ziel, eventuell ein konkretes Angebot, und die Ausgangssituation benannt haben, startet die Analyse des Kraftfeldes.

Beachten Sie, dass es bei der Kraftfeldanalyse nicht um die Vor- oder Nachteile eines Plans geht. Die Frage ist also nicht, was gut und was schlecht an einer (oder dieser speziellen) Führungsaufgabe ist. Die Frage ist vielmehr, welche Umstände Ihre Beförderung fördern und welche Faktoren eher gegen Sie arbeiten.

Förderliche Kräfte identifizieren

Um die förderlichen Kräfte zu identifizieren, gehen Sie im Geiste die gesamte Situation durch und beleuchten sie von allen Seiten.

Diese Fragen sind hilfreich:

✔ Was können Sie nutzen, um das Ziel zu erreichen, worauf können Sie zurückgreifen? Der Bewerber aus dem Beispiel in Abbildung 6.1 kann sowohl seine Jahresbewertung als auch das gute Verhältnis zum neuen Vorgesetzten und seine Sprachkenntnisse für ihn spielen lassen.

✔ Welche Menschen haben ein Interesse daran, dass Sie das Ziel erreichen? Wie können diese Menschen Sie unterstützen?

✔ Was ist Ihr größter Vorteil, Ihr bestes Argument für Ihren Plan?

✔ Was spricht dafür, dass Sie die aktuelle Situation verändern?

✔ Was spricht dafür, dass Sie das konkrete Ziel anstreben sollten?

✔ Welche äußeren Umstände spielen Ihnen gut zu?

✔ Welche Situationen könnten sich so entwickeln, dass sie sich günstig für Sie auswirken?

Sie können die Genauigkeit Ihrer Analyse erhöhen, wenn Sie berücksichtigen, dass förderliche Kräfte nicht gleich förderliche Kräfte sind. Denn es gibt grundsätzlich zwei Arten von förderlichen Kräften rund um ein Veränderungsvorhaben:

✔ Kräfte, die eine grundsätzlich Veränderung begünstigen: Hierzu zählen alle Faktoren, die dafür sprechen, die heutige Situation zu verändern – unabhängig von einer konkreten Lösung oder von einem konkreten Ziel. Wer sich zum Beispiel bei seiner Arbeit notorisch unterfordert fühlt, sollte etwas ändern. Wie die zukünftige Situation aussehen kann, steht auf einem anderen Blatt.

✔ Kräfte, die das konkrete Ziel begünstigen: Diese Kräfte begünstigen ebenfalls eine Veränderung der aktuellen Situation, gehen aber einen konkreten Schritt weiter. Sie wirken zudem genau in Richtung des formulierten Ziels oder der definierten Lösung. Ein Beispiel dafür ist in Abbildung 6.1 die Tatsache, dass zu dem zukünftigen Vorgesetzten ein gutes Verhältnis besteht. Dadurch steigt zum einen die Motivation, die Stelle anzustreben. Zum anderen wirkt es sich positiv auf die Chancen des Bewerbers aus, dass der zukünftige Vorgesetzte das persönliche (und fachliche) Verhältnis der beiden schätzt.

Hinderliche Faktoren aufdecken

Wie bei den förderlichen Faktoren lassen sich auch zwei Arten von hinderlichen Faktoren unterscheiden:

✔ Faktoren, die grundsätzlich gegen eine Änderung des aktuellen Zustands sprechen: Hierzu zählen alle Faktoren, die in die Richtung gehen, den aktuellen Zustand am liebsten einzufrieren. Diese Faktoren können ganz unterschiedlicher Art sein: Die eigene Bequemlichkeit oder Zufriedenheit mit der aktuellen Situation nimmt einen der vordersten Plätze ein. Aber auch Mitmenschen, die Veränderungen skeptisch gegenüberstehen und Sie bei Ihren Vorhaben bremsen, oder eigene Ängsten vor einer Veränderung gehören in diese Kategorie.

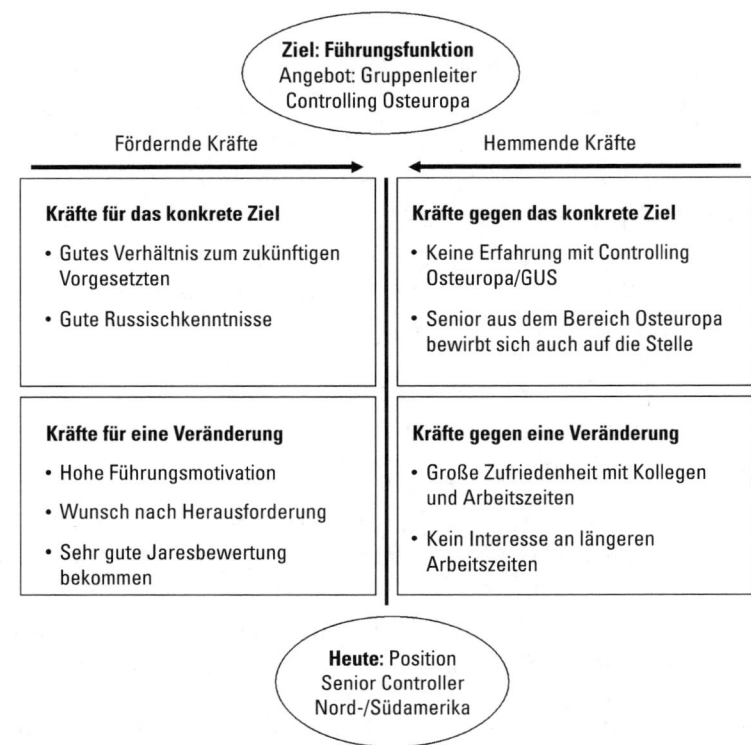

Abbildung 6.1: Bewerben oder nicht bewerben – die Kraftfeldanalyse in Aktion

✔ Faktoren, die gegen das konkrete Ziel oder die konkrete Lösung sprechen: Diese Faktoren sprechen nicht grundsätzlich gegen eine Änderung der heutigen Situation. Sie sprechen aber – ganz unabhängig von der heutigen Situation – gegen das angepeilte Ziel. Auch wenn sich also etwas ändern muss, das infrage stehende Vorhaben kommt nicht infrage.

 Wenn der Bewerber aus der Kraftfeldanalyse in Abbildung 6.1 zugeben müsste, dass er und sein zukünftiger Vorgesetzter sich so feindlich gesinnt sind wie Katz und Maus, ist das ein schwerwiegendes Argument gegen diese Position. Das gesamte Vorhaben »Führungsverantwortung übernehmen« bleibt davon jedoch unbelastet.

Mit diesen Fragen sammeln Sie hinderliche Kräfte:

✔ Gibt es eine Situation, die das »Aus« für Ihr Vorhaben bedeuten würde?

✔ Auf wessen Unterstützung sind Sie unbedingt angewiesen und werden Sie die Unterstützung erhalten?

✔ Welche Menschen haben ein Interesse daran, dass Sie Ihr Vorhaben nicht umsetzen?

✔ Was ist Ihr größter Nachteil, das größte Argument gegen Ihren Plan?

✔ Was spricht dafür, dass Sie die aktuelle Situation beibehalten?

✔ Was spricht dafür, dass Sie das konkrete Ziel nicht anstreben?

✔ Welche äußeren Umstände spielen gegen Sie?

✔ Welche Situationen könnten sich so entwickeln, dass sie sich ungünstig für Sie auswirken?

Und nun? Handlungsansätze ableiten

Aus der Kraftfeldanalyse lassen sich konkrete Schritte für den Weg in Richtung Ziel ableiten. Im Wesentlichen geht es darum, die fördernden Kräfte zu stärken und die hemmenden Kräfte abzuschwächen. So gehen Sie vor:

✔ **Die einzelnen Kräfte bewerten:** Zunächst sollten Sie bewerten, welche Bedeutung den einzelnen Kräften zukommt. Beantworten Sie sich dafür die Frage, wie stark die jeweilige Kraft wirkt. Sie werden feststellen, dass nicht alle Kräfte gleich bedeutend sind. Eine fördernde Kraft kann eine große Macht entfalten oder eher wie der Tropfen auf dem heißen Stein verpuffen. Auch die hemmenden Kräfte sind nicht unbedingt im gleichen Maße hinderlich. Während bestimmte Faktoren das »Aus« für Ihr Vorhaben bedeuten könnten, sind andere Faktoren lediglich etwas lästig. Sie können die Bedeutung der einzelnen Kräfte durch die Stärke der Pfeile wie in Abbildung 6.2 illustrieren.

 Wie Sie die Kräfte bewerten, ist im Wesentlichen Ihre Entscheidung. Sie können die Kräfte in starke, mittlere oder schwache Kräfte einteilen oder auch Punktwerte von zum Beispiel 1 (schwache Kraft) bis 5 (starke Kraft) vergeben. Hinterlegen Sie die Bewertung aber mit Argumenten. Das hilft Ihnen nicht nur, die einzelnen Kräfte möglichst genau einzuschätzen. Es macht die Bewertung auch nachvollziehbarer und erinnert Sie daran, wie Sie zu dieser Einschätzung gelangt sind.

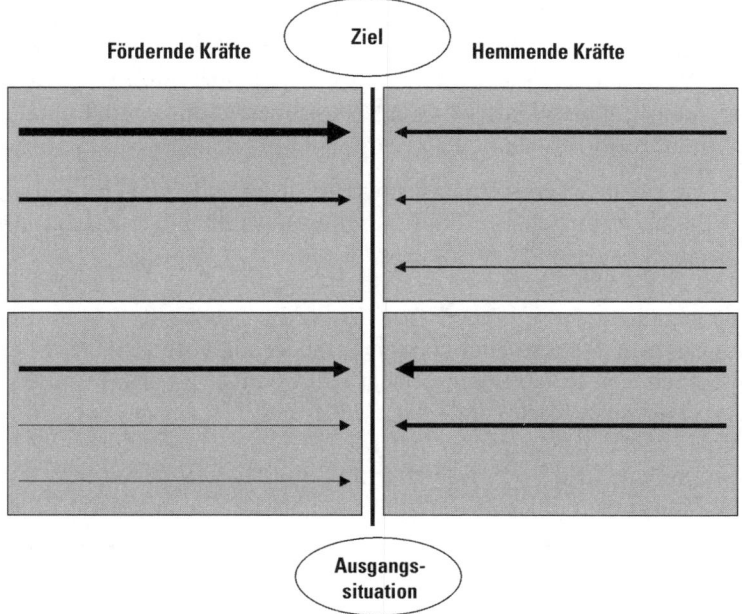

Abbildung 6.2: Gewichtung der Kräfte: je breiter der Pfeil, desto größer der Einfluss

✔ **Förderliche Kräfte fördern:** Wählen Sie die bedeutendsten Kräfte aus und suchen Sie nach Wegen, sie zu fördern.

- Was können Sie tun, um die Faktoren zu verstärken? Wie können Sie die Faktoren bestmöglich ausnutzen?
- Unter welchen Umständen können die Faktoren am besten ihre Wirkung entfalten?
- Können die förderlichen Kräfte zielgerichtet gegen hinderliche eingesetzt werden?

Bestimmen Sie für jede Kraft, welche konkreten Schritte Sie gehen werden, um den positiven Einfluss auszunutzen. Erstellen Sie einen Maßnahmenplan, in dem Sie festhalten, was Sie bis wann, wie, warum und mit wem machen werden.

Überlegen Sie, ob Sie noch neue förderliche Kräfte aktivieren können. Gibt es etwas, das ausgesprochen hilfreich für Ihr Vorhaben wäre (ein neuer, mächtiger Förderer zum Beispiel)? Sammeln Sie Ideen, was Sie voranbringen könnte, und denken Sie dabei ruhig »groß«: Was wäre der größte Antrieb für Ihr Vorhaben?

✔ **Hinderliche Kräfte abschwächen:** Nehmen Sie sich die stärksten hinderlichen Kräfte vor und suchen Sie nach Möglichkeiten, sie abzuschwächen.

- Welche Gegenmaßnahmen könnten Sie ergreifen? Eigene Wissenslücken zum Beispiel, die Ihnen im Wege stehen, können Sie füllen. Mit Gegnern Ihres Projekts können Sie das Gespräch suchen. Ungünstige Situation können Sie eventuell beheben oder verbessern.
- Sammeln Sie für jede der hinderlichen Kräfte mehrere Handlungsmöglichkeiten. Was werden Sie konkret tun? Schreiben Sie ruhig auch (auf den ersten Blick) absurde Möglichkeiten auf. Manchmal liegt gerade in vermeintlich verrückten Ansatzpunkten das Fünkchen Wahrheit, das Sie auf den richtigen Weg führt. Bedenken Sie, dass zwischen den einzelnen Kräften Wechselwirkungen bestehen könnten, und überlegen Sie sich, wie Sie darauf reagieren können.
- Erstellen Sie einen Gegenmaßnahmenplan für jede hinderliche Kraft. Darin halten Sie fest, was Sie bis wann, wie, warum und mit wem machen werden, um die Kraft abzuschwächen.

Manchmal sind die hinderlichen Kräfte hausgemacht. Eigene Unsicherheiten, Ängste oder Selbstzweifel können Veränderungsvorhaben stark hemmen – und flammen womöglich immer wieder auf, wenn sie ignoriert werden. Nehmen Sie Ihre eigenen inneren Hindernisse daher genau unter die Lupe. Was denken und fühlen Sie und warum? Wollen Sie sich wirklich verändern? Erstellen Sie ein umfassendes Bild Ihrer inneren Stimmungslage. Dafür können Sie zum Beispiel das Modell vom inneren Team nutzen, über das Sie in Kapitel 13 mehr erfahren. In Kapitel 14 erfahren Sie im Abschnitt »Selbstzweifeln selbstbewusst entgegentreten«, wie Sie hinderliche Selbstzweifel unschädlich machen.

Eine Akteursanalyse durchführen

Manchmal hängt ein Projekt oder die Erreichung eines Ziels ganz besonders von der Unterstützung durch andere Menschen ab. Bevor Sie vor lauter Pro- und Kontra-Stimmen die Übersicht über die Unterstützer und Gegner verlieren, können Sie sich mit einer Grafik helfen. In dieser Grafik erfassen Sie alle Einzelpersonen oder Gruppen, die bei Ihrem Projekt eine Rolle spielen könnten. Im Einzelnen sind das

✔ Menschen, die Interesse an Ihrem Vorhaben haben, da sie von den Auswirkungen unmittelbar oder mittelbar betroffen sind,

✔ Personen, die an einer oder mehreren Phasen des Projekts beteiligt sind oder deren Zustimmung notwendig ist,

✔ Akteure, die das Projekt unterstützen oder ablehnen,

✔ Menschen, die durch ihre Position, ihr Wissen oder ihre Fähigkeiten zu Unterstützern oder Gegnern werden könnten,

✔ Personen, die Ihren Plänen (noch) neutral gegenüberstehen, aber Einfluss auf andere Personen ausüben könnten. Wenn Sie neutrale Beobachter von Ihren Plänen überzeugen können, gewinnen Sie unter Umständen wichtige Unterstützer.

Die Akteursanalyse liefert Ihnen ein unübersichtliches, aber umfassendes Bild davon,

✔ wer Ihre Unterstützer sind und wie mächtig sie sind,

✔ gegen welche (mächtigen) Gegner Sie anarbeiten,

✔ wie die einzelnen Unterstützer und Gegner zueinander stehen,

✔ mit wem Sie das Gespräch suchen sollten, um Ihr Vorhaben zu stärken.

Den Akteuren auf der Spur

Die Akteursanalyse beginnt damit, die Akteure zu identifizieren. Die »Akteure« sind zwar keine Schauspieler, aber dennoch geht es um alle Personen, die in irgendeiner Weise bei dem Projekt eine Rolle spielen (könnten). Akteur ist dabei nicht gleich Akteur: Die einzelnen Personen unterscheiden sich oft deutlich hinsichtlich Einfluss und der Bereitschaft, das Projekt zu befürworten (wie im Film: es gibt die Guten und die Schlechten). In der Analyse unterscheiden Sie daher zwischen folgenden Gruppen:

✔ einflussreiche Akteure, die das Projekt unterstützen

✔ Akteure mit geringem Einfluss, die das Projekt unterstützen

✔ einflussreiche Akteure, die das Projekt ablehnen. Achten Sie darauf, dass Sie die sogenannten »Veto-Spieler« identifizieren. Veto-Spieler sind Akteure, die im Alleingang ein Veto einlegen und das ganze Projekt stoppen könnten.

✔ Akteure mit wenig Einfluss, die das Projekt ablehnen

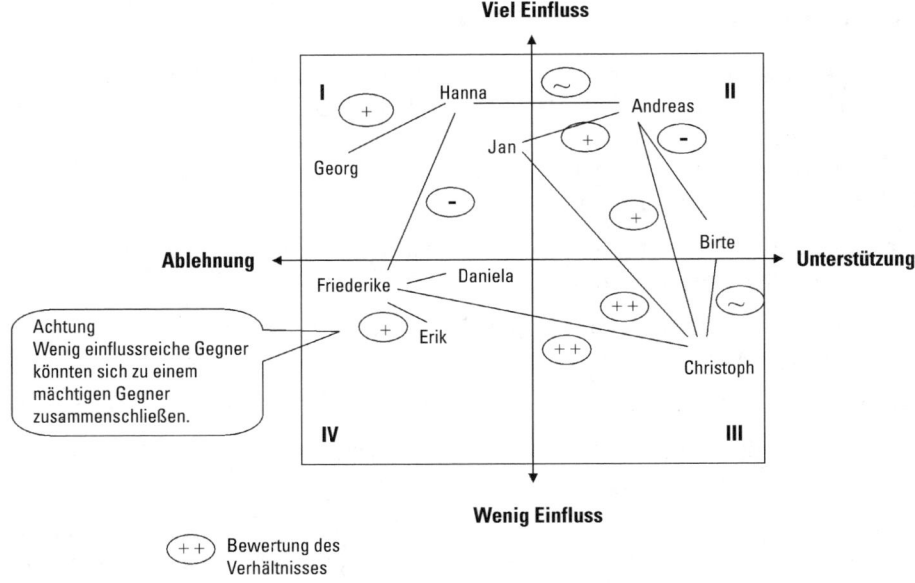

Abbildung 6.3: Die Akteursanalyse

Abbildung 6.3 zeigt, wie eine Akteursanalyse aussehen kann.

Nachdem Sie die einzelnen Akteure in einer Grafik platziert haben, richten Sie die Aufmerksamkeit auf das Verhältnis zwischen den einzelnen Akteuren. Das ist aus folgenden Gründen wichtig:

✔ Akteure, die miteinander im Austausch stehen, sprechen womöglich über das Projekt und beeinflussen sich in ihrer Meinung.

✔ Akteure, die das Projekt befürworten, könnten auf neutrale oder ablehnende Spieler einen positiven Einfluss ausüben.

✔ Ein gut vernetzter Gegner könnte seine Bedenken weit streuen – wenn Sie jedoch seinen Einflussbereich erkennen, können Sie entgegensteuern.

✔ Gegner, die wenig Einfluss, aber ebenso wenig Sympathie für das Projekt haben, könnten sich zu einem mächtigen Gegner zusammenschließen

 Sie sind kurz davor aufzugeben, denn Ihre Grafik sieht nach Kraut und Rüben statt nach einer strukturieren Analyse aus? Das spricht für Ihre Akteursanalyse. Zugegeben, es gibt übersichtlichere Grafiken. Aber in diesem Fall gilt: Je unübersichtlicher Ihre Darstellung, desto genauere Arbeit haben Sie geleistet. Komplexe Akteursanalysen sehen so aus. Lassen Sie sich also von dem bisschen Durcheinander nicht aus dem Konzept bringen.

Und nun? Maßnahmen ableiten

In der Akteursanalyse haben Sie die Akteure je nach ihrer Einstellung gegenüber dem Vorhaben und ihren Einflussmöglichkeiten in unterschiedlichen Quadranten positioniert. Jetzt lassen sich Maßnahmen ableiten, wie Sie mit den einzelnen Quadranten samt Akteuren am besten umgehen. Besonderes Augenmerk gilt dabei den Menschen, die spürbaren Einfluss ausüben und damit wesentlich dazu beitragen können, die Lösung zu unterstützen oder zu blockieren.

Einflussreiche Unterstützer – die Akteure aus Quadrant I

Die Akteure in Quadrant I verfügen über Einfluss und stehen Ihrem Projekt gleichzeitig positiv gegenüber. Sichern Sie sich das Wohlwollen dieser Akteure, indem Sie sich um eine gute persönliche Beziehung bemühen und gleichzeitig inhaltliche Interessen der Akteure befriedigen.

✔ Informieren Sie die Akteure über den Projektfortschritt. Falls die Akteure daran Interesse haben, beziehen Sie sie in einzelne Entscheidungsschritte mit ein.

✔ Prüfen Sie, ob Sie mithilfe der Akteure in Quadrant I Gegner des Projekts für das Vorhaben erwärmen können. Aus der Analyse in Abbildung 6.3 geht zum Beispiel hervor, dass Jan und Christoph ein gutes Verhältnis verbindet. Vielleicht also könnte Christoph ein gutes Wörtchen für das Vorhaben bei Jan einlegen.

Binden Sie sich nicht zu früh öffentlich an einen Unterstützer. Wer beispielsweise herumposaunt, dass Dr. Dr. Müller das Vorhaben voll und ganz unterstützt, muss sich nicht wundern, wenn (persönliche) »Feinde« von Dr. Dr. Müller sich von dem Projekt distanzieren – und sei es aus Prinzip.

Mächtige Gegner – die Akteure aus Quadrant II

Die Akteure im zweiten Quadranten haben wenig für das Projekt übrig, dafür aber umso mehr Möglichkeiten, Einfluss auszuüben. Die Möglichkeiten, dem Projekt Steine in den Weg zu legen, können sehr unterschiedlich sein. Vielleicht besetzen die Akteure wichtige Schlüsselfunktionen, ohne deren Zustimmung es schwierig wird. Vielleicht stehen sie in der Hierarchie so weit oben, dass sie per Ansage das Projekt blockieren könnten. Vielleicht sitzen sie aber auch einfach auf Ressourcen (Wissen, Geld, Ausstattung), die für das Projekt wichtig sind. Im Umgang mit diesen Akteuren ist Fingerspitzengefühl gefragt:

✔ Suchen Sie das persönliche Gespräch und bemühen Sie sich zunächst, die Gründe für die ablehnende Haltung zu verstehen.

✔ Oftmals haben die Akteure nicht nur ein unbestimmtes Gefühl, sondern handfeste Argumente gegen das Projekt. Nehmen Sie die Argumente ernst und auf und bieten Sie Alternativen an. Sie können dabei die Methode des Harvard-Verhandlungsprinzips nutzen, das in Kapitel 10 beschrieben ist.

✔ Versuchen Sie mithilfe der Unterstützer, die ein gutes Verhältnis zu den Gegnern haben, diese für das Projekt zu gewinnen. Dafür müssen die beiden Parteien nicht unbedingt miteinander sprechen. Sie können auch im Gespräch mit Gegnern des Projekts auf anerkannte Förderer verweisen (»Der Chef findet das Vorhaben sehr gut«).

✔ Weitere Möglichkeiten, auch ohne Macht Einfluss auszuüben, finden Sie in Kapitel 10.

Akteure mit wenig Einfluss

Es versteht sich von selbst, dass Sie auch mit den wenig einflussreichen Akteuren respektvoll umgehen. Frei nach dem Motto »Man sieht sich immer zweimal im Leben« sollten Sie sich auch um diese Mitmenschen bemühen. Zeit und Aufwand dürfen sich allerdings im Rahmen halten. Bedenken Sie vor allem, dass sich mehrere, eher unwichtige Zweifler schnell zu einer Gruppe ernsthafter Gegner zusammenschließen könnten. Insbesondere wenn die kleinen Gegner Kontakt untereinander haben, wirkt das gemeinsame Feindbild Wunder und lässt die Kleinen in der Gruppe schnell groß werden.

Auf dem Weg zum Erfolg: Ans Ziel kommen

Es gibt Menschen, die scheinen alle Ziele mühelos zu erreichen. Vielleicht haben Sie sich auch schon einmal gefragt, wie diese Menschen das bloß machen. Einer, der sich das ebenfalls gefragt hat, ist der (selbsternannte) US-amerikanische Erfolgsexperte Richard St. John. Zum Glück hat er aber nicht nur diese Frage gestellt, sondern auch über 500 besonders erfolgreichen Menschen wie Bill Gates sich, den Google-Gründern und ähnlichen Kalibern. Aus den Antworten hat er die acht Zutaten abgeleitet, die am häufigsten als Erfolgsfaktoren genannt wurden. In Abbildung 6.4 sind die Faktoren aufgeführt, mit denen Ziele erreichbar sind.

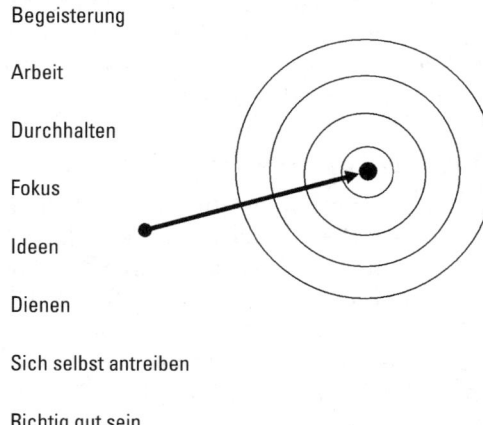

Abbildung 6.4: Zutaten für Erfolg nach dem US-amerikanischen Erfolgsexperten Richard St. John

Ein wichtiger Motor: Die eigene Begeisterung

Begeisterung zu haben für das, was man tut, ist ein wichtiger Erfolgsfaktor. Für viele Menschen, die mit großer Begeisterung am Werke sind, wird die Arbeit immer mehr zur Berufung. »Fein«, denken Sie nun vielleicht, »aber ich verspüre keine besondere Begeisterung für irgendetwas.« Keine Sorge, das ist nicht ungewöhnlich. Natürlich gibt es Menschen, die schon als Kind wussten, dass sie Feuerwehrmann werden wollen, und die dann auch tatsächlich Feuerwehrmann geworden sind und mit großer Begeisterung ihren Beruf ausüben.

Viele (vielleicht sogar die meisten) Menschen treffen jedoch erst im Laufe ihres Lebens auf ihre Begeisterung oder müssen sich aktiv auf die Suche danach machen.

Folgende Fragen helfen Ihnen, Ihre Begeisterung zu erkennen:

✔ Welche Aufgaben haben Sie besonders gerne erledigt?

✔ Bei welchen Themen blühen Sie auf? Was macht Sie besonders glücklich?

✔ Welche Tätigkeiten bringen Ihnen besonders viel Spaß? Bei welchen Aktivitäten vergeht die Zeit wie im Fluge?

Finden Sie die Erfolgszutaten heraus, die für Sie persönlich am wichtigsten sind: Welche der acht Zutaten haben Sie besonders stark eingesetzt, wenn Sie an Ihre größten Erfolge denken? Vielleicht finden Sie heraus, dass Sie eigentlich immer dann erfolgreich sind, wenn Sie mit Begeisterung am Werke sind. Nun denken Sie an Ziele, die Sie nicht erreicht haben: Welche der acht Zutaten hat gefehlt? Ziehen Sie Ihre Schlüsse und merken Sie sich, worauf Sie in Zukunft ganz besonders achten werden.

Effektiv arbeiten – mit Fahrplan Richtung Ziel

Ja, es ist so einfach, wie es klingt: Ein wichtiger Bestandteil für Erfolg ist schlicht und einfach Arbeit. Getreu dem Motto »Von nichts kommt nichts« hat die Mehrheit der Interviewten angegeben, dass sie wirklich hart gearbeitet hätten. Nun nützt die härteste Arbeit wenig, wenn sie zwar direkt zur Erschöpfung, nicht aber zum Ziel führt. Sorgen Sie daher dafür, dass Sie Ihre Anstrengungen zielgerichtet einsetzen und in die richtige Richtung lenken.

Ein Maßnahmenplan, in dem alle Schritte bis zum Ziel aufgeführt sind, ist ein geeigneter Fahrplan in Richtung Ziel. Nicht nur mit dem Fahrplan, sondern bereits mit der Erstellung des Fahrplans tun Sie sich und Ihrem Ziel einen Gefallen:

✔ Sie gehen das gesamte Projekt im Kopf durch und zerlegen das große Ziel in kleinere Teilziele. Das bietet Ihnen die Möglichkeit, sich detaillierte Gedanken über die einzelnen Schritte zu machen und Kriterien zu bestimmen, anhand derer Sie Ihren Fortschritt überprüfen können.

✔ Sie erkennen, welche Ressourcen Sie für die einzelnen Etappen benötigen, und können dafür sorgen, dass diese rechtzeitig bereitstehen.

✔ Sie können die Reihenfolge der einzelnen Arbeitsschritte überprüfen und gegebenenfalls verbessern. Wer den vierten Schritt vor dem zweiten macht, wird oftmals nicht schneller, sondern langsamer, weil er (fast) alles doppelt machen muss.

✔ Sie erkennen rechtzeitig, wenn etwas nicht nach Plan läuft, und können entgegensteuern.

Ein Zielerreichungsplan kann so aussehen wie in Tabelle 6.1.

Was führt zum großen Ziel?	Wie?	Was wird dafür gebraucht?	Mit wem?	Bis wann?	Woran erkennbar?	Wichtiges
Überragende Leistung zeigen	✔ immer etwas mehr machen, als erwartet wird ✔ Extra-Aufgaben übernehmen	✔ exzellente Fachkenntnisse sorgen ✔ starke Motivation haben und zeigen	Chef	bis zur Halbjahresbewertung	✔ sehr gutes Feedback ✔ Chef überträgt immer anspruchsvollere Aufgaben	✔ Leistungen und Feedback dokumentieren, zum Beispiel in E-Mails
Selbstmarketing perfektionieren	✔ präsent werden ✔ Marke »Ich« entwickeln und promoten ✔ alle Bühnen nutzen, um in Erscheinung zu treten (Meetings, Präsentationen, informelle Anlässe)	✔ Elevator Talk formulieren ✔ selbstsicheres Auftreten arbeiten	Vorgesetzte, Kollegen, Mitarbeiter	ab sofort und bis auf Weiteres ✔ Elevator Talk bis Ende des Monats ✔ Marke »Ich« bis Ende des Monats	✔ werde als Experte angesprochen, sobald es um »mein Thema« geht	✔ Herausfinden, was meine Vorgesetzten brauchen, das ich Ihnen bieten kann. Das dann deutlich zeigen.
Führungskräfteseminar absolvieren	✔ zum firmeninternen Seminar anmelden	✔ Zeitraum auswählen, in dem keine wichtigen Termine anstehen	Chef	bis zur Halbjahresbewertung	am Seminar teilgenommen	

Tabelle 6.1: Fahrplan zum Ziel »Teamleiter werden«

Das Ziel in Teilziele zerlegen

Ein großes Ziel erscheint einem manchmal wie ein unbezwingbarer Berg. Das ist zwar ein gutes Zeichen, denn offensichtlich haben Sie sich mit dem Ziel aus Ihrer Komfortzone bewegt. Damit der Berg aber nicht einschüchternd, sondern einladend wirkt, sollten Sie kleinere, leichter erreichbare Teilziele definieren. Im Fall des Berges klingt das vielleicht so: »erst bis zur nächsten Biegung wandern«, »dann Aufstieg zur Almhütte« und von dort aus schließlich »auf zum Gipfel«. Das Ziel »Teamleiter werden« lässt sich ebenso in kleinere, leichter verdaubare Häppchen unterteilen. Beispielsweise können die Schritte »überragende Leistung zeigen«, »Selbstmarketing perfektionieren« und »Führungsseminar absolvieren« zum Ziel führen.

Ihnen fällt partout nicht ein, in welche Teilziele sich Ihr Ziel zerlegen ließe? Dann versuchen Sie Folgendes:

✔ Beantworten Sie sich die Frage: »Was muss erfüllt sein, damit ich das Ziel erreiche?« Denken Sie dabei nicht nur an sachliche Rahmenbedingungen, sondern auch an Personen, deren Unterstützung Sie brauchen.

✔ Stellen Sie sich vor, Sie wären bereits am Ziel und blicken auf den letzten Schritt zurück: Was haben Sie als Letztes gemacht? Und wie sah der Schritt davor aus? Und der davor? Blicken Sie zurück, bis Sie am heutigen Ausgangspunkt angekommen sind. Der letzte Schritt zum Ziel »Teamleiter werden« bestand in dem erfolgreichen Bewerbungsgespräch. Davor wurden Sie zum Gespräch eingeladen. Das ist nur geschehen, weil Sie sich in letzter Zeit vorteilhaft in Szene gesetzt haben; zum Beispiel indem Sie immer mehr geleistet haben, als von Ihnen erwartet wurde. Schon haben Sie eine Liste von Teilzielen beisammen: hervorragende Leistung abliefern, die Leistung unter Leute bringen, Interesse an Beförderung zeigen, zum Interview geladen werden, gut vorbereitet im Interview überzeugen. So einfach kann eine Beförderung sein.

Bestimmen, wie das Ziel erreicht werden kann

Mit der Frage nach dem »Wie« sammeln Sie alle möglichen Vorgehensweisen, wie Sie das Ziel erreichen könnten. Oftmals haben die Ideen selbst das Zeug zum Teilziel, wie das Vorhaben »Marke ›Ich‹ entwickeln und promoten« in Tabelle 6.1. In so einem Fall nehmen Sie sich ruhig die Zeit und analysieren Sie das neue Teilziel ebenso sorgfältig wie alle anderen Teilziele.

Festlegen, was für die Zielerreichung gebraucht wird

Hier führen Sie alle Ressourcen auf, die Sie benötigen, um das Teilziel zu erreichen. Die Ressourcen, die Sie brauchen, können unterschiedlich sein. Denken Sie dabei nicht nur an sachliche Informationen, Geld- oder andere Mittel und personelle Unterstützung. Auch bestimmte Eigenschaften, Einstellungen oder eigene Stärken sind wichtige Ressourcen.

Bestimmen, mit wem bis wann was erarbeitet wird

Diese Kategorien klingen so einfach, wie sie zu befüllen sind. Es geht schlicht darum, wen Sie brauchen, um das Teilziel zu erreichen, bis wann Sie es erreicht haben wollen und woran Sie dieses bemerken. Einzig um die Kriterien zu formulieren, anhand derer Sie die Zielerreichung bemerken, benötigen Sie manchmal ein wenig Fantasie. Woran zeigt sich zum Beispiel, dass Sie mit Ihrem Selbstmarketing auf dem richtigen Weg sind? Überlegen Sie sich, welche Auswirkungen Sie mit dem Selbstmarketing erreichen wollen. Was soll sich dadurch ändern, wer soll wie über Sie denken, woran bemerken Sie, dass sich etwas geändert hat? Die Antworten auf diese Fragen taugen durchaus auch als Antwort auf die Frage »Woran erkennbar?«.

Wichtiges festhalten

Der Punkt »Wichtiges« dient als Notizzettel. Hier führen Sie alles auf, was wichtig ist für dieses Teilziel und woran Sie sich erinnern wollen. Auch Tipps oder kurze Nachrichten an sich selbst (»An xyz denken«) haben hier Platz.

Durchhalten ... Durststrecken überwinden

Erfolgreiche Menschen zeichnen sich dadurch aus, dass sie durchhalten können. Sie geben in schwierigen Zeiten nicht auf, sondern verfolgen beharrlich ihr Ziel. Sie lassen sich durch Rückschläge nicht entmutigen und bleiben trotz Kritik, Niederlagen, Zurückweisungen und ähnlicher Widrigkeiten auf Zielkurs. Oftmals zählt dabei vor allem eines: Es ist wichtig, immer einen Tick mehr Durchhaltevermögen zu zeigen als die anderen. Wenn diese dann aufgeben, ist der Weg für Sie frei und Sie können Richtung Ziel weiterziehen.

Sie würden ja gerne durchhalten, aber so leicht ist das nicht? Dann machen Sie es sich doch leicht: »Durchhalten« lässt sich üben und zwar ganz bequem von zu Hause auf der Couch aus. Dabei hilft Ihnen die Kraft der Visualisierung:

- ✔ Lassen Sie Ihr Projekt vor Ihrem inneren Auge lebendig werden.

- ✔ Stellen Sie sich vor, wie Sie einfache Arbeitsschritte erledigen, wie Sie erste Erfolge feiern – und wie Sie plötzlich vor einem größeren Hindernis stehen.

- ✔ Nun stellen Sie sich vor, wie Sie durchhalten und dieses Hindernis überwinden. Was tun Sie, wie verhalten Sie sich? Sehen Sie sich dabei zu, wie Sie die aufkommenden unerwünschten Gefühle im Zaum halten und den Blick auf mögliche Lösungen richten. Malen Sie sich aus, wie Sie das Hindernis aus dem Weg schaffen, und richten Sie Ihren Blick auf die Erfolge, die Sie feiern werden.

Manchmal laufen die Dinge nicht so rund, wie sie sollten. So helfen Sie sich zurück auf den richtigen Weg:

- ✔ Gehen Sie kleine Schritte. Nehmen Sie den Druck von sich, dass Sie das Problem sofort und ganz und gar lösen müssten. Fragen Sie sich stattdessen, was Sie tun könnten, um die Lage etwas zu besser.

- ✔ Malen Sie sich in Gedanken aus, wie die etwas bessere Lage aussieht. Welche Bilder gehen Ihnen durch den Kopf, was tun Sie, wie fühlen Sie sich, wie geben Sie sich? Woran merken Sie und die anderen, dass die Lage sich gebessert hat? Achten Sie auf alle Details, auch darauf, wie selbstsicher Sie auftreten, was Ihre Körpersprache verrät und welche Gedanken Ihnen durch den Kopf gehen.

- ✔ Analysieren Sie die Unterschiede zwischen der aktuellen Situation und der etwas besseren Lage. Stellen Sie sich vor, Sie müssten Fehler suchen wie bei einem »Original und Fälschung«-Bild. Die Fälschung ist die heutige Situation, das Original die bessere Lage, die Sie erreichen wollen. Was ist anders, was machen Sie anders, inwieweit verhalten Sie sich anders?

✔ Suchen Sie nach Ansatzpunkten, wie Sie die tatsächliche Situation zwar nicht perfekt gestalten, aber doch deutlich verbessern könnten. Prüfen Sie alle Unterschiede, die Sie zwischen den beiden Situationen beobachtet haben. Was müssten Sie verändern, welche Verhaltensweisen ablegen, welche annehmen? Analysieren Sie, wie die Unterschiede zwischen Original und Fälschung Sie weiterbringen könnten.

Alles auf ein Ziel ausrichten: Voller Fokus und volle Leistung

Erfolgreiche Menschen arbeiten fokussiert und lassen sich nicht ablenken. Dazu gehört dass sie angenehmen, aber entbehrlichen Tätigkeiten widerstehen. Auch plötzlichen Reflexen (wie der brillanten Idee für das neue Projekt, die Ihnen gerade in den Kopf schießt) geben fokussierte Arbeiter nicht ungeprüft nach. So schaffen Sie Fokus:

✔ Definieren Sie, welche Aufgaben im Fokus stehen.

✔ Suchen Sie sich einen ruhigen Arbeitsplatz und statten Sie ihn mit allem aus, was Sie für die anstehende Aufgabe brauchen. So vermeiden Sie, dass Sie während der Arbeit durch die Gegend flitzen, um Informationen, Textmarker oder sonstige Hilfsmittel aufzutreiben. Denken Sie auch an Ihr leibliches Wohl und versorgen Sie sich mit Getränken und Co.

✔ Setzen Sie sich ein Arbeitsziel und versprechen Sie sich eine Pause, sobald Sie das Arbeitsziel erreicht haben.

✔ Legen Sie sich einen Ordner für gute Einfälle an. Hier sammeln Sie alle Ideen, die Sie vom aktuellen Thema ablenken. Wenn Sie das Thema abgeschlossen haben, können Sie sich auf den Ideenpool stürzen. Gleiches gilt für sachdienliche Hinweise zum aktuellen Projekt, die im Moment jedoch nicht im Fokus stehen (»Ich muss Frau Müller unbedingt noch anrufen und sie um Erfahrungswerte bitten.«). Anstatt gleich zum Telefonhörer zu greifen, sammeln Sie alle offenen Aufgaben auf einer Liste und planen deren Abarbeitung für später ein.

✔ Widerstehen Sie während der Arbeit (willkommenen) Ablenkungen. Stellen Sie sich lieber als Lohn für die konzentrierte Arbeit Vergnügen wie zehn Minuten Facebook oder Internetsurfen (oder was auch immer Sie lieber täten als zu arbeiten) in Aussicht.

Erfolgreiche Menschen stechen aus der Masse heraus. Sie beherrschen ihr Fach nicht gut, sondern sehr gut. Sie erledigen ihre Aufgaben nicht zufriedenstellend, sondern herausragend. Für Sie heißt das:

✔ Ruhen Sie sich nicht auf Ihren Fähigkeiten aus, sondern bemühen Sie sich, stetig noch besser zu werden. Nehmen Sie sich vor, immer etwas besser zu sein, als von Ihnen erwartet wird.

✔ Werden Sie zum Experten für Ihre Sache. Als Experte anerkannt zu werden ist ein wichtiger Erfolgsfaktor. Die meisten Mitmenschen schenken ihr Vertrauen nun einmal lieber einem Experten als dem breiten Durchschnitt.

 Entfachen Sie Ihre Motivation für das Thema immer wieder. Ihre Motivation ist ein Motor, der Sie zu immer neuen Höchstleistungen anzutreiben vermag. Und das Beste daran ist: Mit der richtigen Motivation ist die Arbeit nicht nur schnell fertig, sondern auch noch ein Vergnügen.

Gute Ideen im Dienste der Menschen

Eine gute Idee steht am Anfang von vielen Erfolgskarrieren. Nun ist leider schon jemand anderes auf die Idee gekommen, Google zu gründen, und auch Facebook gibt es bereits. Aber bleiben Sie offen: Womöglich kommt Ihnen irgendwann die brillante Idee, was der Welt zu ihrem Glück noch fehlt. Solange konzentrieren Sie sich darauf, wie Sie in Ihrem Wirkungsbereich die Dinge verbessern können. Und belassen Sie es nicht bei der Idee, sondern fangen Sie gleich an, sie umzusetzen. Bedenken Sie dabei Folgendes:

- ✔ Die beste Idee bringt nichts, wenn sie keinem etwas bringt. Erfolgreiche Menschen haben verstanden, dass sie nicht von allein erfolgreich geworden sind. Ganz im Gegenteil, andere Menschen haben sie erfolgreich werden lassen. Google zum Beispiel wäre überflüssig (und die Erfinder um einige Dollar ärmer), wenn sich niemand für die Google-Dienste interessieren würde.

- ✔ Fragen Sie sich bei einer neuen Idee, was Ihre Mitmenschen davon haben. Welche Bedürfnisse befriedigt die Idee? Wie macht die Idee den Menschen das Leben leichter oder unterhaltsamer? Modellieren Sie so lange an Ihrem Produkt herum, bis Sie überzeugende und eindeutige Antworten auf diese Fragen gefunden haben.

- ✔ Erklären Sie Ihren Mitmenschen, inwieweit sie von Ihren Ideen, Projekten und Vorschlägen profitieren und einen Nutzen haben. Je besser die anderen verstehen, was sie von Ihren Aktionen haben, desto mehr werden auch Sie davon haben.

Der richtige Antrieb: Sich selbst antreiben

Der Mensch ist bequem und so macht er es sich gerne bequem (zum Beispiel vor dem Fernseher), wenn es unbequem wird. Fernsehen allerdings bringt Sie in den seltensten Fällen Ihren Zielen näher. Also gilt es, den inneren Schweinehund zu überwinden und sich selbst durch schwierige und noch schwierigere Zeiten zu bringen. Dafür brauchen Sie neben Disziplin die Fähigkeit, sich selbst anzutreiben und zur Disziplin zu ermahnen. Auf dem Weg zum Ziel versuchen unter Umständen viele Widrigkeiten und Verlockungen, Sie vom Kurs abzubringen. Lernen Sie daher, sich selbst zu motivieren und dem innerem Schweinehund (»Alles so anstrengend«) nicht nachzugeben. Das hilft:

- ✔ Ein motivierendes Ziel. Machen Sie sich bewusst, warum das Ziel wichtig für Sie ist. Malen Sie sich aus, wie erfolgreich, zufrieden, glücklich Sie sein werden, wenn Sie das Ziel erreicht haben. Rufen Sie sich in Erinnerung, welche Ihrer Bedürfnisse mit diesem Ziel erfüllt werden.

- ✔ Erinnern Sie sich daran, wie Sie sich in ähnlichen Situationen zum Weitermachen bewegt haben. Was haben Sie damals gemacht, wenn Sie am Ende Ihrer Motivation angelangt waren? Wie haben Sie wieder Fahrt aufgenommen? Prüfen Sie, welche Ideen Sie für die heutige Flaute daraus ableiten könnten.

- ✔ Verhandeln Sie mit sich selbst. Stellen Sie sich zum Beispiel eine Belohnung in Aussicht für den Fall, dass Sie es schaffen, entgegen sämtlichen Widrigkeiten und Unlustattacken weiterzuarbeiten. Vielleicht erlauben Sie sich Ihren Lieblingsfilm, ein Konzert Ihrer Lieblingsband oder einfach Ihr Lieblingseis.

✔ Rufen Sie Ihnen und Ihrem Ziel wohlgesonnene Freunde an, reden Sie sich Ihren Frust von der Seele und lassen Sie sich gut zureden. Manchmal hilft es auch, wenn das »gut zureden« mehr in Richtung Leviten lesen geht (»Du willst doch jetzt nicht aufgeben, das kommt doch gar nicht infrage. Setz Dich hin und arbeite weiter.«). Das ist zwar nervig, aber durchaus förderlich.

 Provozieren Sie sich selbst: Stellen Sie sich vor, Ihr ärgster Gegner würde Sie in der Flaute triumphierend beobachten. Mit welchen Sprüchen, Handlungen und mit welchem Auftreten lassen Sie seinen Spott verstummen? Mit welchen Gefühlen raffen Sie sich auf und reißen das Steuerrad herum? Sorgen Sie dafür, dass nur einer triumphiert: Ihr Erfolg.

Ein erfolgreicher Manager werden

Was macht aus einem Manager einen erfolgreichen Manager und aus einem Chef einen erfolgreichen Chef? Der Managementvordenker Fredmund Malik hat in seinem Buch »Führen, Leisten, Leben« eine Antwort auf diese Frage gegeben und sechs Grundsätze wirksamer Führungskräfte formuliert. Diese Grundsätze bringen Malik zufolge wichtige Werte der Wirksamkeit zum Ausdruck. Wer Erfolg haben möchte, sollte demnach Folgendes beherzigen:

✔ **Resultatorientierung:** Wirksame Manager konzentrieren sich in ihren Entscheidungen (zum Teil ausschließlich) auf das Ergebnis. Das Einzige, was wirklich zählt, ist das Resultat. Wirksame Manager bleiben auch dann eisern auf dem Weg zum Ergebnis, wenn die Arbeit ihnen keinen Spaß bringt. Denn immerhin besteht noch die Chance, dass die Ergebnisse Spaß bringen. Für alle diejenigen, bei denen Spaß an der Arbeit an erster Stelle steht, hält Malik eine ernüchternde Erkenntnis bereit: Sinn der Arbeit ist es nämlich nicht, Spaß zu haben, sondern Ergebnisse zu erzielen und die eigene Pflicht zu erfüllen.

✔ **Beitrag zum Ganzen:** Erfolgreiche Manager konzentrieren sich auf den Beitrag, den sie zum großen Ganzen leisten. Sie sehen ihre Tätigkeit nicht als Selbstzweck, sondern im Dienste des übergeordneten Projekts. Wer sich auf seinen Beitrag zum Ganzen konzentriert, verfügt zudem über einen hilfreichen Motivator.

 Sehen Sie auch bei vermeintlich langweiligen Aufgaben das große Ganze, dem diese Aufgabe dient. Die Aufgabe ist vielleicht ein entscheidender (wenn auch leidiger) Schritt auf dem Weg zu Ihrem großen Ziel. Womöglich dient die Aufgabe auch einer guten Sache, hinter der Sie voll stehen. Entscheiden Sie selbst, was auf Sie motivierender wirkt: die Kosten für den Einkauf von Büromaterialien zu senken oder dazu beizutragen, das eigene Unternehmen zu retten?

✔ **Konzentration auf weniges:** So wie viele Köche einen Brei verderben, kann auch ein Koch viele Breie verderben, wenn er sie alle gleichzeitig zu kochen versucht. Malik empfiehlt daher, sich auf wenige Dinge, dafür aber auf die wirklich wichtigen zu konzentrieren. Das würden Sie ja gerne, aber Sie sind nicht sicher, welche Dinge wirklich wichtig sind? Versuchen Sie Folgendes:

- Identifizieren Sie Ihre drei wichtigsten Ziele für das nächste Vierteljahr, zum Beispiel mithilfe der Übungen im Abschnitt »Dem Leben Richtung geben: Vision und Ziele« in Kapitel 5.

- Aufgaben teilen Sie dann in zwei Gruppen ein: Da gibt es zum einen die Aufgaben, die auf dem Weg zu Ihren wichtigsten Zielen liegen. Diese Aufgaben sind wichtig und bedürfen einer gewissenhaften Bearbeitung. Stellen Sie sich vor, diese Aufgaben wären Ihre Patienten und Sie der Arzt. Es liegt auf der Hand, dass Sie die Aufgaben konzentriert und nacheinander »behandeln«.

- Die Aufgaben, die nicht Ihren Zielen dienen, dürfen Sie delegieren, hintanstellen oder von der Aufgabenliste streichen.

✔ **Stärken nutzen:** Die Forderung, dass jeder auf seinen vorhandenen Stärken aufbauen sollte, ist ebenso leicht verständlich wie hochwirksam. Erfolg hat nicht in erster Linie derjenige, der an seinen Schwächen arbeitet. Erfolg hat der, der mit seinen Stärken arbeitet. Konzentrieren Sie sich also lieber auf das, was Sie einfach gut können. Damit werden Sie nicht nur schneller, sondern auch leichter Erfolge erzielen. Das gilt nicht nur in Bezug auf die eigene Person, sondern auch für die Zusammenarbeit mit anderen Menschen. Führungskräfte sollten sich daher nicht mit den Schwächen der Mitarbeiter aufhalten, sondern die Stärken des Einzelnen erkennen. Wer seine Stärken ausnutzt, erzielt spielend schnelle und oftmals nachhaltige Erfolge. Und als (unverhoffte) Zugabe bringt die Arbeit sogar noch Spaß.

✔ **Vertrauen:** Im Beruf steht nicht der zwischenmenschliche Austausch, sondern die fachliche Arbeit an erster Stelle. Diese allerdings gelingt umso besser, je besser der zwischenmenschliche Austausch funktioniert. Durch einen respektvollen Umgang miteinander, ein Mindestmaß an guten Manieren und gegenseitigem Vertrauen lässt sich eine stabile Basis für die tägliche Zusammenarbeit schaffen. Mitarbeiter sollten darauf vertrauen können, dass der Vorgesetzte fair mit ihnen umgeht, ihre Erfolge nicht als seine ausgibt und ihnen bei Fehlschlägen – wenigstens gegenüber Dritten – den Rücken stärkt. Die Mitarbeiter wiederum werden es ihrem Vorgesetzten danken, indem sie sich Führungsfehlern gegenüber nachsichtig zeigen.

✔ **Positiv denken:** Erfolgreiche Manager konzentrieren sich auf Lösungen und auf Chancen und nicht auf Probleme und auf Risiken. Natürlich müssen Probleme erkannt und in den Griff bekommen werden. Noch wichtiger ist es allerdings, dass die Chancen erkannt und genutzt werden. Schlagen Sie daher zwei Fliegen mit einer Klappe und suchen Sie auch in wirklich verzwickten Situationen nach der Chance, die sich gerade auftut. In Kapitel 7 finden Sie im Abschnitt »Lösungen sehen statt Probleme« Tipps, wie das gelingt.

Die Grundsätze von Fredmund Malik gelten nicht nur für erfolgreiche Führungskräfte. Sie gelten für jeden, der etwas zu managen hat – wie zum Beispiel das eigene Leben.

Teil III

Berufliche Schwierigkeiten – Pardon, Herausforderungen – angehen

In diesem Teil ...

Hier erfahren Sie, wie Sie typischen beruflichen Herausforderungen begegnen. Sie erkennen, wer und was Ihnen alles im Weg stehen kann und wie Sie diese Hindernisse aus dem Weg räumen. Sie lernen Übungen kennen, die Ihnen helfen werden, wenn Sie nicht mehr weiterwissen – ob Sie auf der Suche nach einer Lösung für Ihr dringendes Problem sind oder einen Überlebensguide für die ersten 100 Tage in einer neuen Position brauchen, in diesem Teil werden Sie fündig. Damit Sie sich künftig mehr Zeit für das Wesentliche nehmen können, erfahren Sie außerdem etwas über effektives Selbst- und Zeitmanagement.

Raus aus der Klemme – handlungsstark in schwierigen Situationen

In diesem Kapitel

▶ Lösungsansätze für typische Büroschwierigkeiten finden

▶ Schluss mit Selbstzweifeln und hinderlichen Einstellungen

▶ Probleme aktiv und erfolgreich lösen

Das Leben im Büro gleicht gelegentlich einem Hindernislauf. Auf dem abwechslungsreichen Parcours, auch Büroalltag genannt, tauchen immer wieder neue herausfordernde Hürden auf. Mal handelt es sich um kleinere Stolpersteine, die sich mit geringem Anlauf überspringen oder sogar beiseiteschieben lassen. Mal wachsen die Stolpersteine jedoch auf die beträchtliche Größe von Findlingen an und wollen sich partout nicht überwinden lassen. Irgendwann kann auch die sportlichste Natur nicht mehr leugnen, dass der gewohnte Weg zwar zum Findling, nicht aber ans Ziel geführt hat. Spätestens dann geht die Suche nach neuen Wegen los. In diesem Kapitel erfahren Sie, wie Sie Lösungsansätze für schwierige Situationen finden.

Die Situation unter die Lupe nehmen

Bei der Frage, wann und warum es zu Schwierigkeiten im Büroalltag kommt, kristallisiert sich eines schnell heraus: Es gibt einige typische Anlässe für Büroprobleme. Wenn Sie bis zum Hals in Schwierigkeiten stecken, ist es nicht leicht, noch (wenigstens) einen klaren Gedanken zu fassen. Dann tut es Ihnen gut, wenn Sie sich zunächst auf das Naheliegende konzentrieren. Verschaffen Sie sich einen Überblick über Ihre Situation und untersuchen Sie das, was Sie gerade stört und Ihnen im Wege steht. Je genauer das Bild ist, das Sie sich von der Lage machen, desto klarer werden Sie die ersten Lösungsansätze am Horizont erkennen.

Andere Personen stehen im Weg

Jeder Konflikt mit einer anderen Person wurde aus einem Konfliktchen geboren. Sie sollten daher verstehen, warum die Situation schwierig und der kleine Konflikt so schnell groß geworden ist. Mit diesem Wissen wird es Ihnen leichter fallen, eine Lösung zu finden.

Zwei Menschen, (mindestens) zwei Meinungen

Üblicherweise geht es in Diskussionen zwischen zwei Personen um Dinge wie diese:

✔ Sie und der andere haben unterschiedliche Ziele. Oder Sie haben das gleiche Ziel, aber verschiedene Ansichten über den Weg zum Ziel.

✔ Sie sollen etwas tun, was Sie nicht wollen. Und Sie wollen es nicht, weil es Ihrer Vorstellung widerspricht, weil Sie finden, der andere müsste das erledigen, oder einfach nur, weil Sie weder Zeit noch Lust haben. Häufig stellt sich bei genauerer Betrachtung heraus, dass Sie und Ihr Konfliktpartner unterschiedliche Vorstellungen von Ihren jeweiligen Rollen und den damit verbundenen Aufgaben haben.

✔ Sie und Ihr Gegenüber haben eine unterschiedliche Sicht der Dinge. Dafür kann es viele Gründe geben, zum Beispiel dass sie nicht über die gleichen Informationen verfügen, die Informationen anders deuten oder unterschiedliche Werte und Prioritäten haben. Auch die berufliche Position und die verbundenen Aufgaben bedingen oft unterschiedliche Standpunkte. Häufig ist die Sicht der Dinge aber einfach nur eine Frage der Wahrnehmung: Ist das Glas nun halb leer oder halb voll? Das ist eine abendfüllende Diskussion ohne eine richtige oder falsche Antwort.

✔ Sie wollen beide etwas haben, was nur einer haben kann. Das begehrte Etwas kann der wichtige Kunde, die erhoffte Stelle, Aufmerksamkeit von Ihrem Chef oder einfach der letzte Schokoladenpudding sein. In einem Verteilungskonflikt (also bei der Frage wie das Etwas verteilt wird) muss häufig per Machtwort von oben entschieden werden. Sie können zur Lösung beitragen, indem Sie rechtzeitig erkennen, dass Sie und Ihr Konfliktpartner Unterstützung vom Chef brauchen.

✔ Die meisten Konflikte haben ihre Wurzeln auf der persönlichen Ebene. In guten Beziehungen führen unterschiedliche Auffassungen nur selten zu wirklichen Problemen. Persönliche Unstimmigkeiten und Stänkereien bilden dagegen einen hervorragenden Nährboden für noch mehr Schwierigkeiten. Auch wenn Sie und Ihr Gegenüber das Verhältnis zueinander unterschiedlich bewerten (zum Beispiel bei der Frage, wer wem was wie zu sagen hat), ist Streit vorprogrammiert.

 Ein beliebter Wahlspruch lautet: »Nicht von Problemen sprechen, sondern von Lösungen«. So förderlich diese Einstellung ist, sie sollte nicht als Vorwand genutzt werden, Schwierigkeiten nicht genau zu untersuchen. Suchen Sie erst nach einer Lösung, wenn Sie verstanden haben, wo das Problem liegt. Damit stellen Sie sicher, dass Ihre Lösung auch wirklich zum Konflikt passt.

Bei so vielen Anlässen für Schwierigkeiten (die nicht einmal einen Anspruch auf Vollständigkeit erheben) ist der Wunsch nach einer Lösung verständlich. Leider gibt es nicht den einen Schlüssel, sozusagen den Lösungsdietrich, zum Erfolg. Es wird Sie aber weit nach vorn bringen, wenn Sie sich klarmachen,

✔ was die Situation unerfreulich macht, und gleichzeitig verstehen,

✔ warum dieser Umstand ein Ärgernis ist.

Nicht die Meinung, sondern das Verhalten macht die Musik

Folgende Umstände führen die Charts der Konfliktauslöser an:

✔ Ihre Handlungsmöglichkeiten wurden eingeschränkt. Sie können nicht das tun, was Sie tun wollen oder sollen. Zum Beispiel kommen Sie nicht mit Ihrer Arbeit voran, weil Sie auf den Input Ihres trödelnden Kollegen warten müssen.

- ✔ Ihre persönlichen Wünsche und Bedürfnisse wurden nicht erfüllt oder sogar verletzt. Sie wünschen sich mehr Verantwortung und einen größeren Handlungsspielraum, Ihr Chef hält Sie aber an der kurzen Leine.

- ✔ Sie haben etwas anderes erwartet. Sie haben erwartet, dass Ihr Teamkollege mit Ihnen eine Nachtschicht für das gemeinsame Projekt einlegt. Stattdessen verabschiedet er sich um 18 Uhr in den Feierabend.

- ✔ Sie haben etwas getan und einen anderen damit verärgert (auch das soll es geben). Vielleicht ist Ihnen nicht einmal bewusst, womit Sie Ihr Gegenüber verärgert haben. Sie merken nur, dass irgendetwas im Busch ist.

Unterschiedliche Auffassungen, zum Beispiel über den richtigen Weg zum Ziel, sind ein zwingender Grund für ein Gespräch. Sie sind aber nicht zwingend ein Grund für einen Konflikt. Warum also stört es, dass Sie und Ihr Gegenüber nicht die gleichen Vorstellungen haben? Meistens liegt der Stein des Anstoßes im Verhalten des anderen. Der zukünftige Konfliktpartner hat etwas getan (oder gerade nicht getan), über das Sie nicht erfreut sind.

Sie werden nun vielleicht denken, das sei zwar ganz interessant, die Gründe für einen Konflikt zu kennen, aber das hilft Ihnen auch nicht weiter. Stimmt nicht, denn Sie können aus dem Wissen etwas machen, eine Lösung zum Beispiel.

Auf unfeines Verhalten fein reagieren

Ihr Gegenüber benimmt sich nicht gerade so wie erwünscht. Bevor Sie beide in einen Konflikt steuern, geben Sie dem Frieden eine Chance und verhalten Sie sich konstruktiv.

- ✔ **Teilen Sie dem anderen (freundlich) mit, dass Sie unzufrieden sind.**

  Stellen Sie zunächst sicher, dass Ihr Gegenüber überhaupt weiß, dass und warum er Ihnen das Leben schwer macht. Konzentrieren Sie sich dabei auf das, was der Kollege (eventuell) noch nicht weiß (»Ich komme ohne Ihren Input nicht weiter.«), und nicht auf das, was er bereits weiß (»Sie haben mir die Informationen immer noch nicht gegeben.«). Informieren Sie Ihren trödelnden Kollegen, dass Sie auf seinen Input warten. Erklären Sie ihm, warum Sie den Input brauchen und welche Folgen die Verzögerung für Sie hat.

- ✔ **Verstehen Sie, was hinter dem Verhalten des anderen steckt.**

  Finden Sie heraus, warum der andere sich so verhält, wie er sich verhält. Es kann viele Gründe dafür geben und nicht alle haben etwas mit Ihnen zu tun.

Die Ansicht »Das Problem meines Kollegen ist ja nicht mein Problem« geistert immer wieder durch die Büroflure. Sie stimmt allerdings nur, solange Sie unabhängig von Ihrem Kollegen und nicht auf dessen Arbeitsleistung angewiesen sind. Wenn Sie im Team zusammenarbeiten (müssen), wird sein Problem zu Ihrem Problem. Denn Ihr Chef erwartet, dass das Team die Aufgabe löst. Es ist wenig hilfreich für Ihre Karriere, mit Sprüchen wie »Mein Teil ist fertig, aber Otto packt es nicht« vor den Chef zu treten. Greifen Sie den Ottos dieser Welt lieber unter die Arme und sorgen Sie dafür, dass das gemeinsame Projekt ein Erfolg wird. Dann dürfen Sie Ihren Anteil am Erfolg auch gerne betonen: »Wir mussten erst nach einer Lösung suchen, die auch für die Einkaufsabteilung tragbar ist. Schließlich konnte ich Frau Sowieso davon überzeugen, dass die neue Software zuverlässig funktioniert.«

✔ **Bedenken Sie, dass hinter Handlungen Ziele und hinter Zielen Bedürfnisse stehen.**

Die meisten Leute verhalten sich so, wie sie sich verhalten, weil sie damit ein Ziel erreichen wollen. Ihr Kollege hat das Büro vielleicht um 18 Uhr verlassen, weil er einen Vorstellungstermin bei einem Konkurrenten hat (Ziel: Jobwechsel). Und er hat sich dort beworben, weil er seine Leistungen zurzeit nicht ausreichend gewürdigt sieht (Bedürfnis: Anerkennung).

✔ **Entdecken Sie weniger konfliktträchtige Möglichkeiten, das Bedürfnis des anderen zu befriedigen.**

Nicht nur Vorgesetzte haben die Möglichkeit, (einige) Bedürfnisse ihrer Mitarbeiter zu befriedigen. Auch als Kollege können Sie dazu beitragen, dass das Bedürfnis Ihres Kollegen nach Anerkennung erfüllt wird. Sie können dafür sorgen, dass er in Teamdiskussionen eingebunden wird (»Was meinst du denn zu dem Thema?«), Sie können seine guten Ideen aufnehmen (»Lasst uns noch einmal über Eriks Vorschlag sprechen. Ich finde die Idee sehr gut.«). Sie können seine Leistungen dem Chef gegenüber honorieren (»Erik kam auf diese Idee und wir haben dann im Team intensiv an der Umsetzung gearbeitet.«).

✔ **Bringen Sie unterschiedliche Ziele in eine Rangfolge oder finden Sie einvernehmliche Lösungen, mit denen beide leben können.**

Wenn der Konflikt daraus resultiert, dass Sie und der andere unterschiedliche Ziele haben, versuchen Sie, sich auf eine Rangfolge zu einigen. Wichtig ist, dass dieses im Gespräch geschieht und nicht einseitig festgelegt wird.

> »Du möchtest freitags rechtzeitig Feierabend machen. Ich möchte bis zum Projektabschluss jeden Freitag um 17 Uhr eine Teambesprechung abhalten.
>
> Dein Ziel ist es, genügend Freizeit zu haben. Ich möchte die Ergebnisse der Woche so zusammenzufassen, dass wir am Montag alle gleich durchstarten können.
>
> Könntest du dir vorstellen, bis zum Projektabschluss am Freitag etwas später in den Feierabend zu gehen?«

Wundern Sie sich nicht, wenn Ihr Kollege darauf antwortet:

> »Ich finde es gut, die Ergebnisse der Woche zusammenzufassen. Aber es ist mir wichtiger, freitags früh nach Hause zu gehen. Was spricht aus deiner Sicht dagegen, dass wir unser Meeting um 15 Uhr abhalten? Wir könnten auch am Montagmorgen zuerst über die Ergebnisse der vergangenen Woche sprechen. Das würde uns auch helfen, nach dem Wochenende wieder ins Thema reinzukommen.«

Sie wollen eine Lösung finden, bleiben Sie daher flexibel und offen für die Lösungsvorschläge der anderen. Es gibt viele Situationen, in denen es Ihnen nicht wehtut, Zugeständnisse zu machen. Gleichzeitig erwerben Sie sich damit den Ruf, kooperativ und umgänglich zu sein.

Und der wird Ihnen spätestens dann zugutekommen, wenn Sie wirklich mal keinen Spielraum für Zugeständnisse haben.

 Der Anlass für einen Konflikt mag Ihnen oftmals nichtig erscheinen. Manchmal liegt der Stein des Anstoßes auch weit vor dem Zeitpunkt, an dem der Konflikt sichtbar wird. Ein Kollege boykottiert zum Beispiel plötzlich mitten im Projekt ein entscheidendes Thema. Bisher lief alles reibungslos, die Schwierigkeiten scheinen aus heiterem Himmel zu kommen. Der Kollege aber ärgert sich schon lange, dass er in der Phase, in der das Projekt aufgesetzt wurde, nicht einbezogen wurde. Nehmen Sie das Befinden Ihres Kollegen in jedem Fall ernst und tun Sie seinen Ärger nicht ab nach dem Motto »Da ist doch schon lange Gras drüber gewachsen«. Offenbar ist eben noch kein Gras darüber gewachsen. Und wenn Sie nicht dafür sorgen, dass die Unstimmigkeiten geklärt werden, wird bestenfalls Unkraut darüber wachsen.

Sich selbst im Weg stehen

Um in einen Konflikt zu geraten, braucht man nicht notwendigerweise einen Partner. Auch mit der eigenen Person lassen sich viele Konflikte erleben und man kann sich selbst wunderbar im Wege stehen. Einige Möglichkeiten, sich Schwierigkeiten zu machen, sind in Tabelle 7.1 zusammengestellt.

Das macht das Leben schwierig	Das macht das Leben leichter
Sie nehmen die Situation als schwierig wahr.	Etwas wird insbesondere dadurch schwierig, dass Sie es schwierig finden. Fragen Sie sich, wie Sie die Situation anders bewerten könnten, zum Beispiel als herausfordernd, als ungünstig, aber unproblematisch. Im Abschnitt »Die Bewertung der Situation verändern« weiter hinten in diesem Kapitel erfahren Sie, wie das geht.
Sie haben Selbstzweifel (»Ich bin nicht gut genug.«) oder eine hinderliche Einstellung (»Man darf keine Fehler machen.«).	Oft ist man selbst sein größter Kritiker und die eigene innere Stimme der stärkste Gegner. Der Abschnitt »Mit Selbstzweifeln und hinderlichen Einstellungen umgehen« in diesem Kapitel zeigt Ihnen, wie Sie sich selbst aus dem Wege gehen.
Sie haben Schwierigkeiten, eine Entscheidung zu treffen.	Insbesondere wegweisende Entscheidungen brauchen eine sichere Grundlage. Wie Sie sich eine sichere Basis bauen, steht in Kapitel 10.
Sie sind unsicher, wie viel Risiko Sie eingehen sollen.	
Sie wissen nicht, ob Sie auf Ihren Kopf oder Ihr Bauchgefühl hören sollen.	

Das macht das Leben schwierig	Das macht das Leben leichter
Es fällt Ihnen schwer, Ihre Rolle gerecht zu werden.	In Ihrer Rolle ist möglicherweise etwas angelegt, was Ihrem Naturell widerspricht. Ein Vorgesetzter, der nicht gerne Verantwortung übernimmt, oder ein Teammitglied, das eigentlich ein Einzelkämpfer ist, wird es in seiner Rolle nicht leicht haben. In Kapitel 8, Abschnitt »Das innere Rollenbild weiterentwickeln« erfahren Sie, wie Sie erfolgreich mit sich und Ihrer Rolle umgehen.
Es fällt Ihnen schwer, Ihre verschiedenen Rollen unter einen Hut zu bringen.	Sie tanzen eigentlich immer auf mehreren Hochzeiten, auch wenn Ihnen das noch nicht aufgefallen ist. Denn in Ihrem Leben spielen Sie viele verschiedene Rollen, zum Beispiel sind Sie Freund und Vorgesetzter oder Familienvater und Karriereaufsteiger gleichzeitig. In Kapitel 6 erfahren Sie, wie Sie Ihre Rollen koordinieren.

Tabelle 7.1: Hausgemachte Schwierigkeiten

Mit Selbstzweifeln und hinderlichen Einstellungen umgehen und sie entlarven

Jeder hat wohl schon einmal gedacht: »Das ist doch alles zum Verzweifeln.« Manchmal ist eine Situation wirklich verfahren. Manchmal macht aber vor allem einer die Situation verfahren und steht im Weg: man selbst. So gut wie jeder, der den Kinderschuhen entwachsen ist, hat im Laufe des Lebens Einstellungen (wie »Man darf keine Fehler machen.«) und Selbstzweifel (»Ich kann so etwas nicht.«) entwickelt. Womöglich hatten diese Überzeugungen zu einem gewissen Zeitpunkt auch eine Berechtigung. Heute sind sie aber vielleicht nicht mehr als hinderliche Reliquien. Es lohnt sich daher zu überprüfen, ob in schwierigen Situationen Überzeugungen zu Worte kommen, die nichts mehr zu sagen haben – weil sie ebenso unberechtigt wie hinderlich sind.

Selbstzweifel und hinderliche Einstellungen maskieren sich gerne. Die erste Herausforderung besteht deshalb darin, sie zu entlarven und beim Namen zu nennen. Vermutlich besitzen Sie – wie die meisten Menschen – ab und zu Selbstzweifel und hinderliche Einstellungen, die Sie schon als solche erkannt haben, aber dennoch mit sich herumtragen. Andere Überzeugungen sehen Sie vielleicht nicht so deutlich. Sie bemerken nur, dass irgendetwas in Ihnen Sie nicht weiterkommen lässt, dass Sie sich im Kreis drehen oder dass Sie ein ungutes Bauchgefühl haben.

Sie können erkennen, ob Sie sich selbst im Wege stehen, wenn Sie Ihren Selbstgesprächen genau zuhören. Selbstzweifel und hinderliche Einstellungen verstecken sich gerne hinter Wendungen wie

- ✔ ich müsste, ich sollte, ich glaube, …
- ✔ das ist nichts für mich, ich kann nicht, konnte noch nie …
- ✔ immer, nie, jeder, keiner und andere Verallgemeinerungen

✔ man darf nicht, kann nicht, soll nicht und so weiter

✔ wenn, dann …

Achten Sie einmal darauf, was Sie innerlich zu sich selbst sagen. Erforschen Sie, ob – und falls ja, welche – Selbstzweifel und hinderlichen Einstellungen hinter Ihren Aussagen stehen könnten. Manchmal ist es schwirig, sich selbst auf die Schliche zu kommen. Wenn Sie keine Überzeugungen aus Ihren Selbstgesprächen heraushören, sich aber dennoch behindert fühlen, hilft folgender Trick: Stellen Sie sich vor, ein Freund würde sich Ihnen gegenüber mit Ihren Worten äußern.

Sebastian Stein hat von seinem Chef den Auftrag erhalten, Ideen für ein neues Projekt zu sammeln und zu präsentieren. Sebastian hat viele Einfälle gehabt und zwischen Tür und Angel seinem Chef einen davon schon genannt – worauf der Chef sehr erstaunt geschaut hat. Je näher nun der Termin rückt, desto unsicherer wird Sebastian, ob die Ideen etwas taugen. Also hat er den Termin verschoben, um sich noch besser vorzubereiten – schon zweimal mittlerweile. Sein Chef wird langsam ungehalten, Sebastian jedoch hat das dringende Gefühl, den Termin noch einmal verschieben zu müssen. Bis er sich dafür entscheidet zu hinterfragen, wie er zu seinem Gefühl kommt. Sebastian horcht in sich hinein und hört, was er zu sich selbst sagt. Die Worte aus seinen Selbstgesprächen legt er seinem Kollegen und Freund Tobias in den Mund und lässt Tobias sagen: »Ich kann die Ideen noch nicht präsentieren, ich muss vorher alles noch einmal prüfen. Wenn die Ideen nicht gut sind, stehe ich da wie ein Idiot.«

Vermutlich hören Sie schnell heraus, wovon der Freund sich bremsen lässt:

✔ Meine Ideen nicht gut genug sind. (Selbstzweifel)

✔ Ich darf keine Fehler machen. (hinderliche Einstellung)

Da Ihr Freund sich Ihr Problem nur geliehen hat, nehmen Sie es ihm als Nächstes wieder ab. Stellen Sie sich die Frage, ob Sie in den Aussagen Ihre hinderlichen inneren Gefährten wiedererkennen. Wenn dem so ist, können Sie anfangen, die Überzeugungen zu hinterfragen.

Selbstzweifel mildern

Manchmal reicht ein einziger Misserfolg, um einen Selbstzweifel scheinbar ins Unermessliche wachsen zu lassen. Wenn das der Fall ist, war der Misserfolg oftmals »nur« der Tropfen, der das Fass zum Überlaufen gebracht hat. In dem Fass nämlich lagern zahlreiche andere Erfahrungen aus Ihrem Leben, die Sie bei ähnlich unschönen Situationen gemacht haben. Wenn die aktuelle Niederlage sich nun zu den anderen Situationen gesellt, läuft das Fass über und das heißt für Sie: Herzlich willkommen, Selbstzweifel!

Zudem gibt es leider immer irgendjemanden, der nicht nur irgendetwas besser kann, sondern auch das, woran Sie sich gerade versuchen. So ist es durchaus verständlich, wenn das eigene Selbstwertgefühl hin und wieder ins Wanken gerät. Die meisten Selbstzweifel sind ein wenig unangenehm, aber kein echtes Problem. Zu einem ärgerlichen Hindernis werden sie jedoch, sobald sie sich anschicken, die Regie in Ihrem Leben zu übernehmen. Wenn Ihre Selbstzweifel Sie dazu bringen, bestimmte Situationen zu vermeiden, sollten Sie handeln: Sie haben die Wahl zwischen Coach und Couch und solange Sie sich keine ernsthaften Sorgen um sich machen, dürfen Sie beim Coach bleiben. Und der Coach sind Sie, also legen Sie los. Das Beste, was Sie mit dem Selbstzweifel anfangen, ist, ihn gründlich zu untersuchen und zu überprüfen. So kann es Ihnen gelingen, ihn abzumildern oder sogar abzuschaffen.

Die Situation genau betrachten

Als Erstes sollten Sie die Situation, die Ihren Selbstzweifel hervorruft, zusammen mit diesem unter die Lupe nehmen. Folgende Fragen helfen Ihnen, dem Selbstzweifel auf die Spur zu kommen:

- ✔ Warum meldet sich der Selbstzweifel in dieser Situation, was ruft Ihr Unbehagen hervor?
- ✔ Warum glauben Sie, dass Sie dieses oder jenes in der konkreten Situation nicht gut machen?
- ✔ Was erwarten die anderen Beteiligten Ihrer Meinung nach von Ihnen?
- ✔ Wie sicher sind Sie, dass Sie die Erwartung der anderen richtig einschätzen?
- ✔ Was erwarten Sie von sich?
- ✔ Sind Ihre Erwartungen und die Erwartungen der anderen realistisch?

Vielleicht stellen Sie fest, dass vor allem einer viel von Ihnen erwartet und zwar Sie selbst. Dann sollten Sie versuchen, sich das Leben leichter zu machen, indem Sie nachsichtig mit sich sind und Ihre eigenen Ansprüche etwas herunterschrauben. Wenn Sie vermuten, dass andere unrealistisch hohe Erwartung an Sie stellen, werden Sie aktiv. Versuchen Sie zunächst zu klären, ob Ihre Vermutung zutrifft. Wenn Ihre Einschätzung sich bestätigt und Sie die Erwartungen gleichzeitig für unerfüllbar halten, sollten Sie die Erwartungen korrigieren. Dafür suchen Sie am besten das persönliche Gespräch. Zeigen Sie Ihrem Gegenüber auf, was Sie erreichen können und welchen Teil der Erwartung Sie (noch) nicht erfüllen können. Erläutern Sie, was Sie bräuchten, um die Ansprüche voll zu erfüllen, zum Beispiel weiteren Input von Ihrem Vorgesetzten, mehr Zeit oder eine Fortbildung.

Die Situation mit früheren Erfahrungen vergleichen

Nachdem Sie die Situation eingehend untersucht haben, forschen Sie nach vergleichbaren Ereignissen in Ihrer Vergangenheit. Erinnern Sie sich, ob in ähnlichen Situationen bereits vergleichbare Zweifelrufe in Ihnen laut und zu allem Überfluss auch noch bestätigt wurden. Wenn Sie das bejahen (müssen), gehen Sie ins Detail und untersuchen, inwieweit die Situationen vergleichbar sind.

- ✔ Ist der Selbstzweifel ein alter Bekannter?
- ✔ In welchen Situationen taucht der Selbstzweifel mit Vorliebe auf?
- ✔ Welche Erfahrungen haben Sie in vergleichbaren Situationen gemacht?

- ✔ Wie unterscheidet sich Ihre jetzige Situation von der vergleichbaren früheren Situation?
- ✔ Wie haben Sie sich verändert seit damals, was haben Sie dazugelernt?
- ✔ Welche Möglichkeiten zur Reaktion kennen Sie heute, die Ihnen damals nicht zur Verfügung standen?

 Versuchen Sie, die heutige Situation unabhängig von Ihren bisherigen Erfahrungen zu sehen und zu bewerten. So können Sie vermeiden, dass der heutige Anlass – der an sich vielleicht eher nichtig ist – mehr Bedeutung erhält, als ihm zukommt. Wenn Sie den Anlass überbewerten, wird er schnell zu dem Tropfen, der das Fass zum Überlaufen bringt.

Positive Erfahrungen ins Spiel bringen und verteidigen

Im ersten Moment glauben Sie vielleicht, dass Sie über keine positiven Erfahrungen verfügen, mit denen Sie den Selbstzweifel entkräften können. Das stimmt fast nie, machen Sie sich also auf die Suche nach positiven Gegenbeispielen:

- ✔ Kehren Sie Ihren Selbstzweifel um (also »Meine Ideen sind gut.«) und denken Sie an die Situationen, in denen sich diese positive Aussage bestätigt hat.
- ✔ Wie genau haben Sie den Erfolg erreicht, womit haben Sie überzeugt?
- ✔ Wie haben Sie sich in der erfolgreichen Situation gefühlt? Was würde Ihr damaliges Ich Ihnen für einen Tipp geben für Ihre heutige Situation?
- ✔ Was würden Ihre Freunde sagen, wenn sie gefragt würden, warum Ihre Ideen gut sind?

 Wenn Sie einige Gegenbeispiele gesammelt haben, rufen Sie sich Ihren Selbstzweifel noch einmal in Erinnerung. Stellen Sie sich nun vor, Ihr größter Rivale käme zu Ihnen und würde diese Auffassung vertreten: »Deine Ideen sind schlecht.« Mit welchen Argumenten wehren Sie sich gegen diesen Angriff? Schreiben Sie Ihre Antworten auf.

Indem Sie sich auf Situationen konzentrieren, in denen Sie sich wohl und stark gefühlt haben, richten Sie den Blick auf Ihre Fähigkeiten. Das Gleiche geschieht, wenn Sie sich Ihrem Rivalen gegenüber verteidigen. Je mehr Beispiele und Argumente Sie sammeln, desto schwerer wird der Selbstzweifel es haben, Sie künftig zu behindern. Weitere Tipps, wie Sie sich selbst stärken, finden Sie in Kapitel 14.

Hinderliche Einstellungen und Gewohnheiten vor Gericht

Viele Einstellungen und Gewohnheiten sind zu treuen Weggefährten geworden, die schon lange nicht mehr hinterfragt wurden. Was in der Vergangenheit richtig und wichtig war, ist aber nicht zwingend zukunftstauglich. Ein ehemals treuer Begleiter kann auf dem Weg in die Zukunft zum Klotz am Bein werden. Mit folgender Übung können Sie Ihre Einstellungen und Gewohnheiten überprüfen und entscheiden, ob und inwieweit Sie sich von ihnen trennen wollen.

Stellen Sie sich vor, Sie machten Ihrer fraglichen Einstellung oder Gewohnheit den Prozess. Dafür nehmen Sie nacheinander die Position der Verteidigung, des Anklägers, eines neutralen Gutachters und des Richters ein. Sie beleuchten die angeklagte Einstellung oder Gewohnheit umfassend aus den verschiedenen Perspektiven und sammeln die wichtigen Argumente dafür und dagegen. Am Ende des Prozesses entscheiden Sie, inwieweit Sie die Einstellung oder Gewohnheit beibehalten oder wegsperren. Damit Ihre Entscheidung sich im Alltag bewährt, legen Sie sich einige Hilfestellungen zurecht, um nicht rückfällig zu werden.

Die Verteidigung

Nehmen Sie zunächst die Position des Verteidigers ein und tragen Sie ausführlich die guten Seiten der Einstellung oder Gewohnheit vor. Folgende Fragen führen Sie zu dem guten Kern des Angeklagten:

- ✔ Welche Stärke liegt in der Einstellung oder Gewohnheit?
- ✔ Welche Nachteile hätten Sie ohne die Einstellung oder Gewohnheit?
- ✔ Welche positiven Auswirkungen hat die Einstellung oder Gewohnheit auf Sie und Ihren Umgang mit anderen Menschen?
- ✔ Welche positiven Auswirkungen hat die Einstellung oder Gewohnheit für andere Menschen?

Schließen Sie die Verteidigung damit ab, dass Sie die guten Seiten der Einstellung oder Gewohnheit würdigen.

- ✔ Was hat Ihnen die Einstellung oder Gewohnheit bisher gebracht?
- ✔ Wovor schützt die Einstellung oder Gewohnheit Sie?
- ✔ In welchen Situationen waren Sie froh, dass Sie sich von Ihrer Einstellung haben leiten lassen?
- ✔ Welche Situationen hätten sich ohne Ihre Gewohnheit nicht ergeben?

Die Anklage

Als Ankläger konzentrieren Sie sich auf das, was gegen die Einstellung oder Gewohnheit spricht. Klagen Sie die Einstellung oder Gewohnheit an, indem Sie die hinderlichen Seiten betonen.

- ✔ Warum steht die Einstellung oder Gewohnheit vor Gericht, inwiefern hat sie sich als fragwürdig erwiesen?
- ✔ Was würden Sie gerne tun, können es aber nicht aufgrund Ihrer Einstellung oder Gewohnheit?
- ✔ Wann haben Sie sich gewünscht, Sie könnten die Einstellung oder Gewohnheit ablegen?
- ✔ Welche Chancen haben Sie verpasst, weil Sie sich selbst im Weg standen?
- ✔ Gibt es jemanden, der die Einstellung oder Gewohnheit nicht hat und den Sie dafür bewundern? Welche Freiheiten hat er, die Sie nicht haben?

Der neutrale Gutachter

Was wäre ein fairer Prozess ohne neutralen Gutachter? In Ihrer Funktion als neutraler Gutachter werfen Sie einen Blick auf das andere Extrem, das Gegenteil Ihrer Einstellung oder Gewohnheit. Zudem wägen Sie ab, wie eine neue Einstellung oder Gewohnheit aussehen müsste, damit Sie gut zu Ihnen passt.

- ✔ Was würde sich für Sie ändern, wenn Sie die Einstellung oder Gewohnheit aufgäben, welchen Preis würden Sie dafür zahlen und was wäre der Lohn?
- ✔ Wie wäre ein Mensch, der die gegenteilige Einstellung oder Gewohnheit hat?
- ✔ Welche nützlichen Aspekte hat die gegenteilige Einstellung oder Gewohnheit?
- ✔ Welche Einstellung oder Gewohnheit wäre hilfreich für Sie?
- ✔ Zu welcher Einstellung oder Gewohnheit würde Ihnen ein Freund, ein Kollege oder ein Mentor raten?
- ✔ Woran würden Ihre Mitmenschen merken, dass Sie sich geändert haben, inwiefern wären Sie anders? Wollen Sie so sein?

Die Entscheidung des Richters

Sie haben Ihre Einstellung oder Gewohnheit gründlich untersucht, von verschiedenen Seiten beleuchtet und wissen nun alles, was Sie als Richter für eine fundierte Entscheidung brauchen. Folgende Fragen können Sie bei der Entscheidungsfindung zusätzlich unterstützen:

- ✔ Welche Argumente von Anklage, Verteidigung oder Gutachter waren besonders wichtig für Sie? Gab es Aspekte, die Ihnen neu waren?
- ✔ Gibt es jemanden, der von Ihrer Einstellung oder Gewohnheit profitiert und versuchen könnte, Sie von einer Veränderung abzuhalten? Wie würden Sie auf den Widerstand reagieren?
- ✔ Gibt es jemanden, der positiv davon betroffen wäre, wenn Sie sich änderten? Was würde das für Ihr Verhältnis zueinander bedeuten?

Fällen Sie nun Ihr Urteil. Formulieren Sie, inwiefern Sie die Einstellung verändern und welche Einstellung Sie zukünftig annehmen werden.

 In Ihrem Urteilsspruch sollten Sie nicht nur festlegen, welche Einstellung oder Gewohnheit Sie verbannen werden. Es ist ebenso wichtig, dass Sie sich darüber klar werden, was Sie stattdessen tun werden. In Kapitel 12 finden Sie im Abschnitt »Die mentale Stärke erhöhen« Beispiele, wie Sie störende Glaubenssätze durch stärkende Sätze ersetzen können.

Die Bewährungszeit

Gute Vorsätze haben einen Haken: Sie lassen sich bedeutend leichter formulieren, als in die Tat umsetzen. Nach dem Prozess geht es darum, nicht rückfällig zu werden und den Richterspruch möglichst unfallfrei in die Praxis umzusetzen. Im Alltag handeln Sie in vielen Situationen jedoch ganz automatisch. Und je angespannter die Lage ist, desto einfacher werden die alten Begleiter es haben, auf die Bildfläche zurückzukehren. Legen Sie sich daher Strategien für den Notfall zurecht, mit denen Sie sich stoppen können, wenn Sie in alte Fahrwasser geraten.

- ✔ Machen Sie sich bewusst, in welchen Situationen es schwierig werden könnte, nicht rückfällig zu werden. Spielen Sie die Situation durch: Was genau geschieht, wer ist noch beteiligt, wie fühlen Sie sich? Stellen Sie sich möglichst genau vor, wie Sie gemäß Ihrer neuen Einstellung oder Gewohnheit reagieren: Wie fühlen Sie sich nun, wie reagieren Ihre Mitmenschen, welche Wendung nimmt die Situation?

- ✔ Gehen Sie alte Situationen durch, in denen Sie automatisch reagiert haben. Stellen Sie sich vor, wie Sie in der alten Situation anders hätten reagieren können.

- ✔ Identifizieren Sie Auslöser, die Sie dazu bringen, in alte Gewohnheiten zu verfallen. Sie stellen zum Beispiel fest, dass Sie immer, wenn Sie um einen Gefallen gebeten werden, sofort zustimmen. Versuchen Sie, in solchen »gefährlichen« Situationen nicht sofort zu reagieren, sondern verschaffen Sie sich Zeit. Damit bekommen Sie die Gelegenheit, Ihr Verhalten bewusst in neue Bahnen zu lenken. Überlegen Sie daher, wie Sie Zeit gewinnen können, zum Beispiel indem Sie zunächst antworten: »Ich sage Ihnen heute Nachmittag Bescheid, ob ich die Aufgabe für Sie übernehmen kann.«

Lösungen sehen statt Probleme

In einer schwierigen und vermeintlich ausweglosen Situation ist es eine Herausforderung, den Blick vom aktuellen Problem zu lösen und neue Wege ausfindig zu machen. In diesem Abschnitt lernen Sie einige Methoden kennen, die Ihnen dabei helfen. Sie erfahren, wie Sie das Problem von verschiedenen Seiten und aus verschiedenen Perspektiven betrachten. Durch dieses genaue Hinschauen erhalten Sie die Chance, sich nicht auf einen Standpunkt zu versteifen. Sie werden flexibler auf der Suche nach Lösungsmöglichkeiten und weiten Ihren Blick für Lösungen, die oft sehr viel näher liegen, als Sie denken.

Teufelchen und Engelchen als Helfer bei der Lösungssuche

Wer in einer verfahrenen Situation steckt, findet meist viele Worte, um seinen Mitmenschen die Aussichtslosigkeit der Lage mitzuteilen. Wenn es aber um Lösungsideen geht, verstummt der Probleminhaber. Da die Situation schon ärgerlich genug ist, darf die Suche nach Lösungsansätzen ruhig für etwas Aufheiterung sorgen und muss nicht bierernst sein. Folgende Methode zeigt Ihnen, dass es durchaus amüsant sein kann, nach Lösungen zu forschen. So gehen Sie vor:

- ✔ **Beschreiben Sie Ihr Problem in einem Satz.** Das Problem lautet zum Beispiel: »Ich komme nicht mit meinem Chef klar, unser Verhältnis hat den Gefrierpunkt erreicht.«

- ✔ **Suchen Sie Ideen, wie Sie die Sache schlimmer machen könnten.** Getreu dem Motto »Schlimmer geht immer« dürfen Sie nun Ideen aufschreiben, wie Sie das Verhältnis zu Ihrem Chef weiter verschlechtern könnten. Das Teufelchen in Ihnen darf sprechen. Alles, was Sie am liebsten tun und sagen würden, aber in weiser Voraussicht unterlassen haben, dürfen Sie nun rauslassen.

Ihnen fällt vielleicht ein, dass Sie

- Ihren Chef komplett ignorieren und keines Blickes mehr würdigen könnten und
- ihm mal deutlich ins Gesicht sagen könnten, für wie unfähig Sie ihn halten, eine Führungsposition innezuhaben.

(Falls Sie einen der Vorschläge bereits in die Tat umgesetzt haben, blättern Sie bitte direkt weiter zu Kapitel 14.)

✔ **Kehren Sie zur Lösungssuche zurück.** Vermutlich haben Sie viele Ideen gewonnen. Nun verbannen Sie Ihr Teufelchen wieder und richten den Blick auf das, was Sie eigentlich wollten. (Zur Erinnerung: Sie wollen die Situation verbessern.) Nehmen Sie sich eine Idee nach der andern vor und untersuchen Sie, ob sich irgendetwas daraus ableiten lässt, um die Lage zu bessern. Vielleicht hilft es Ihnen, wenn Sie die Teufelchen-Ideen umkehren und das Gegenteil als positive Engelchen-Idee formulieren. Hinterfragen Sie, was Sie tun könnten, um diese positiven Ideen in die Tat umzusetzen. Wie könnten Sie vorgehen, welche Schritte würden Sie einleiten?

Wenn Sie bei den Teufelchen-Ideen festhängen und keine positiven Ansätze erkennen können, denken Sie an Ihren Abteilungsschleimer. Was würde er für positive Ansätze erkennen und wie würde er diese umsetzen?

Aus den Teufelchen-Ideen könnten Sie mit viel gutem Willen (ohne den geht es nicht) zum Beispiel Folgendes ableiten:

✔ Den Chef zu ignorieren macht das Verhältnis schlimmer, daher sollten Sie ihm nicht den Eindruck vermitteln, er wäre Luft für Sie. Die positive Engelchen-Idee könnte lauten, intensiven Kontakt zum Chef zu suchen. Da Sie es aber nicht übertreiben wollen, entscheiden Sie sich für eine mittlere Dosierung: Sie könnten zu dem vernünftigen Entschluss kommen, den persönlichen Kontakt maßvoll zu intensivieren. Dafür eignen sich übrigens auch informelle Gelegenheiten. Sie müssen also keinen Bogen mehr um die Kaffeemaschine machen, wenn er gerade davorsteht.

✔ Dem Chef zu sagen, dass er ein schlechter Chef ist, ist verlockend. Es verschafft Ihnen jedoch nur kurzzeitige Erleichterung. Der positive Ansatz der Idee könnte darin liegen, ihm nicht das Gefühl zu vermitteln, dass er als Chef auf ganzer Linie versagt. Wenn Sie ihn für unfähig halten, dann vermutlich, weil er sich aus Ihrer Sicht falsch verhält. Also könnten Sie Ihrem Chef mitteilen, was Sie sich von ihm stattdessen wünschen. (»Ich fühle mich nicht gefordert, weil ich nur wenig Freiräume habe. Ich würde mir wünschen, dass Sie mich auch meine Ideen umsetzen ließen. Dann könnten Sie sich davon überzeugen, dass meine Lösungen sich in der Praxis auch bewähren werden.«) Ein eifriges Engelchen würde womöglich sogar auf die Idee kommen, den Chef mal zu loben. So abwegig das auf den ersten Blick erscheint, schauen Sie genau hin: Gibt es irgendetwas, was Ihr Chef als Chef gut macht? Vielleicht fällt Ihnen ein, dass er Ihnen fachlich schon einiges beigebracht hat. Darauf ließe sich in einem persönlichen Gespräch aufbauen. Wenn Sie das Gute an ihm würdigen, können Sie anschließend besser vorbringen, was Sie sich in der Zukunft anders wünschen.

Denken Sie daran, neue Vorsätze aktiv und positiv zu formulieren. Nehmen Sie sich vor, was Sie tun werden, und nicht, was Sie nicht mehr tun werden. Formulieren Sie die Teufelchen-Idee also nicht einfach in das Gegenteil um, sondern werden Sie konkreter: Statt »Ich ignoriere meinen Chef nicht« legen Sie fest, wie Sie mit ihm umgehen werden: »Ich vereinbare zukünftig regelmäßige Gesprächstermine, ich spreche mit ihm über meinen Projektfortschritt, ich frage ihn um Rat, ...«

Die Bewertung der Situation verändern

Die Antwort auf die Frage »Ist diese Situation schwierig?« hängt vor allem von demjenigen ab, dem sie gestellt wird. Da Situationen nicht an sich schwierig sind, so wie Eis kalt ist, obliegt es den Beteiligten, sie als schwierig oder einfach zu bewerten. Und wie die Situation bewertet wird, ist auch eine Frage der Deutung: Wo der eine ein Problem sieht, sieht der andere eine Chance, für den einen ist das Glas halb voll, für den anderen halb leer. So wie ein Bild in einem neuen Rahmen ganz anders aussieht, so kann auch eine Situation ganz anders erscheinen, wenn Sie ihr einen neuen Rahmen geben. Das können Sie tun, indem Sie die Situation umdeuten. Diese Methode wird »Refraiming« genannt.

Sie können eine schwierige Situation zum Beispiel umdeuten, indem Sie

- etwas Gutes an der Situation finden,
- Schwächen als Stärken deuten,
- die Schwierigkeit als Herausforderung sehen,
- sich fragen, wie andere Menschen die Situation bewerten würden.

Sonja ist wenig begeistert. Gerade hat sie erfahren, dass sie an dem neuen Projekt gemeinsam mit Herrn Walter arbeiten wird. Er hat ihre Ideen in der Vergangenheit schon abgelehnt, bevor sie ihren Satz beendet hatte. Er ist doppelt so alt wie sie und er hält sich für mindestens doppelt so clever, da er – wie er nicht müde wird zu betonen – eben doppelt so viel Erfahrung hat. Zu allem Überfluss ist das Projekt für Sonja wichtig. Ihr Chef hat ihr in Aussicht gestellt, einen Projekterfolg als Anlass für die ersehnte Beförderung zu nehmen. Sonja denkt: »Schlimmer konnte es nicht kommen, Herr Walter. Die Beförderung kann ich vergessen, mit ihm wird das Projekt nie ein Erfolg.«

Wenn Sonja mit dieser negativen Einstellung das Projekt angeht, ist die Wahrscheinlichkeit groß, dass sie recht behalten wird. Weitaus hilfreicher wäre es, der Situation etwas Positives abzugewinnen. Dann könnte sie mit konstruktivem Schwung in das Projekt starten. Sonja könnte ihre Lage dafür folgendermaßen umdeuten: »Herr Walter, das passt ja prima. Er bringt viel Erfahrung mit, das wird dem Projekt guttun. Außerdem habe ich mit ihm den strengsten Juror für meine Ideen: Wenn ich es schaffe, ihn zu überzeugen, werde ich alle überzeugen. Durch seine kritische Sicht werden meine Vorschläge sorgfältig hinterfragt und am Ende werden sie hieb- und stichfest sein. Hinzu kommt, dass mein Chef weiß, dass Herr Walter nicht gerade mein Lieblingskollege ist. Wenn wir trotzdem erfolgreich zusammenarbeiten, beweise ich auch noch Professionalität und Teamfähigkeit.«

Folgende Fragen können Sie sich stellen, um die Situation anders zu deuten:

✔ Wie könnten Sie die Sache noch sehen?

✔ Welche guten Aspekte hat die Situation?

✔ Was könnte für Sie von Vorteil werden?

✔ Was können Sie aus der Situation lernen?

✔ Wie könnte man die Situation noch bewerten (zum Beispiel als interessant, ausgefallen, ungewöhnlich)?

✔ Was würde sich durch die andere Bewertung ändern?

✔ Wie würde ein Berufsoptimist (diese Sorte Mensch, die allem etwas Gutes abgewinnt) die Situation bewerten, was würde ein Comedian sagen, was ein Politiker?

Wenn Sie unter Druck stehen und keine Zeit haben, die Situation sorgsam in einen neuen Rahmen zu kleiden, greifen Sie auf schnelle Hilfen zurück. Eine schnelle Hilfe besteht in dem kleinen Wörtchen »noch«. Dieses Wörtchen macht aus einem wenig motivierenden »Ich kann das einfach nicht.« ein sehr viel optimistischeres »Ich kann das noch nicht«. Auch die Einstellung »Wer weiß, wofür es gut ist« kann Ihnen eine schnelle Hilfe sein. Mit dieser Einstellung richten Sie den Blick auf womöglich positive Auswirkungen der Situation und geben ihr einen optimistischen Beigeschmack.

Aktiv werden

Schwierigkeiten können lähmend sein und positive Gedanken im Ansatz ersticken. Zum Glück gibt es ein Gegengift und das heißt: aktiv werden! Wenn Sie die Situation scheinbar nicht mehr im Griff haben, besinnen Sie sich auf das, was Sie noch haben: Ihre Unterstützer, Ihre Erfahrungen und in der Regel viel mehr Handlungsmöglichkeiten, als auf den ersten Blick ersichtlich sind.

Sich bewusst machen, wer zu einem steht

Auch wenn es Ihnen gerade so vorkommt: Sie kämpfen nicht allein gegen den Rest der Welt. Denken Sie an Freunde oder Kollegen, die auf Ihrer Seite sind und Sie (wenigstens moralisch) unterstützen können. Denken Sie daran, wer Ihnen in vergleichbaren Situationen schon den Rücken gestärkt und Mut gemacht hat. Vielleicht kennen Sie auch jemanden, der schon in einer ähnlichen Situation war und mit dem Sie über seine Erfahrungen sprechen könnten.

Lichtblicke würdigen

Selbst schwierige Zeiten sind nicht durchgehend schwierig. Mal geht es bergauf, dann leider wieder bergab. Wichtig ist, dass Sie sich nicht nur auf das Bergab konzentrieren, sondern auch die Lichtblicke wahrnehmen. Schauen Sie genau hin: Was war in den Lichtblicken anders, wie haben Sie sich gefühlt, wie verhalten? Woran hätte ein Kollege gemerkt, dass es gerade bergauf geht bei Ihnen, welche Anzeichen hätte er beschrieben? Vielleicht hätte er gemerkt, dass Sie positiver in die Zukunft gesehen oder ein freundliches Gespräch mit Ihrem Chef geführt haben (den Sie für das Malheur verantwortlich machen). Versuchen Sie, diese Anzeichen aktiv in Ihr Verhaltensrepertoire aufzunehmen und auch in schlechten Phasen so zu handeln, als ob es bergauf ginge.

Positiv formulieren und denken

Halten Sie sich gedanklich nicht damit auf, was Sie nicht wollen. Es ist sehr viel zielführender, wenn Sie sich auf das konzentrieren, was Sie wollen. Anstelle von »Ich will nicht ...« sprechen Sie also aus, was Sie stattdessen wollen. Sie können sich damit von einer Problem- auf eine Lösungssicht umprogrammieren. Denken Sie nicht nur daran, was alles schiefgegangen ist und noch schiefgehen kann, sondern erkennen Sie die Chancen und denken Sie positiv. Denken Sie daran, auch in Ihren Selbstgesprächen positiv zu bleiben.

Sich an Situationen erinnern, die erfolgreich gemeistert wurden

Sicherlich haben Sie in Ihrem Leben schon die ein oder andere heikle Situation erfolgreich überwunden. Wenn Sie in Ihrer Lebensgeschichte auf die Suche gehen, finden Sie vielleicht sogar eine Situation, in der Sie sich so ähnlich gefühlt haben wie jetzt. Beantworten Sie die folgenden Fragen:

- ✔ Wie haben Sie die Situation damals genau gemeistert?
- ✔ Welche Schritte müssten Sie einleiten, wenn Sie es heute genauso machen wollten?
- ✔ Woran hat sich damals gezeigt, dass Sie auf dem richtigen Weg sind?
- ✔ Welche Fehler, die Sie damals gemacht haben, werden Sie nicht wiederholen?
- ✔ Welche Ihrer Fähigkeiten hat sich damals als besonders hilfreich erwiesen?
- ✔ Können Sie diese Fähigkeit auch jetzt einsetzen?
- ✔ Was hätten Sie sich damals geraten, wenn Sie vorhergesehen hätten, dass Sie noch mal in eine ähnliche Situation kommen?

 Überlegen Sie doch mal, ob es eine Zeit in Ihrem Leben gab, in der Sie die heutige Situation gar nicht als schwierig wahrgenommen hätten. Vielleicht stellen Sie überrascht fest, dass Sie früher viel mutiger, unerschrockener und selbstbewusster waren als heute. Forschen Sie nach, was damals anders war, woraus Sie Ihre Zuversicht und Energie bezogen haben. Was müssten Sie tun, um diese positiven Teile Ihres eigenen Ichs zurückzugewinnen? Rufen Sie sich genau in Erinnerung, wie Sie damals waren und inwieweit Sie aktiv dazu beigetragen haben, dass Ihnen die Situation leichtfiel. Sie können auch Ihr altes Ich um Rat bitten. Was würde es Ihnen raten, mit welchen Worten würde es Ihnen Mut zusprechen?

Lösungsorientierte Fragen

Wer eine schwierige Situation lösen muss, kommt sich schnell vor wie der Wanderer, der den Wald vor lauter Bäumen nicht sieht. Daher ist es hilfreich, wenn Sie zunächst einen Schritt zurücktreten und das Problem sowie Ihre Handlungsmöglichkeiten von verschiedenen Seiten hinterfragen. Sie können eine lösungsorientierte Sicht auf das Problem erhalten, indem Sie sich die richtigen Fragen stellen. In diesem Abschnitt lernen Sie einige Möglichkeiten für wegweisende Fragen zu den richtigen Antworten kennen.

Aus der Zukunft auf die Gegenwart schauen

Mal angenommen, Sie hätten Ihr Problem bereits erfolgreich gelöst. Und angenommen, Sie lösen nicht nur dieses, sondern auch noch viele andere Probleme erfolgreich und machen eine rasante Karriere. Nun stellen Sie sich vor, wie Sie in zehn Jahren nicht nur älter, sondern auch weiser geworden sind und ein unerfahrener Neueinsteiger sich an Sie wendet. Er bittet Sie um Rat bei einem Problem, das Ihrer damaligen Situation nahezu unheimlich ähnlich ist.

Geben Sie Ihrem jungen Kollegen Antworten auf folgende Fragen:

✔ Welche Fähigkeiten haben Ihnen damals besonders geholfen, die Situation in den Griff zu bekommen?

✔ Welche Ansätze der späteren Lösung waren damals bereits zu sehen?

✔ Was würden Sie einem Freund raten, der in einer ähnlichen Situation ist?

✔ Was haben Sie in dieser Situation gelernt?

✔ Welche guten Seiten hatte das Problem, was hat es Ihnen gebracht?

Neue Perspektiven einnehmen

Andere Menschen trauen einem in schwierigen Situationen oft mehr zu als man selbst. Sie bewerten ein negatives Erlebnis häufig realistischer und sehen damit nicht alle Stärken verloren. Sie können die Sicht der Mitmenschen zur Unterstützung nutzen, indem Sie entweder vermuten oder erfragen, wie die anderen Sie und die Lage sehen. Sie können sich die Lage zum Beispiel mit den Augen eines wohlwollenden Vorgesetzten oder Kollegen ansehen. Wie würden sie die Situation angehen, welche Schritte würden sie einleiten?

✔ Was würde Ihr Lieblingskollege sagen, wenn er gefragt wird, wie Sie mit dieser Situation zurechtkommen, was würden Ihre Freunde sagen?

✔ Was würde Ihr Lieblingskollege sagen, wie Sie die schwierige Situation gelöst haben?

✔ Was würde Ihr Kollege Ihnen raten, wenn Sie ihn um Rat in dieser Situation bitten würden. Wie würde der Rat Ihres Mentors lauten? Wenn Sie keinen brauchbaren Ansatz ausmachen konnten, fragen Sie Ihren Kollegen oder Freund tatsächlich. Manchmal muss man nicht alles allein lösen, sondern nur wissen, wer einem helfen kann.

 Ihre Antwort auf die Frage, was ein Kollege Ihnen raten würde, lautet: »Wenn ich das wüsste, müsste ich ihn nicht fragen.«? Diese Antwort ist leider (oder zum Glück) ungültig. Versuchen Sie stattdessen jeweils drei mögliche Lösungen aufzuschreiben, die Ihr Kollege oder Mentor vorschlagen könnte. Schreiben Sie auch Lösungen auf, die Sie zunächst für verrückt halten, die aber typisch wären für den Befragten. Bewerten Sie die Lösungen – ist etwas Brauchbares für Sie dabei? Unter welchen Umständen könnte sich eine der Lösungen als nützlich erweisen?

Vom erfolgreichen Ende her denken

Stellen Sie sich vor, über Nacht geschieht ein Wunder. Sie lösen das Problem im Schlaf und als Sie am nächsten Tag ins Büro kommen, läuft alles wieder nach Plan.

 Der dänische Philosoph Sören Kierkegaard hat auf den Punkt gebracht, was das Leben oft so schwierig macht: »Das Leben lässt sich nur rückwärts verstehen, muss aber vorwärts gelebt werden.« Was für das ganze Leben gilt, gilt ebenso für die Schwierigkeiten, die im Laufe des Lebens auftauchen. Sie können aber ein bisschen schummeln, indem Sie sich intensiv vorstellen, das Problem bereits gelöst zu haben. Glauben Sie fest daran, dass Sie die Sache in den Griff bekommen haben. Mit diesem fantasievollen Blick auf die Situation, programmieren Sie sich auf Erfolg. Sie geben sich die Chance, Denkblockaden zu überwinden, Lösungsansätze zu entdecken und neuen Schwung zu bekommen. Der Glaube versetzt bekanntlich Berge. Lassen Sie zu, dass der Glaube Ihnen dabei hilft, Ihr Problem zu lösen.

✔ Woran merken Sie als Erstes, dass das Problem nicht mehr besteht?

✔ Woran könnte ein Kollege, ein Freund, Ihr Chef (oder wen Sie für wichtig halten) feststellen, dass das Problem gelöst ist?

✔ Werden die anderen an Ihrem Verhalten merken, dass Sie das Problem gelöst haben?

✔ Was würden die anderen sagen, wie sich Ihr Verhalten geändert hat, seitdem Sie das Problem erfolgreich gelöst haben?

Möglicherweise würden Sie merken, dass das Problem verschwunden ist, weil Ihr Kollege Sie freundlich grüßt und Sie sofort mit Ihrer Arbeit anfangen können, anstatt lange auf Input warten zu müssen. Sie legen also motiviert los, was nicht nur den anderen Kollegen positiv auffällt. Auch Ihr Chef freut sich, dass Sie auf ihn zukommen und um einen Termin bitten, um den Zwischenstand des Projekts zu präsentieren. Bedauerlicherweise sind Wunder rar und so müssen Sie der Realität ins Auge sehen, Ihr Problem hat sich noch nicht verzogen. Sie wissen nun aber, wie Sie ohne das Problem wären und was Sie tun würden. Tun Sie es, verhalten Sie sich so, als ob es bereits aufwärts ginge!

✔ Grüßen Sie den Kollegen freundlich, mit dem Sie eigentlich gerade nicht gut Freund sind.

✔ Handeln Sie proaktiv, anstatt darauf zu warten, dass andere handeln. Fangen Sie den Arbeitstag nicht mit einer ausführlichen Recherche der günstigsten Flüge nach Mallorca an, solange Sie auf Input warten müssen. Ihre Zeit können Sie gewinnbringender investieren, zum Beispiel in ein persönliches Gespräch mit dem Input-Zurückhalter und erklären Sie freundlich, aber bestimmt Ihre Lage und Ihren Wunsch. (Mehr darüber, wie Sie ein Konfliktgespräch aufbauen, erfahren Sie in Kapitel 14.)

✔ Machen Sie einen Termin mit Ihrem Chef, um ihn zu informieren, was Sie getan haben, um das Problem in den Griff zu bekommen. Präsentieren Sie ihm den aktuellen Zwischenstand Ihrer Aufgabe und geben Sie ihm einen Ausblick auf das, was er noch von Ihnen erwarten darf.

»Immer«, »alle«, »nie« und andere ungenaue Aussagen entschlüsseln

»Das ist immer das Gleiche«, »nichts geht mehr«, »die Situation nicht im Griff haben« – die Liste von Ausdrücken, die problematische Situationen beschreiben, ist lang. Sie ist lang und ungenau, um genau zu sein. Mit pauschalen Aussagen à la »Alles geht schief« malen Sie die Lage schwärzer, als sie ist. Und je schwärzer Sie die Lage malen, desto schwärzer wird sie auch.

Versuchen Sie daher, verallgemeinernde Aussagen zu vermeiden. Werden Sie stattdessen konkret und scheren Sie nicht alles über einen Kamm. Folgende Beispiele zeigen, wie Sie ungenaue Formulierungen hinterfragen können:

✔ »Das ist immer das Gleiche.«
- Was wiederholt sich genau, wie oft ist das schon passiert, wie oft ist es in der gleichen Situation nicht passiert?
- Wann genau tritt die Situation ein, wie reagieren Sie darauf?
- Wie hätten Sie anders auf die Situation reagieren können?

✔ »Die Situation nicht im Griff haben«
- Was genau haben Sie nicht im Griff, und woran genau merken Sie das?
- Was wäre anders, wenn Sie die Situation im Griff hätten?
- Welche Aspekte laufen nach Plan – sind also im Griff?

✔ »Nichts geht mehr.«
- Was genau geht nicht mehr, warum ging es vorher, warum genau geht es nun nicht mehr?
- Welchen Einfluss können Sie noch auf die Situation nehmen?
- Warum haben Sie eventuell Einfluss eingebüßt und wie können Sie Einfluss zurückgewinnen?

Keine Nummer zu groß:
Neue Anforderungen erfüllen

In diesem Kapitel

▶ Wie der Start in eine neue Aufgabe gelingt

▶ Die erste Zeit im neuen Job meistern

▶ Richtig mit Feedback umgehen und verstecktes Feedback erkennen

▶ Sich motivieren und aktiv werden

---

*E*inen neuen Job anzufangen ist ähnlich aufregend und erfrischend, wie ins kalte Wasser geworfen zu werden. Auch ein guter Schwimmer braucht einen Moment, um sich ans Wasser zu gewöhnen und um sich zu orientieren. Manch einer vergisst vor Schreck jedoch, dass er ein guter Schwimmer ist, und befürchtet unterzugehen.

Dieses Kapitel hält viele Rettungsringe bereit, die auf den ersten Bahnen in den fremden Gewässern Sicherheit verleihen. Sie erfahren, was Sie für einen eleganten Sprung ins Wasser brauchen, damit daraus kein Bauchklatscher wird. Sie erhalten Tipps, wie Sie nicht nur die ersten Bahnen erfolgreich absolvieren und allen zeigen können, dass Sie ein guter Schwimmer sind.

Neue Position, neues Projekt, neues Problem

Herzlichen Glückwunsch zu Ihrer neuen Aufgabe! Ob Sie nun Berufsanfänger sind oder bereits Berufserfahrung haben, vor Ihnen liegen spannende Zeiten. Vielleicht beginnen Sie Ihre neue Position mit gemischten Gefühlen. Sie wissen noch nicht genau, was auf Sie zukommt und wie Sie sich behaupten werden. Es ist ganz natürlich, unsicher zu sein. Es wäre aber ebenso natürlich, selbstbewusst zu sein: Erinnern Sie sich daran, dass es einflussreiche Personen im Unternehmen gibt, die genau Sie für die richtige Frau oder den richtigen Mann halten. Sonst wären Sie nicht dort, wo Sie jetzt sind.

Ein eleganter Sprung ins kalte Wasser

Ein Sprung ins Wasser kann mehr oder weniger elegant aussehen. Ebenso kann der Einstieg in eine neue Position mehr oder weniger elegant erfolgen. Wenn Sie sich gut auf Ihren Sprung vorbereiten, können Sie vom ersten Tag an punkten. Denken Sie daher schon vor dem ersten Tag daran, wie Sie auftreten und was Sie vermitteln wollen. In der ersten Zeit ist es besonders wichtig, dass Sie Ihre Umgebung für sich einnehmen.

Das eigene Image aufbauen

Sie haben in den ersten Tagen die einmalige Chance, sich selbst in den Augen der anderen zu definieren. Nutzen Sie die Chance!

✔ Überlegen Sie sich vor dem ersten Tag, welche Eigenschaft Ihre Mitmenschen Ihnen insbesondere zuschreiben sollen.

✔ Woran würden Sie erkennen, dass jemand über diese Eigenschaft verfügt? Wie ist so jemand, bei dem diese Eigenschaft ganz besonders stark ausgeprägt ist?

✔ Schreiben Sie sich drei Merkmale auf, an denen die gewünschte Eigenschaft zu erkennen ist.

✔ Planen Sie, bei welchen Gelegenheiten Sie sich bewusst so verhalten werden, dass Ihre Eigenschaft deutlich zutage tritt. Vergessen Sie dabei aber nicht, Sie selbst zu bleiben.

Ein Sprichwort sagt: »Man bekommt keine zweite Chance, einen ersten Eindruck zu machen.« Das ist zwar richtig, aber nicht weiter schlimm. Denn mit dem ersten Eindruck legen Sie nur den Grundstein. Auf den Grundmauern eines Gebäudes können Häuser ganz unterschiedlicher Stilrichtungen entstehen. Ebenso bekommen Sie noch viele Möglichkeiten, auf dem ersten Eindruck auf- und ihn auszubauen. Gehen Sie also ganz ruhig an die Sache heran. Auch wenn Sie den ersten Eindruck vermasseln, können Sie noch etwas Schönes aufbauen.

Kompetenz zeigen

Natürlich müssen Sie sich zunächst einarbeiten, bevor Sie Ihre ganze Kompetenz ausspielen können. Trotzdem sollten Sie vom ersten Tag an darauf achten, dass Sie Ihrer Umgebung eines mitteilen: Sie sind die richtige Frau oder der richtige Mann für diese Position. Dafür eignen sich nicht nur Fachkenntnisse. Auch durch Ihr Auftreten können Sie zeigen, dass Sie zu der Position passen. Das gelingt Ihnen, indem Sie die Erwartungen Ihres Umfeldes aufspüren und so weit wie möglich erfüllen. Nützliches dazu erfahren Sie weiter hinten in diesem Kapitel in den Abschnitten »Das innere Rollenbild weiterentwickeln« und »Hohe Erwartungen von beiden Seiten«.

Authentisch bleiben

Es ist wenig sinnvoll, wenn Sie ein Bild von sich aufbauen, das Sie auf Dauer nicht erfüllen können. Bleiben Sie lieber Sie selbst, authentisch und ehrlich. Es ist sympathischer, wenn Sie ehrlich eine Schwäche eingestehen, anstatt eine Stärke zu versprechen und das Versprechen nicht zu halten. Sie sollten zudem die gute alte Verlässlichkeit zu Ihrer besten Freundin auserwählen. Zeigen Sie Ihren Mitmenschen, dass Sie ein verlässlicher Partner sind. Dabei ist nicht nur wichtig, dass Sie in fachlicher Hinsicht verlässlich sind, sondern vor allem auch in persönlicher Hinsicht. Nichts ist unangenehmer als ein wechselhafter Zeitgenosse, bei dem man nie weiß, auf welchem Fuß man ihn heute erwischt. Achten Sie daher darauf, verlässliche Reaktionen zu zeigen, auf die Ihr Umfeld sich einstellen und mit denen Ihr Umfeld rechnen kann.

Fragen Sie vor Ihrem Einstieg, ob und wie Sie sich schon auf die erste Zeit vorbereiten können. Ihr zukünftiger Chef überreicht Ihnen dann vielleicht eine geballte Ladung Informationen in Form von Mitarbeiterzeitschriften, der neuesten Unternehmens- oder Abteilungspräsentation, Berichten oder Ähnlichem.

Erfolgsintelligent sein

Die meisten Menschen kennen irgendjemanden, der sehr intelligent und dennoch wenig erfolgreich ist. Der Psychologe Robert Sternberg hat sich gefragt, welche Fähigkeiten ein Mensch benötigt, um erfolgreich zu sein und daraus sein Konzept der Erfolgsintelligenz entwickelt. Ein erfolgsintelligenter Mensch verfügt demnach über drei unterschiedliche Denkfähigkeiten:

✔ Er hat analytische Intelligenz (das, was mit den klassischen IQ-Tests gemessen wird).

✔ Er ist kreativ, verfügt über kreative Intelligenz.

✔ Er besitzt praktische Intelligenz, schafft es also, den Nagel (seine Lösung) in die Wand zu schlagen (praktisch umzusetzen).

Ein erfolgsintelligenter Mensch kann ein Problem nicht nur analysieren und in Teilaspekte zergliedern. Er findet zudem kreative Lösungen, die auch außerhalb des üblichen Vorgehens liegen können. Und er ist in der Lage, diese Lösungen auch praktisch umzusetzen. Er kann zum Beispiel gewinnend kommunizieren und seine Mitmenschen für seine Ideen begeistern. Oder er sieht, wie eine theoretisch richtige Lösung praxistauglich wird. Sternberg zufolge sind insbesondere die Menschen erfolgreich, die es schaffen, alle drei Intelligenzaspekte ausbalanciert weiterzuentwickeln.

Sternberg hat in 20 Leitsätzen formuliert, wodurch sich erfolgsintelligente Menschen auszeichnen. Sie können das Konzept der Erfolgsintelligenz für sich nutzen, indem Sie sich in Ihrer Karriere an diesen Leitsätzen orientieren.

Das macht erfolgsintelligente Menschen nach Sternberg aus:

✔ Sie motivieren sich selbst.

✔ Sie machen das Beste aus ihren Fähigkeiten.

✔ Sie besitzen ein vernünftiges Maß an Selbstvertrauen.

✔ Sie glauben an ihre Fähigkeiten.

✔ Sie setzen Gedanken in Taten um und sind ergebnisorientiert.

✔ Sie bringen ihre Aufgaben zu Ende.

✔ Sie sind initiativ.

✔ Sie haben keine Angst vor Fehlschlägen.

✔ Sie schieben nichts auf die lange Bank.

✔ Sie akzeptieren berechtigte Kritik.

- ✔ Sie lehnen Selbstmitleid ab.
- ✔ Sie sind unabhängig.
- ✔ Sie versuchen, persönliche Schwierigkeiten zu überwinden.
- ✔ Sie lernen, ihre Impulse zu kontrollieren.
- ✔ Sie wissen, wann sie durchhalten müssen.
- ✔ Sie konzentrieren sich auf ihre Ziele.
- ✔ Sie können den Wald und die Bäume sehen.
- ✔ Sie kennen den schmalen Grat zwischen Über- und Unterforderung.
- ✔ Sie besitzen die Fähigkeit, auf Belohnungen zu warten.
- ✔ Sie denken gleichermaßen analytisch, kreativ und praktisch.

Das innere Rollenbild weiterentwickeln

Mit Ihrer neuen Position haben Sie nicht nur bestimmte Aufgaben, sondern auch eine bestimmte Rolle übernommen. Vielleicht spielen Sie die Rolle zum ersten Mal und feiern Premiere als Young Professional, Projektbeauftragter oder Vorgesetzter. Dann wird es Ihnen helfen, kurzzeitig unter die Schauspieler zu gehen und sich ähnlich akribisch auf Ihre neue Rolle einzustimmen.

- ✔ **Machen Sie sich bewusst, welche Rolle Sie in der neuen Position spielen.** Arbeiten Sie als Junior den Senioren des Teams zu? Oder sind Sie der Senior, der entsprechende Erfahrung ins Team einbringt? Befinden Sie sich überhaupt in einem Team oder eher auf einem Einzelkämpferposten, sind Sie Spezialist oder Generalist?
- ✔ **Versetzen Sie sich schon vor dem ersten Tag in die neue Rolle.** Erkunden Sie, was alles zu der Rolle gehört: Wie ist jemand, der diese Rolle gut ausfüllt? Ist er besonders durchsetzungsstark, diplomatisch, lernbegierig, theoretisch bewandert oder ein besonders guter Redner?
- ✔ **Bestimmen Sie, was Ihrer Meinung nach zu der Rolle gehört.** Schreiben Sie sich auf, was einen guten Junior, Vorgesetzten, Generalisten (oder welche Rolle auch immer Sie einnehmen) aus Ihrer Sicht ausmacht.
- ✔ **Fragen Sie sich, was aus Sicht von anderen zu der Rolle gehören könnte.** Denken Sie daran, wie andere Personen, die Sie kennen und schätzen, die Rolle ausfüllen oder ausfüllen würden.

Manchmal müssen alte Rollen erst bewusst abgelegt werden, damit die neue Rolle wirklich passt. Machen Sie sich bewusst, welche Züge an Ihnen vor allem alten Rollen geschuldet sind. Sich durch viele Rückfragen abzusichern, passt beispielsweise zu einem Junior. Von einem Senior jedoch wird deutlich mehr Selbstständigkeit und eigenes Urteilsvermögen verlangt werden.

 Prüfen Sie, ob Ihre neue Rolle zu den anderen Rollen passt, die Sie im Leben spielen. Können Sie sich mit allen Aspekten der neuen Rolle anfreunden? Wer nicht gerne Anweisungen gibt, wird es zum Beispiel nicht leicht haben in der Rolle des Vorgesetzten. Entwickeln Sie einen Plan, wie Sie mit den Anforderungen der Rolle umgehen, die Ihnen nicht so leichtfallen. Machen Sie sich aber auch bewusst, was Sie bereits alles mitbringen. So entgehen Sie finstern Gedanken vom Typus »Ich kann das doch nicht«. Denken Sie lieber: »Ich kann einiges noch nicht, aber viele andere Sachen klappen schon sehr gut.«

Die ersten acht Stunden

Der erste Tag in einem neuen Job ist aufregend. Er ist sehr aufregend, um nicht zu sagen stressig. Er ist aber zum Glück auch so freundlich, sich anzukündigen und steht nicht auf einmal überraschend vor Ihnen. Sie können sich also bestmöglich auf Ihren Auftritt vorbereiten. Am ersten Tag werden Sie viel Aufmerksamkeit erhalten. Je besser Sie vorbereitet sind, desto besser können Sie die Aufmerksamkeit nutzen, um bei Ihren Mitmenschen einen guten bleibenden Eindruck zu hinterlassen.

Hohe Erwartungen von beiden Seiten

Obwohl Sie Ihre Kollegen und Vorgesetzten vermutlich allenfalls flüchtig kennen, haben Sie eines gemeinsam: Sie haben hohe Erwartungen an Ihren Jobeinstieg. Im Idealfall passen Ihre Erwartungen und die der anderen sogar zusammen. Dazu können Sie beitragen, indem Sie sich bewusst machen, was Ihre Mitmenschen erwarten. Wenn Sie die Erwartungen der anderen erfüllen, schaffen Sie die besten Voraussetzungen dafür, dass auch Ihre Erwartungen erfüllt werden.

Kollegen und Vorgesetzte stellen sich in der Regel auf Folgendes ein:

- ✔ **Als Neueinsteiger verfügen Sie über wenig bis kein aufgaben- oder firmenspezifisches Wissen, aber über ein gutes Fundament.** Niemand wird von Ihnen erwarten, dass Sie vor Ihrem Eintritt die Unternehmenskürzel schon mal im Alleingang entschlüsselt haben. Aber alle werden von Ihnen erwarten, dass Sie sich über das Unternehmen und Ihre Aufgabe informiert haben. Und alle erwarten, dass Sie so gut ausgebildet sind, dass Sie Ihre Aufgabe zügig beherrschen werden.

- ✔ **Sie brauchen Zeit zur Einarbeitung, sind aber ausgesprochen lernbereit.** Üblicherweise genießen Sie in der Einarbeitungszeit auch eine gewisse Schonzeit. Diese ist nicht dafür gedacht, dass Sie sich von den Strapazen des Neueinstiegs erholen. Die Schonzeit ist vielmehr dazu da, dass Sie lernen, lernen, lernen. Und sie ist dafür da, dass Sie die Fehler machen dürfen, die man Ihnen in einem halben Jahr nicht mehr nachsehen wird. Idealerweise machen Sie aber jeden Fehler nur ein Mal und stellen so Ihre Lernfähigkeit unter Beweis.

- ✔ **Sie bringen eine hohe Motivation und Anpassungsbereitschaft mit.** Mangelnde praktische Erfahrung und Wissenslücken gleichen Sie am besten mit einer ausgeprägten Motivation und Anpassungsbereitschaft aus. Gehen Sie davon aus, dass die ersten acht Stunden erst nach zwölf Stunden zu Ende gehen. Vermeiden Sie es auch, als Erster in den Feierabend zu gehen und penibel darauf zu achten, die vertraglich festgeschriebenen Stunden nicht zu überschreiten. Zudem wird von Ihnen erwartet, dass Sie bereit sind, in Maßen auch Extra-Aufgaben zu übernehmen. Wenn also vor dem Meeting gefragt wird, wer denn das Protokoll schreibt, melden Sie sich.

In der ersten Zeit sollten Sie auch nicht unbedingt darauf bestehen, Ihre Individualität auszuleben. Passen Sie sich erst einmal den Gepflogenheiten Ihrer neuen Umgebung an, damit Sie zügig akzeptiert werden. Wenn in Ihrem Unternehmen also Teamarbeit großgeschrieben wird, sollten Sie nicht darauf pochen, allein schon immer die besseren Ergebnisse erzielt zu haben.

Die Nervosität in den Griff bekommen

Der erste Auftritt im neuen Job ist aufregend und fast jeder ist nervös, während er die ersten Schritte in die neue Umgebung macht. Die meisten nervösen Menschen verfallen automatisch in typische Verhaltensweisen. Sie versuchen durch ein bestimmtes Verhalten, ihre Unsicherheit in den Griff zu bekommen. Daran gibt es auch nichts auszusetzen. Sie sollten allerdings darauf achten, dass Sie nicht über das Ziel hinausschießen. Die Nervosität neigt nämlich dazu, leicht übertriebene Verhaltensmuster an den Tag zu befördern, und schon steht man den ganzen Tag mit einem Dauergrinsen da oder bekommt vor Schreck kein Wort mehr heraus.

Sie können sich auf Ihre Nervosität vorbereiten, indem Sie sich einen Plan zurechtlegen, wie Sie damit umgehen.

✔ Machen Sie sich bewusst, zu welchem Verhalten Sie neigen, wenn Sie nervös sind. In Tabelle 8.1 sind einige typische Verhaltensweisen und deren ungünstigste Wirkungen auf die Mitmenschen aufgelistet.

Verhalten	Wirkung
permanent lächeln und allem zustimmen	unsicher und wenig selbstbewusst
sehr ruhig sein und vorsichtshalber gar nichts sagen, aus Angst, etwas Falsches zu sagen	bestenfalls ruhig und verschlossen eventuell unzugänglich schlimmstenfalls arrogant
reden ohne Punkt und Komma	Quasselstrippe
zu schnell und zu laut reden	anstrengend
in jedem zweiten Satz von der alten Firma erzählen	provoziert ansteigenden Unmut und grenzt Sie von den neuen Kollegen ab
autoritäres Auftreten nach dem Motto »Jetzt übernehme ich.«	unsympathisch
sich extrem locker und leger geben, um cool zu wirken	nimmt Position nicht ernst, ist desinteressiert
versuchen, mit Witzen das Eis zu brechen	zwanghaft lustig ist nicht lustig
sehr sachlich sein und sich hinter Fachwissen verstecken	unnahbar

8 ➤ Keine Nummer zu groß: Neue Anforderungen erfüllen

Verhalten	Wirkung
mit Verbesserungsvorschlägen um sich werfen, um die eigene Kompetenz zu unterstreichen	Klugscheißer, provoziert Ablehnung; sehr unsympathisch
sich selbst klein reden (»Das war doch gar nichts.«)	gefährlich, die anderen könnten zu der gleichen Einschätzung gelangen
einfach etwas nervös sein	etwas unsicher, was aber verständlich ist in der Situation; ist menschlich, kann durchaus sympathisch wirken; zeigt, dass Ihnen der Job und die Meinung der Kollegen wichtig sind

Tabelle 8.1: Verhalten bei Unsicherheit

✔ Beobachten Sie andere Menschen, die nervös sind: Wie verhalten sie sich? Wie wirkt das Verhalten auf Sie?

✔ Erinnern Sie sich, wie Kollegen sich am ersten Tag präsentiert haben. Was ist Ihnen positiv aufgefallen, was negativ? Was wollen Sie übernehmen, welche Fehler wollen Sie nicht machen?

✔ Was hätten Sie Ihren nervösen Kollegen gern für einen Ratschlag gegeben? (Vielleicht hätten Sie ihnen geraten, ruhiger zu sprechen oder sich zu entspannen.)

✔ Spielen Sie innerlich den ersten Tag durch. In welchen Situationen werden Sie besonders nervös sein? Gehen Sie die Situationen durch und stellen Sie sich vor, wie Sie nicht in Ihr typisches Verhalten verfallen. Stattdessen treten Sie so souverän auf, wie Sie es sich wünschen. Schauen Sie genau hin: Was genau tun Sie anstelle der Nervositätsreaktion?

✔ Überlegen Sie, wie Sie sich in früheren Situationen gegeben haben, in denen Sie irgendwo neu angefangen haben. Vielleicht haben Sie sogar im Nachhinein ein Feedback erhalten, wie Sie anfangs auf die anderen gewirkt haben. Zum Beispiel wurde Ihnen etwas gesagt wie: »Damals hätte ich dir gar nicht zugetraut, dass du dich so gut durchsetzen kannst.« Wie können Sie das Feedback konstruktiv nutzen? Schreiben Sie sich auf, worauf Sie besonders achten wollen und welches Verhalten Sie bewusst entwickeln möchten. Der Abschnitt »Das innere Rollenbild weiterentwickeln« weiter vorn in diesem Kapitel hält weitere Tipps zum Thema für Sie bereit.

Denken Sie daran, dass Sie nicht am ersten Tag schon zeigen müssen, was Sie alles können. Dafür haben Sie noch genug Zeit. Jetzt sollten Sie vor allem zeigen, dass Sie sich in eine neue Gruppe einfügen und auf fremde Menschen freundlich zugehen können. Viele der neuen Kollegen werden Sie am ersten Tag nur sehen. Sorgen Sie daher dafür, dass Sie einen guten optischen Eindruck machen. Das gelingt Ihnen, wenn Sie sich Ihrer Körpersprache bewusst sind und sich möglichst dem Dresscode des Unternehmens entsprechend verpackt haben. Der vielleicht wichtigste Tipp ist einfach: Freuen Sie sich und zeigen Sie das! Sie haben das Rennen um die Position für sich entschieden. Sie dürfen heute starten, Sie gehören jetzt dazu!

Die ersten 100 Stunden

Nachdem Sie den ersten Tag glimpflich hinter sich gebracht haben, fängt der Berufsalltag an. Auf einmal erwarten all diese (hoffentlich) netten Menschen, die Sie gestern begrüßt haben, dass Sie mit anpacken, Ihre Aufgabe erfüllen und sich ins Team eingliedern. In den ersten Wochen dürfen Sie noch mit einem gewissen Welpenschutz rechnen. Nutzen Sie die Zeit, um so viel wie möglich zu lernen, und erobern Sie Ihren Platz im Unternehmen.

Der Praxisschock

Insbesondere Berufsanfänger müssen sich nicht nur an ein neues Unternehmen und neue Menschen, sondern auch an ein ganz neues Leben gewöhnen. Sie können sich den Einstieg erleichtern, wenn Sie sich darauf einstellen, dass das Berufsleben anders sein könnte, als Sie erwarten.

An der Uni bestand Ihre Hauptaufgabe darin, sich selbst, Ihre Kenntnisse und Fähigkeiten, weiterzuentwickeln und voranzubringen. Natürlich geht es auch im Berufsleben darum voranzukommen. Aber es geht nicht mehr in erster Linie um Sie. In erster Linie geht es nun um die Unternehmensziele und Sie wirken daran mit, das Unternehmen, ein Projekt oder Ihr Team voranzubringen. Im Idealfall machen Sie das so gut, dass Sie dabei selbst aufsteigen auf der Karriereleiter.

✔ Stellen Sie sich darauf ein, dass Ihr zukünftiger Arbeitgeber Ihren Einstieg ins Unternehmen begrüßt, aber nicht unbedingt auf Sie gewartet hat. Bereiten Sie sich darauf vor, dass eine gute Portion Ihres Idealismus und Ihrer Aufbruchsstimmung die Probezeit nicht überleben wird. Das ist normal. Ihre Begeisterung wird im Berufsleben vielfach auf die Probe gestellt werden durch Dinge wie lange Entscheidungswege, starre Abstimmungsprozesse, politische Spielchen oder erschreckend wenig Interesse an neuen Ideen. Lassen Sie sich die gute Laune nicht verderben und machen Sie die Einstellung »Erfolg hat, wer trotzdem lacht« zu Ihrem Motto.

✔ Machen Sie sich bewusst, dass Ihre Ausbildung zwar die Eintrittskarte in das Unternehmen ist, Sie aber keinen Platz auf der Erfolgsleiter gebucht haben. Ihren Erfolg dürfen Sie sich nun selbst erarbeiten. Um erfolgreich in der Unternehmenswelt mitzuspielen, sollten Sie sich daran erinnern, dass Sie an der Uni auch etwas mit Namen Soft Skills kennengelernt haben. (Falls Sie sich nicht daran erinnern können, keine Panik. Wenn Sie dieses Buch nicht nur durchblättern, sondern durchlesen, sind Sie bestens versorgt.) Ihr Erfolg wird wesentlich davon abhängen, wie gut Sie sich ins Team integrieren und wie schnell Sie verstehen, wie Ihr Unternehmen tickt.

✔ Fast alle Unternehmen haben einen Dresscode. In eher konservativen Branchen werden die Herren der Schöpfung Jeans und T-Shirt gegen Anzug und Krawatte tauschen müssen, die Damen gegen Hosenanzug oder Kostüm. Sehen Sie die Berufskleidung einfach als Arbeitskleidung, die Sie nach Feierabend wieder in den Schrank verbannen dürfen.

✔ Es ist zwar kein Geheimnis, dass in der Praxis vieles anders läuft als in der Theorie. Trotzdem kann es für einen Berufsanfänger recht desillusionierend sein, dass viele mühevoll erlernte Theorien und Vorstellungen vor allem von der Schublade begeistert aufgenommen werden. Stellen Sie sich darauf ein, dass vieles zwar theoretisch richtig, praktisch aber unpraktisch ist. Seien Sie offen dafür zu erfahren, wie die Herausforderungen in der Praxis gelöst werden, und ziehen Sie in Betracht, dass Ihr Weg nicht der (einzig) richtige Weg zum Unternehmensziel ist.

Es ist ganz normal, wenn Sie in den ersten Wochen so etwas wie einen Kulturschock bekommen. Nahezu jeder Neueinsteiger muss mit einem mehr oder weniger ausgeprägten Praxisschock fertigwerden. Lassen Sie sich davon nicht entmutigen und seien Sie nicht zu streng mit sich. Sie werden sich mit der Zeit an den neuen Rhythmus und die neue Arbeitsweise gewöhnen.

Keine Ahnung von nix: Sich inhaltlich einarbeiten

Irgendwann haben Sie die Begrüßungsrunde abgeschlossen und sitzen an Ihrem neuen Schreibtisch. Los geht's also, Ihre Einarbeitung fängt an. In vielen Unternehmen gibt es einen Einarbeitungsplan für neue Mitarbeiter. Fragen Sie Ihren Vorgesetzten danach, aber werden Sie nicht nervös, wenn er keinen vorweisen kann. Dann nehmen Sie Ihre Einarbeitung eben selbst in die Hand und Ihren Vorgesetzten in die Pflicht. Er wird Ihnen helfen (müssen), und Sie wiederum können ihm dabei helfen. Präsentieren Sie ihm eine Liste mit den Informationen, die Sie sich wünschen. Das wirkt nicht nur motiviert, sondern auch sehr eigenständig. Das ist wichtig:

✓ **Klären Sie die einzelnen Bestandteile Ihrer Aufgabe.** Am besten lassen Sie sich in einem Zeitplan darstellen, bis wann welcher Part erledigt werden muss. So bekommen Sie auch ein Gefühl für die Wichtigkeit und Dringlichkeit der einzelnen Aufgaben.

✓ **Fragen Sie ruhig nach, wie Ihr Vorgänger die Aufgabe angegangen ist.** Versuchen Sie herauszufinden, wo üblicherweise Probleme lauern und wie diese in der Vergangenheit gelöst wurden. Sie können sie sich zum Beispiel beschreiben lassen, was bisher warum gut lief und was besser laufen könnte. Sehen Sie sich auch den Output an, der von Ihnen erwartet wird, und stellen Sie gegebenenfalls Fragen dazu. Das können der Quartalsbericht, Dokumentationen oder Zusammenfassungen von Arbeitsgruppen sein.

Lassen Sie sich nicht nur Aufgaben vorgeben, sondern vor allem Ziele. Wenn Sie wissen, welches Ziel hinter Ihren Aufgaben steht, können Sie Ihre Arbeit eigenständiger erledigen. In Zweifelsfällen können Sie mit dem Ziel vor Augen selbstständiger Entscheidungen treffen. So müssen Sie nicht wegen jeder Kleinigkeit zum Chef laufen.

✓ **Verstehen Sie, was neben den Standardaufgaben noch von Ihnen verlangt wird.** An welchen Projekten und Sonderaufgaben sollten Sie mitarbeiten? Manchmal stellen die Kollegen andere Erwartungen an einen neuen Mitarbeiter als der Vorgesetzte. Die Kollegen erwarten vielleicht, dass sie Unterstützung bei ungeliebten Aufgaben von Ihnen bekommen. Der Vorgesetzte hat Ihre Zeit aber anders verplant. Klären Sie solche widersprüchlichen Erwartungen so schnell wie möglich mit Ihrem Vorgesetzten und erklären Sie Ihren Kollegen den Arbeitsauftrag, den Sie vom Chef erhalten haben.

✓ **Klären Sie Ihre Position in der Ablauforganisation.** Vergewissern Sie sich, dass Sie verstanden haben, welche Position Sie in der Ablauforganisation des Unternehmens innehaben. Von wem bekommen Sie wann welchen Input? Und an wen müssen Sie bis wann was liefern?

✔ **Erstellen Sie sich einen Arbeitsplan.** Sie können einen Tages- und einen Wochenplan mit den Aufgaben erstellen, die Sie in der ersten Zeit angehen werden. Lassen Sie Ihren Chef ruhig einen Blick darauf werfen. So vergewissern Sie sich, dass Sie die richtigen Prioritäten gesetzt haben.

✔ **Lernen Sie Ihre Ansprechpartner kennen.** Sie können zum Beispiel anregen, dass Sie Informationsgespräche mit verschiedenen Personen führen. Dabei dürfen Sie auch gerne an Personen herantreten, die nicht in Ihrer Abteilung, aber mit Ihrer Abteilung zusammenarbeiten. Wenn sich keine Termine für Informationsgespräche finden lassen, können Sie auch auf inoffizielle Möglichkeiten zurückgreifen. Auch bei einer Tasse Kaffee nach dem Mittagessen lässt sich viel in Erfahrung bringen.

Gehen Sie nicht davon aus, dass man Ihnen schon alles mitteilen wird, was Sie wissen müssen. Machen Sie die Einarbeitung zu Ihrer Aufgabe und bemühen Sie sich, umfangreiche Informationen zu bekommen. Das ist nicht nur nützlich, es zeigt auch Interesse und Motivation.

✔ **Lassen Sie sich das Organigramm des Unternehmens aushändigen.** Und am besten lassen Sie sich auch gleich durch das Organigramm durchführen. Notieren Sie sich, wofür welche Kürzel stehen.

✔ **Bitten Sie Ihren Chef um regelmäßige Termine.** Versuchen Sie, sich mit Ihrem Chef regelmäßig zusammenzusetzen und zu besprechen, wie es aus Ihrer und seiner Sicht läuft. In den Terminen sollte es auch darum gehen, ob Sie weitere Einarbeitungshilfen brauchen – und falls ja, welche.

Willkommen im Team

Mindestens ebenso wichtig wie die fachliche Kompetenz ist die Fähigkeit, sich als Person in das Team einzufügen. Wenn es in einem Arbeitsverhältnis zu Schwierigkeiten kommt, sind diese sogar meistens auf zwischenmenschliche Probleme zurückzuführen. Es sollte daher eines Ihrer wichtigsten Ziele sein, sich schnell ins Team zu integrieren.

✔ Bauen Sie ein gutes Verhältnis zu Ihren Kollegen und Vorgesetzten auf.

✔ Zeigen Sie Ihren Mitmenschen, dass Sie Interesse an ihnen und an der Aufnahme ins Team haben.

✔ Zeigen Sie, dass Sie sich freuen, an Bord zu sein. Gut geeignet dafür ist der Brauch, Einstand zu feiern. Am besten erkundigen Sie sich bei einem Kollegen, ob und falls ja wie in dem Unternehmen üblicherweise Einstand gefeiert wird.

✔ Sprechen Sie Ihre Kollegen mit (möglichst dem richtigen) Namen an. Schreiben Sie sich die Namen auf, um sie schneller zu behalten.

✔ Beobachten Sie, wie die Kollegen miteinander umgehen, und passen Sie sich an.

✔ Erkennen Sie die Themen der Kollegen, wer spricht gerne über Reisen, wer über Sport?

8 ➤ Keine Nummer zu groß: Neue Anforderungen erfüllen

✔ Schließen Sie sich nicht vorschnell einer bestimmten Gruppe an. Sie wissen noch nicht, welchen Status diese Gruppe in der Abteilung oder im Unternehmen hat. Sie könnten die Akzeptanz der anderen riskieren, wenn diese Sie zu einer eventuell unbeliebten Gruppe zählen.

✔ Zeigen Sie Ihren Kollegen und Vorgesetzten, dass Sie ein zuverlässiges Teammitglied sind. Versprechen Sie nicht nur, die Marktanalyse bald zu aktualisieren, sondern lassen Sie Taten auf Worte folgen. Sie sollten sich zunächst auch davor hüten, ungeliebte Aufgaben auf andere abzuschieben oder das zumindest zu versuchen.

✔ Als Neueinsteiger sollen und wollen Sie noch viel lernen. Zeigen Sie Ihren Kollegen, dass Sie offen und aufnahmebereit sind. Ein Neuling, der alles besser weiß, macht sich keine Freunde.

 Sie sollten niemals den Fehler machen und die Assistentin unterschätzen. Bemühen Sie sich redlich, ein gutes Verhältnis zu ihr aufzubauen! Nicht umsonst gelten Assistentinnen als »die rechte Hand vom Chef«. Oft kennt niemand den Chef, seine Vorlieben und seine Macken so gut wie sie. So mancher Berufseinsteiger erliegt zudem dem Irrglauben, die Assistentin arbeite lediglich »unter« ihm. Das ist weit gefehlt, die Assistentin kann eine Ihrer wichtigsten Verbündeten werden. Sorgen Sie also dafür, dass die Assistentin nicht unter, sondern neben Ihnen und am allerbesten *mit* Ihnen zusammenarbeitet.

✔ Entwickeln Sie ein gutes Verständnis für die Dos und Dont's in Ihrer Abteilung.

Jede Abteilung in einem Unternehmen hat geschriebene und ungeschriebene Regeln. Während Sie Erstere leicht in Erfahrung bringen können (Urlaubsregelungen, Betriebsverordnungen und so weiter), fordern Letztere Ihre Beobachtungsgabe. Schauen Sie in Ihrer Abteilung genau hin, was »man macht« und was »man nicht macht«. Vielleicht geht man nicht unangemeldet ins Büro eines Kollegen, vielleicht trinkt man zusammen ein Käffchen und bespricht dabei aktuelle Aufgaben. Das heißt nicht, dass Sie nun auch zum Kaffeetrinker werden müssen. Auch ein Teetrinker reiht sich mühelos in ein berufliches Kaffeekränzchen ein.

✔ Verstehen Sie die Unternehmenskultur und passen Sie sich an die Gewohnheiten an.

Die Unternehmenskultur umfasst die Grundwerte und Normen, auf die das Unternehmen sich ausgerichtet hat. Viele Unternehmen haben zudem Leitbilder und Führungsgrundsätze formuliert, die Ihnen zumindest einen Anhaltspunkt dafür bieten, in welche Richtung die Verantwortlichen das Schiff steuern (wollen). Leitbilder und gelebte Kultur sind aber nicht selten zwei Paar Schuhe und daher müssen Sie sich erneut auf Ihre Beobachtungsgabe verlassen. Wie wird Hierarchie gelebt, welche Führungsgrundsätze finden tatsächlich ihren Weg in den Büroalltag? Achten Sie auch auf die einfachen Dinge des Bürolebens: Wenn »man« in Ihrem Unternehmen nicht allein in die Kantine geht, dann sollten Sie das auch nicht tun.

Fremdeinschätzungen schätzen

Feedback zu bekommen gehört im Berufsleben dazu. Neben inhaltlichen oder persönlichen Anregungen zur Verbesserung erhalten Sie einen Eindruck davon, wie Ihre Mitmenschen Sie sehen. Vielleicht werden Sie nicht immer das hören, was Sie sich wünschen. Trotzdem sollten Sie Feedback stets offen entgegennehmen. Denken Sie daran, dass Sie sowohl von gutem als auch von weniger gutem Feedback profitieren.

Feedback entgegennehmen

Den größten persönlichen Nutzen ziehen Sie aus dem Feedback, wenn Sie es mit folgender Einstellung entgegennehmen:

- ✔ Sehen Sie das Feedback als Möglichkeit, noch besser zu werden.
- ✔ Seien Sie dankbar für Feedback, schließlich wollen Sie sich verbessern.
- ✔ Nehmen Sie auch negatives Feedback gelassen entgegen und lassen Sie den anderen aussprechen.
- ✔ Verzichten Sie darauf, sich zu verteidigen oder zu rechtfertigen. Wenn Sie etwas nicht verstehen, dürfen Sie Verständnisfragen stellen.
- ✔ Reagieren Sie nicht beleidigt und greifen Sie den anderen nicht an. Wenn Sie schlechtes Feedback bekommen, vermeiden Sie es, dem anderen stehenden Fußes ebenfalls schlechtes Feedback zu geben.
- ✔ Prüfen Sie das Feedback und lernen Sie daraus. Nutzen Sie die Hilfe des Feedbackgebers, um Handlungsalternativen für sich zu bewerten (»Was wäre aus Ihrer Sicht jetzt das Wichtigste?«).

Manchmal lassen Vorgesetzte oder Kollegen sich dazu verleiten, jemanden vor versammelter Mannschaft zu kritisieren. Das ist weder ein schöner Zug noch eine schöne Erfahrung. Sollte es dennoch passieren, reagieren Sie ruhig und gelassen. Erklären Sie Ihrem Kritiker, dass Sie gerne ein Gespräch unter vier Augen mit ihm zu diesem Thema führen würden.

Verstecktes Feedback (und versteckte Anweisungen) verstehen

Stellen Sie sich vor, Ihr Chef erzählt Ihnen ausführlich, wie Ihr Vorgänger den schwierigen Kunden gebändigt hat. Schöne Geschichte, denken Sie, aber sollte das nun ein Anekdote, ein Tipp oder eine Anweisung sein? Gehen Sie davon aus, dass es alles sein sollte und zwar in der Reihenfolge. Feedback und Anweisungen werden nicht immer unter entsprechender Flagge ausgesprochen. Stellen Sie sich daher darauf ein, dass Sie die Aussagen Ihrer Mitmenschen manchmal selbst entschlüsseln müssen.

- ✔ »Wenn, dann« ist eine beliebte Verpackung für Anweisungen und Feedback:
    - »Wenn Sie in Ihre Präsentationen eine Fußzeile mit Ihrem Kürzel, Projektthema und Datum einfügen, dann können Sie Ihre Ergebnisse gleich in dem Abteilungsverzeichnis speichern.«

- »Wenn Sie sich vorher über die Themen der Teamsitzungen informieren, dann müssen Sie im nächsten Meeting nicht die ganze Zeit schweigen.«

✔ Mit »man« und »wir« sind nicht selten Sie gemeint. (»Für diesen Kunden sollte man auch mal Überstunden machen.«)

✔ Auch wenn Ihr Chef davon spricht, was sonst, normalerweise, eigentlich oder nicht so oft gemacht wird, sollten Sie erkennen, dass Sie eine Anweisung erhalten haben. Mit ähnlichen Worten geben Ihnen die Kollegen übrigens nützliche Tipps, die Sie ebenso aufmerksam aufnehmen sollten.

- »Wir nehmen sonst immer die letzten Marktforschungsergebnisse mit in die Sitzung.«
- »Besser wäre es, den Monatsbericht schon einen Tag vor der offiziellen Abgabe fertigzustellen.«
- »Eigentlich sieht der Chef das nicht so gerne.«

Viele Chefs formulieren Feedback und Anweisungen nicht so klipp und klar, wie Sie das vielleicht erwarten. Sie sollten sich daher darin üben, zwischen den Zeilen zu lesen. Auch Ihre Kollegen lassen Ihnen viele wichtige Informationen verklausuliert zukommen. Sie fahren gut damit, wenn Sie die Tipps der Kollegen erst einmal verfolgen. Wenn Sie sich eingearbeitet und einen eigenen Überblick verschafft haben, können Sie sich eine andere Meinung erlauben.

Mit kleineren Entgleisungen umgehen

Leider gelingt es nicht allen Menschen, Feedback nach Lehrbuch zu geben. Insbesondere in hektischen Zeiten kann schon einmal ein Kommentar fallen, der eindeutig nicht mehr der Kategorie »konstruktive Kritik« zuzuordnen ist. So ein Ausrutscher sollte Sie weder dazu veranlassen zurückzupoltern noch in Tränen auszubrechen. Bewahren Sie die Ruhe und überdenken Sie, was geschehen ist.

✔ **Sie haben den gleichen Fehler zum 50. Mal gemacht.** In diesem Fall ist es durchaus nachvollziehbar, dass der Geduldsfaden Ihres Gegenübers gerissen und der volle Unmut auf Sie gestürzt ist. Anscheinend haben Sie etwas Grundlegendes noch nicht verstanden. Versuchen Sie detailliert zu verstehen, was Ihnen Schwierigkeiten bereitet und wie Sie das ändern können. Ziehen Sie auch in Betracht, dass Sie sich womöglich selbst im Wege stehen. (Und blättern Sie in dem Fall zurück zum Abschnitt »Sich selbst im Weg stehen« in Kapitel 7.)

✔ **Sie haben diesen Fehler zum ersten Mal gemacht.** Allerdings haben Sie schon etwa 50 andere interessante Fehler hinter sich. Alles Einzelexemplare zwar, aber doch ein deutliches Zeichen, dass Sie mit Ihrem neuen Umfeld noch nicht im Einklang stehen. Forschen Sie nach, warum Sie so oft danebenliegen.

- Sind Sie unkonzentriert, unsicher, unmotiviert? Dann konzentrieren Sie sich, besinnen Sie sich auf Ihre Stärken und helfen Sie Ihrer Motivation auf die Sprünge (der Abschnitt »Motivationsquellen anzapfen« weiter hinten in diesem Kapitel hilft Ihnen dabei).
- Sind Ihnen die Arbeitsweise, die Position, die Umgebung und damit auch die üblichen Handgriffe noch fremd? In dem Fall hilft lernen, lernen, lernen. Zeigen Sie Ihrem Um-

feld, dass Sie an sich arbeiten und besser werden wollen. Wenn Sie allerdings feststellen, dass Sie sich an ziemlich viele Dinge in Ihrem neuen Umfeld so ziemlich nie gewöhnen werden und sich weder anpassen können noch wollen, ziehen Sie eine Trennung in Betracht. Solange Sie noch in der Probezeit sind, ist das relativ unproblematisch.

✔ **Sie haben zwar einen Fehler, Ihr Gegenüber aber zu viel Wind darum gemacht.** Wenn die unerfreuliche Reaktion des anderen ein Einzelfall war, sollten Sie sie nicht überbewerten. Vielleicht ist Ihr Gegenüber einfach gestresst oder hat einen schlechten Tag. Nehmen Sie den inhaltlichen Aspekt auf und halten Sie es ansonsten mit der Devise »hier rein, da raus«.

Mit etwas Pech, sind Sie an einen Choleriker geraten und guter Rat ist teuer. Sie können zwar in einem persönlichen Gespräch darum bitten, mit einem anderen Tonfall und angemessenen Worten bedacht zu werden. Wahrscheinlich sind Sie aber nicht der Erste, der sich an dem Verhalten stört. Und wahrscheinlich haben schon andere versucht, den Choleriker zu bändigen. Es bleibt Ihnen also nur die Wahl, sich ein dickes Fell zuzulegen – oder im Extremfall eine neue Stelle.

Fahrt aufnehmen

Nach der ersten Einarbeitungszeit sitzen Sie immer fester im Sattel in Ihrem neuen Job. Damit Sie dort auch bleiben, sollten Sie in der Lage sein, von sich aus in Schwung zu kommen und eventuelle Durststrecken allein zu überbrücken.

Motivationsquellen anzapfen

Wissen Sie eigentlich, was Sie motiviert? Tabelle 8.2 enthält 50 Begriffe, die als Antriebskräfte eine starke Motivation ausüben können. Finden Sie heraus, was Sie antreibt, und verschaffen Sie sich einen Motivationsschub.

Geld	Statussymbole	Status	Sicherheit	Führungsverantwortung
Erfolg	Macht	Verantwortung	Anerkennung	Respekt
Einfluss	Kompetenz aufbauen	Karriere	Herausforderung	Risiko
Selbstverwirklichung	Unabhängigkeit	Gerechtigkeit	Freude	viel schaffen
Stolz auf eigene Leistung	Kollegialität	Teamarbeit	Einzelarbeit	Lob
gewinnen	gute Ergebnisse	Routine	etwas Neues schaffen	beeindrucken
sich beweisen	Aktivität	Muße	sich profilieren	geschätzt werden
Innovation	Fortschritt	Sinn	Bekanntheit	Selbstbestätigung
Strategie	Taktik	Selbstbewusstsein steigern	Abwechslung	Kreativität
Bewunderung	Freundschaft	Handlungsspielraum	Widerstand	Vision

Tabelle 8.2: Motivationsquellen

✔ Streichen Sie alle Begriffe, die für Ihre Motivation weniger wichtig sind, bis nur noch drei Begriffe übrig sind. Wenn Sie nicht wissen, ob zum Beispiel »gewinnen« für Ihre Motivation wichtig ist, fragen Sie sich, ob Ihr Ziel bei vielen Aufgaben darin besteht zu gewinnen.

✔ Machen Sie sich bewusst, was Sie im Einzelnen unter den drei Begriffen verstehen.

✔ Entdecken Sie, wie Sie mit Ihrer aktuellen Aufgabe Ihre Ziele erreichen können.

Das folgende Beispiel zeigt Ihnen, wie die Eigenmotivation funktioniert.

Die neue Aufgabe als Teamleiterin verlangt Sylvia einiges ab. Ihre gute Stimmung wurde von einer Arbeitslawine überrollt und ihre Motivation verschüttet. Sie beschließt daher, neue Energien zu mobilisieren. In Tabelle 8.2 streicht sie alle Begriffe, die keinen besonderen Reiz auf sie ausüben. Schließlich bleiben drei Dinge übrig, die Sylvia gerne erreichen möchte. Die Aussicht auf dieses Trio empfindet sie als motivierend: »viel schaffen«, »Unabhängigkeit«, »beeindrucken«.

✔ »Viel schaffen« heißt für sie nicht nur, das Tagessoll an Aufgaben zu erfüllen. Es spornt sie vor allem an, mehr zu schaffen, als sie müsste oder als sie sich vorgenommen hat. Sylvia gehört zu den Menschen, die besonders gut arbeiten, wenn sie viel zu tun und vor allem schon viel weggearbeitet haben.

✔ Um ihren Sportsgeist zu wecken, zerlegt Sylvia ihre aktuelle Aufgabe in Pflicht- und Kürbestandteile für jeden Tag. Die Pflichtaufgaben müssen an dem Tag mindestens erledigt werden. Die Aussicht, sich selbst zu übertreffen und auch noch die Küraufgaben zu schaffen, spornt Sylvia zu einer besonders zügigen Arbeitsweise an.

✔ Auch die Antriebskräfte »Unabhängigkeit« und »beeindrucken« hinterfragt Sylvia detailliert. Anschließend untersucht sie, inwieweit sie mit ihrer aktuellen Aufgabe ihre Ziele, unabhängig zu arbeiten und andere zu beeindrucken erreichen kann. Folgende Fragen können dazu beitragen:

- Von wem oder was bin ich bei meiner Aufgabe unabhängig? Wovon bin ich abhängig?
- Wie kann ich noch unabhängiger werden? Welche Freiheit gibt mir die Unabhängigkeit? Wie nutze ich meine Freiheit?
- Wen kann und will ich beeindrucken? Womit kann ich bei meiner aktuellen Aufgabe beeindrucken?
- Wie muss ich meine Ergebnisse präsentieren, um zu beeindrucken? Woran merke ich, dass der andere beeindruckt ist?

Starten statt warten

Es gibt Situationen, in denen sich die Welt anscheinend gegen Sie verschworen hat: Ihre Mitmenschen blockieren Sie durch allerlei größere und kleinere Versäumnisse. Sie würden ja gerne motiviert arbeiten, aber Sie bekommen keinerlei Anerkennung von Ihrem Chef. Sie könnten die Analyse erstellen, wenn der Kollege mal Zeit hätte, sich mit Ihnen zusammenzusetzen. Nichts ist ärgerlicher, als nicht weiterzukommen, weil Sie darauf warten, dass jemand anderes etwas tut, was er partout nicht tut. Leider sind Ihre Möglichkeiten, den anderen zum

Handeln zu veranlassen, oft ebenso begrenzt wie Ihre Geduld. Was können Sie also tun, um Ihre Geduld nicht überzustrapazieren? Die Antwort ist einfach: Sie ergreifen die Initiative und helfen Ihren lieben Mitmenschen auf die Sprünge.

- ✔ Formulieren Sie, was genau Sie von dem anderen erwarten. Sie erwarten zum Beispiel, dass Ihr Chef Ihre Leistung anerkennt und Ihr Kollege sich die Zeit für ein Gespräch mit Ihnen nimmt.

- ✔ Finden Sie heraus, warum der andere noch nicht so gehandelt hat, wie Sie es sich wünschen. Im Wesentlichen gibt es folgende Möglichkeiten:

    - Er will nicht.
    - Er kann nicht.
    - Er kann und will, hatte aber keine Zeit.
    - Er könnte, wollte und hätte Zeit, aber weiß nicht, was Sie erwarten.

- ✔ Überlegen Sie, was Sie tun könnten, um den anderen zum Handeln zu animieren. Vielleicht kommen Sie zu dem Schluss, dass Ihr Chef nicht merkt, dass Sie sich mehr Anerkennung wünschen. Ihr Vorsatz könnte daher lauten: »Ich werde meinem Chef sehr gute Zwischenergebnisse präsentieren, damit er mir positives Feedback geben kann. Wenn er von sich aus kein Feedback gibt, fordere ich es von ihm ein, indem ich ihn frage, wie zufrieden er mit meiner Arbeit ist.« Der Kollege könnte sich womöglich mit Ihnen zusammensetzen, will aber nicht. Ihr Vorsatz könnte lauten: »Ich werde das Know-how meines Kollegen ausdrücklich schätzen und ihn wissen lassen, wie wichtig seine Meinung für mich ist, damit er sich Zeit für ein Gespräch nimmt.«

 Häufig erwartet man, dass eine andere Person die eigenen Bedürfnisse erfüllt. Und ebenso häufig tut sie das nicht. Wenn Sie erkennen, dass Ihr Gegenüber Ihr Bedürfnis nicht erfüllen wird, suchen Sie nach Alternativen. Wie könnten Sie das kompensieren, was wäre genauso gut? Manchmal können Sie Ihre Erwartungen an den anderen auch legitimieren: Das geht immer dann, wenn Sie etwas erwarten, das in der Rolle des anderen angelegt ist. Zu der Rolle des Vorgesetzten gehört es beispielsweise, den eigenen Mitarbeitern Feedback zu geben. Die Bitte um ein Feedbackgespräch mit dem Chef wird daher gute Erfolgsaussichten haben.

Gut organisiert ist halb gewonnen

In diesem Kapitel

▶ Warum Zeitmanagement Selbstmanagement ist

▶ Eisenhowers Dringend/Wichtig-Matrix nutzen

▶ Wichtige Aufgaben unter Zeitdruck erledigen

▶ Zeiträuber erkennen und ausschalten

Zum Thema Zeitmanagement findet man deutlich mehr Informationen als Zeit, sich damit zu beschäftigen. Zum Glück gibt es aber auch eine Kurzversion. Diese Kurzversion besteht in einem einfachen Tipp von Stephen Covey, einem der wichtigsten Managementvordenker und Autor des Bestsellers »Die 7 Wege zur Effektivität«. Er spart Ihnen eine Menge Arbeit und Zeit, indem er die Essenz guten Zeitmanagements in einem Gedanken zusammenfasst: Konzentrieren Sie sich nicht auf Zeit und Dringlichkeit; konzentrieren Sie sich auf das, was wirklich *wichtig* ist. In diesem Kapitel erfahren Sie, wie das geht.

Alles im Griff

Viele Menschen glauben, sie bekämen die Zeit in den Griff, wenn sie zu einem Zeitmanager werden. Sie verkennen dabei allerdings, dass sie nur etwas managen können, worauf sie Einfluss haben – und »Zeit« gehört nicht dazu. Ein Tag hat nun einmal 24 Stunden und wie schnell eine Stunde vorbeigeht, entzieht sich dem menschlichen Willen.

Auch wenn Sie keinen Einfluss auf die Zeit haben, haben Sie doch Einfluss auf sich selbst. Sie können zwar nicht entscheiden, wie lang eine Stunde dauern soll, Sie können aber bestimmen, was Sie in dieser Stunde tun werden. Die Zeit kommt Ihnen dabei recht wenig entgegen. Die Stunden werden nicht länger, nur weil Sie mehr erledigen müssen – im Gegenteil, es scheint sogar so, als verflöge die Zeit regelrecht, wenn Sie besonders viel Arbeit auf dem Tisch liegen haben. Wenigstens lässt sich die Zeit ohne Protest die Schuld dafür in die Schuhe schieben, wenn Sie Ihre Ziele nicht erreicht haben (»Es war einfach keine Zeit mehr; wenn ich mehr Zeit gehabt hätte, hätte ich es besser hinbekommen.«). So schön es ist, einen Schuldigen gefunden zu haben, so wenig bringt es Sie weiter. Sie können die Zeit so wenig ändern wie die Zeiten, in denen Sie leben. Und die Zeit, in der Sie leben, ist eine schnelle Zeit mit enormem Leistungsdruck (immer mehr, immer schneller, immer besser). In einer solchen Zeit ist es besonders wichtig, dass Sie

✔ Ihre Ziele deutlich vor Augen haben,

✔ Prioritäten setzen und Wichtiges von Unwichtigem unterscheiden können,

✔ sich nicht von anderen ablenken lassen,

✔ nicht in weitverbreitete Zeitfallen tappen,

✔ nicht nur Ihre Arbeitszeit, sondern auch Zeit für Ihre Entspannung planen.

Die wirkungsvollste Methode, die eigene Zeit zu managen, besteht darin, sich selbst zu managen. Das bedeutet, dass Sie sich über Ihre Ziele klar werden, Ihre Prioritäten setzen und sich im Arbeitsalltag strikt daran orientieren. Widmen Sie Ihre Zeit immer zuerst den Dingen, die für Sie persönlich und für Ihre Arbeit wichtig sind. Alles andere muss warten oder von jemand anders erledigt werden. So einfach (und so schwierig) ist das.

Zeitmanagement ist Selbstmanagement

Sich selbst zu managen, um besser mit der Zeit zurechtzukommen, klingt kompliziert, ist aber ganz einfach. Sie brauchen nur drei »W« im Blick zu behalten: *Was* Sie *wann wie* tun werden.

Festlegen, was Sie tun werden

Wie Sie Ihre Zeit am besten verbringen, hängt von Ihren Zielen ab. In Kapitel 5 erfahren Sie, wie Sie sich die richtigen Ziele setzen. Sie gehen gut mit Ihrer Zeit um, wenn Sie für die wichtigsten Schritte in Richtung Ziel ausreichend Zeit haben.

Im Arbeitsleben ist das mit den Zielen oft so eine Sache: Häufig bestimmen nicht Sie, was Sie in der nächsten Woche erreichen wollen, sondern Ihr Chef setzt Ihnen Ziele. Von Ihnen wird in aller Regel verlangt, dass Sie das Ziel zeitgerecht erreichen. Bestimmen Sie also, was getan werden muss, setzen Sie Prioritäten und legen Sie mit dem Wichtigsten los.

Im Berufsalltag schleicht sich leicht das Gefühl ein, nicht Herr seiner Ziele zu sein, da diese von anderen vorgegeben werden. Die Kunst besteht darin zu erkennen, dass dieser Umstand ein Teil des Weges zu *Ihrem* Ziel ist: Sie wollen nämlich diesen Job, Sie wollen in diesem Unternehmen weiterkommen und dafür müssen Sie Ihren Chef von sich überzeugen. Der Zusammenhang zwischen dem, was Sie zu tun haben, und Ihren Zielen ist im turbulenten Arbeitsleben zugegebenermaßen nicht immer offenkundig. Warum plagen Sie sich noch einmal mit Ihren Kollegen herum? Weshalb müssen Sie nach der Pfeife Ihres Chefs tanzen? Auf Ihrer Zielliste finden Sie nirgends »Kollegen ertragen« oder »Chef gehorchen«. Machen Sie sich bewusst, dass Sie mit dem Ziel »Karriere« das Gesamtpaket aller größeren und kleineren Büroübel gebucht haben. Sie haben es sogar mit dem Vorsatz gebucht, sie zu meistern.

Planen, wann Sie die Sache angehen

Bei der Frage, wann Sie etwas tun, kommen die klassischen Elemente des Zeitmanagements ins Spiel: die gute alte Planung. Sinnvoll ist eine Jahres-, Monats- oder Wochenplanung und ein Tagesplan. Aber keine Angst, nicht jede Planung muss auf einer DIN-A4-Seite ausführlich ausgeführt werden. Es reicht, wenn Sie sich für jeden wichtigen Lebensbereich (Beruf, private Beziehungen, Finanzen, Gesundheit, persönliche Entwicklung) ein bis zwei Jahresziele setzen, zum Beispiel im Beruf das Ziel »Personalverantwortung übernehmen«. Entscheidend ist, dass Sie aus Ihrem Jahresziel konkrete Schritte ableiten, um es zu erreichen, und diese Schritte in Ihre Wochenplanung- und dann in den Tagesplan Eingang finden. Je kürzer der Zeitabschnitt ist, den Sie planen, desto konkreter beschreiben Sie die zu erledigende Tätigkeit.

Bestimmen, wie Sie die Aufgabe lösen

Sie wissen bereits, was Sie bis wann erledigen wollen. Nun planen Sie, wie Sie am besten vorgehen. Womit fangen Sie an, welche schnellen Erfolge können Sie als Motivationshilfe erzielen, welche Hilfsmittel oder welchen Input brauchen Sie noch für Ihre Aufgabe? Organisieren Sie alles, was Sie benötigen, damit Sie anschließend ungestört arbeiten können. Bedenken Sie, dass Sie manche Dinge nicht persönlich oder persönlich, aber nicht ohne Hilfe erledigen müssen. Andere können Sie womöglich unterstützen, einige Tätigkeiten können Sie delegieren oder lediglich in die Wege leiten. Denken Sie auch daran, dass eventuell nicht jedes Detail der Aufgabe gleich wichtig ist, und verzichten Sie im richtigen Moment auf Perfektionismus. Das 80/20-Prinzip, über das Sie im Abschnitt »Das Pareto-Prinzip« weiter hinten in diesem Kapitel mehr erfahren, kann Ihnen dabei helfen.

Das Eisenhower-Prinzip

Die meisten Menschen jonglieren mit vielen verschiedenen Aufgaben gleichzeitig und sind eifrig bemüht, keinen Ball fallen zu lassen. Manchmal wird es aber auch dem geschicktesten Jongleur zu viel und einer der vielen To-do-Bälle fällt hinunter. Sie können aber dafür sorgen, dass zumindest keine Ihrer wichtigsten Aufgaben auf dem Boden landet. Dafür müssen Sie sich einen guten Überblick über die einzelnen Bälle verschaffen, die Sie in der Luft haben. Der ehemalige US-amerikanische Präsident Dwight D. Eisenhower hat ein ebenso wirksames wie einfaches Mittel gefunden, das Ihnen dabei hilft. Er hat Aufgaben danach bewertet, ob sie wichtig oder dringend, nichts davon oder gar beides sind.

Abbildung 9.1 zeigt Ihnen, wie die sogenannte Eisenhower-Matrix aussieht.

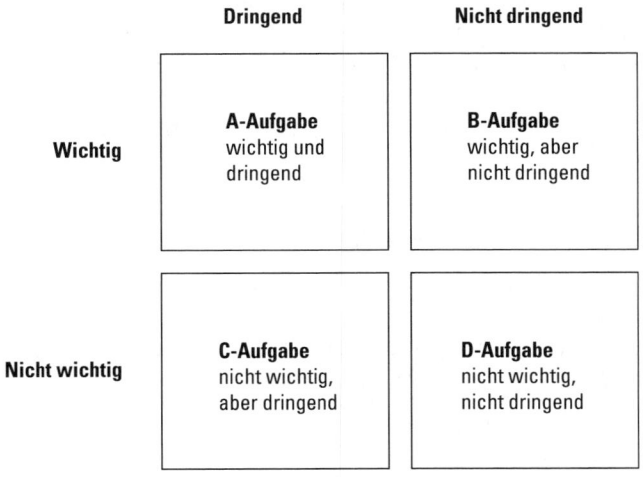

Abbildung 9.1: Die sogenannte Eisenhower-Matrix

✔ **A-Aufgaben sind wichtig und dringend.** Wenn eine wichtige Aufgabe dringend wird, ist der Stress nicht weit entfernt. Die Inhalte in diesem Feld erfordern Ihre augenblickliche Aufmerksamkeit und Sie müssen sofort aktiv werden.

Aufgaben in diesem Feld sind häufig wichtige Themen, bei denen auf einmal Schwierigkeiten auftauchen. Auch Krisen, Notfälle und wichtige Aufgaben, die kurz vor dem Abgabetermin stehen, füllen das Feld. Viele plötzliche Aufträge von Ihrem Chef landen ebenfalls in Feld A.

✔ **B-Aufgaben sind wichtig, aber nicht dringend.** Themen, die wichtig sind, aber nicht dringend, können Sie mit Muße und einem hohen Qualitätsanspruch bearbeiten. Tätigkeiten in diesem Feld sind:

- Ihre persönliche Weiterentwicklung,
- Beziehungsarbeit und Networking,
- strategische Planungen,
- aktives Vorausdenken und Tätigkeiten, mit denen Sie Problemen vorbeugen.

✔ **C-Aufgaben sind dringend, aber unwichtig.** Tätigkeiten, die für Sie nicht wichtig sind, aber dennoch sofort erledigt werden sollten, werden häufig von anderen an Sie herangetragen. Durch C-Aufgaben werden Sie oftmals aus Ihrer wichtigen Arbeit herausgerissen. Sie kommen dann vom Hölzchen aufs Stöckchen und damit immer weiter weg von dem, was für Sie wichtig ist. Zu C-Aufgaben gehören ungebetene Gäste, Anrufe und E-Mails sowie unnötige Störungen des Tagesgeschäfts.

✔ **D-Aufgaben sind weder wichtig noch dringend.** Auf den ersten Blick könnte man meinen, dass kein vernünftiger Mensch seine Zeit mit Dingen zubringt, die weder wichtig noch dringend sind. Tatsächlich verfallen viele Menschen aber gerade deswegen in D-Tätigkeiten, weil diese so herrlich anspruchslos sind und eine willkommene Abwechslung vom eigentlichen Job bieten. Zu den D-Aufgaben gehören sinnfreie Ablenkungen (im Internet surfen, spaßige E-Mails lesen) und Pseudo-Aufgaben (wie zum Beispiel die Kaffeemaschine zum dritten Mal zu säubern). Pseudo-Aufgaben werden gern dazu genutzt, sich selbst vorzumachen, man wäre zu beschäftigt, um (noch) unangenehmere, aber wichtigere Aufgaben anzugehen.

Eine eigene Eisenhower-Matrix erstellen

Starten Sie Ihr Selbst- und Zeitmanagement damit, dass Sie sich einen Aha-Effekt verschaffen: Beleuchten Sie die kleineren und größeren Projekte, mit denen Sie sich die Zeit vertreiben. Nehmen Sie Ihren Kalender oder die To-do-Liste zur Hand und ordnen Sie Ihre Aufgaben so in die Eisenhower-Matrix ein, wie Sie sie bewerten.

✔ Gehen Sie Ihre Termine durch: Was müssten Sie bald erledigt haben? Welche Themen erscheinen zurzeit besonders wichtig?

✔ Welche Aufgaben drängeln sich dazwischen und wollen sofort erledigt werden?

✔ Was steht auf Ihrem Zettel, erscheint Ihnen aber eher unwichtig?

✔ Was steht auf der Liste, erzeugt aber keinen Termindruck? Welche Dinge würden Sie eigentlich gern tun, kommen aber nicht dazu?

 So wie die Schönheit, liegt auch die Wichtigkeit im Auge des Betrachters. Dinge sind nicht von selbst wichtig. Sie sind *für* jemanden wichtig, und zwar in Hinblick auf ein bestimmtes Ziel. Finden Sie heraus, ob eine Aufgabe *für Sie* wirklich wichtig ist:

- ✔ Bringt die Aufgabe Sie einem Ihrer Ziele näher, dem Sie eine hohe Priorität eingeräumt haben?
- ✔ Ist die Aufgabe für Sie persönlich bedeutsam? Für Ihren beruflichen Erfolg mag es auf den ersten Blick relativ unerheblich sein, ob Sie täglich joggen gehen können. Für Sie persönlich macht es aber vielleicht einen großen Unterschied, ob Sie sich Ihr Sportpensum leisten oder nicht. Nehmen Sie daher unbedingt auch Dinge in die Matrix auf, die für Sie persönlich wichtig sind.
- ✔ Ist die Aufgabe für Ihre Zukunft wichtig? Berührt die Aufgabe wichtige Lebensbereiche?
- ✔ Ist die Aufgabe für Ihre Beziehung zu wichtigen Menschen von Bedeutung?
- ✔ Verschafft die Erfüllung der Aufgabe Ihnen Vorteile oder vergrößert sie Ihre Möglichkeiten? Bedenken Sie, dass manche Vorteile auf den ersten Blick eher gering erscheinen. Der kleine Vorteil ist aber vielleicht dauerhaft, bringt Ihnen zusätzlichen Handlungsspielraum oder gleicht Nachteile aus.

Nachdem Sie die Matrix gefüllt haben, ziehen Sie ein Resümee:

- ✔ In welchen Feldern halten Sie sich überwiegend auf?
- ✔ Wie zufrieden sind Sie mit dem Ergebnis?

Vielleicht gehören Sie zu den (wenigen) glücklichen Menschen, die sich überwiegend mit B-Aufgaben beschäftigen. Wahrscheinlich haben Sie jedoch wesentlich intensiver mit A-, C- und D-Aufgaben zu tun, als Ihnen lieb ist. Damit befinden Sie sich in bester Gesellschaft, denn vielen Menschen ergeht es so wie Ihnen. Sie können jedoch lernen, sich aus den ungeliebten Quadranten zu befreien. Alles, was Sie dafür brauchen, ist ein Plan, wie Sie mit den Aufgaben der einzelnen Felder umgehen.

Alles, was wichtig ist

Wichtige Aufgaben sind für Ihre Ziele oder Ihre Karriere von Bedeutung. Es sind *Ihre* Aufgaben und Sie sollten dafür sorgen, dass sie bestmöglich gelöst werden.

Gut zu merken: Wichtige Aufgaben sind am wichtigsten

Die wichtigen Themen sind »Chefsache«, die Verantwortung für den Erfolg dieser Themen sollten Sie nicht anderen überlassen. Nehmen Sie sich der Aufgaben also höchstpersönlich an. Besonders effektiv können Sie arbeiten, wenn Sie Folgendes berücksichtigen:

- ✔ Lassen Sie wichtige Themen nicht dringend werden. Arbeiten Sie also daran, die A-Aufgaben zu reduzieren. Als Starthilfe können Sie sich an der Faustregel »Jeden Tag das Wichtigste zuerst erledigen« orientieren.

✔ Erhöhen Sie den Anteil an B-Aufgaben. Wichtige Themen, die Sie mit ausreichend Zeit und Muße erarbeiten können, sollten das Herzstück Ihrer Arbeit sein.

✔ Konzentrieren Sie sich auf das Ergebnis der wichtigen Aufgaben und gehen Sie wichtige Themen nicht rein problemorientiert an. (Also weniger »Wie lösen wir den Konflikt mit unseren Lieferanten?« und mehr »Wie bauen wir ein gutes Verhältnis zu den Lieferanten auf?«.)

Aufgaben, die Sie in der Eisenhower-Matrix in Feld A eingeordnet haben, sind dringend und wichtig und lassen Ihnen keine Wahl. Sie müssen sofort und persönlich aktiv werden. Es gibt zwar Menschen, die mit steigendem Adrenalinpegel steigende Leistungen abliefern. Die meisten Menschen empfinden es allerdings als eher anstrengend, dauerhaft unter Hochdruck zu arbeiten. Wenn Sie mit A-Aufgaben zu tun haben, fühlen Sie sich

✔ wie ein Krisenmanager,

✔ unter Termin- und Erfolgsdruck,

✔ umzingelt von Hürden, die zu nehmen sind.

Wichtige, dringende Aufgaben nehmen Sie in Besitz und geben den Takt vor. Sie werden zum Feuerwehrmann, hetzen von Problem zu Problem und löschen einen Brand nach dem anderen. Andere Sachen müssen Sie zurückstellen und ahnen dabei schon, welche Brände morgen gelöscht werden müssen.

Als Feuerlöscher nehmen Sie automatisch eine problemorientierte Perspektive ein. Bei wichtigen Tätigkeiten sollten Sie sich aber auf ein gutes Ergebnis konzentrieren können. Versuchen Sie, trotz knapper Zeitvorgaben, das Thema nicht »irgendwie, Hauptsache rechtzeitig«, sondern mit Blick auf ein gutes Ergebnis zu bearbeiten. Also statt »Wie kann ich diese Zahlen irgendwie präsentieren?« suchen Sie nach einer Antwort auf die Frage »Welche Grafik unterstützt die Aussage der Zahlen besonders gut?«.

Achtung, heiß und fettig (oder dringend und wichtig)

Der Tipp »Lassen Sie wichtige Aufgaben nicht dringend werden« ist leichter ausgesprochen, als im Berufsalltag umgesetzt. Natürlich sollten Sie Ihre wichtigen Aufgaben vorausschauend und mit ausreichenden Zeitreserven planen. Der A-Quadrant wird jedoch häufig gar nicht von Ihnen, sondern von anderen Personen mit neuen Aufgaben versorgt.

Die Fähigkeit, den A-Quadranten mit neuen Aufgaben zu füllen, ist besonders unter Vorgesetzten verbreitet. Manche Chefs neigen dazu, ihre Mitarbeiter mit unplanmäßigen Aufgaben zu überraschen. Diese Aufgaben sind – natürlich – nicht nur wichtig, sondern auch dringend. Wenn diese kleinen Überraschungen so gar nicht in Ihren Zeitplan passen wollen, reagieren Sie so richtig:

✔ Bleiben Sie offen und freundlich und schalten Sie nicht gleich auf Abwehr.

✔ Zeigen Sie Ihrem Chef, dass Sie verstanden haben, dass die neue Aufgabe für ihn wichtig und dringend ist.

- ✔ Erklären Sie ihm, an welchen Projekten Sie gerade arbeiten, wie Ihr aktueller Stand ist und bis wann Sie was erledigt haben müssen.

- ✔ Fragen Sie ihn, welches Ihrer Projekte Sie für die neue Aufgabe zurückstellen sollten. Weisen Sie auf Auswirkungen hin.

- ✔ Fassen Sie das Gesprächsergebnis in einer kurzen E-Mail zusammen und bestätigen Sie das Vorgehen (»Gern erstelle ich die Kostenanalyse für die Bereichsleitertagung diese Woche. Das Projekt Risikomanagement stelle ich wie besprochen zurück und Sie präsentieren den Projektstand dann erst in der nächsten Woche.«).

Sie werden mit der Zeit ein Gespür dafür bekommen, welcher Anteil Ihrer Tagesarbeit aus spontanen Eingebungen Ihres Chefs oder akuter Problembewältigung für den Chef besteht. Planen Sie für diese unvorhergesehenen Aufgaben Zeit ein. Versuchen Sie, für zusätzliche dringende Aufgaben in Absprache mit Ihrem Chef andere Aufgaben zurückzustellen. Lassen Sie sich also das Okay geben, eine andere Aufgabe entsprechend später anzugehen oder regen Sie an, dass jemand anderes sich der Sache annimmt.

Unter Zeitdruck arbeiten

Da sitzen Sie nun mit einer brandneuen A-Aufgabe von Ihrem Chef. Das Ziel ist ebenso klar wie unklar (»Erarbeiten Sie das Thema bitte bis morgen.«), die Erwartungen sind hoch. Bevor Sie sich in blinden Arbeitseifer stürzen, halten Sie inne und schaffen Sie erst einmal die Voraussetzungen für gute Leistungen.

- ✔ **Stellen Sie sicher, dass Sie das Thema oder Problem verstehen.** Damit Sie eine wichtige Aufgabe unter Zeitdruck erfolgreich bearbeiten können, müssen Sie genau verstehen, worum es geht und was von Ihnen erwartet wird. Je mehr die Zeit drückt, desto weniger sollten Sie sich auf vage Vorstellungen verlassen und auf gut Glück losarbeiten. Nehmen Sie solche Aufträge daher nicht zwischen Tür und Angel entgegennehmen, sondern fordern Sie eine kurze persönliche Besprechung ein.

- ✔ **Lassen Sie sich ein klares Ziel vorgeben.** Wenn Sie »das Thema erarbeiten« sollen, haben Sie viele Möglichkeiten, einen falschen Weg einzuschlagen. Konkretisieren Sie das Ziel daher (»Sie wollen also, dass ich die Vor- und Nachteile des Verfahrens herausarbeite.«) und finden Sie auch die Absicht Ihres Chefs heraus. Was hat er mit Ihren Ausführungen vor, für wen braucht er die Ergebnisse? Wenn er mit Ihren Ausführungen direkt in die Vorstandsbesprechung marschieren möchte, ist eine andere Qualität gefragt, als wenn er nur einen Spickzettel für sein nächstes Meeting braucht.

- ✔ **Klären Sie, welche Aspekte Ihrem Auftraggeber besonders wichtig sind.** Fragen Sie Ihren Chef, welche Punkte des Themas ihm besonders wichtig sind. Sie lösen die Aufgabe nur dann erfolgreich (aus Sicht Ihres Chefs), wenn Sie ihm die Informationen liefern, die er hören möchte und ihm Futter für die Aussagen geben, die er auf jeden Fall machen möchte.

- ✔ **Sorgen Sie dafür, dass Sie alle wichtigen Informationen bekommen.** Verlassen Sie sich nicht darauf, dass Ihr Chef Ihnen schon alles sagen oder geben wird, was Sie für die Aufgabe brauchen. Erkundigen Sie sich lieber auch nach Informationen oder Ergebnissen, die Sie einbeziehen sollen. So verhindern Sie Panikaktionen à la »Schön, aber könnten Sie das bitte noch mit den Ergebnissen der letzten Marktforschung abgleichen?«.

✔ **Stimmen Sie ab, was das Ergebnis Ihrer Arbeit sein soll.** Legen Sie nicht los, bevor Sie verstanden haben, was am Ende herauskommen soll. Sollen Sie Ihr Arbeitsergebnis in einer dreiseitigen Präsentation zusammenfassen oder müssen es mindestens zehn Charts sein, möchte Ihr Chef zwei Seiten zum Thema in feinster Prosa oder lediglich eine stichpunktartige Aufzählung wesentlicher Punkte?

✔ **Fassen Sie den Arbeitsauftrag kurz zusammen.** Wenn Sie meinen, dass alles geklärt ist, fassen Sie den Auftrag noch einmal kurz zusammen. Lassen Sie das, was Sie verstanden haben, von Ihrem Chef abnicken: »Es geht also um Möglichkeiten, Kapital für Investitionen freizusetzen. Sie denken daran, dass Immobilien an eine Leasinggesellschaft verkauft und gleichzeitig zurückgeleast werden. Sie wollen eine dreiseitige Präsentation zu den Vor- und Nachteilen. Dabei sollen die Erfahrungen, die unser Tochterunternehmen mit dem Verfahren gemacht hat, einbezogen werden. Besonders wichtig ist es Ihnen, dass die steuerlichen Auswirkungen von Sale-and-lease-back geklärt werden.«

Die besten Aufgaben: Wichtig, aber eilt nicht

Der Großteil der Punkte auf Ihrer To-do-Liste sollte aus Aufgaben bestehen, die für Sie persönlich wichtig sind und ohne Zeitdruck erledigt werden können. Das Ziel Ihres Zeit- beziehungsweise Selbstmanagements besteht also darin, den Anteil an B-Aufgaben zu erhöhen. Das gelingt Ihnen auf zwei Wegen:

✔ Nehmen Sie regelmäßig Ihre Ziele und den Weg dahin unter die Lupe. Prüfen Sie, ob Sie sich noch auf dem besten Weg zu Ihren Zielen befinden oder ob sich neue Wege und vielleicht sogar Abkürzungen aufgetan haben. Vielleicht haben sich auch Ihre Ziele verändert oder es sind neue Möglichkeiten hinzugekommen. Sorgen Sie dafür, dass Sie die veränderten Ziele in neue B-Aufgaben übersetzen.

✔ Machen Sie Frühjahrsputz im Feld A der dringenden und wichtigen Aufgaben.

- Gehen Sie die Aufgaben durch: Sind wirklich alle Tätigkeiten dringend und wichtig?
- Wenn wichtige Aufgaben von anderen (zum Beispiel dem Chef) dringend gemacht wurden, klären Sie im Gespräch, ob es terminlichen Spielraum gibt. Schieben Sie so viele Aufgaben wie möglich in Feld B.
- Wenn sich herausstellt, dass eine Aufgabe zwar dringend, aber nicht wichtig ist, ordnen Sie die Aufgabe Feld C zu.

Denken Sie daran, dass Sie wichtige Dinge nicht vernachlässigen sollten, nur weil diese (noch) nicht dringend erscheinen. Die Gefahr besteht darin, dass die Themen irgendwann doch dringend werden und Sie in Stress geraten. Ebenso ungünstig ist es, wenn Sie wirklich wichtige Themen ewig vor sich herschieben und letztendlich womöglich gar nicht angehen.

Alles nicht so wichtig

Der Arbeitstag könnte so produktiv sein, wären da nicht die zahlreichen drängelnden Aufgaben, die eigentlich gar nicht wichtig sind.

Tut mir leid, keine Zeit

Schauen Sie sich die Aufgabe, die sich um Ihre Aufmerksamkeit bemüht, an und entscheiden Sie sich dann, was Sie mit der Aufgabe machen.

✔ **Was macht die Aufgabe dringend?**

Die Antwort, weil es eine kurzfristige Terminanfrage gibt, reicht noch nicht aus. Wenn Ihr Chef Sie zum Gespräch bittet, sollten Sie sich tunlichst einfinden. Auch wenn Ihnen die Besprechung nicht wichtig erscheint, das gute Verhältnis zu Ihrem Chef ist wichtig und sollte nicht überstrapaziert werden. Bei Kollegen hingegen müssen Sie nicht jeden Termin reflexartig akzeptieren.

✔ **Für wen ist die Aufgabe dringend?**

Wenn Ihre Kollegin in einer Stunde einen Bericht abgeben soll, der Drucker aber streikt, dann ist die Aufgabe »Drucker reparieren« dringend. Und zwar ist sie dringend für Ihre Kollegin. Natürlich sollten Sie nicht zum Kollegenschwein werden und grundsätzlich keinen Handlungsbedarf sehen, wenn andere in dringlichen Schwierigkeiten stecken. Wenn Sie aber bei jedem Hilferuf Ihre Aufgaben stehen und liegen lassen, befinden Sie sich auf direktem Weg in die Zeitfalle »Hilfsbereitschaft«.

 Verwechseln Sie nicht Dringlichkeit mit Wichtigkeit. Etwas Unwichtiges wird nicht wichtiger, nur weil ein Kollege es dringend macht. Wenn also jemand unbedingt noch heute mit Ihnen über eine Sache sprechen will, die für Sie nicht wichtig ist, dann müssen Sie nicht gleich alles stehen und liegen lassen. Sprechen Sie mit Ihrem Kollegen, erklären Sie ihm, dass Sie ihm gerne helfen würden, aber Ihre eigenen Aufgaben Ihnen keinen Spielraum dafür lassen. Wenn Sie keine Zugeständnisse machen können, stehen Sie dazu. Manchmal muss man freundlich, aber bestimmt »Nein« sagen.

Dringende Aufgaben, die für Sie nicht wichtig sind, sollten Sie möglichst nicht annehmen. Insbesondere wenn Sie neu im Team sind, kann es sich als hilfreich erweisen, die Kollegen nicht im Unklaren darüber zu lassen, wofür Sie eingestellt worden sind – und darüber, dass Sie wissen, was zu Ihrem Aufgabenbereich gehört und was nicht. Sprechen Sie also in der Kollegenrunde ruhig über Ihren Job. Damit können Sie womöglich die ein oder andere Zusatzaufgabe bereits im Keim ersticken.

Falls einige unwichtige Aufgaben dennoch ihren Weg zu Ihnen gefunden haben, bemühen Sie sich, sie wieder loszuwerden. Versuchen Sie, die Aufgabe an jemand anders weiterzugeben. Am einfachsten gelingt das, wenn Sie jemanden finden, dem an dem Ergebnis der Aufgabe etwas liegt oder der sogar Spaß an der Aufgabe hat. Auch für wenig aufregende Aufgaben wie »Akten sortieren« oder »Unterlagen lochen und Ringverschlüsse anlegen« lassen sich erstaunlicherweise durchaus Freiwillige finden.

Papierkorb- oder Pausenfüller

Wenn Sie eine unwichtige, dringende Aufgabe nicht delegieren können, schauen Sie sich die Lage genauer an:

- ✔ Sie lassen sich unter Druck setzen von einer Aufgabe, die nicht besonders wichtig ist. Was würde passieren, wenn Sie die Aufgabe einfach von Ihrer Liste streichen würden? Hinterfragen Sie, ob die Aufgaben überhaupt erledigt werden müssen.

- ✔ Nützt das alles nichts und die dringende, aber wenig wichtige Aufgabe bleibt an Ihnen hängen, bleibt nur noch eines: Finden Sie eine geeignete Lücke in Ihrem Kalender und lösen Sie die Aufgabe zeitsparend und endgültig. Eine unwichtige Aufgabe darf damit nicht auf Perfektion hoffen. Konzentrieren Sie sich also auf das Nötigste, das getan werden muss, und tun Sie das gerade so gut, dass Sie die Sache nicht wieder in die Hand nehmen müssen.

Bei Aufgaben, die weder wichtig noch dringend sind, dürfen Sie durchaus an deren Daseinsberechtigung zweifeln. Entsprechend dürfen Sie D-Aufgaben, zu denen Sie keine Lust haben, auch getrost der »Ablage P« zuführen, das heißt: ab in den Papierkorb.

Viele D-Aufgaben sind jedoch ebenso sinnlos wie unterhaltsam und bringen zwar keine Fortschritte, aber durchaus Spaß. Diese Aufgaben können Sie als Pausenfüller einsetzen, um ein wenig abzuschalten oder zu entspannen. Manche Tätigkeiten wie »ziellos im Internet surfen« oder »Spielchen spielen« können Sie sich auch als Belohnung für geleistete Arbeit versprechen. Wichtig ist dabei, dass Sie sich ein Zeitlimit setzen und dieses auch einhalten.

Alles zu viel

Sie haben sich mithilfe der Eisenhower-Matrix einen Überblick darüber verschafft, mit welchen Aufgaben Sie es zu tun haben. Und Sie haben festgestellt, dass Sie vor allem eines haben: Sie haben zu viel zu tun.

Ziele nicht nur im Kopf, sondern auch im Kalender haben

Je mehr Sie zu tun haben, desto wichtiger ist es, dass Sie sich auf die Faustregel »Jeden Tag das Wichtigste zuerst erledigen« konzentrieren. Damit Ihnen das auf Dauer gelingt, versorgen Sie sich mit einer zielorientierten Planung. Sie sollten einen Wochen- und Tagesplan erstellen und eine mittelfristige Monats- und Jahresplanung.

- ✔ Bestimmen Sie Ihre Ziele für den jeweiligen Zeitraum und bestimmen Sie die Rangfolge der Ziele.

- ✔ Erstellen Sie für jedes Ziel einen Zielerreichungsplan. In Kapitel 5 erfahren Sie, wie so ein Plan aussieht. Planen Sie konkrete Termine, zu denen Sie die einzelnen Schritte angehen werden. Wenn Sie beispielsweise zum Experten für die Finanzkrise werden wollen, bringen Sie sich montags von 10 Uhr bis 12 Uhr auf den neuesten Stand mithilfe des weltweiten Pressespiegels zum Thema. Diese Aufgabe ist übrigens nicht eilig, aber wichtig.

✔ Zeigen Sie Störenfrieden die (mindestens) gelbe Karte: Wenn das Ziel mit der Startnummer 11 sich anschickt, das Ziel mit der Startnummer 1 zu foulen und zu überholen, schicken Sie es freundlich, aber mit Nachdruck auf die Wartebank. Alles zu seiner Zeit.

Wenn Sie einen Wochen- oder Monatsplan erstellen, können Sie sich – solange es keine konkreten Termine gibt – insbesondere von der Frage »Was ist wichtig und sollte in dieser Zeit erledigt werden?« leiten lassen. Die leitende Frage für die Tagesplanung ist hingegen: »Wann erledige ich was und wie viel Zeit brauche ich dafür.«

Bei der Tagesplanung setzen Sie auf konkrete Zeitfenster: Von 9 Uhr bis 10 Uhr nehmen Sie an dem Abteilungs-Jour-fixe teil, von 10 Uhr bis 12 Uhr arbeiten Sie an der wichtigen Präsentation, anschließend machen Sie Networking beim Mittagessen bis 12:45.

Ein Tag voller Details

Mit diesen Tätigkeiten füllen Sie Ihren Tag:

✔ Schreiben Sie alle Aufgaben und Termine auf, die an diesem Tag in Angriff zu nehmen sind.

Formulieren Sie Ihre Termine nicht zu sparsam, sondern spendieren Sie sich Zusatzinformationen. Statt »17:00 –17:30, Telefontermin, Frau Huber« tragen Sie lieber »17:00-17:30 Telefontermin, Frau Huber, Feedback zu den Entwürfen der Agentur geben und Verbesserungswünsche platzieren« ein.
Sie können Ihre Themen so besser im Blick behalten und erinnern sich auf einen Blick, worum es bei dem Termin geht. Die Zusatzinformationen helfen Ihnen auch dann, wenn Sie Ihren Terminplan überfliegen und danach absuchen, was Sie noch vorbereiten müssen.

✔ Wichtige, dringende Aufgaben stehen ganz oben in Ihrem Tagesplan. Lassen Sie sich nicht dazu hinreißen, den Tag mit unwichtigeren Dingen zu starten, solange es wirklich wichtige Aufgaben gibt.

✔ Schätzen Sie ab, wie lange Sie für die einzelnen Tätigkeiten brauchen. Versuchen Sie dabei möglichst realistisch zu bleiben und sich nicht durch zu enge Zeitfenster selbst unter (unnötigen) Druck zu setzen.

Sie sollten sich zwar nicht selbst unter Zeitdruck setzen, allerdings sollten Sie auch nicht zu großzügig mit Ihrer Zeit umgehen. Denken Sie an das »Parkinson-Gesetz« das besagt, dass jede Arbeit so viel Zeit in Anspruch nimmt, wie man dafür einplant. Wenn Sie sich drei Tage Zeit für etwas geben, das Sie auch in drei Stunden erledigen könnten, werden Sie vermutlich trotzdem drei Tage brauchen.

✔ Planen Sie ausreichend Zeit für die wichtigen, aber nicht dringenden Themen ein. Bei diesen Aufgaben sollten Sie zu Höchstleistungen auflaufen können. Dafür brauchen Sie nicht nur genügend Zeit, sondern auch genügend Konzentration. Legen Sie diese Tätigkeiten also nicht in Ihr Mittagstief, sondern in eine Phase, in der Sie über viel kreative Energie verfügen.

✔ Machen Sie nicht den Fehler, den Tag mit einer ausführlichen Lektüre aller neuen E-Mails zu starten. Planen Sie lieber eine »Kommunikationsstunde« in Ihren Zeitplan ein. In dieser Zeit können Sie sich dann den E-Mails widmen und Anrufe erledigen. Versuchen Sie, sich außerhalb der Kommunikationsstunde so wenig wie möglich von E-Mails und anderen Anfragen ablenken zu lassen.

✔ Reservieren Sie Zeitpuffer für Unvorhergesehenes, Verzögerungen, Ablenkungen oder auch für einen Plausch mit den Kollegen. Wenn Sie von morgens bis abends jede Minute mit Aufgaben verplant haben, ist eine Planverletzung so gut wie vorprogrammiert. Also können Sie sie auch gleich einplanen.

In besonders stressigen Zeiten können Sie jeden Tag ein oder zwei »Tagesaufgaben« ausrufen. Sorgen Sie dafür, dass Sie wenigstens diese Tagesaufgaben erledigen, auch wenn ansonsten an dem Tag alles drunter und drüber geht. Mit den Tagesaufgaben vor Augen können Sie jeden frei werdenden Moment ohne Überlegung direkt in die Tagesaufgabe investieren.

Das Pareto-Prinzip

Der Ökonom Vilfredo Pareto hat im 19. Jahrhundert ein Prinzip beschrieben, das Ihnen helfen kann, effektiver mit Ihrer Zeit umzugehen. Er beobachtete, dass in Italien damals circa 20 Prozent der Bevölkerung 80 Prozent des Einkommens erzielten und leitete daraus das 80-zu-20-Prinzip ab. Sie werden sich nun fragen, wie die Einkommensverteilung Italiens Ihre Zeitnot lindern soll. Ganz einfach: überhaupt nicht, aber das dahinterstehende Prinzip lässt sich auf viele Bereiche des Arbeitsalltags übertragen.

Es gibt viele Bereiche, in denen mit 20 Prozent des Einsatzes schon 80 Prozent des Ergebnisses erzielt werden. So sorgen nicht selten 20 Prozent der Produkte für 80 Prozent des Umsatzes und auch viele Meetings könnten erheblich knapper ausfallen, da 80 Prozent der Entscheidungen in 20 Prozent der Gesamtzeit getroffen werden. Präsentationen neigen ebenfalls dazu, sich dem Pareto-Prinzip zu beugen: Nach einer Stunde stehen die Inhalte und dann verlieren Sie sich den Rest des Tages in den Feinheiten PowerPoints, bis alles tipptopp aussieht. Selbst vor Kleiderschränken macht das Prinzip nicht halt und so tragen viele Menschen 80 Prozent der Zeit nur 20 Prozent ihrer Garderobe.

Es ist erfreulich, wenn Sie mit 20 Prozent des Gesamtaufwands 80 Prozent des Ergebnisses erzielen. Weniger erfreulich ist es, wenn Sie anschließend die übrigen 80 Prozent Ihrer kostbaren Arbeitszeit einsetzen, um das Ergebnis zu einem 100-Prozent-Ergebnis aufzustocken. Manchmal ist es unumgänglich, perfekte Ergebnisse zu liefern. Aber oftmals reichen 80 Prozent aus. Fragen Sie sich also, welche Details wirklich einen Mehrwert liefern und einen zusätzlichen Zeiteinsatz rechtfertigen. Und behandeln Sie Nebensächlichkeiten ruhig mal wie Nebensächlichkeiten – nämlich im Zweifel gar nicht.

Sie können die 80-zu-20-Regel nutzen, um Ihre Arbeit effektiver zu gestalten.

✔ Zerlegen Sie Ihre Aufgaben in Teilaufgaben. Sind alle Teilaufgaben gleich wichtig? Welcher Aspekt trägt am meisten zum Gesamtergebnis bei? Fangen Sie mit dem Aspekt an, der die größte Hebelwirkung hat. Dann erreichen Sie mit relativ wenig Anstrengung schon ziemlich viel. Das sorgt nicht nur für Fortschritte, sondern auch für ein gutes Gefühl: Wenn der größte Teil der Arbeit schon erledigt ist, können Sie entspannt den Rest angehen (oder sich dafür entscheiden, den Rest »Rest« sein zu lassen und mit einem 80-Prozent-Ergebnis zufrieden zu sein).

✔ Schätzen Sie ab, wie viel Zeit es kostet, aus dem guten 80-Prozent-Ergebnis ein perfektes 100-Prozent-Ergebnis zu machen. Lohnt sich der Aufwand?

Bedenken Sie, dass in vielen Unternehmen Terminvergehen unangenehmer auffallen als ein nicht ganz perfektes Ergebnis. Versuchen Sie daher, Ihre Termine einzuhalten. Wenn Sie dann nur ein 80-Prozent- oder sogar nur ein 60-Prozent-Ergebnis vorweisen können, zeigen Sie auf, was Sie noch liefern werden. In Präsentationen können Sie zum Beispiel die entsprechende Seite schon einmal aufbauen, indem Sie eine Rohgrafik mit dem Hinweis »Input folgt« einfügen.

✔ Erinnern Sie sich an Projekte in der Vergangenheit, bei denen Sie auf fast wundersame Weise in kurzer Zeit auf einmal große Fortschritte gemacht haben. Was hat Sie damals so produktiv gemacht? Vielleicht waren Sie besonders motiviert oder haben das Problem besonders gut verstanden. Vielleicht haben Sie auch eine Karrierechance gewittert oder die Möglichkeit, Ihren Kollegen endlich zu beweisen, was in Ihnen steckt. Finden Sie heraus, welche Antriebskräfte Ihnen in der Vergangenheit zu Durchbrüchen verholfen haben. Sie können diese zukünftig für sich arbeiten lassen, indem Sie sich selbst damit anspornen. In Kapitel 8, Abschnitt »Motivationsquellen anzapfen« erfahren Sie, wie das geht.

Alles, nur das nicht: »Nein« sagen zu Zeiträubern

Alle Aufgaben, die nicht wichtig sind, rauben Ihnen wertvolle Zeit. Mit der sogenannten Eisenhower-Matrix können Sie sich einen Überblick über Tätigkeiten verschaffen, die nicht wichtig sind, aber aus welchen Gründen auch immer dennoch von Ihnen erledigt werden sollen.

Nun ist es aber so, dass Zeiträuber nicht immer in Form einer unwichtigen Aufgabe daherkommen. Manchmal versteckt sich der Zeiträuber hinter der Aufgabe und die Aufgabe ist Ihnen sogar von dem Zeiträuber vermittelt worden. Der Zeiträuber »Hilfsbereitschaft« schanzt Ihnen beispielsweise unermüdlich Aufgaben zu, die für Sie eigentlich unbedeutend, für Ihren Mitmenschen aber von Interesse sind. Ihnen ist es wichtig, hilfsbereit zu sein, und daher hat der Zeiträuber ein leichtes Spiel. Er kann Ihnen einfach vorschummeln, die Aufgaben Ihrer hilflosen Mitmenschen wären somit auch für Sie wichtig.

Damit Sie sich vor Zeiträubern schützen können, müssen Sie diese zunächst enttarnen. Wenn Sie durchschaut haben, welche Räuber sich immer wieder bei Ihnen bedienen, können Sie wirksame Abwehrstrategien entwickeln. Folgende Zeiträuber sind in vielen Büros unterwegs:

Nicht »Nein« sagen können

Es gibt viele Gründe, die es einem schwer machen können, »Nein« zu sagen. Werte wie Hilfsbereitschaft, Loyalität, Höflichkeit oder das Gefühl des Mitleids führen oft dazu, dass mehr Aufgaben angenommen werden, als das eigene Zeitbudget zulässt.

Hinter vielen Zeiträubern stecken sehr wertvolle Eigenschaften. Wie so oft im Leben entscheidet die Dosierung darüber, ob sich die Eigenschaft eher positiv oder eher hemmend auswirkt. Hilfsbereitschaft ist nicht nur wünschens-, sondern auch erstrebenswert. Wenn die Hilfsbereitschaft aber dazu führt, dass Sie sich nur noch mit den Bitten anderer Menschen beschäftigen und für Ihre eigenen Aufgaben keine Zeit mehr haben, haben Sie den Pfad zur ungesunden Dosierung überschritten.

 Machen Sie sich klar, dass Sie kein schlechterer Mensch sind, wenn Sie sich dafür entscheiden, zunächst sich selbst zu helfen und den eigenen Zielen gegenüber loyal zu sein. Finden Sie heraus, aus welchen Gründen es Ihnen schwerfällt, »Nein« zu sagen. Und entwickeln Sie Strategien, mit denen sich vor zu vielen Fremdaufgaben bewahren können.

Einige Gründe, aus denen Menschen nicht gerne »Nein« sagen, sind mit Gegenmittel in Tabelle 9.1 aufgeführt.

Warum Sie nicht »Nein« sagen können	Was Sie dagegen tun können
Sie trauen sich nicht, weil der andere so bestimmt und selbstbewusst auftritt.	✔ Lassen Sie sich nicht von einem selbstbewussten Auftritt einschüchtern, halten Sie lieber mit. »Spielen« Sie selbstsicher und Sie werden feststellen, dass Sie dadurch tatsächlich an Sicherheit gewinnen.
	✔ Stärken Sie Ihr Selbstbewusstsein, indem Sie sich Ihre Stärken und Erfolge bewusst machen.
	✔ Machen Sie sich klar, dass Sie nicht der Unterlegene sind. Sie bitten nicht um Hilfe, sondern Sie sollen den Retter spielen. Der andere schafft es offensichtlich nicht, seine Aufgaben zu erledigen. Vielleicht ist Ihr Gegenüber auch unfähig, sich zu lästigen Aufgaben zu motivieren. Sie könnten sich dazu motivieren, wollen aber nicht. Weil Sie Wichtigeres zu tun haben.
	✔ Wenn Sie nicht endgültig »Nein« sagen mögen: Lehnen Sie die Bitte freundlich, aber bestimmt mit dem Hinweis ab, dass der andere das sicherlich heute auch ohne Sie hinbekommt. Morgen gehen Sie ihm dann gerne wieder zur Hand.
Sie sind sehr pflichtbewusst und haben ein schlechtes Gewissen, Aufgaben abzulehnen, die erledigt werden müssen.	✔ Lenken Sie Ihr Pflichtbewusstsein auf Ihre eigenen Pflichten und sorgen Sie zunächst dafür, dass Sie diese im Griff haben. Anschließend kümmern Sie sich um die Pflichten anderer Leute.
	✔ Die Aufgabe muss von jemandem erledigt werden, aber müssen das unbedingt Sie sein? Schlagen Sie dem Kollegen vor, sich an jemand anders zu wenden.
Sie möchten anerkannt und beliebt sein.	✔ Lösen Sie sich davon, dass jeder Sie mögen muss. Natürlich wäre das schön, aber es ist vor allem wichtig, dass Sie sich mögen. Und Sie werden anfangen, an sich zu zweifeln, wenn Sie vor lauter fremden Aufgaben Ihre eigenen Ziele nicht mehr erreichen.

Warum Sie nicht »Nein« sagen können	Was Sie dagegen tun können
	✔ Sie sind umso anerkannter, je stärker Sie sich selbst wertschätzen. Und dazu gehört, dass Sie Grenzen setzen und nicht bei allen Anfragen springen. Wenn Sie Ihre Aufgaben schnell für andere stehen und liegen lassen, laufen Sie Gefahr, zum Fußabtreter zu werden. Und Fußabtreter sind nur als Fußabtreter anerkannt.
Sie wollen höflich und hilfsbereit sein.	✔ Sie sollen höflich und hilfsbereit sein – in Maßen. Sie sollen aber ebenso Ihre Aufgaben erfüllen und Ihre Ziele erreichen. Es wäre ausgesprochen unhöflich, Ihnen selbst gegenüber, wenn Sie Ihre eigenen Ziele immer hintanstellen würden.
	✔ Wenn Sie gerne helfen würden, aber im Moment keine Zeit haben, machen Sie einen Vorschlag: Sie könnten den Kollegen unterstützen, sobald Sie Ihre Aufgabe beendet haben.
	✔ Freundlich »Nein« zu sagen kommt Ihnen zu hart vor? Dann paaren Sie Ihre Absage mit ein paar wertvollen Vorschlägen, die dem Kollegen weiterhelfen könnten: Zum Beispiel verraten Sie ihm, mit welchen Tricks die Aufgabe sich wie von selbst löst oder wen er an Ihrer Stelle um Unterstützung bitten könnte.

Tabelle 9.1: »Nein« sagen lernen

Wenn es Ihnen sehr schwerfällt, »Nein« zu sagen, stellen Sie sich Folgendes vor: Ihr Lieblingskollege steht zum dritten Mal am Tag an Ihrem (überquellenden) Schreibtisch und bittet Sie um Unterstützung. Aber neben Ihrem Kollegen steht noch jemand, den Sie kennen. Das sind Sie selbst. Und das Selbst bittet Sie ebenfalls, seine Aufgaben endlich anzugehen, es nicht in noch mehr Zeitnot zu bringen und sich ihm gegenüber loyal zu verhalten. Machen Sie sich klar, dass Sie Ihr Selbst nicht schlechter behandeln dürfen als andere. Im Gegenteil: Sie selbst sind Ihr wichtigster Verbündeter, also gehen Sie gut mit sich um!

Perfekt sein wollen

Wichtige Themen sollten Ihre volle Aufmerksamkeit bekommen und bei einigen Themen dürfen Sie auch mit einem 99-Prozent-Ergebnis noch unzufrieden sein. Oftmals ist ein gutes Ergebnis aber besser als ein perfektes Ergebnis – weil es Zeit und Nerven spart und Sie mehr Energie für weitere gute Ergebnisse haben.

Wappnen Sie sich daher gegen den Zeiträuber »Perfektionismus«.

✔ Verlieren Sie sich nicht Detailfragen. Wenn Sie nicht sicher sind, ab wann Sie zu sehr ins Detail gehen, probieren Sie Folgendes aus: Beschreiben Sie in drei kurzen Sätzen, was zu einem guten Ergebnis Ihrer Arbeit gehört. Alles, was in diesen drei Sätzen enthalten ist, ist wirklich wichtig. Der Rest ist Beiwerk.

- ✔ Prüfen Sie bei allen Aufgaben, ob Sie mit wenig Aufwand viel erreichen und sich damit schon zufriedengeben können. Müssen es wirklich 110 Prozent sein oder können Sie nach der 80-20-Regel des Pareto-Prinzips arbeiten? Über das Pareto-Prinzip können Sie weiter vorn in diesem Kapitel mehr erfahren.

- ✔ Denken Sie daran, dass Sie nicht jede Frage beantworten können müssen. Wenn Sie überfragt sind, geben Sie das zu: »Da bin ich im Moment überfragt, ich werde mich informieren und Ihnen heute Abend eine Antwort geben.«

Eine besonders tückische Variante des Perfektionismus besteht darin, kein Vertrauen in die Fähigkeit der anderen zu haben. Sie haben zwar keine Zeit, aber bevor jemand anders die Sache womöglich schlecht macht, greifen Sie lieber ein. Dieser Perfektionismus täuscht Ihnen vor, es ginge gar nicht darum, die Sache perfekt zu erledigen, sondern darum, ein Mindestmaß an Qualität sicherzustellen. Und das können nur Sie sicherstellen, flüstert Ihnen jedenfalls der Zeiträuber ein. Hören Sie nicht hin oder noch besser: Halten Sie sich die Ohren zu und rufen Sie dem Zeiträuber entgegen, dass es sich nicht um eine besonders wichtige Sache handelt (denn die geben Sie zu Recht ungern aus der Hand). Selbst wenn ein anderer die Sache also weniger gut hinbekommt als Sie: nicht so wichtig.

Keinen Fahrplan haben

Stellen Sie sich vor, Sie sind in einer fremden Stadt. Sie haben Hunger und suchen eine Pizzeria. Da Sie sich nicht auskennen, fahren Sie auf gut Glück los. Irgendwo werden Sie schon eine Pizzeria finden. Nach einer Stunde stellen Sie überrascht, genervt und hungrig fest, dass Sie im Kreis gefahren und wieder an Ihrem Ausgangspunkt gelandet sind.

Nicht nur in fremden Städten, auch im eigenen Büro können Sie wertvolle Zeit verschwenden, wenn Sie keinen ausgereiften Plan haben. Legen Sie sich also erst einen Plan zu, bevor Sie loslegen.

- ✔ Setzen Sie sich Ziele. Und setzen Sie sich damit auseinander, wie Sie das Ziel am besten erreichen können. Sorgen Sie dafür, dass Sie alles haben, was Sie brauchen. Erst dann legen Sie los und lassen sich auf dem Weg nicht durch andere grüne Wiesen (wie spannendere Sonderfragen) ablenken.

- ✔ Setzen Sie Prioritäten. Wer zu viel auf einmal machen möchte, macht nicht selten letztlich gar nichts so richtig. Ordnen Sie Ihren Projekten daher Prioritäten zu und arbeiten Sie diese der Reihe nach ab. Natürlich sollen Sie flexibel bleiben, achten Sie aber darauf, dass Sie nicht planlos mal dieses und mal jenes Projekt angehen.

Teil IV

Die Karriere voranbringen

In diesem Teil ...

Hier erfahren Sie, wie Sie die besten Voraussetzungen für Ihre Karriere schaffen. Sie lernen Methoden kennen, die Ihnen dabei helfen, die eigenen Interessen politisch korrekt durchzusetzen. Als Ihre eigene Marketingagentur erarbeiten Sie eine schlagkräftige Marketingstrategie für die Marke »Ich«. Und Sie werden zum größten Gegner Ihres eigenen Stresses und sorgen dafür, dass Sie nichts mehr so leicht aus dem Gleichgewicht bringen kann.

Mach doch, was ich will – Einfluss nehmen auch ohne Führungsauftrag

In diesem Kapitel

▶ Erfolgreich verhandeln

▶ Politisch korrekt Einfluss ausüben auf Mensch und Meeting

▶ Richtig reagieren auf verschiedene Bürotypen

Die meisten Menschen lassen sich ungern etwas anordnen. Sie lassen sich aber überzeugen, bewegen, mitreißen oder zu Verbündeten machen. Menschen sind beeinflussbar und reagieren je nach Typ mehr oder weniger stark auf unterschiedliche Einflüsse. Sie haben daher verschiedene Möglichkeiten, wenn Sie Ihre Mitmenschen zu einem bestimmten Verhalten veranlassen wollen. In diesem Kapitel lernen Sie die wichtigsten Strategien kennen. Außerdem erfahren Sie, wie Sie zu einem ebenso erfolgreichen wie fairen Verhandlungspartner werden. Sie werden erkennen, dass aus einer erfolgreichen Verhandlung immer zwei Sieger hervorgehen: Ihr Verhandlungspartner und Sie selbst.

Das Harvard-Verhandlungskonzept

Ob Sie mit Ihrem Chef über eine Gehaltserhöhung sprechen, mit Kollegen über die neue Sitzordnung oder mit Freunden über das beste Restaurant für den Abend: In jeder dieser Situationen verhandeln Sie. Und Sie verhandeln besonders erfolgreich, wenn Sie sich die Methode des sachbezogenen Verhandelns zu eigen machen. Roger Fisher, ein Rechtswissenschaftler der Harvard-Universität, entwickelt gemeinsam mit William Ury diese Verhandlungsmethode und beschrieb sie in dem Buch »Getting to Yes«. (Der deutsche Titel des Buches lautet »Das Harvard-Konzept. Der Klassiker der Verhandlungstechnik«.)

Das Harvard-Konzept gilt als eine der wirksamsten Verhandlungstechniken. Mithilfe des Harvard-Konzepts schaffen Sie es,

✔ fair zu verhandeln,

✔ eine sogenannte Win-win-Lösung zu finden, bei der beide Seiten gewinnen, und

✔ die persönliche Beziehung der Verhandlungspartner nicht zu belasten.

Abbildung 10.1 veranschaulicht die vier Prinzipien, auf denen das Harvard-Verhandlungskonzept beruht:

Weich zum Menschen verhandeln
- ✓ Sachbezogen diskutieren
- ✓ Den Menschen und Sachfragen getrennt behandeln

Interessen in den Vordergrund stellen
- ✓ Nicht Positionen, sondern Interessen erkunden
- ✓ Motivationen verstehen

Offen sein für verschiedene Lösungen
- ✓ Alternative Lösungen finden
- ✓ Auswahlmöglichkeiten schaffen

Auf Kriterien einigen
- ✓ Objektive Beurteilungskriterien festlegen, an denen mögliche Lösungen gemessen werden

Abbildung 10.1: Vier Prinzipien für erfolgreiche Verhandlungen: das Harvard-Konzept

✔ Behandeln Sie Menschen und Probleme getrennt voneinander.

✔ Konzentrieren Sie sich auf die Interessen, nicht die Positionen Ihres Verhandlungspartners.

✔ Suchen Sie Lösungsmöglichkeiten, von denen sowohl Sie als auch Ihr Verhandlungspartner etwas haben.

✔ Berufen Sie sich auf objektive und neutrale Beurteilungskriterien.

Der Stil eines Verhandelnden kann weich oder hart sein: Wer hart verhandelt, will die eigenen Interessen um jeden Preis durchsetzen. Er verhandelt nicht mehr mit, sondern gegen den anderen und nimmt in Kauf, dass die persönliche Beziehung Schaden nimmt. Jemand, der weich verhandelt, will hingegen die persönliche Beziehung schützen – oder hat Angst davor, nicht gemocht zu werden. Die eigenen Interessen haben dabei nicht selten das Nachsehen und am Ende wurde die Lösung oft friedlich erreicht, ist aber unbefriedigend.

Tabelle 10.1 führt typische Merkmale des weichen und harten Verhandlungsstils nach Fisher und Ury auf.

 Jemand, der weich verhandelt, nimmt häufig sowohl gegenüber seinem Verhandlungspartner als auch gegenüber der Sache eine weiche Position ein. Ein harter Verhandlungspartner hingegen zeigt seine Härte meistens nicht nur im Hinblick auf die Sache, sondern auch im Umgang mit dem Menschen. Das Harvard-Konzept schlägt eine Verhandlungsmethode vor, die gleichzeitig hart und weich ist: Es basiert auf dem Motto »weich zum Menschen, hart in der Sache«.

Typische Merkmale für einen weichen Verhandlungsstil	Typische Merkmale für einen harten Verhandlungsstil
Es wird miteinander verhandelt.	Es wird gegeneinander verhandelt.
Die Einstellung zum Verhandlungspartner ist eher partnerschaftlich.	Die Einstellung zum Verhandlungspartner ist eher feindlich.
Beziehung zum Verhandlungspartner wird geschont.	Es wird ohne Rücksicht auf Verluste verhandelt.
Die Verhandlungsdauer	Verhandlung soll schnell gehen.
Die eigene Position ist flexibel.	Die eigene Position ist in Beton gegossen.
Druck wird abgebaut.	Druck wird aufgebaut.
Das Verhandlungsziel besteht darin, eine Lösung zu finden.	Das Verhandlungsziel besteht darin, einen Sieg zu erzielen.
Der Verhandlung wird Zeit gegeben.	Die Verhandlung soll schnell abgeschlossen werden.

Tabelle 10.1: Weicher und harter Verhandlungsstil

Menschen und Probleme voneinander trennen

Die zwischenmenschliche Kommunikation läuft immer auf zwei Ebenen gleichzeitig ab. Auf der Sachebene geht es um das Thema der Verhandlung. Auf der Beziehungsebene geht es um die Gefühle, Befindlichkeiten sowie um die Sympathien und Antipathien, die mit dem Thema und dem Verhandlungspartner verknüpft sind.

Das Harvard-Verhandlungskonzept empfiehlt, die Beziehungsebene von der Sachebene des Themas zu lösen und getrennt zu behandeln.

- ✔ Lehnen Sie nicht die Interessen Ihres Verhandlungspartners ab, weil Sie ihn als Person ablehnen. Sie sollen den anderen nicht ändern, lieben oder hassen, sondern verstehen.

- ✔ Klären Sie ihre persönliche Beziehung und die menschlichen Probleme unabhängig von dem Sachthema. Dann müssen Sie keine inhaltlichen Zugeständnisse machen, nur weil Sie die Beziehungsebene verbessern wollen. Ebenso wenig sollten Sie fordern, dass der andere zwischenmenschliche Schwierigkeiten durch Zugeständnisse in der Sache löst.

- ✔ Trennen Sie Ihre Unzufriedenheit mit der Sache von der Person, mit der Sie reden. Statt: »In Ihrer Agentur arbeiten anscheinend nur Anfänger, das ist das schlechteste Konzept, das ich je gesehen habe.« sagen Sie lieber: »Ich bin nicht zufrieden mit dem Konzept, weil unsere Zielgruppe dadurch nicht angesprochen wird.«

- ✔ Sehen Sie sich und den Verhandlungspartner nicht als Freunde und auch nicht als Feinde, sondern als gemeinsame Problemlöser.

- ✔ Lassen Sie sich nicht von starkem Druck, sondern nur von starken Argumenten beeindrucken. Bauen Sie im Gegenzug auch keinen Druck, sondern nur Argumente auf.

- ✔ Versuchen Sie, die Interessen sorgfältig zu erkunden, anstatt Angebote zu unterbreiten oder Drohungen aufzubauen.

✔ Machen Sie sich bewusst, dass es nicht um ein Kräftemessen zwischen Ihnen und dem anderen geht (»Wir werden ja sehen, wer der Stärkere ist.«). Es geht darum, die beste Lösung für beide zu finden.

✔ Bieten Sie auf der persönlichen Ebene Ihre Hilfe an, während Sie in der Sache hart bleiben. Sie dürfen das Problem hart anpacken und sogar attackieren, niemals aber Ihren Verhandlungspartner. Drücken Sie daher in der gleichen Intensität, mit der Sie das Problem angehen, auf der Beziehungsebene Respekt, Wertschätzung und Anteilnahme aus.

In Kapitel 15 erfahren Sie ausführlich, wie Sie das »Problem Mensch« von dem »Problem Sache« trennen und behandeln.

Über Interessen statt über Positionen sprechen

Das Feilschen um Positionen führt Verhandlungen oft in eine Sackgasse. Dabei gibt es gleich mehrere Gründe, warum Sie besser fahren ohne festgefahrene Positionen:

✔ Positionen sind unflexibel und haben den Nachteil, dass sie den Lösungsspielraum erheblich einengen.

✔ Positionen können unpersönlich wirken und sind daher oft nicht sonderlich sympathisch. Sympathie und eine positive Gesprächsatmosphäre tragen aber wesentlich zum Erfolg einer Verhandlung bei.

✔ Es ist schwierig, eine Position erst vehement zu verteidigen und dann aufzugeben – und dabei das Gesicht zu wahren. Wie in einer Einbahnstraße gibt es keinen eleganten Weg zurück.

Das folgende, oft zitierte Lehrbuchbeispiel veranschaulicht den Unterschied zwischen Positionen und Interessen.

Zwei Schwestern streiten sich um eine Orange. Beide beziehen eine klare Position, leider die gleiche: »Ich will die Orange haben.« Keine der beiden rückt von ihrer Position ab oder sucht das Gespräch. So bleibt letztlich nur ein Kompromiss: Jede bekommt eine Hälfte, die Orange wird geteilt. Der Kompromiss ist vielleicht eine faire Lösung, aber sicherlich nicht die beste Lösung. Das wird schnell klar, als die eine Schwester die Schale ihrer Orangenhälfte wegwirft und das Fruchtfleisch isst. Die andere Schwester hingegen wirft das Fruchtfleisch ihrer Hälfte weg und benutzt nur die Schale.

✔ Die Frage nach den Interessen, dem »Warum«, hätte für beide eine deutlich attraktivere Lösung hervorgebracht: »Warum möchtest du die Orange haben?«

• Die eine Schwester möchte die Orange haben, weil sie die Schale braucht. Sie will einen Kuchen backen.

• Die andere Schwester möchte die Orange haben, weil sie gerne das Fruchtfleisch essen möchte.

✔ Interessen, die hinter scheinbar unvereinbaren Positionen stehen, können überraschend gut vereinbar sein.

Wenn eine Verhandlung sich an Positionen orientiert, lässt sich häufig nur ein Kompromiss finden. Ein Kompromiss ist aber nicht selten ein fauler Kompromiss. Keiner der Verhandlungspartner ist richtig zufrieden. Wenn Sie weich verhandeln, geben Sie womöglich nach und Ihre Position auf. Verhandeln Sie hart, versteifen Sie sich auf Ihre Position. In einer sachbezogenen Verhandlung müssen Sie weder das eine noch das andere, denn Sie konzentrieren sich auf die Interessen hinter den Positionen.

- ✔ Stellen Sie die Interessen beider Seiten in den Mittelpunkt der Verhandlung. Bedenken Sie, dass nicht alle Interessen offen ausgesprochen werden. Sie und auch Ihr Gegenüber verfolgen möglicherweise Interessen, die sie (noch) nicht offengelegt haben. Forschen Sie nach diesen verdeckten Interessen, denn sie können für den Verhandlungserfolg bedeutend sein.

- ✔ Fördern Sie ein offenes Gespräch. Sie erhalten wichtige Informationen, wenn Sie offene W-Fragen stellen: »Was möchten Sie warum, wie und bis wann erreichen?«

- ✔ Versetzen Sie sich in den anderen hinein und sehen Sie die Verhandlung mit seinen Augen.

- ✔ Erstellen Sie eine Interessenliste.

- ✔ Widerstehen Sie der Versuchung, ungeliebte Interessen Ihres Gegenübers unter den Tisch fallen zu lassen. Wenn Sie die Wünsche Ihres Gesprächspartners deutlich aufnehmen und aussprechen, hört er Ihnen umso lieber zu. Sagen Sie ihm also, was er hören möchte (»Sie wollen also zur der Konferenz gehen, um ihr Netzwerk zu erweitern.«) und Sie legen den Grundstein für eine erfolgreiche Verhandlung.

Lösungsmöglichkeiten entwickeln

Mit der Methode des sachbezogenen Verhandelns suchen Sie keine Kompromisse. Sie suchen auch nicht die eine einzig richtige Lösung. Sie suchen mehrere attraktive Entscheidungsmöglichkeiten, die Ihnen Win-win-Lösungen bieten.

Schießen Sie sich nicht zu früh auf eine bestimmte Lösung ein. Versuchen Sie lieber, auf die Gestaltung verschiedener Lösungsmöglichkeiten Einfluss zu nehmen. Wenn Sie verschiedene interessante Lösungsmöglichkeiten aufwerfen, können Sie gemeinsam die attraktivste Lösung für beide Seiten auswählen.

So entwickeln Sie attraktive und realistische Lösungsmöglichkeiten:

- ✔ Fällen Sie keine vorschnellen Urteile. Wenn Sie sich zu schnell darauf festlegen, was richtig und was falsch ist, engen Sie Ihre Kreativität ein.

- ✔ Lösen Sie sich von der Vorstellung, dass es nur eine richtige Lösung gibt. So wie viele Wege nach Rom führen, führen auch viele Wege zu einer guten Lösung. Bleiben Sie daher offen und ziehen Sie auch Vorschläge in Betracht, die Sie intuitiv lachend ablehnen würden. Suchen Sie lieber die guten Seiten an den Vorschlägen. Fragen Sie sich, wie sich darauf aufbauen ließe, was wie geändert werden könnte. So führen Sie sich und Ihren Verhandlungspartner zu kreativen Lösungen, die für beide Seiten nützlicher sind als die naheliegende »Standardlösung«.

- ✔ Versuchen Sie, sich von dem Gedanken zu lösen, dass entweder Sie Ihre oder der andere seine Interessen durchsetzen wird. So vermeiden Sie die Vorstellung, dass ein Entgegenkommen von Ihnen zugleich zu Ihren Lasten geht. Machen Sie sich klar, dass der Erfolg Ihres Verhandlungspartners auch Ihr Erfolg ist – und nicht Ihre Niederlage.

- Lösen Sie sich von der Ansicht, dass die Probleme Ihres Verhandlungspartners nicht Ihre Probleme sind. Offensichtlich werden seine Probleme zu Ihren Problemen, wenn Sie einer einvernehmlichen Lösung im Weg stehen. Die Überzeugung, der andere müsse seine Probleme gefälligst selbst lösen, bringt Sie daher keinen Millimeter weiter.

- ✔ Sammeln Sie unterschiedliche Lösungsalternativen. Sie können für diesen Prozess Kreativitätstechniken wie zum Beispiel das Brainstorming nutzen. Lassen Sie Ihrer Fantasie freien Lauf und sammeln Sie mit Ihrem Partner unterschiedliche Möglichkeiten.

- ✔ Trennen Sie den Prozess des Ideensammelns von der Bewertung der Ideen. In der Phase des Ideensammelns sollen diese kreativ sprudeln. Kritik oder eine Bewertung der Ideen unterbricht den Prozess und lässt die Kreativität versiegen.

- ✔ Untersuchen Sie die Ideen anschließend auf Vorteile für beide Seiten. Ebenso wichtig ist es, dass Sie sich fragen, inwieweit die Lösungsmöglichkeiten in Ihrem Einflussbereich liegen und damit realistisch sind.

Objektive Entscheidungskriterien festlegen

Nachdem Sie hoffentlich viele Lösungsmöglichkeiten gefunden haben, müssen Sie sich gemeinsam mit Ihrem Verhandlungspartner für eine Lösung entscheiden. Nun wird es etwas kniffelig. Denn auch wenn beide Parteien guten Willens sind, eine einvernehmliche Entscheidung zum Vorteil beider zu treffen, treffen nach wie vor die unterschiedlichen Interessen aufeinander. Sie wollen das Büro mit dem Ausblick haben, Ihr Kollege auch. Sie wollen, dass die Ware diese Woche ausgeliefert wird, der Lieferant will erst nächste Woche starten.

Wenn Sie die gesammelten Lösungsmöglichkeiten auf Basis Ihrer Interessen beurteilen, sind neue Schwierigkeiten vorprogrammiert. Da Sie und Ihr Verhandlungspartner unterschiedliche Interessen haben, werden sie auch die Lösungen unterschiedlich bewerten. Sie wollen sich aber einigen und dafür müssen beide Parteien die gleiche Lösung als günstig bewerten. Das gelingt, indem Sie für eine gemeinsame Entscheidungsbasis sorgen. Legen Sie mit Ihrem Verhandlungspartner Kriterien fest, mit denen Sie die verschiedenen Lösungsoptionen bewerten. Es wird Ihnen zudem leichter fallen, einer Lösung zuzustimmen, wenn diese nicht auf den Interessen des Gegenübers, sondern auf objektiven Kriterien basiert.

Diese Ansprüche sollten Sie an die Entscheidungskriterien stellen:

- ✔ Die Kriterien sollten objektiv sein.

- ✔ Die Kriterien sollten unabhängig von den Interessen der beiden Parteien sein.

- ✔ Die Kriterien sollten nachprüfbar sein.

✔ Die besten Kriterien taugen nichts, wenn sich ihre Anwendung in der Realität schlicht nicht umsetzen lässt. Die Kriterien sollten daher praktisch anwendbar sein.

✔ Die Kriterien sollten »untadelig« sein. Viele Menschen richten sich bewusst oder unbewusst nach dem, was sie für rechtmäßig halten. Sorgen Sie dafür, dass die Kriterien einwandfrei sind. Dann können Sie betonen, über welche Tugenden die Lösungsmöglichkeit verfügt. Wenn die Idee sich als besonders fair, rechtens und moralisch vorbildlich erweist oder sich mit weiteren erstrebenswerten Eigenschaften schmücken kann, kann Ihr Verhandlungspartner sie womöglich leichter akzeptieren.

Als objektive und neutrale Kriterien eignen sich zum Beispiel:

✔ der Marktwert einer Leistung oder eines Gegenstands,

✔ wissenschaftliche Gutachten oder Kriterien von Sachverständigten,

✔ Gleichstellungs- oder Gleichbehandlungsgrundsätze,

✔ Kosten oder Einnahmen,

✔ der zeitlicher Aufwand, der mit der Umsetzung der Lösungsmöglichkeiten einhergeht,

✔ Auswirkungen, die nicht im Einflussbereich der Verhandlungspartner liegen und hinreichend sicher vorhergesagt werden können.

 Manchmal steckt der Teufel im Detail und Sie erreichen trotz aller objektiven Kriterien keine Einigung. Das kann daran liegen, dass Ihr Gegenüber mehr Einfluss hat als Sie. Vielleicht spielt er auch einfach nicht mit und beruft sich weiterhin auf seine Interessen. Bevor Sie die Verhandlungen für gescheitert erklären oder Hilfe von außen dazurufen, werfen Sie einen Blick auf die zweitbeste Lösung. Würde der Verhandlungspartner dieser Lösung zustimmen? Können Sie der Lösung guten Gewissens zustimmen?

Auf unfaire Taktiken reagieren

Es gibt eine Menge Taktiken, mit denen andere bisweilen versuchen, Sie zu verwirren und die eigenen Interessen durchzusetzen. Wenn Ihr Verhandlungspartner unfaire Taktiken einsetzt, sind Sie verständlicherweise verärgert. Versuchen Sie trotzdem, sich nicht provozieren zu lassen. Schauen Sie sich die unfaire Taktik lieber genauer an. Sobald Sie die Taktik durchschaut haben, sollten Sie das auch zeigen und sich dagegen wehren. Dafür reicht es oft schon aus, dass Sie ganz unbedarft nachfragen, ob Ihr Gegenüber gerade diese oder jene Taktik einsetzt.

✔ Besonders lästig sind persönliche Angriffe. Angriffe wühlen auf und beeinträchtigen damit nicht selten Ihre Urteilskraft. Versuchen Sie, die Pfeilspitzen an sich vorbeiziehen zu lassen, und fragen Sie nach: »Kann es sein, dass Sie versuchen, mich persönlich anzugreifen?«

✔ Weitere beliebte Taktiken sind Drohungen, Ablenkungsmanöver aller Art und die Verbreitung falscher Informationen. Auch die Interessen des Verhandlungspartners werden bisweilen abgewertet. Nehmen Sie Ihrem Gegenüber den Wind aus den Segeln und fragen Sie nach: »Kann es sein, dass Sie versuchen abzulenken? Kann es sein, dass Sie meine Interessen weniger wichtig nehmen als Ihre?«

Sie haben noch eine andere Möglichkeit, klug auf unkluge Taktiken zu reagieren:

✔ Stellen Sie die Taktik infrage, ohne die Person des anderen infrage zu stellen. Anstatt zu sagen: »Sie greifen mich an, um mich unter Druck zu setzen.«, sprechen Sie lieber das Problem an: »Ich bin nicht zufrieden, weil ich mich unter Druck gesetzt fühle. So fällt es mir nicht leicht, die Verhandlung fortzuführen. Ohne Druck verhandele ich aber gerne weiter mit Ihnen.«

Vergessen Sie nicht, dass es in der Verhandlung nicht um Sieg oder Niederlage, sondern um eine gemeinsame Lösung geht. Auch wenn es Sie reizt, den Verhandlungspartner zu erziehen oder für seine unfaire Taktik zu bestrafen, verschwenden Sie Ihre Zeit lieber nicht damit. Sie sind nicht sein Erzieher, sondern sein Verhandlungspartner. Außerdem ist es schwierig bis hoffnungslos, einen anderen Menschen zu ändern. Ändern Sie lieber das, was Sie beeinflussen können: die Art und Weise, wie sie miteinander verhandeln.

Einfluss nehmen hat viele Gesichter

Wenn Sie Einfluss auf Ihre Mitmenschen ausüben möchten, sollten Sie eine schlüssige Antwort auf deren Frage »Und warum sollte ich das tun?« parat halten. Die Antworten auf diese Frage können sehr unterschiedlich ausfallen und stehen für verschiedene Strategien. Sie können zum Beispiel antworten: »Weil wir doch Freunde sind.«, »Weil der Vorstand die Unterlagen schnell braucht.« oder »Weil du ja an mir siehst, wie gut es funktioniert.« Der folgende Abschnitt stellt Ihnen verschiedene Möglichkeiten vor, wie Sie Ihre Wünsche (politisch korrekt) an Ihre Mitmenschen bringen.

Ein Gespräch wird sowohl vom Sachinhalt als auch von der persönlichen Beziehung zwischen den Kommunizierenden bestimmt. Wenn Sie auf einen anderen Menschen Einfluss ausüben wollen, können Sie also entweder auf der Sachebene oder der Beziehungsebene ansetzen.

✔ Menschen lassen sich von Sympathien leiten. Strategien, die auf der persönlichen Ebene ansetzen, sind daher oftmals erfolgversprechender.

✔ Bedenken Sie, dass die persönliche Beziehung die tragende Basis ist, auf der das Gespräch stattfindet. Auch sachliche Strategien haben in einer angenehmen Gesprächsatmosphäre höhere Erfolgschancen. Wenn Ihr Gesprächspartner Ihnen positiv gegenübersteht, nimmt er Ihre sachlichen Informationen wohlwollender auf.

✔ In einer schwierigen persönlichen Beziehung schaltet der Gesprächspartner oftmals automatisch auf Abwehr und selbst die besten Argumente haben es schwer.

Eine starke Wirkung

Es gibt Menschen, die bekommen von anderen (fast) alles, was sie wollen. Sie üben eine starke Wirkung auf ihre Mitmenschen aus, sodass ihre Handschrift von den anderen bewusst oder unbewusst übernommen wird. Vielleicht haben Sie auch so einen charismatischen Kollegen, der immer wieder das Team anleitet und dabei akzeptiert wird, obwohl er eigentlich nicht mehr zu sagen hat als die anderen. Trotzdem stellt er sich an die Spitze des Teams und das Team unter seinen Einfluss.

Die meisten Menschen, die spielend einen starken Einfluss ausüben, sind

- ✔ persönlich akzeptiert, freundlich und häufig ausgesprochen charismatisch.
- ✔ kompetent und handlungsstark. Das heißt, sie wissen, wovon sie reden, und scheuen sich nicht, Entscheidungen zu treffen.
- ✔ positiv eingestellt gegenüber Projekten und Menschen.
- ✔ selbstbewusst und unabhängig von dem Lob anderer Menschen. Sie handeln nicht, um von den anderen bestätigt zu werden. Daher können sie sich auf das sachliche Ziel konzentrieren und andere souverän loben oder ihnen eine Expertenrolle zugestehen.
- ✔ begeisterungsfähig und selbst hoch motiviert. So schaffen sie, auch ihre Mitmenschen zu motivieren und für ein Thema zu begeistern.
- ✔ »Vorbilder«; sie gehen mit gutem Beispiel voran und überzeugen so durch Taten und nicht nur mit Worten.
- ✔ Teamplayer; jedenfalls geben sie sich als solche. Sie zeigen Interesse an anderen Meinungen, motivieren die anderen, an der Entscheidungsfindung mitzuwirken, und vermeiden jede Besserwisserei.

Haben Sie so etwas schon einmal erlebt: Die Vorschläge der attraktiven Kollegin kommen beim Chef besonders gut an, er ist begeistert – ungeachtet der Tatsache, dass er letzte Woche den gleichen Vorschlag (aus dem Munde eines weniger attraktiven Mitarbeiters) noch nicht einmal richtig angehört hat. Was ist los mit dem Chef, hat die Attraktivität der Kollegin sein Urteilsvermögen nun vollends außer Kraft gesetzt? Tatsächlich verhält es sich fast so. Manche Menschen haben Eigenschaften, die einen besonders intensiven Eindruck auf die Mitmenschen machen: Sie sehen besonders gut aus, sind ausgesprochen charismatisch oder einfach nur schrecklich sympathisch. Psychologen haben herausgefunden, dass diese besondere Eigenschaft die gesamte Wahrnehmung und Bewertung ihres Besitzers »überstrahlen« kann. Wir neigen dazu, Menschen, die wir in einer Hinsicht besonders positiv bewerten, auch gleich insgesamt viel positiver (als vielleicht gerechtfertigt) zu bewerten. In der Psychologie ist dieser Effekt als Halo-Effekt bekannt. »Halo« kommt aus dem Griechischen und bedeutet so viel wie »Lichthof«: Wir sehen den anderen Menschen im Lichte seiner besonderen Eigenschaft und wenn uns die besonders gut gefällt, trauen wir dem Menschen noch viele andere Eigenschaften zu, die uns ebenfalls besonders gut gefallen. Der Halo-Effekt verblendet also tatsächlich ein wenig. Was das für Sie im Berufsalltag heißt? Einiges:

- ✔ Erinnern Sie sich an den Halo-Effekt, wenn Sie als Führungskraft drauf und dran sind, den attraktiven (aber fachlich eher unbewanderten Kollegen) zu befördern.
- ✔ Nutzen Sie den Halo-Effekt für sich selbst aus. Dazu müssen Sie nicht mit Modelmaßen aufwarten, denn auch jede andere Eigenschaft, die Ihr Gegenüber besonders schätzt, eig-

net sich, um Ihren Gesamteindruck ein wenig »aufzuhübschen«. Der Chef ist ein begeisterter Golfer? Dann erwähnen Sie doch nebenbei Ihre Liebe zum Golf und Ihr beeindruckendes Handicap. Gemeinsamkeiten zwischen Ihnen und Ihrem Gegenüber sind immer ein guter Ansatzpunkt, um den Halo-Effekt in Gang zu bringen.

✔ Bedenken Sie, dass der Halo-Effekt nicht nur bei positiven, sondern auch bei negativen Eigenschaften wirkt. Wenn Ihr Chef also Unordnung wie die Pest hasst, bemühen Sie sich, Ihren Schreibtisch vor dem Chaos zu bewahren und Ihren Chef vor Gedanken wie »So unordentlich wie der ist, kann er bestimmt auch dieses und jenes nicht«.

Selbstbewusst auftreten

Die Voraussetzung für eine starke Wirkung ist ein starker und selbstbewusster Auftritt. Sie sollten sich Ihrer Sache sicher sein und das sympathisch vermitteln.

✔ Treten Sie selbstsicher auf und formulieren Sie klar und deutlich, was Sie vom anderen möchten. Viele Menschen lassen sich von einer geballten Ladung an Überzeugung und Selbstsicherheit beeinflussen, solange diese mit einem ordentlichen Schuss Sympathie garniert ist.

✔ Vertreten Sie Ihre Position mit Freundlichkeit und Deutlichkeit. So signalisieren Sie, dass Sie keine Verhandlung, sondern eine Handlung wünschen.

Wenn Sie nicht mit dem anderen über Ihr Anliegen diskutieren wollen, laden Sie ihn nicht dazu ein.

✔ Stellen Sie keine Fragen, sondern geben Sie die Antworten.

✔ Zweifeln Sie nicht an Ihrem Standpunkt, sondern untermauern Sie ihn mit Fakten und Selbstsicherheit. Liefern Sie keine Gegenargumente frei Haus mit (»Vielleicht bringt uns die Analyse nicht weiter, aber trotzdem möchte ich die Zahlen haben.«).

✔ Lassen Sie sich nicht von Ihrem Weg abbringen, wenn Ihnen Widerstand entgegenweht. Zeigen Sie, dass Sie sich Ihrer Sache sicher sind und bleiben Sie bei Ihrem Standpunkt. Und bleiben Sie integer, Drohungen oder die Ankündigung von negativen Konsequenzen sind fehl am Platze.

Einen Trick aus der Psychologie nutzen: Priming

Ob Sie bei Ihrer Einflussnahme auf der Beziehungsebene oder auf der Sachebene ansetzen, in jedem Fall können Sie auf ein Phänomen aus der Psychologie setzen: Mit dem sogenannten »Priming« (zu Deutsch »Bahnung«) bahnen Sie Ihren Nachrichten den Weg zum Ziel, sprich zur Beeinflussung des Gegenübers. Priming bedeutet, dass Sie Ihr Gegenüber sozusagen auf ein bestimmtes Thema polen. Der Priming-Effekt ist im Alltag allgegenwärtig: Ein spannender Krimi primt Sie zum Beispiel auf das Thema »Einbruch« und Sie vermuten in jedem Knacken und Knarren einen Einbruch in die eigene Wohnung. Das folgende Priming-Beispiel ist Ihnen vielleicht schon bekannt, illustriert aber eindrucksvoll, worum es geht. Beantworten Sie spontan folgende Fragen: Welche Farbe hat Schnee? Welche Farbe hat ein Brautkleid? Welche Farbe hat ein Eisbär? Was trinken Kühe?

Wenn Sie nun, wie die meisten Menschen auf die letzte Frage »Milch« geantwortet haben, liegt das daran, dass Sie sich auf »weiß« geprimt hatten. Im Berufsleben können Sie den Priming-Effekt folgendermaßen für sich arbeiten lassen:

- ✔ **Priming zur Selbstmotivation:** Umgeben Sie sich an Ihrem Arbeitsplatz mit Symbolen, die Sie an Ihre Erfolge erinnern, positive Stimmungen wecken oder Gefühle wie Ehrgeiz und Arbeitsfreude auslösen. Der Pokal vom Sportwettbewerb ist dafür ebenso geeignet wie das Foto vom letzten Urlaub oder die eingerahmte E-Mail mit dem Lob des Vorgesetzten.

- ✔ **Priming zur Beeinflussung des Gegenübers:** Mit Priming können Sie Ihr Gegenüber wunderbar in eine Grundstimmung versetzen, die für Ihr Anliegen günstig ist. Wenn Sie zum Beispiel möchten, dass der andere Sie für führungs- und entscheidungsstark hält, schwärmen Sie ihm einfach von der Führungsqualität Ihres ehemaligen Chefs vor und sparen Sie nicht an positiven Eigenschaften, die dieser (angeblich) hatte. So primen Sie Ihr Gegenüber mit dem Bild einer exzellenten Führungskraft und schon wird es ihm viel leichter fallen, diese auch in Ihnen zu erkennen.

Um etwas bitten

Vielleicht denken Sie nun: »Ich möchte nicht bitten, ich möchte mich durchsetzen. Der andere soll tun, was ich mir vorstelle.« Ja, richtig, bitten Sie ihn also darum!

Eine gute Atmosphäre schaffen

Das Gespräch zwischen Ihnen und Ihrem Gesprächspartner läuft umso besser, je besser ihre Basis ist. Und die Basis des Gesprächs ist Ihre persönliche Beziehung. Leisten Sie also zunächst Beziehungsarbeit.

- ✔ Zeigen Sie sich als ein offener und freundlicher Zeitgenosse.

- ✔ Bauen Sie Vertrauen auf, indem Sie etwas von sich preisgeben. Damit sind weniger Berichte über Ihre steile Karriere gemeint, zeigen Sie sich vielmehr von Ihrer persönlichen Seite.

- ✔ Bekunden Sie Interesse an Ihrem Gegenüber. Sie können zum Beispiel Fragen stellen (ohne den anderen auszufragen) und dürfen dabei gerne das Sachthema verlassen und persönlich werden (»Wie haben Sie denn das schöne Wetter am Wochenende genutzt?«).

- ✔ Zeigen Sie Interesse an den Themen Ihres Gegenübers. Sprechen Sie über das, was für den anderen wichtig ist und werfen Sie Ideen zu seinen Themen auf.

- ✔ Entdecken Sie Gemeinsamkeiten zwischen Ihrem Gesprächspartner und Ihnen und sprechen Sie darüber. Vielleicht haben Sie die gleiche Ausbildung gemacht, interessieren sich beide für die Betriebssportgruppe oder vermissen das Studentenleben.

- ✔ Stimmen Sie Ihr Verhalten auf den anderen ab, aber bleiben Sie dabei authentisch.

- ✔ Signalisieren Sie Ihrem Gesprächspartner, dass er auch mit Ihrer Unterstützung rechnen kann (»Wenn ich mal was für Sie tun kann, kommen Sie gern auf mich zu.«).

Wenn es Ihnen gelingt, eine Nehmen-und-Geben-Atmosphäre zu Ihrem Gegenüber aufzubauen, werden Sie beide davon profitieren.

 Das Nehmen-und-Geben muss nicht immer darin bestehen, dass der andere aktiv für Sie arbeitet oder andersherum. Manchmal reicht es, wenn er Ihnen seine Stimme leiht. Sie können Ihren Einfluss deutlich erhöhen, wenn Sie Unterstützer für Ihr Anliegen finden und Allianzen mit Gleichgesinnten bilden. Alles, was Sie dafür brauchen, sind gemeinsame Ziele, die gleichen Interessen oder auch gemeinsame »Feinde« (zum Beispiel der alte Drucker, den der Chef endlich ersetzen lassen soll).

An die Freundschaft appellieren

In einer Freundschaft tut man sich Gefallen. Sie müssen nicht die dicksten Freunde sein, damit Sie auf freundschaftlicher Ebene um einen Gefallen bitten können. Die Beziehung zwischen Ihnen und Ihrem Gegenüber sollte aber auf einer gewissen Vertrautheit beruhen.

Achten Sie auf folgende Feinheiten:

✔ Trauen Sie sich, den anderen als Freund zu bezeichnen. Gerade in neuen Freundschaften kann es sehr bekräftigend wirken, wenn Sie dem anderen signalisieren, dass Sie sich als Freunde sehen.

 Freundschaft ist den meisten Menschen ein wichtiger Wert. Ein Appell im Namen der Freundschaft hat daher oftmals eine starke Wirkung. Selbstverständlich können Sie aber auch an andere Werte Ihres Gegenübers appellieren, wenn Sie ihn zu einem bestimmten Verhalten veranlassen wollen. Stimmen Sie Ihren Appell auf den anderen ab: Bitten Sie beispielsweise einen besonders fantasievollen Menschen im Namen der Kreativität oder appellieren Sie an das Pflichtgefühl eines Regelliebhabers.

✔ Formulieren Sie Ihr Anliegen nicht als Aufforderung, sondern als Bitte oder Wunsch.

✔ Zögern Sie nicht, Ihrem Gegenüber ebenfalls einen Gefallen zu tun. Kleine Freundschaftsdienste tun der Freundschaft gut.

✔ Sagen Sie Ihren Freunden offen, dass Sie Hilfe brauchen. Sie geben sich damit keine Blöße, sondern die Chance, voranzukommen und Ihr Ziel zu erreichen.

✔ Zeigen Sie Ihren Freunden, dass Sie sich auf ihre Unterstützung verlassen. Betonen Sie, dass Sie Ihrerseits selbstverständlich auch für Ihre Freunde bereitstehen – und stehen Sie bereit!

✔ Lassen Sie Ihrem Gegenüber ruhig kleinere Aufmerksamkeiten zukommen. Bringen Sie dem Kollegen zum Beispiel sein Lieblingsfrühstücksbrötchen mit oder der Kollegin den Reiseführer, den sie schon lange mal ausleihen wollte.

 Kleine und größere Aufmerksamkeiten riechen schnell nach »Bestechung«, wenn sie nicht so recht zu der Beziehung zwischen Ihnen und Ihrem Gegenüber passen wollen. Bleiben Sie also authentisch und übertreiben Sie es nicht. Wo keine Freundschaft ist, werden Sie auch mit Körben voller Lieblingsbrötchen keine Freundschaft aufbauen. Bedenken Sie, dass viele Menschen auf Bestechungsversuche allergisch reagieren und sich ausgenutzt fühlen.

Um Unterstützung bitten

Es gibt eine sehr wirksame Methode, mit der Sie gleichzeitig etwas für das Selbstwertgefühl des anderen und für Ihre Ziele tun können: Bitten Sie Ihr Gegenüber um Unterstützung und ermuntern Sie ihn, sich in das Projekt einzubringen.

- ✔ Erkennen Sie den anderen als Experten an. Ihr Unterstützer muss kein fachlicher Experte für Ihr Anliegen sein. Sie können sich auch an ihn wenden, weil er besonders gut mit dem schwierigen Kunden umgehen kann oder ausgesprochen einfallsreich ist.
- ✔ Formulieren Sie Ihr Anliegen nicht als Aufforderung, sondern fragen Sie lieber nach Rat. Sie können auch um Input oder Feedback bitten.
- ✔ Hören Sie sich den Rat offen und interessiert an und wiegeln Sie nicht gleich ab, wenn es aus Ihrer Sicht in die falsche Richtung geht. Fragen Sie sich lieber vorsichtig in Richtung Ziel. (»Ja, das ist eine gute Idee, dass ich mich bei der Raumbuchung von der Agentur unterstützen lasse. Sie kennen diese Veranstaltungen ja sehr gut, wer muss denn aus Ihrer Sicht auf jeden Fall auf der Gästeliste stehen?«)
- ✔ Nehmen Sie die Vorschläge des anderen nicht nur zur Kenntnis, sondern auch an. Wenn Sie seine Vorschläge in die Tat umsetzen, erkennt Ihr Gegenüber sich in dem Projekt wieder und identifiziert sich damit. So schaffen Sie die beste Basis für weitere Unterstützung.
- ✔ Bieten Sie Ihrem Gegenüber die Gelegenheit, sich zu profilieren.

Wenn die Umstände es erlauben, können Sie zudem anregen, dass Ihr Experte sich und sein Expertenwissen in das Thema einbringt, indem sie gemeinsam daran weiterarbeiten.

Eine kurze Erklärung

Sie können Ihre Mitmenschen beeinflussen, indem Sie Ihnen erklären, warum Ihr Weg der (einzig) richtige ist. Was Sie dafür brauchen, ist eine hieb- und stichfeste Erklärung. Sie können zwei Taktiken einsetzen, um Ihrem Anliegen den nötigen Unterbau zu verschaffen.

Das Anliegen legitimieren

Um Ihr Anliegen zu legitimieren, brauchen Sie den Beistand einer Autorität. Welche Autorität Sie zu Hilfe bitten, bleibt dabei Ihnen überlassen.

- ✔ Sie können sich auf die Autorität berufen, die in Ihrer eigenen Rolle angelegt ist. Ein Projektleiter ist in der Regel zumindest fachlich weisungsbefugt. Als Mitarbeiter der Revision haben Sie den Auftrag, die Berichterstattung zu überprüfen. Ein Controller darf als Input für seine Arbeit fordern, dass ihm die gewünschten Zahlen bis zu einem bestimmten Zeitpunkt vorgelegt werden.
- ✔ Sie verweisen auf andere Autoritäten, die Sie in der Sache unterstützen. Die Vorgesetzte ist Ihrer Meinung, der Vorstand findet auch, das müsste mal gemacht werden. Bleiben Sie aber bei der Wahrheit und legen Sie den geschätzten Damen und Herren nichts in den Mund, wenn diese noch nie etwas von Ihrem Thema gehört haben.

✔ Sie betten Ihr Anliegen in anerkannte Regeln oder Werte ein. Sie können sich zum Beispiel auf die Firmenpolitik berufen, auf standardisierte Abläufe, erkannte Kundenwünsche, Benchmarking-Ergebnisse oder bewährte Traditionen. Auch gemeinsame Werte, die Sie und Ihr Gegenüber teilen, können Ihnen zu Hilfe eilen. Sie können zum Beispiel von Hilfsbereitschaft, Ehrlichkeit oder Offenheit für Neues sprechen.

Achten Sie darauf, dass Sie authentisch bleiben. Das, was Sie sagen, muss zu Ihrem Gegenüber und zum Thema passen. Es muss aber auch zu Ihnen passen, denn sonst sind Sie nicht glaubwürdig. Berufen Sie sich daher nur auf die Regeln, Werte oder Autoritäten, von denen Sie auch ohne Hintergedanken zumindest ein wenig halten. Wenn Sie im letzten Abteilungsmeeting über die Benchmarking-Ergebnisse hergezogen sind, haben diese aus Ihrem Munde nur noch eine geringe Überzeugungskraft.

Logisch argumentieren

Logisches Denken ist Ihren Mitmenschen ein vertrautes Werkzeug. Es ist anerkannt und selbst erprobt (jedenfalls meinen die meisten Menschen, sie wären in der Lage, logisch zu denken). Kaum jemand wird von sich behaupten, logische Schlussfolgerungen lägen ihm nicht. Bauen Sie also eine Kette logischer (oder zumindest logisch erscheinender) Verknüpfungen auf, an deren Ende sinnvollerweise nur Ihr Standpunkt stehen kann. Wenn Sie zudem noch für eine gute Gesprächsatmosphäre sorgen, haben Sie eine reelle Chance, dass Sie Ihre Mitmenschen mit Logik bestechen können.

✔ Wenn Sie mit logischen Argumenten überzeugen wollen, zeigen Sie ruhig, dass Sie diese auch ausgesprochen logisch hergeleitet haben: Nutzen Sie Ihre analytischen Fähigkeiten und gehen Sie das Thema professionell an.

- Zerlegen Sie das Thema zunächst in seine Einzelaspekte, analysieren Sie es also.
- Erläutern Sie Ihrem Gegenüber die einzelnen Aspekte und erklären Sie, nach welcher Logik Sie für die einzelnen Aspekte Lösungen gefunden haben.
- Anschließend fügen Sie Ihre Einzellösungen systematisch wieder zusammen zu Ihrer Lösung. (Sie können Ihr Verfahren sogar noch durch Verweis auf eine Autorität aufwerten: Erwähnen Sie, dass schon die alten Griechen ihre Lösungen durch Analyse und Synthese gefunden haben, so wie Sie nun gerade.)

✔ Fassen Sie abschließend die wesentlichen Stationen Ihrer Logikkette noch einmal zusammen. Zeigen Sie, dass es in der gegebenen Situation eigentlich nur eine logische Reaktion gibt: Es ist ausgesprochen logisch, genau das zu tun, was Sie anregen.

✔ Unterstützen Sie Ihre Logikkette, indem Sie Fakten vorlegen. Präsentieren Sie also Beweise. Zahlen, Diagramme, Erhebungen, Statistiken oder ähnlich nützliche Daten können Ihnen als Beleg für Ihre Argumente dienen.

Meetings unter Kontrolle halten

Eigentlich hatte sich das Projektteam zusammengefunden, um das gemeinsame Projekt voranzubringen. Nach einer Stunde kreist die Diskussion jedoch noch immer um die Frage, wer denn nun schuld daran war, dass der letzte Termin nicht eingehalten werden konnte. Während der regen Debatte nähert sich auch der nächste Termin langsam, aber immer sicherer dem gleichen Schicksal. Die Sitten im Meetingraum erinnern derweil eher an einen Hühnerstall als an eine geschäftliche Besprechung leistungsfähiger Business-Menschen.

Zeitraubende Meetings erlebt wohl jeder im Laufe seines Berufslebens. Es scheint beinahe ein Gesetz zu sein, dass Besprechungen länger dauern als geplant und Ergebnisse nach vielem Hin und Her (frühestens) in den letzten Minuten greifbar werden. Es gibt gleich mehrere Gründe, warum Meetings den Beteiligten manchmal mehr Nerven kosten als Erkenntnis einbringen.

Schonen Sie Ihre Geduld und Ihr Zeitbudget, indem Sie dazu beitragen, das Meeting wirkungsvoll zu gestalten.

- ✓ **Für eine arbeitsfähige Gruppengröße sorgen:** Zu viele Köche verderben den Brei und zu viele Teilnehmer verderben die Wirksamkeit des Meetings. An einem Meeting sollten daher so wenig Teilnehmer wie möglich und so viele wie nötig teilnehmen.

- ✓ **Dem Meeting eine Tagesordnung, neudeutsch Agenda, geben:** Sie können im Vorwege eine Agenda an die Teilnehmer senden und um weiteren Input bitten. Planen Sie unter Berücksichtigung der Zeit, die für das Meeting zur Verfügung steht, welche Themen besprochen werden sollen (auch hier gilt die Faustregel: das Wichtigste zuerst). Alles Weitere heben Sie sich für ein späteres Meeting auf. Themen, die nicht auf der Agenda stehen, werden im Meeting nicht diskutiert, solange nicht alle Agendapunkte abgehakt sind.

- ✓ **Das Ziel für das Meeting festlegen:** Definieren Sie, welches Ergebnis Sie im Meeting erreichen wollen, und holen Sie sich dafür ebenfalls im Vorwege das Einverständnis der anderen. (»In unserem Meeting am Donnerstag wollen wir folgende vier Themen besprechen (hier nennen Sie die Themen). Ergebnis des Meetings sollte sein, dass wir uns auf ein gemeinsames Vorgehen im Verhältnis zu den Wirtschaftsprüfern verständigen. Ihre Anmerkungen und Anregungen zur Agenda nehme ich gerne noch bis Mittwochabend auf.«)

- ✓ **Für die notwendigen Informationen sorgen:** Nichts ist störender, als keine Entscheidungen treffen zu können, weil viele kleine und größere Details nicht allen Beteiligten bekannt sind. Bitten Sie die Teilnehmer daher, wesentliche Informationen zur Verfügung zu stellen. Wenn Entscheidungen getroffen werden müssen, sollten die Beteiligten zudem über einen ähnlichen Informationsstand verfügen. Bei wichtigen, komplexen Themen, die nicht allen Teilnehmern vertraut sind, kann eine Kurzpräsentation durch den Experten in der Besprechung sehr wirksam sein.

- ✓ **Die Rolle des Moderators übernehmen:** Viele Meetings verlaufen in heillosem Durcheinander, da niemand sich der Moderation der Besprechung annimmt. Und die Teilnehmer springen von einem Thema zum nächsten, ganz nach ihren persönlichen Vorlieben. Als Moderator sorgen Sie dafür, dass die Gruppe nicht vom Thema abschweift. Sie behalten die Zeit im Auge und führen die Diskussion von einer Frage zur nächsten, damit die Gruppe sich allen Punkten der Tagesordnung widmet. Meetings sind bei manchen Zeitgenossen nicht nur Meetings, sondern vor allem ein Austragungsort von Machtspielchen und Positionierungsgerangel. Als Moderator führen Sie Streithähne und Selbstdarsteller freundlich, aber bestimmt zurück zum Thema (»Ja, Herr Sieger, Ihr Verhandlungserfolg mit der Firma Kasumke kann uns allen ein Vorbild sein. Insbesondere für unsere jetzige Situation – welche Verhandlungsstrategie würden Sie in unserem aktuellen Fall vorschlagen?«)

Nach dem Meeting sollten die wesentlichen Ergebnisse in Form eines kurzen Protokolls festgehalten werden. Sollten Sie noch Zeit für Extra-Aufgaben haben, können Sie sich viele Freunde machen, indem Sie sich freiwillig für diese Aufgabe melden.

Mit verschiedenen Bürotypen umgehen

Das Leben im Büro könnte so einfach sein, wären da nicht die lieben Kollegen – oder besser gesagt: wären da nicht die schwierigen Kollegen. Einige von ihnen mutieren zu regelrechten Nervensägen und strapazieren Ihre Geduld und Ihren guten Willen durch allerlei merkwürdige Eigenarten.

Kollegen, die sich keiner wünscht

Es gibt einige typische Bürotypen, die besonders häufig sind. Tabelle 10.2 liefert eine Übersicht und gibt Ihnen Tipps für den besten Umgang mit den einzelnen Exemplaren.

Zoologischer Name	Kennzeichen	Der richtige Umgang
Der Schleimer	✔ Wie das Fähnchen im Winde: Ist immer einer Meinung mit seinem aktuellen Gesprächspartner ✔ Unterwürfig und ohne Rückgrat	✔ Fragen Sie ihn nach seiner Meinung, bevor er weiß, was Sie denken oder was der Chef denkt. ✔ Übertragen Sie ihm ungeliebte Aufgaben mit dem Hinweis, dass diese Aufgabe dem Chef sehr am Herzen liegt.
Der Überflieger	✔ Reißt alle prestigeträchtigen Aufgaben an sich ✔ Wälzt Routineaufgaben ab (ist unter seinem Niveau) ✔ Hält sich gern in den oberen Chefetagen auf ✔ Erzählt unablässig von seinen Erfolgen ✔ Kennt nur gewinnen oder verlieren	✔ Lassen Sie sich nicht als Arbeiter für Routineaufgaben einspannen: Weisen Sie auf Ihre eigenen Aufgaben hin und das Angebot zur Mehrarbeit damit freundlich ab. ✔ Passen Sie auf, dass der Überflieger nicht mit Ihren Ideen auf Reisen geht: Entweder Sie teilen ihm keine Ideen mit, oder Sie sorgen für eine penible Dokumentation. ✔ Reisende soll man nicht aufhalten: Stellen Sie sich dem Überflieger nicht in den Weg. Entweder er fliegt auf die Nase oder tatsächlich nach oben – und dann wollen Sie ihn nicht zum Feind haben.

Zoologischer Name	Kennzeichen	Der richtige Umgang
		✔ Klappern gehört zum Handwerk: Berichten Sie Ihrem Chef auch von Ihren Erfolgen, damit der Überflieger Sie nicht unter den Tisch redet.
Der Choleriker	✔ Hat seine Wutausbrüche nicht unter Kontrolle ✔ Ist unberechenbar und kann sich auch in Kleinigkeiten reinsteigern	✔ Nicht ärgern, nur wundern: Nehmen Sie den Wutausbruch nicht persönlich, sondern betrachten Sie ihn als ein Naturereignis. ✔ Halten Sie Blickkontakt und lassen Sie sich nicht einschüchtern. Wenn Sie nicht so reagieren, wie er erwartet, sucht er sich nächstes Mal ein schwächeres Opfer. ✔ Falls der Typ Ihr Chef ist: Lassen Sie ihn sprudeln und weisen Sie ihn, sobald Sie zu Wort kommen lässt, sachlich und unerschrocken in seine Grenzen: »Sie haben sachlich recht, aber ich möchte nicht, dass Sie in diesem Ton mit mir sprechen. Zur Sache möchte ich sagen ...«
Der Nörgler	✔ Klagt, was ihn so alles plagt ✔ Findet immer ein Haar in der Suppe ✔ Liebt es, Fehler aufzudecken und beschwert sich gerne ✔ Ist gegen Veränderung (könnte ja alles noch schlechter werden)	✔ Stimmen Sie nicht in das Klagelied ein. ✔ Zeigen Sie ein gewisses Maß an Mitgefühl, aber gehen Sie auf Distanz: »Schade, dass Ihnen der Vortrag nicht gefallen hat, ich fand ihn ganz inspirierend.« Da der Nörgler Kontakt zu anderen Nörglern sucht, wendet er sich bei zu viel guter Stimmung ab. Zudem vermeiden Sie, dass der Nörgler sich mit Ihnen verbrüdert und in Ihrem Namen weiter klagt (»Frau Sonne findet auch ...«). ✔ Wenn er Ihnen zu sehr auf die Nerven geht, bringen Sie ihn zum Verstummen: Fragen Sie einfach nach detaillierten Verbesserungsvorschlägen oder nach seiner Vision. ✔ Stimmen Sie nie in seine Kritik über abwesende Dritte ein. Fordern Sie den Nörgler auf, seine Probleme mit dem Betroffenen selbst zu klären.

Zoologischer Name	Kennzeichen	Der richtige Umgang
Der Papierstauverursacher	✔ Produziert Papierstaus, Druckerausfälle, PC-Abstürze und ähnliche Übel ✔ Ist aber nie schuld daran oder in der Lage, Abhilfe zu schaffen	✔ Zeigen Sie sich beim ersten Mal hilfsbereit. ✔ Ab dem zweiten Mal versorgen Sie ihn mit Hilfe zur Selbsthilfe und drücken ihm die Gebrauchsanleitung für Drucker und Co. oder die Servicenummer in die Hand.
Der Besserwisser	✔ Hat die Weisheit mit Löffeln gefressen ✔ Mischt sich in alles ein und muss immer das letzte Wort haben ✔ Hält sich an Details auf, zu denen er Sie dann wortreich mit seinen Ausführungen beglückt	✔ Ein Besserwisser sucht verzweifelt nach Anerkennung. Geben Sie sich einen Ruck und ihm die Bestätigung, dass Sie verstanden haben, wie gut er sich auskennt. Aber sagen Sie ihm das nur einmal, sonst holt er sich seine tägliche Portion Anerkennung nur noch bei Ihnen. ✔ Suchen Sie sich aus seinem Redeschwall die Informationen raus, die für Sie wichtig sind und überhören Sie den Rest. ✔ Sie können ihn bremsen, indem Sie ihm im Detail zustimmen und dann nach dem großen Ganzen fragen. ✔ Halten Sie den Status quo von Projekten oder Absprachen schriftlich fest (E-Mail). Dann kann er später nicht behaupten, dieses oder jenes wäre nicht richtig und nie über seine Lippen gekommen.

Tabelle 10.2: Umgang mit verschiedenen Bürotypen

»Ja, aber« und »Das funktioniert hier nicht«

Es gibt einige nervtötende Verhaltensweisen, die gleich bei mehreren Bürotypen beobachtet werden können. Besonders hervorzuheben ist der »Ja, aber«-Reflex und die »Das funktioniert hier nicht«-Plage.

Sie können Ihren Zeitgenossen den Spaß an destruktiven Äußerungen nehmen, indem Sie ganz anders reagieren, als sie es erwarten. Normalerweise fordert ein »Ja, aber« oder ein pessimistisches »Das wird sowieso nichts« den Vorschlagmachenden heraus, den Problemseher zu überzeugen und den Vorschlag noch besser zu verkaufen. In der Regel bewirkt ein Nachschlag an guten Argumenten aber wenig bis gar nichts. Das liegt daran, dass es dem Problemseher oftmals gar nicht um die Sache, sondern ums Prinzip geht. Und das Prinzip heißt »meckern und dagegen sein«. Folgende Abwehrstrategien wirken oft besser als das beste Argument.

Abwehrstrategie Nummer 1: Ernst nehmen und übertreiben

Wenn Sie an einen Problemseher geraten sind, können Sie getrost darauf verzichten, mühsam die Einwände des Problemsehers auszuräumen.

✔ Lassen Sie sich nicht für ein Prinzipienspielchen ausnutzen, sondern steigen Sie aus.

✔ Nehmen Sie den Einwand ernst und spinnen Sie ihn übertrieben fort: »Ja, Sie haben recht, so wird das nichts, der Kunde wird die Vereinbarung niemals akzeptieren. Er wird uns niemals entgegenkommen. Und wir können nichts tun. Das Geschäft ist jetzt schon gescheitert, wir sollten die Verhandlung abbrechen.«

✔ So eine übertriebene Reaktion hat der Problemseher nicht von Ihnen erwartet. Die Überraschung ist oftmals so groß, dass er von sich aus abwiegelt: »Nein, also, abbrechen können wir die Verhandlung ja nun wirklich nicht. Es ist ausgesprochen wichtig für uns, dass das Geschäft zustande kommt.«

✔ Nutzen Sie die plötzliche Einsicht des Problemsehers, um ihn zurück auf sachlichen und konstruktiven Boden zu führen: »Was schlagen Sie also vor, wie wir das Geschäft retten könnten? Unter welchen Umständen könnten Sie sich vorstellen, meinen Vorschlag anzunehmen?« Überlassen Sie das Vorschlägemachen dem Problemseher und warten Sie gespannt, was nun kommt.

Nicht jeder Einwand ist ein schlechter Einwand. Und nicht jeder Einwand lässt darauf schließen, dass Sie es mit einem Problemseher und seinem Prinzip zu tun haben. Lehnen Sie Einwände daher nicht sofort ab, sondern reagieren Sie zunächst sachlich konstruktiv.

✔ Fragen Sie nach, was genau gegen Ihren Vorschlag spricht.

✔ Hinterfragen Sie Generalisierungen wie »nie«, »immer schon«, »funktioniert auf keinen Fall«. Was genau funktioniert nie, in welchen Situationen funktioniert es nicht, wann hat es funktioniert oder was müsste anders sein, damit es funktionier?

✔ Bitten Sie um Vorschläge, wie die Probleme aus Sicht des anderen behoben werden könnten.

Wenn der andere keine Vorschläge parat hat, sich Ihren Fragen mit unklaren Antworten entzieht und immer wieder Einwände nach dem gleichen destruktiven Muster vorbringt, beißen Sie sich wahrscheinlich gerade die Zähne an seinem Prinzip aus. Dann sollten Sie aussteigen und damit Ihre Gesundheit und Nerven schonen.

Abwehrstrategie Nummer 2: Verantwortung zurückübertragen

Problemseher teilen ihre Probleme gerne mit anderen. Bisweilen versuchen sie sogar, ihre Sorgen zu den Sorgen der anderen zu machen. Dabei legen Problemseher sich gerne verschiedene Deckmäntelchen um: Sie verstecken sich zum Beispiel hinter einer Frage nach Rat, Unterstützung oder Input. Kaum ist die Frage an den freundlichen Helfer gebracht, parieren sie jeden seiner Vorschläge mit Einwänden. Auch der hilfsbereiteste Mensch gerät dann bald an seine Grenzen und denkt nur noch an Rückzug.

So ziehen Sie sich elegant aus den Fängen des Problemsehers:

- ✔ Machen Sie sich zunächst klar, dass Sie kein Problem haben und lösen müssen, sondern der Problemseher. Sie bieten nur Ihre Hilfe an.

- ✔ Steigen Sie aus, wenn es Ihnen zu bunt wird, indem Sie sagen: »Ja, Sie haben recht, da haben Sie wirklich ein ganz kniffeliges Thema. Zum Glück sind Sie ja der Experte für neue Medien bei uns. Ich bin gespannt, wie Ihre Lösung aussehen wird.« So weisen Sie den Problemseher freundlich, aber bestimmt darauf hin, dass es sich bei seinem Problem um eine Herausforderung handelt, die nun einmal zu seinem Job gehört.

 Sie sind genervt von einem Problemseher und gleichzeitig interessiert an seinem Job? Dann kontern Sie gekonnt: Wenn er sich mal wieder hilfesuchend an Sie wendet, nur um alle Ihre Vorschläge abzulehnen, sagen Sie: »Ja, die Sache scheint doch vertrackter zu sein. Ich bin gerne bereit, noch gründlicher darüber nachzudenken und das Problem zu lösen. Dann würde ich aber auch gern unseren Chef darüber informieren, dass ich die Aufgabe übernommen habe.«

- ✔ Als Vorgesetzter eines Problemsehers haben Sie noch einen sehr wirksamen letzten Ausweg: Bieten Sie dem Problemseher an, das Problem für ihn zu lösen und ihn im Gegenzug zu einem niedriger gestellten Sachbearbeiter zu degradieren.

- ✔ Wenn Sie Unterstützung von einem Problemseher brauchen, er sich aber in seinen Prinzipienspielchen verfängt, loben Sie ihn heraus: »Ja, es gibt wirklich viele Einwände. Daher wende ich mich an Sie, wenn einer das Problem lösen kann, dann sind Sie es mit Ihrer Erfahrung. Was könnte man denn aus Ihrer Sicht tun, um die Sache zu lösen?«

Vorbild starke Marken: Präsent sein

In diesem Kapitel
▸ Ein effektives Selbstmarketingprogramm aufsetzen
▸ Eine starke Marke »Ich« aufbauen
▸ Die eigene Marke richtig verkaufen

Sobald ein Produkt seinen Platz im Supermarktregal eingenommen hat, wirkt es. Das eine Produkt wirkt etwas verlassen und unattraktiv. Ein anderes Produkt hingegen wirkt außerordentlich anziehend und löst in Ihnen unweigerlich den »Haben-wollen-Reflex« aus.

Das unscheinbare Produkt ist vielleicht ein No-Name-Schokoladenriegel. Das »Haben-wollen-Produkt« ist auch ein Schokoladenriegel. Aber nicht irgendeiner, sondern einer von *Ihrer* Lieblingsmarke. Während Ihnen schon das Wasser im Munde zusammenläuft, Sie aber mit Blick auf Ihre guten Vorsätze noch zögern, meldet sich der griffige Werbeslogan Ihres Lieblingsschokoladenriegels in Ihrem Kopf zu Wort. Nun fällt Ihr Widerstand endgültig. Sie ergreifen erst den Riegel und dann die Flucht, denn aus dem Regal gegenüber strahlen Ihnen schon die Farben Ihrer bevorzugten Chipsmarke entgegen. Die Marke ist jedoch präsenter und ihr Versprechen (»hmmmm«) stärker als Ihre guten Vorsätze (»weniger naschen, mehr bewegen«) und so verlassen Sie mit vollen Taschen das Geschäft.

An starken Marken kommt man so schnell nicht vorbei. Starke Marken sind präsent, wirken und erzählen mit einem einzigen Wort, dem Markennamen, von ihren zahlreichen Vorzügen. Nehmen Sie sich starke Marken zum Vorbild und machen Sie sich zu einer einzigartigen Marke. In diesem Kapitel erfahren Sie, wie das geht.

Die Marke »Ich«

Wie das Produkt im Supermarktregal vermitteln auch Sie Ihrem Umfeld einen Eindruck von sich, sobald Sie mit anderen Menschen in Kontakt treten. Ihre Marke »Ich« wirkt und wenn Sie sich keine Mühe geben, wirkt sie eben unbemüht. Es gibt einige Einstellungen, die hilfreich sind, wenn Sie Ihre Wirkung stärken wollen.

Selbstmarketing ist nicht peinlich, sondern überall

Manche Menschen finden es peinlich, sich selbst zu vermarkten. Der Haken (und die Ironie) an der Sache ist, dass sie sich trotzdem in jedem Moment vermarkten. Allerdings unbewusst, unkontrolliert und damit auch oft ungünstig. Es ist also nicht peinlich, sondern vernünftig und wichtig, seine eigene Wirkung aktiv zu steuern.

Bevor Sie Ihr Marketingprogramm starten, verschaffen Sie sich einen Überblick über Ihr bisheriges bewusstes oder unbewusstes Selbstmarketing.

- ✔ Wie stehen Sie zu Selbstmarketing? Ist Ihnen klar, dass Sie immer wirken, auch wenn Sie gar nicht wirken wollen?
- ✔ In welchen Situationen vermarkten Sie sich bereits bewusst?
- ✔ Haben Sie eine Strategie, wie Sie wirken wollen? Oder reagieren Sie spontan auf die Gegebenheiten?
- ✔ Welche Strategien setzen Sie ein, um Ihre Stärken zu vermarkten?
- ✔ Mit welchen Strategien versuchen Sie, Ihre Schwächen zu verstecken?
- ✔ Wie sieht Ihre Marke »Ich« aus? Verändert sich die Marke »Ich« je nach Situation oder Zuschauer?
    - Wie sind Sie zu Hause, bei Freunden, im Bekanntenkreis, auf Partys?
    - Wie treten Sie gegenüber Freunden, wie gegenüber Fremden auf?
    - Wie wirken Sie auf Freunde, wie auf Fremde?
    - Wie verkaufen Sie sich im Büro, gegenüber Vorgesetzten, Kollegen und Mitarbeitern?

Stellen Sie sich vor, Sie würden verschiedene Personen fragen: »Wie bin ich?« Welche Antworten würden Freunde, Familienangehörige, Kollegen und Vorgesetzte geben? Welche Antwort gefällt Ihnen, welche nicht? Was würden Sie gerne hören? Wenn Sie mögen, fragen Sie einige Vertraute, wie Sie tatsächlich wirken. Das gibt Ihnen die Möglichkeit, Ihr Eigenbild mit Ihrem Fremdbild abzugleichen.

Die Persönlichkeit bleibt, die Wirkung steigt

Mit Selbstmarketing verändern Sie nicht Ihre Persönlichkeit. Sie verbessern jedoch die Wirkung Ihrer Persönlichkeit. Es geht also nicht darum, mit einer ausgefeilten Rhetorik, Schauspielermimik oder einer Extraportion Schminke die eigene Persönlichkeit zu übertünchen. Körpersprache, Kleidung und Redestil sollen Ihre Persönlichkeit unterstreichen und nicht überdecken.

Eine starke Marke »Ich« entsteht nicht durch antrainierte Sprüche oder einstudierte Gesten. So etwas wirkt oft eher gekünstelt als gekonnt. Eine starke Marke »Ich« kommt von innen heraus und basiert auf Ihrer Persönlichkeit.

- ✔ Der erste Schritt zur Marke ist eine attraktive und starke Persönlichkeit.
- ✔ Der zweite Schritt besteht in einer starken Vermarktung dieser Persönlichkeit.

Perfekte Menschen sind langweilig, perfektes Marketing nicht

Das Ziel Ihres Selbstmarketings besteht nicht darin, einen Menschen ohne Schwächen vorzutäuschen. Ein fehlerloser Mensch ist schnell langweilig und unecht.

 Sie sollen nicht perfekt werden. Aber Sie sollen das Bild, das Sie anderen von sich vermitteln, perfektionieren. Dazu schnüren Sie aus allem, was Ihnen zur Verfügung steht, ein attraktives Gesamtpaket. Kleinere Macken können Sie charmant einbinden und mit Humor ausgleichen.

✔ **Machen Sie sich Ihre Schwächen bewusst und arbeiten Sie damit.** Auf Dauer schaffen Sie es sowieso nicht, alle Ihre Schwächen zu vertuschen. Beziehen Sie Ihre Schwächen also lieber gleich in Ihr Selbstmarketing ein. Zunächst müssen Sie sich Ihrer Schwächen und Stärken bewusst werden. Dabei hilft Ihnen Kapitel 4. Einige Schwächen gehören nun einmal zu Ihnen und werden in absehbarer Zeit nicht von Ihrer Seite weichen. Also nehmen Sie die Schwäche in Ihr Gesamtpaket mit auf. Natürlich versuchen Sie, die Schwäche möglichst unschädlich zu machen oder auszugleichen. Sie können ihr zum Beispiel eine Stärke an die Seite stellen und sie dadurch besser aussehen lassen (»Ja, ich bin etwas ungeduldig, aber das ist auch ein Motor, der mich antreibt.«). In jedem Fall sollten Sie sich aber eine Strategie zulegen, wie Sie eine außer Kontrolle geratene Schwäche ausgleichen.

✔ **Gestalten Sie Ihre Rolle so, dass Sie die Rolle nicht spielen, sondern verkörpern.** Langfristig wird es Ihnen kaum gelingen, authentisch eine Rolle zu verkörpern, die nicht zu Ihnen passt. Ein schüchterner Mensch, der sich zwingt, nicht schüchtern zu sein, wirkt eher unnatürlich als unwiderstehlich. Bleiben Sie bei sich und schnüren Sie aus dem, was Sie zu bieten haben, ein attraktives Paket. Hinterfragen Sie ehrlich, was Sie bieten können und was nicht drin ist. Wer zum Beispiel über ein eher unterentwickeltes räumliches Vorstellungsvermögen verfügt, ist sicherlich gut beraten, den Berufswunsch »Architekt« noch einmal zu überdenken.

Die Selbstvermarktung planen

Wie jeder Marketingprozess sollte auch Ihr Selbstmarketing aus folgenden Schritten bestehen:

✔ Starten Sie mit einer Ist-Analyse. Verschaffen Sie sich zunächst einen Überblick über die Rahmenbedingungen, innerhalb derer Sie Ihre Marke »Ich« aufbauen.

✔ Definieren Sie Ihre Marke »Ich« in einer Soll-Analyse. Bestimmen Sie, wofür Ihre Marke »Ich« steht und wie Sie wirken wollen.

✔ Bestimmen Sie den Weg von Ist zu Soll. Wenn Sie wissen, wie Ihre Marke »Ich« aussehen soll, machen Sie sich an die Umsetzung.

Aller Anfang ist eine SWOT-Analyse

Stellen Sie Ihr Selbstmarketing auf eine starke Grundlage. Mit einer SWOT-Analyse erfassen Sie Ihre aktuelle Situation und Ihre Handlungsmöglichkeiten auf einen Blick.

Die Abkürzung SWOT steht für die englischen Begriffe

✔ Strengths und Weaknesses, zu Deutsch Stärken und Schwächen, und

✔ Opportunities und Threats, also Chancen und Bedrohungen.

Mit einer SWOT-Analyse können Sie sich einen guten Überblick über Ihren Status quo verschaffen. Sie erkennen, welche Entwicklungen in Ihrem Umfeld sich als Chance oder Bedrohung anbahnen. Und Sie prüfen, ob Sie gut dafür gewappnet sind oder ob Sie aufrüsten müssen.

Die Rahmenbedingungen abstecken

Ihr Handlungsspielraum wird einerseits von Ihren Stärken und Schwächen bestimmt. Andererseits stecken die externen Möglichkeiten, die Mitspieler und die bedrohlichen Entwicklungen das Spielfeld ab. Beides müssen Sie unter die Lupe nehmen.

✔ In der SWOT-Analyse stellen Sie zum einen Ihre individuellen Stärken und Schwächen übersichtlich dar. Diese erarbeiten Sie in einer Selbstanalyse. In Kapitel 4 erfahren Sie, wie Sie dabei am besten vorgehen.

✔ Nehmen Sie in die SWOT-Analyse Umweltentwicklungen auf, die für Sie relevant werden könnten. Damit sind Entwicklungen gemeint, die außerhalb Ihres Einflussbereichs liegen und für Sie zu Chancen oder Bedrohungen werden können. Eine Bedrohung besteht zum Beispiel, wenn in Ihrem Unternehmen Personal abgebaut werden soll. Auch wenn die Produktbroschüren (die Sie zurzeit entwerfen) zukünftig von externen Dienstleistungsunternehmen erstellt werden sollen, ist das für Sie nachteilig.

In Tabelle 11.1 sind die Ergebnisse der Selbst- und Umweltanalyse der Führungsnachwuchskraft Maximilian dargestellt.

Maximilians Stärken	Maximilians Schwächen
Kommunikationstalent	wenig Auslandserfahrung
sehr belastbar	Redeangst vor großem Publikum
gut Auffassungsgabe, lerne schnell	ortsgebunden (wegen Sportmannschaft)

Externe Chancen	Externe Bedrohungen
Nachfrage nach der Zusatzqualifikation MBA steigt	hoher Konkurrenzdruck zwischen den Führungsnachwuchskräften
Redner für Jahrestagung wird gesucht	neuer Chef kommt, der als schwierig gilt
neue Abteilung soll im Zuge der Umstrukturierung aufgebaut werden	Unternehmenspolitik verlangt Auslandseinsatz

Tabelle 11.1: Analyse der persönlichen Situation

Stärken ausspielen

Nachdem Sie die guten und schwierigen Facetten Ihrer Situation beleuchtet haben, planen Sie das Manöver. Wenn Sie die Ergebnisse Ihrer SWOT-Analyse in einer Matrix abbilden, ergeben sich wie in Abbildung 11.1 vier Felder. Jedes Feld führt zu unterschiedlichen Strategien. Und diese Strategien sollten Sie für sich erarbeiten.

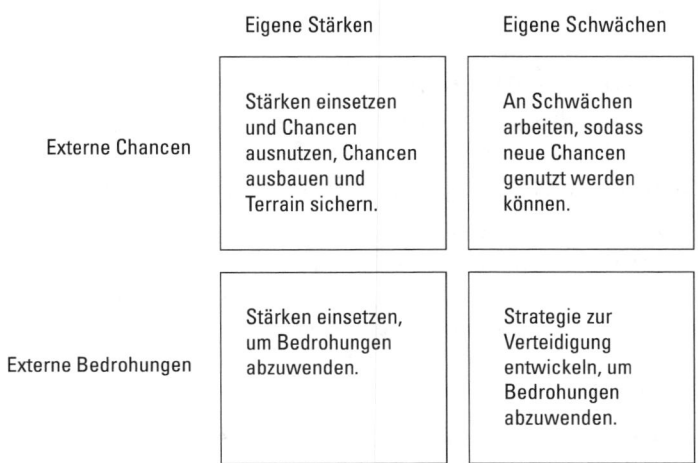

Abbildung 11.1: Strategien der SWOT-Analyse

Eigene Stärken und externe Chancen

Wenn eigene Stärken und externe Chancen zusammenpassen, haben Sie ein Heimspiel.

- ✔ Sie setzen Ihre Stärken ein, um die Chancen zu ergreifen. Maximilian würde vermutlich schnell einen Entschluss fassen. Die Tatsache, dass er belastbar ist und ihm das Lernen leichtfällt, bietet ihm beste Voraussetzungen dafür, den angesehenen MBA-Abschluss zu erwerben.

- ✔ Nutzen Sie nicht nur die Chancen, sondern versuchen Sie, Maßstäbe zu setzen. Maximilian könnte zum Beispiel damit punkten, dass er nicht nur einen MBA macht, sondern gleichzeitig an Workshops für Mitarbeiterführung teilnimmt. Damit bringt er sich in eine gute Position, falls im Rahmen der Umstrukturierung neue Führungskräfte gesucht werden.

 Bedenken Sie, dass sowohl Sie selbst als auch die äußeren Umstände sich verändern können. Sie sollten daher die SWOT-Analyse regelmäßig auf den neuesten Stand bringen. Dabei lohnt es sich, auch über den Tellerrand hinaus zu schauen. Konzentrieren Sie sich also nicht nur auf Chancen und Bedrohungen, die heute schon sichtbar sind. Gehen Sie einen Gedankenschritt weiter: Was könnte daraus werden, auf welche Entwicklungen sollten Sie sich vorbereiten?

Eigene Stärken treffen externe Bedrohungen

Auch diese Situation ist kein großes Problem. Nutzen Sie Ihre Stärken, um die Bedrohung abzuwenden. Maximilian würde sich sein Kommunikationstalent zunutze machen und dafür sorgen, dass er sich deutlich positiv aus der Masse der ehrgeizigen Führungsnachwuchskräfte absetzt. Ebenso würde er mit seiner guten Auffassungsgabe zügig herausfinden, wie der neue Chef anzupacken ist.

Sich nicht von Schwächen ausspielen lassen

Wenn Sie nur nicht so schüchtern wären, könnten Sie diesen Vortrag auf der Jahrestagung halten und damit zu einem bekannten Gesicht im Unternehmen werden. Bevor Sie spontan ablehnen, an das Rednerpult zu treten, gehen Sie mit sich in Klausur:

Prüfen Sie, inwiefern Sie an Ihren Schwächen arbeiten können, damit Sie die Chance nicht verstreichen lassen müssen. Welche Stärke könnte Ihnen helfen, die Schwäche zu relativieren? Maximilian kann gut reden, sehr gut sogar – er mag nur nicht vor vielen Leuten auftreten. Er könnte auf die Idee kommen, einen Redeentwurf Vertrauten vorzutragen. Deren Begeisterung über seine geschliffene Rede kann sein Selbstbewusstsein stärker werden lassen als seine Schüchternheit.

 Sie können die knappe Übersicht der SWOT-Analyse nutzen, um anderen Ihre Situation zu skizzieren. Auf dieser Basis können Sie gut um einen Rat bitten. Dabei können Sie auch prüfen, ob der andere die externe Entwicklung ebenso einschätzt wie Sie. Vielleicht haben Sie sogar wichtige Chancen oder Bedrohungen übersehen und bekommen neue Ideen, wie Sie sich am geschicktesten positionieren.

Ein Unglück kommt selten allein: Eine Bedrohung trifft eine Schwäche

Manche Entwicklungen stellen selbst hartgesottene Optimisten auf die Probe. Wenn eine externe Entwicklung sich anschickt, auf eine schwache Stelle zuzusteuern, müssen Sie sich schützen.

- ✔ Versuchen Sie, die Bedrohung abzuwenden, indem Sie Verteidigungsstrategien entwickeln. Gibt es eine Stärke, die Sie so ausbauen könnten, dass sie Ihnen in der Bedrohungssituation etwas nutzt?

- ✔ Sie können die Schwäche, durch die die Bedrohung verschärft wird, abmildern. Maximilian zum Beispiel ist ortsgebunden, weil er mit seiner Mannschaft auf vielen Turnieren antritt. Er könnte nach einer Lücke im Trainingsplan suchen und in dieser Lücke einen verkürzten Auslandseinsatz absolvieren.

- ✔ Es gibt Situationen, in denen man erkennen muss, dass man mit einer externen Entwicklung nicht mithalten kann. Wenn Sie als Marketingfachfrau die statistischen Programme zukünftig selbst programmieren sollen, Sie aber mit der reinen Anwendung schon überfordert sind, müssen Sie Ihre Möglichkeiten realistisch einschätzen. Geben Sie lieber ein aussichtsloses Spiel verloren, um ein anderes zu gewinnen, als Ihre Energie sinnlos einzusetzen. Konzentrieren Sie sich also lieber auf die Projekte, in denen Sie eine faire Chance auf eine Spitzenposition haben.

Ein Produkt der Marke »Ich« entwickeln

Eine Marke muss eine ganze Menge leisten. Sie steht für ein Versprechen. Sie verkörpert etwas, das andere gern haben möchten. Man vertraut ihr und man schmückt sich gern mit ihr. So schön das alles ist, so viel Arbeit steckt auch dahinter. Denn eine starke Marke – und das dahinterstehende Angebot – fällt höchst selten einfach so vom Himmel. Das Angebot muss sorgfältig geplant und aufgebaut werden.

Ein beliebtes Instrument für den Aufbau einer Marke ist der aus vier »P« bestehende Marketingmix von Jerome McCarthy. Hinter den »P« verbergen sich die englischen Begriffe Product, Price, Place und Promotion. In einem gelungener Marketingmix steckt demnach Folgendes:

✔ Ein attraktives Produkt. Die wesentlichen Fragen, die Sie beantworten müssen, lauten: Was genau bieten Sie, worin besteht der (möglichst einmalige) Nutzen Ihres Angebots und für wen soll das Angebot überhaupt attraktiv sein?

✔ Ein Preis oder ein Wert. Dieser zeigt sich in Ihrem Fall zum Beispiel in der Nachfrage nach einem Gesprächstermin mit Ihnen (»gefragt«, »ausgebucht« oder »keine Wartezeit«).

✔ Ein Vertriebskonzept, damit Ihr Umfeld auch etwas von Ihrer Marke mitbekommt. Im Unternehmensalltag können Sie viele Gelegenheiten nutzen, um Ihre Marke zu zeigen.

✔ Eine gelungene Werbung, die Gott und die Welt über Ihr hervorragendes Angebot aufklärt.

Diese Aspekte kombinieren Sie mit

✔ einem vertrauenerweckendem Arbeitsprozess und

✔ einer ebenso vertrauenerweckenden Ausstattung, mit der Sie Ihre (hohe) Qualität unterstreichen.

Unter der Marke »Ich« verkaufen Sie Ihre Fähigkeiten und Ihre Persönlichkeit. Einen ganz besonderen Draht können Sie zu Ihren Mitmenschen aber herstellen, indem Sie die Gefühle der anderen ansprechen. Im Klartext heißt das:

✔ Sie können etwas Nützliches (Ihre Fähigkeit),

✔ Sie sind eine sympathische Persönlichkeit,

✔ und Sie geben Ihren Gesprächspartnern auch noch ein besonders gutes Gefühl – zum Beispiel das Gefühl, besonders interessant, liebenswert oder unterhaltsam zu sein.

Einen echten Mehrwert schaffen (für die anderen und sich selbst)

Ihre Marke und Ihr Angebot sind so gut wie der Nutzen, den Ihre Mitmenschen daraus ziehen. Und der Nutzen für Ihre Mitmenschen steigt in dem Maße, in dem das Angebot auf Ihre Zielgruppe abgestimmt ist. Sie müssen sich also zunächst fragen, wen Sie überzeugen wollen.

Wen wollen Sie womit und warum überzeugen? Vielleicht wollen Sie Ihren Chef von Ihren Führungsqualitäten überzeugen, damit er Sie für die nächste Beförderung in Betracht zieht. Vielleicht wollen Sie aber auch Ihre Kollegen überzeugen, dass Sie ein diplomatischer Redner sind, damit Sie als der Sprecher der Teams anerkannt werden.

Zeigen Sie, dass Sie Ihre Zielgruppe verstehen. Überlegen Sie, was Ihre Zielgruppe braucht und welche Sorgen sie vermutlich hat. So können Sie passgenaue Lösungen anbieten. Dabei sprechen Sie die Sorge am besten gar nicht aus, sondern kommen direkt zur Lösung. Ihren Chef überzeugen Sie zum Beispiel mit folgender Aussage von Ihrem Verantwortungsbewusstsein: »Ich weiß, dass Sie die Analyse, die ich für Sie vorbereiten soll, auf der Bereichsleitertagung präsentieren wollen. Ich habe alle Zahlen, die ich Ihnen geliefert habe, noch einmal kontrolliert, sodass Sie sich auf meinen Input verlassen können.«

So verschieden wie die Menschen, so verschieden sind auch die Vorstellungen von dem, was ein echter Mehrwert ist. Trotzdem gibt es eine einfache Orientierungshilfe für Sie, denn eines haben alle Ihre Mitmenschen (mit Ihnen) gemeinsam. Sie sind bemüht,

- ✔ ihre Freude zu erhöhen und
- ✔ Unannehmlichkeiten zu vermeiden.

Ihre Leistung bietet also grundsätzlich immer dann einen Mehrwert, wenn sie dem anderen das Leben leichter macht, zu seinem Spaß beiträgt oder einfach Freude bereitet. Ebenso wird Ihre Leistung geschätzt, wenn Sie damit Probleme aus der Welt schaffen, Schwierigkeiten lösen oder Unannehmlichkeiten abschwächen.

Auf den Punkt bringen, welchen Nutzen Sie bieten

Mal angenommen, Ihre Stärke läge darin, dass Sie besonders kreativ sind. Diese Stärke vermarkten Sie nicht, indem Sie kundtun: »Ich habe immer besonders gute Ideen.« Sagen Sie Ihren Mitmenschen lieber, was sie von Ihrer Stärke haben: »Ich unterstütze Sie dabei, Ihr Problem mithilfe meiner guten Ideen besonders schnell zu lösen.« Wenn Sie ein Praxisneuling sind, können Sie Ihre Ausbildung und theoretischen Kenntnisse nutzbringend in die tägliche Arbeit einbringen: »Während des Studiums habe ich mich mit den neuesten Forschungserkenntnissen beschäftigt und kann diese als wertvolle Impulse in das neue Projekt einbringen.«

Dafür sorgen, dass nicht nur die anderen, sondern auch Sie von dem Mehrwert profitieren

Auch wenn Sie ein freundlicher Mensch sind, preisen Sie Ihre Leistungen nicht aus reiner Nächstenliebe an. Sie wollen schließlich etwas erreichen. Sie wollen einen eigenen Nutzen haben und bevorzugt, befördert oder einfach nur zum besten Player im Team berufen werden. Bedenken Sie, dass Vorgesetzte auf der Suche nach geeigneten Kandidaten (für eine Stelle, ein Projekt oder einen Plausch) Merkmale vergleichen. Zeigen Sie Ihrem Chef daher das, was er sehen möchte. Wenn er das neue Modell ablehnt, nutzt es Ihnen gar nichts, dass es in der Fachpresse hoch gelobt wird. Machen Sie also mit dem alten Modell weiter und Ihren Chef glücklich. Bedenken Sie, dass Ihr Chef Sie nur dann für einen guten Mitarbeiter halten wird, wenn Sie die Aufgaben so erledigen, wie er sich das vorstellt.

Für etwas stehen: Das Alleinstellungsmerkmal bestimmen

Unter Ihrem Namen bieten Sie eine Dienstleistung an und zwar nicht irgendeine, sondern eine der Marke »Ich«. Sie müssen nun dafür sorgen, dass Ihre Marke »Ich« Konturen bekommt und aus der Masse heraussticht. Nutzen Sie Ihre SWOT-Analyse und entwickeln Sie ein Alleinstellungsmerkmal, das Sie auszeichnet.

Erfolgreiche Produkte heben sich – zumindest in der Wahrnehmung der Verbraucher – durch eine Besonderheit von dem Angebot der Konkurrenz ab. Diese Besonderheit wird im Marketing *unique selling proposition* (USP), zu Deutsch »einzigartiges Verkaufsargument« genannt. Die USP ist das Alleinstellungsmerkmal des Produkts und bietet dem Kunden einen einfach zu erklärenden Nutzen. Eine Schokoladenlinse wurde zum Beispiel sehr erfolgreich mit dem Alleinstellungsmerkmal beworben, dass sie im Mund und nicht in der Hand schmilzt.

Ein Alleinstellungsmerkmal ist eine Fähigkeit oder Eigenschaft, die in dieser Art nur Ihnen zugerechnet wird. Es ergibt sich aus Ihnen, Ihren Fähigkeiten und Ihrer Persönlichkeit und

- ✔ lässt Sie einzigartig erscheinen,
- ✔ hebt Sie aus der Masse heraus,
- ✔ betont, welchen Vorteil Sie gegenüber anderen bieten, und
- ✔ macht deutlich, welchen Nutzen Ihre Mitmenschen durch Sie haben.

Sie sollten Ihr Alleinstellungsmerkmal auf die Zielgruppe abstimmen und darauf achten, dass Sie es verteidigen können. Jemand anderes sollte Ihnen in dem Bereich also nicht so schnell den Rang ablaufen können.

Bescheidene Leser werden nun meinen, sie könnten ihren Mitmenschen zwar viele gute, einige sehr gute, leider jedoch keine einmaligen Eigenschaften bieten. Alle Kollegen beherrschten ihr Fach schließlich ganz gut, sonst wären sie nicht Ihre Kollegen. Sie haben recht und unrecht. Denn auch im Wettbewerb der Besten sind die Stärken nicht gleich verteilt.

Sie brauchen also nicht unbedingt außergewöhnliche Fähigkeiten, um außergewöhnlich gut zu wirken. Sie brauchen lediglich ein außergewöhnlich gutes Marketing, mit dem Sie Ihre Stärken ins rechte Licht rücken. Und einmalig werden Sie durch Ihre persönliche Note, mit der Sie Ihr Können an Ihre Mitmenschen bringen. Sie erfüllen die Aufgabe auf Ihre Art und Weise, Marke »Ich« eben. Und kein anderer ist so gut »Sie« wie Sie. Entscheidend ist, dass Ihre Mitmenschen Ihr Gesamtpaket lieber »kaufen« als das Ihrer Kollegen. Schnüren Sie also ein rundum attraktives Angebot für Ihre Marke »Ich«.

Entscheiden Sie, welche Ihrer Stärken Sie betonen wollen. Um ein starkes Angebot zusammenzustellen, sollten Sie zunächst Ihre Erfolge und Stärken durchforsten. In der SWOT-Analyse haben Sie bereits die wichtigen Stärken für die aktuelle Situation zusammengestellt. Falls Ihnen das nicht reicht, finden Sie in Kapitel 4 eine Wegbeschreibung zu Ihren Stärken. Wichtig ist, dass Sie herausarbeiten, woher Ihre Erfolge rühren und was Sie besonders gut können.

»Wer suchet, der findet« heißt es und es hat sich bewahrheitet: Sie haben nach anfänglichem Zögern nicht nur eine, sondern 18 vermarktenswerte Stärken an sich entdeckt. Bevor Sie nun anfangen, sie zu verkaufen, zählen Sie bitte die 18 Vorzüge Ihrer Lieblingsmarke auf. Ihnen fallen keine 18 Vorzüge ein? Das spricht für Ihre Lieblingsmarke. Starke Marken kommen mit einem oder einigen wenigen Pluspunkten aus. Diese Pluspunkte sind aber umso besser in Szene gesetzt und bleiben einem im Gedächtnis. Versuchen Sie also nicht, Ihre Marke mit zu vielen Vorzügen zu überlasten. Eine Marke braucht ein scharfes Profil, damit sie sich in dem wesentlichen Punkt von der Konkurrenz abhebt – und die Leute sich das auch merken können. Lassen Sie sich bei Ihrer Marketingkampagne daher von dem Gedanken »weniger ist mehr« leiten.

Bestimmen Sie, welchen Vorteil Sie den anderen gegenüber haben. Sie haben besonders kreative Ideen? Das ist gut. Die Ideen Ihrer Kollegin können allerdings durchaus mithalten, sie ist ebenfalls sehr einfallsreich. Was macht Sie besser als die Kollegin? Die Antwort ist womöglich, dass Sie nicht nur besonders gute, sondern auch besonders praxistaugliche Ideen haben und zusätzlich die technischen Fertigkeiten, Ihren Worten Taten folgen zu lassen.

Die Antwort auf die Frage, was Sie von den anderen abhebt, hängen nicht nur von Ihren guten Eigenschaften ab. Sie hängt ebenfalls davon ab, von wem Sie sich abheben wollen. Was haben Sie, was Ihr Nebenmann oder Ihre Nebenfrau nicht hat? Vielleicht kommen Sie zu dem Schluss, dass Sie in größter Unruhe die Ruhe selbst bleiben, während Ihr Kollege zum Stressmännchen mutiert. Oder Sie überzeugen selbst den schärfsten Kritiker mit Argumenten, während die Kollegin längst die Segel gestrichen hat.

Auf der Suche nach Ihrem Alleinstellungsmerkmal bekommen Sie Ideen und Anregungen, wenn Sie einen Blick auf die Kollegen werfen. Durchleuchten Sie Ihre Kollegen und Vorgesetzten in Gedanken: Wer steht wofür, ist das ein (gutes) Alleinstellungsmerkmal, woher kommt es und wie setzt derjenige es ein? Stellen Sie sich sich neben dem anderen vor – was wäre Ihr Alleinstellungsmerkmal im direkten Vergleich? Wenn Sie noch nicht genau wissen, wofür Sie stehen wollen, kommen Sie sich mit folgendem Trick auf die Schliche:

✔ Fragen Sie sich, was Ihre Mitmenschen von Ihnen denken sollen. Möchten Sie gern für besonders gebildet, besonders selbstbewusst oder besonders durchsetzungsstark gehalten werden?

✔ Was würden Sie sich wünschen, wie Ihre Mitmenschen den folgenden Satz vervollständigten: »Immer wenn es darum geht, einen schwierigen Kunden zu überzeugen/komplizierte Zusammenhänge einfach darzustellen/neue Ideen zu finden / _____, denke ich zuerst an Sie.«

Formulieren Sie Ihr Alleinstellungsmerkmal in einem einfachen, griffigen Satz. Fassen Sie in einem Satz zusammen, wofür Sie stehen und was Ihr Alleinstellungsmerkmal ist. Wenn Ihnen das nicht gelingt, ist Ihre Marke noch nicht ausgereift. Dann müssen Sie noch einmal an Ihrem Angebot, Vorteil und Nutzen feilen, bis Sie es ebenso klipp und klar wie kurz auf den Punkt bringen können. Ihr Satz darf, muss aber noch nicht geeignet sein, um ihn Dritten unter die Nase zu reiben. Im Moment geht es in erster Linie darum, dass Sie selbst ein deutliches Bild von Ihrer Marke bekommen. Dann wird es Ihnen auch leichtfallen, dieses Bild stark zu verkaufen.

Den Rest der Welt überzeugen

Die Marke »Ich« steht, jetzt müssen Sie dafür sorgen, dass das auch jeder versteht. Die Vermarktung Ihrer Marke beginnt.

Selbstmarketing ohne Selbstbewusstsein ist wie Suppe ohne Salz. Starten Sie also mit einem gesunden Selbstbewusstsein in Ihre Selbstmarketingkampagne. Als Faustregel gilt: Je stärker Ihr Selbstbewusstsein, desto besser können Sie sich vermarkten.

Ein starkes Selbstbewusstsein bewahrt Sie vor allzu bohrenden Gedanken darüber, was die anderen wohl über Sie denken und ob Sie sich vielleicht lächerlich machen. Wer keine (oder nur wenig) Angst kennt, auf Ablehnung zu stoßen, kann seine Energie ganz in die eigene Vermarktung stecken. Mit dem Vier-Schritte-Programm aus Kapitel 14 können Sie Ihrem Selbstbewusstsein zu neuem Glanz verhelfen.

Wer sympathisch wirkt, hat vieles im Leben leichter, auch beim Selbstmarketing. Um Ihre Sympathiewerte bei anderen Menschen zu erhöhen, können Sie sich eines einfachen Tricks bedienen, der von Psychologen als »Mere-Exposure-Effekt« oder »Effekt des bloßen Kontakts« bezeichnet wird. Wie der Name vermuten lässt, brauchen Sie dafür nicht mehr als die Gelegenheit, mit der Person, die Sie für sich gewinnen möchten, in Kontakt zu kommen: je häufiger sich Personen nämlich – auch ganz zufällig – sehen, desto sympathischer finden sie sich. Dafür müssen Sie sich noch nicht einmal mit der anderen Person unterhalten. Es reicht, wenn Sie sich immer wieder mal über den Weg laufen und sehen. Für eine Sache sollten Sie allerdings sorgen: Der erste Kontakt zwischen Ihnen und der anderen Person sollte nicht unangenehm oder gar katastrophal gewesen sein. Die erste Begegnung muss zwar auch nicht umwerfend gewesen sein, sollte doch aber zumindest unter einem neutralen Stern gestanden haben. Sonst laufen Sie nämlich Gefahr, dass sich die unangenehme Erfahrung des ersten Kontakts festigt und der Effekt des bloßen Kontakts nach hinten losgeht. Der Effekt des bloßen Kontakts gilt übrigens nicht nur für den Kontakt mit anderen Personen, sondern auch für den Kontakt mit Dingen. Der Entdecker des Effekts, der US-amerikanische Psychologe Robert Zajonc, konfrontierte seine Probanden zum Beispiel mit etwas gänzlich Unemotionalem: Er zeigte ihnen abstrakte Formen. Die Formen, die die Probanden häufig gesehen hatten, beurteilten sie anschließend positiver. Auch in Marketing und Werbung wird der Effekt genutzt, indem Produktwerbungen häufig wiederholt werden (was Sie sicher auch schon oft bedauert haben).

Unterwegs in Sachen Selbstmarketing

Montagmorgen, Sie kommen ins Büro und mit dabei ist Ihre neue Marke »Ich«. Schade nur, dass das noch keiner bemerkt hat. Das ist zwar deprimierend, aber normal. Stellen Sie sich vor, ein bekannter Markenhersteller würde nach wochenlanger Vorbereitung einen neuen Schokoladenriegel rausbringen. Endlich liegt der Riegel im Regal. Und dort wird er auch liegen bleiben, wenn er es nicht in die Wahrnehmung der Kunden schafft. Die müssen nämlich erkennen, dass sich das Angebot des Herstellers verändert hat. Und selbst wenn die Kunden das erkannt haben, haben sie den Riegel noch lange nicht gekauft. Der Hersteller muss seine Kunden also zunächst informieren, dass der neue Riegel da ist, und anschließend davon überzeugen, dass er gut ist.

Vor genau der gleichen Aufgabe stehen Sie. Sorgen Sie dafür, dass Ihre Mitmenschen Ihre Marke wahrnehmen und Vertrauen in die Marke aufbauen.

Ein Erkennungszeichen erschaffen

- ✔ Sie möchten, dass Ihr Gegenüber Ihre Marke wahrnimmt und sich an Sie erinnert. Dafür brauchen Sie zum einen eine Strategie und zum anderen langen Atem. Die Mühlen mahlen bekanntlich langsam und so wird es etwas dauern, bis das neue Bild von Ihnen in dem Kopf des anderen angekommen und gespeichert ist. Sie können Ihre Mitmenschen aber dabei unterstützen, ein scharfes Bild von Ihnen zu bekommen. Das Erkennungszeichen gibt die Antwort auf die Frage: Woran erkennt Ihr Gegenüber Ihre Marke »Ich«?

- ✔ Finden Sie ein Markenzeichen. Ein Markenzeichen kann etwas Materielles sein. Sie könnten beispielsweise immer mit drei wichtigen Aktenordnern durch das Büro laufen. Etwas handlicher wäre allerdings ein Ideenblock, auf dem Sie Ideen festhalten. Ein Markenzeichen kann aber auch in typischen Sätzen oder Sprüchen bestehen. Je nachdem, wofür Sie stehen, könnten Sätze wie »Ich habe da eine Idee«, »Geht nicht, gibt's nicht«, oder »Ich mach das mal schnell« zu Ihrem Slogan werden. Wenn die anderen Ihren Slogan dann schon hören, bevor Sie ihn aufgesagt haben, haben Sie Ihre Marke geschaffen.

- ✔ Bestimmen Sie ein dominantes Verhalten für Ihre Marke. In welchem besonderen Verhalten zeigt sich Ihre Marke? Wer zum Beispiel für innovative Ideen steht, sollte sich Neuem gegenüber stets offen präsentieren. Wer als besonders kommunikativ gelten möchte, sollte in der angespannten Atmosphäre mit den fremden Geschäftskunden das Eis brechen und den Small Talk starten. Wichtig ist, dass Sie die Erwartungen, die an Ihre Marke gestellt werden, zuverlässig erfüllen. Wenn Sie in fünf verlegenen Meetings immer wieder das Eis gebrochen haben, werden Sie zum anerkannten »Eisbrecher«. In Kapitel 8, Abschnitt »Ein eleganter Sprung ins kalte Wasser« finden Sie weitere Tipps, wie Sie Ihr Image mit Leben füllen können.

Die Marke unter Leute bringen

Die beste Marke nützt Ihnen nichts, wenn Sie sie zu Hause verstecken. Fragen Sie sich also: Wie und wo treffen Ihre Mitmenschen auf Ihre Marke »Ich«? Im Vergleich zum Schokoladenriegel haben Sie einen entscheidenden Vorteil: Sie müssen nicht darauf warten, dass die Leute zu Ihnen kommen. Sie können selbst auf Ihr Gegenüber zugehen. Ihre Bühne ist zudem kein enges Supermarktregal. Sie haben die Chance, viele kleinere und größere Bühnen für Ihren Auftritt zu nutzen.

Machen Sie sich bewusst, dass jeder Kontakt mit anderen Menschen eine gute Gelegenheit ist, Ihre Marke »Ich« zu verkaufen. Der Berufsalltag hält zusätzlich zu den Kontakten »im Vorbeigehen« einige schöne große Bühnen für Sie bereit. Meetings, Präsentationen, Vorträge – alle Anlässe, bei denen die Blicke auf Sie gerichtet sind und die anderen Ihnen zuhören (müssen), bieten eine großartige Chance, Ihre Marke zu präsentieren.

In Erinnerung bleiben

Ihr Ziel sollte es sein, dass Sie nicht durch Anwesenheit glänzen müssen, um zu überzeugen. Wenn Ihr Chef in Gedanken die Gehaltserhöhungen verteilt, sollte sich Ihr Name deutlich in seinen mentalen Vordergrund drängen. Auch wenn die spannenden Projekte auf der Vorstandssitzung verteilt werden, sollte Ihr Name fallen. Sorgen Sie dafür, dass man sich an Sie erinnert.

Sie können den anderen helfen, sich besonders gut an Sie zu erinnern: Überraschen Sie Ihr Gegenüber. Womit Sie überraschen, bleibt ganz Ihnen überlassen. Entscheidend ist nur, dass Sie anders – im Idealfall besser – sind, als der andere erwartet. Bedenken Sie dabei, dass sich die Menschen gern an gute Überraschungen erinnern, schlechte allerdings ebenso gern in Stein meißeln. Ersparen Sie sich und den anderen also Überraschungen, die nach hinten losgehen könnten.

✔ Überzeugen Sie durch Leistung. Wenn Sie sich einen Platz im Gedächtnis Ihres Vorgesetzten erarbeiten wollen, sollten Sie nicht nur gut, sondern besser sein. Und zwar sollten Sie besser sein, als Ihr Chef erwartet. Überraschen Sie ihn damit, dass Sie besonders eigenständig, sorgfältig oder clever vorgehen. Nutzen Sie die Spielräume intelligent aus, die der Chef Ihnen einräumt. Je geschickter Sie sich anstellen, desto mehr wird er Ihnen künftig zutrauen und desto besser wird er sich an Ihre Leistung erinnern.

✔ Stellen Sie gute Fragen. Wenn Sie sich außerstande sehen, durch Leistung zu überzeugen, rollen Sie das Feld von hinten auf: Stellen Sie wirklich gute Fragen und damit Ihren scharfen Verstand, Ihre Kreativität oder was auch immer Ihre Marke ausmacht unter Beweis. Journalisten nutzen gerne kreative Fragen, um sich von der Masse ihrer Kollegen abzuheben. Stellen Sie sich einmal vor, auf der Bilanzpressekonferenz eines Süßwarenherstellers stellten zehn Journalisten Fragen rund um das Betriebsergebnis. Der elfte Journalist schließlich fragt den Vorstandsvorsitzenden, welches seine Lieblingsnascherei ist. Was meinen Sie, welche Schlagzeile am nächsten Tag als Aufmacher dient und an welche Frage sich alle noch im nächsten Jahr erinnern?

✔ Erzählen Sie eine Geschichte. Ihr Gesprächspartner wird sich besser an Sie und Ihre Informationen erinnern, wenn Sie diese in einen Zusammenhang stellen. Am besten holen Sie ihn dort ab, wo er steht und knüpfen das Unbekannte an etwas Bekanntes an. Da nicht nur Kinder gern Geschichten hören, dürfen Sie Ihre Marke – der Gelegenheit entsprechend – in eine interessante Geschichte einbetten. Schweifen Sie aber nicht zu weit ab, sonst weiß Ihr Gegenüber schnell nicht mehr, worum es eigentlich geht. Zudem sollten Sie erkennen, wenn ein Anlass nicht zur Geschichtsstunde taugt. Wenn Ihr Chef auf dem Sprung in die Sitzung ist und kurz auf den neuesten Stand gebracht werden will, ist eine ausschweifende Geschichte eher eine böse Überraschung.

Probehäppchen bereithalten

Im Vergleich zum Schokoladenriegel haben Sie vieles leichter, aber eines schwerer: Ihr Angebot liegt nicht wie der Riegel auf dem Tisch. Es kann nicht begutachtet, in den Händen gedreht und gewendet und schon gar nicht probiert werden. Alles, was Sie tun können, ist ein Leistungsversprechen abzugeben. Da Sie keine echten Probehäppchen verteilen können, sollten Sie Ihren Mitmenschen einen Ersatz bieten.

 Als Ersatzhäppchen dienen Ihre Worte, Ihre Taten und Ihre optische Wirkung. Sie müssen die Häppchen nur noch appetitlich belegen. Kommunizieren Sie also gewinnend, handeln Sie nachvollziehbar und wirken Sie überzeugend. Und achten Sie darauf, dass alle Häppchen gut zusammenpassen.

Folgende Häppchen kommen immer gut an:

✔ **Ein sicheres und souveränes Erscheinungsbild:** Dass Kleider Leute machen, ist weithin bekannt. Aber auch Ihre Körpersprache, Gestik und Mimik machen Sie und Ihre Wirkung aus. Natürlich sollten Sie bestrebt sein, Ihren optischen Eindruck dem anzupassen, was in Ihrer Branche als erstrebenswert gilt. Ein Vermögensberater im Hawaiihemd wirkt ebenso wenig vertrauenerweckend wie ein Mediziner im Totenkopf-T-Shirt.

✔ **Eine überzeugende und charismatische Kommunikation:** Ihre Worte sind eine wichtige Visitenkarte. Gestalten Sie sie also schön und legen Sie sich auch einen überzeugenden Elevator Pitch zu. Wie das geht, erfahren Sie weiter hinten in diesem Kapitel im Abschnitt »Die Marke ›Ich‹ in 30 Sekunden verkaufen«. Vergessen Sie nicht, dass es letztendlich aber nicht um Sie, sondern um Ihren Kunden geht und zeigen Sie ihm Ihr großes Interesse an seinem Thema.

✔ **Eine solide Ausstattung:** Die Ausstattung hängt zum einen an Ihnen, in Form von einer teuren Armbanduhr oder einer trendigen Krawatte zum Beispiel. Zum anderen ist die Ausstattung das, was Sie zum Erstellen Ihrer Leistung nutzen. Ein ordentlich aufgeräumter Schreibtisch und das anerkannte Standardwerk Ihrer Zunft vermitteln einen seriösen Eindruck von Ihrem Tun.

✔ **Eine Probe Ihres Könnens:** Liefern Sie Ihrem Gegenüber einen kleinen Vorgeschmack auf das, was Sie leisten werden. Dazu können Sie im Gespräch Ansatzpunkte für die Lösung seines Problems nennen oder geeignete Ideen aufwerfen. Zeigen Sie, dass Sie sein Anliegen verstehen, durchdringen und strukturieren können. Je weniger Sie Ihrem Gegenüber »zum Anfassen« geben können, desto hochwertiger sollte das sein, was Sie ihm überlassen. Holen Sie aus einer Kurzpräsentation also heraus, was möglich ist: Eine Mappe mit Inhaltsverzeichnis und Struktur sieht nach mehr aus als ein einfaches Blatt Papier. Auch wenn Sie nicht viel zu sagen haben, können Sie das mit vielen Worten tun: Geben Sie Ihrer Kurzpräsentation einen Titel, ein Thema, eine These, eine Ausgangssituation, ein Ziel und eine Fragestellung, garniert mit einer Handlungsempfehlung und nächsten Schritten.

 Präsentieren Sie sich als routinierten Profi und erzählen Sie von Ihren erfolgreichen Projekten und Erfahrungen. Lassen Sie Ihr Gegenüber wissen, dass Sie genau sein Thema sehr gut kennen und plaudern Sie ein bisschen aus dem Nähkästchen.

✔ **Das Vorhandensein eines Qualitätsmanagements:** Erklären Sie Ihrem Gegenüber, warum Sie ihm die beste Qualität garantieren können. Beantworten Sie ihm seine Fragen, bevor er sie gestellt hat: Wie bauen Sie Problemen vor? Wie stellen Sie sicher, dass keine Fehler passieren? Warum sind Sie immer auf dem neuesten Stand?

✔ **Ein strukturierter Arbeitsprozess:** Der Arbeitsprozess beschreibt, wie Sie Ihre Leistung herzaubern. Stellen Sie sich vor, Sie sollten eine 50-seitige, hoch komplizierte Präsentation erstellen. Das Vertrauen Ihres Vorgesetzten wird deutlich steigen, wenn Sie sich den Anschein geben, den Erstellungsprozess im Griff zu haben. Dazu gehört, dass Sie eine übersichtliche Ordnerstruktur mit alten und aktuellen Versionen anlegen. Auch wenn Sie Informationen oder Zwischenstände präsentieren können, ohne auf Tauschstation gehen zu müssen, scheinen Sie Herr der Lage zu sein.

Was nichts kostet, ist nichts wert

Keiner möchte mehr bezahlen als notwendig. Es möchte aber auch niemand ein minderwertiges Produkt erwerben. Insbesondere dann, wenn das Produkt nicht wie der Schokoladenriegel auf dem Tisch liegt, bietet der Preis einen Anhaltspunkt für die vermutliche Qualität. Was leicht zu haben ist, ist womöglich auch nur wenig wert und andersherum.

Im Falle Ihres Dienstleistungsangebots besteht der Preis zum einen in der Aufwandsentschädigung, von manchen auch Gehalt genannt, durch das Unternehmen. Im täglichen Miteinander spielt diese jedoch nur eine untergeordnete Rolle. Denn weder der Chef noch die Kollegen zücken das Portemonnaie, wenn Sie eine Aufgabe abgearbeitet haben. Im Büroalltag haben Sie dennoch viele Möglichkeiten, einen Preis oder Wert für Ihre Leistungen zu bestimmen.

Ihr Preis und Wert besteht zum Beispiel darin,

✔ wie einfach es ist, Ihre Zustimmung zu erhalten,

✔ wie leicht Sie sich überzeugen oder für andere einspannen lassen,

✔ wie bekannt Sie für eine eigene Meinung sind,

✔ wie hoch Ihre Erwartungen an die anderen sind, also wo Sie zwischen »Die ist ja nie zufrieden« und »Der sagt zu allem Ja« liegen.

Wie viel Ihre Meinung wert ist, hängt wesentlich davon ab, welches Ansehen Sie und Ihre Meinung genießen. Eine Meinung, die sich wie das Fähnchen im Winde dreht und wendet, ist weniger wert als eine, die wie ein Fels in der Brandung Widerstand aushält. Fragen Sie sich selbst, wer in Ihrer Achtung schneller steigt: die Kollegin, die auch mal anderer Meinung ist und »Nein« sagt, oder der Kollege, der zu allem »Ja und Amen« sagt? Bedenken Sie auch, dass Sie sich nicht zu leicht für andere einspannen lassen sollten. Der Eindruck »Wer leicht von seinen eigenen Aufgaben abzubringen ist, hatte wohl nichts Wichtiges zu tun« entsteht schnell.

Sie können Ihren Wert in die Höhe treiben,

✔ indem Sie »hard to get« spielen und Ihre Zustimmung nur nach ordentlicher Prüfung der Sachlage geben,

✔ dadurch dass Sie Termine vergeben, anstatt immer ansprechbar zu sein (für Chefs sollten Sie Ausnahmen machen, sonst kann das schnell zulasten Ihrer Aufwandsentschädigung gehen),

✔ indem Sie Ihr Wissen und Ihre Erfahrungen gewinnbringend einbringen oder sonstige besondere Kompetenzen erwerben, die von Nutzen sind für Ihre Zeitgenossen.

Denken Sie auch gelegentlich an das Sprichwort »Willst du gelten, mach dich selten«. Das klingt zwar banal, verfehlt aber selten seine Wirkung. Geben Sie also Ihren Mitmenschen Gelegenheit, um Ihre Anwesenheit, Ihre Zustimmung oder Ihre Unterstützung zu werben.

Die Marke »Ich« in 30 Sekunden verkaufen

»Und Sie sind die Neue?« »Was haben Sie denn vorher gemacht? Woran arbeiten Sie gerade?« Auf diese ganz gewöhnlichen Fragen sollte jeder Karrierewillige mehr als ganz gewöhnliche Antworten bereithalten. Leider fallen die Antworten mit ansteigender Bedeutung des Fragestellers nicht immer besser, sondern immer gestammelter aus. Nach einer Schreckensskunde ertönen oft wenig karrierefördernde Auskünfte wie »Ja«, »Ich habe studiert« und »am Südafrikaprojekt«. Und wenn der wichtige Gesprächspartner unbeeindruckt verschwunden ist, erscheint die späte Einsicht, dass Sie gerade eine Chance verpasst haben.

Das Verkaufsgespräch im Aufzug als Vorbild

Machen Sie es wie die jungen Kreativen, die in den USA der 1980er-Jahre den »Elevator Pitch«, das Verkaufsgespräch während einer kurzen Zeit im Fahrstuhl, etabliert haben. Um einen Firmenchef für ihre Idee zu gewinnen, blieb ihnen nicht mehr Zeit als eine Fahrstuhlfahrt. Also brachten sie in einer geschliffenen Kurzrede ihre Idee in 30 bis 45 Sekunden (amerikanische Wolkenkratzer sind zum Glück hoch) an den Mann oder die Frau und sich selbst ins Spiel.

Sie können ebenfalls lernen, Ihr Thema in 30 Sekunden Erfolg versprechend zu verkaufen. Beachten Sie Folgendes, bevor Sie sich ans Texten wagen:

✔ **Leicht verständlich und mit viel Begeisterung formulieren:** In Ihrer Kurzrede wollen Sie möglichst unterhaltsam sich selbst, Ihre Idee oder Ihr Produkt verkaufen. Versetzen Sie sich dafür in die Lage Ihres Zuhörers und holen Sie ihn dort ab, wo er steht. Setzen Sie auf eine verständliche und einfache Sprache und kurze Sätze, dann kann der andere gut folgen. Mit Beispielen, gedanklichen Bildern und Vergleichen können Sie Ihre Informationen lebendiger und eindrucksvoller transportieren. Streichen Sie aber alles Unwichtige aus Ihrem Pitch heraus, für inhaltliche Durchhänger haben Sie keine Zeit.

Das beste Argument ist nur so gut, wie es bei Ihrem Zuhörer zieht. Es ist zum Beispiel ein großer Unterschied, ob Sie mit einem Finanzvorstand oder einem Werbeprofi sprechen. Den Finanzvorstand beeindrucken Zahlen und Analysen, den Werber Ideen und Innovationen. Stimmen Sie Ihre Ausführung daher unbedingt auf Ihren Zuhörer ab und passen Sie Ihre Sprache an die Ihres Gesprächspartners an.

✔ **Ein klares Ziel vor Augen haben:** Damit Ihr Text ins Schwarze trifft, müssen Sie wissen, was das Schwarze überhaupt ist. Worüber wollen Sie sprechen und was wollen Sie erreichen? Was genau verkaufen Sie? Möglicherweise wollen Sie Ihren Vorgesetzten für eine Geschäftsidee begeistern. Oder Sie wollen Ihre eigenen Vorzüge präsentieren. Bedenken Sie dabei, dass Ihr Text zwar von Ihnen handelt, aber dann am besten wirkt, wenn es eigentlich um Ihren Gesprächspartner geht. Klingt unlogisch? Ist es nicht, denn Sie erklären Ihrem Zuhörer, warum Sie oder Ihr Thema gut für ihn sind. Machen Sie ihm klar, warum Sie oder Ihre Idee ihm noch zu seinem Glück fehlen.

✔ **Übung macht den Verkäufer:** Sie sollten Ihren Elevator Pitch regelmäßig gebrauchen und trainieren. Je vertrauter Ihnen der Text ist und je wohler Sie sich damit fühlen, desto besser werden Sie sich verkaufen. Mit einem vertrauten Text, von dessen Qualität Sie überzeugt sind, können Sie die ersten Sekunden in besonders aufregenden Situationen gut überbrücken. Denn Sie haben nun ein Heimspiel und Ihr Autopilot präsentiert die durchdachte Rede wie von selbst. Wie beim Witzeerzählen liegt der Teufel allerdings im Detail. Damit die Pointe sitzt, muss alles zusammenpassen: Die richtige Betonung, der richtige Gesichtsausdruck und die passende Körpersprache sind gefragt. Und wie beim Witzeerzählen wird Ihnen das umso besser gelingen, je mehr Sie den Text verinnerlicht haben. Üben Sie daher regelmäßig und bringen Sie ihn bei jeder passenden Gelegenheit an den interessierten Zuhörer. Dann können Sie 30 Sekunden lang alles geben und werden keine Zeit an Fehler verlieren.

 Natürlich sollten Sie Ihren Elevator Pitch wie aus dem Effeff beherrschen. Bedenken Sie aber, dass Sie zwar eine Routine entwickeln sollen, aber nicht routiniert wirken dürfen. Der beste Text taugt nichts, wenn Sie ihn runterleiern. Niemand hat gerne das Gefühl, mit einem Standardtext bedacht zu werden. Stellen Sie sich also auf Ihren Zuhörer ein und halten Sie den Text lebendig, indem Sie ihn in feinen Varianten an Ihr Gegenüber anpassen. Dazu müssen Sie nicht unbedingt den Text inhaltlich verändern. Auch durch Körpersprache und Ausdruck können Sie Ihrem Elevator Pitch immer wieder eine neue Färbung geben.

Kurz und knackig – einen Elevator Pitch formulieren

Sie wissen, wie Sie sich an wen in welcher Situation verkaufen wollen? Dann können Sie loslegen und Ihren Elevator Pitch entwerfen. Abbildung 11.2 veranschaulicht, was unbedingt zum Elevator Pitch dazugehört.

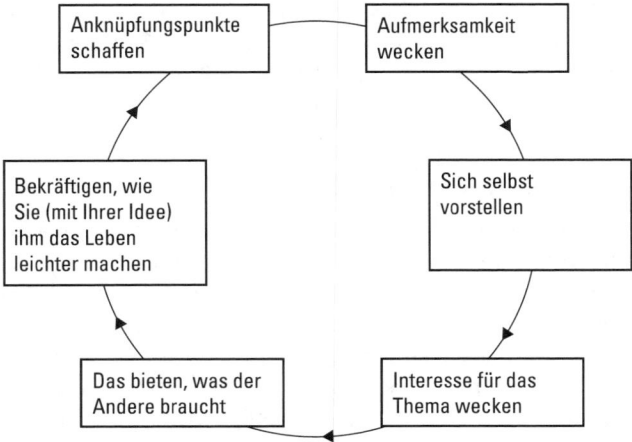

Abbildung 11.2: So wird der Elevator Pitch eine runde Sache

 Julia arbeitet in der Unternehmensentwicklung des Gebrauchsartikelanbieters »Lauter schöne Sachen«. Da in der Branche starker Wettbewerb herrscht, wird intensiv nach innovativen Verkaufskonzepten gesucht. Das Einkaufen im eigenen Laden soll für den Kunden zu einem einzigartigen Erlebnis werden. Heute Nachmittag findet ein Umtrunk anlässlich des Geburtstags eines Kollegen statt. Julia wird viele neue Gesichter kennenlernen und möchte vor allem eines gut verkaufen: sich selbst.

Um kurz nach fünf ist es so weit, der Bereichsleiter tritt an Julia mit den Worten heran: »Und Sie sind neu bei uns?« »Hallo Herr Siebers, ja, ich bin Julia Sommer aus der Unternehmensentwicklung. Ich gehe schon seit Jahren täglich zu ›Lauter schöne Sachen‹, aber erst seit Anfang Mai durch den Firmeneingang. Und darauf habe ich mich während meines BWL-Studiums vorbereitet: Auf Fachmessen habe ich innovative Vermarktungskonzepte kennengelernt, mit denen ›Lauter schöne Sachen‹ seine Kunden immer wieder neu überraschen kann. Ich habe auch unsere Konkurrenten beschnuppert – nicht nur als Kundin, sondern vor allem als Praktikantin. Das hat mir viel Insiderwissen eingebracht. Mit diesem Gepäck im Rucksack kann ich unser Projekt ›Einkaufs-Erlebnis-Welt‹ jetzt direkt bereichern. Und das bringt mir riesigen Spaß.«

Die Aufmerksamkeit Ihres Gegenübers wecken

Wenn Sie nicht direkt angesprochen werden, müssen Sie sich zunächst um die Aufmerksamkeit des anderen bemühen. Dafür eignen sich Hingucker und Hinhörer, die den anderen aufhorchen beziehungsweise aufblicken lassen. Seien Sie anders als die anderen: Sie können Ihre Kurzrede zum Beispiel lustiger, frecher oder provokanter beginnen. Starten Sie mit Begeisterung in Ihren Pitch und sorgen Sie dafür, dass Ihre Begeisterung für den Zuhörer sichtbar ist. Dann besteht die Chance, dass er sich anstecken lässt.

Ihrem Gegenüber mitteilen, mit wem er es zu tun hat

Falls Sie Ihren Gesprächspartner nicht kennen, sorgen Sie dafür, dass er weiß, wer sich da um sein Interesse bemüht. Das können Sie so kurz und knapp halten, wie Ihr Name es Ihnen erlaubt. Mit der sachlichen Information, in welchem Bereich des Unternehmens Sie zu Hause sind, erleichtern Sie dem anderen die Einordnung.

Den anderen für Ihr Thema interessieren

Das Bühnenlicht ist nun auf Sie gerichtet, Sie haben die Aufmerksamkeit. Nun machen Sie etwas daraus. Wecken Sie das Interesse des anderen. Besonders effektiv ist es, wenn Sie bei Ihrem Gegenüber nicht nur Interesse, sondern auch einen Bedarf wecken können. Warum sollte ihn Ihr Thema (zum Beispiel eine neue Produktidee, ein brillanter Slogan oder eine neue Software) interessieren? Denken Sie daran, dass Sie für Ihr Gegenüber so interessant sind, wie das, was Sie ihm bieten. Die Leitfrage lautet also: »Was macht mich und meine Idee für den anderen interessant?« Die Bandbreite der möglichen Antworten reicht von Unterhaltungswert, Freundschaft oder Anerkennung über Informationen bis hin zur zündenden Idee für sein Problem.

Ihrem Zuhörer das bieten, was er braucht

Diesen Punkt sollten Sie flexibel gestalten und an die Bedürfnisse Ihres jeweiligen Gesprächspartners anpassen können. Dem Vertriebsleiter können Sie zum Beispiel erklären, dass Sie eine Idee haben, wie der Absatz wieder angekurbelt und der Vorsprung der Konkurrenz zum Schmelzen gebracht werden kann. Den Finanzvorstand interessieren Sie für die gleiche Idee durch einen Verweis auf die Umsatzzahlen und den Ergebnisbeitrag Ihres Vorschlags.

Besonders überzeugend sind Sie, wenn Sie das Pferd von hinten aufzäumen. Versuchen Sie, Ihrem Zuhörer Lösungen und Visionen zu verkaufen, die er mit Ihrer Hilfe oder Ihrem Produkt verwirklichen kann (»So wird ›Lauter schöne Sachen‹ wieder die Nummer eins im Markt.«). Orientieren Sie sich dabei an Ihrem Alleinstellungsmerkmal (zum Beispiel »Ich habe viele erfolgreiche Innovationen in Gang gebracht ...«) und verkaufen Sie es dem anderen so, wie er es gern kaufen möchte (»... und nun möchte ich Ihrem Unternehmen einen Innovationsvorsprung sichern«).

Ihrem Gesprächspartner erklären, wie Sie ihm das Leben erleichtern

Sie wollen etwas verkaufen, also müssen Sie dem anderen erklären, warum er dieses »Etwas« braucht. Was verändert sich für den anderen durch Sie, durch Ihre Dienstleistung oder Ihre Idee? Greifen Sie Wünsche und Bedürfnisse des anderen auf und erklären Sie, wie Ihr »Etwas« ihm das Leben leichter machen wird. Die neue Produktidee zum Beispiel passt wie die Faust aufs Auge zum Unternehmen, sie spricht nicht nur bestehende, sondern auch neue Zielgruppen an und sie stärkt die Vorreiterrolle des Unternehmens in Sachen Innovation.

Ein Pitch muss zur Situation passen und daher gibt es keinen Pitch für alle Fälle. Es gibt aber einen Pitch für viele Fälle und viele Möglichkeiten, Ihren Pitch spontan zu bereichern. Nutzen Sie die Salamitechnik und bereiten Sie verschiedene Bestandteile und Varianten vor. Dann können Sie je nach Situation nachlegen. Nützlich ist

- ✔ eine Kurzversion für einen Gesprächseinstieg. Diese Version nutzen Sie, wenn Sie und der andere sich anschicken, ein längeres Gespräch miteinander zu führen. Mit Ihrer Kurzversion stecken Sie Ihre Position ab und lassen dann – wie in Dialogen gute Praxis – den anderen erst einmal zu Wort kommen. Anschließend nehmen Sie Ihren Faden wieder auf und knüpfen weitere interessante Fakten an.

- ✔ eine mittlere Version für einen kurzen Monolog, also so ungefähr für 30 bis 45 Sekunden.

- ✔ Und schließlich die Romanversion für Ihren Auftritt in einem Vorstellungsgespräch oder einer Vorstellungsrunde. Die Romanversion darf eine bis drei Minuten in Anspruch nehmen. Sie finden das etwas kurz für einen Roman? Dann versuchen Sie mal, drei Minuten sinnvoll mit Ihren Ausführungen zu füllen. Sie werden überrascht sein, wie lang 180 Sekunden sein können. Und Sie werden meinen, Sie hätten einen Roman geschrieben.

Anknüpfungspunkte schaffen

Nun haben Sie Ihre Sache gut verkauft. Jetzt müssen Sie noch dafür sorgen, dass es auch gut weitergeht. Lassen Sie Ihren Gesprächspartner wissen, wie es weitergehen könnte: »Ich stelle Ihnen gern eine kurze Präsentation zusammen« oder auch »Für Fragen zu dem Thema stehe ich jederzeit zur Verfügung«. Sie können auch den anderen ermuntern, aktiv zu werden und mit Ihnen in Kontakt zu treten (»Kommen Sie doch mal vorbei.«).

Stresssituationen verstehen und entschärfen

In diesem Kapitel

▶ Verstehen, wie Stress entsteht

▶ Sich nicht stressen lassen – weder von sich selbst noch von anderen

▶ Für Ausgleich sorgen und zufrieden werden

Auch wenn die meisten Menschen heute nicht mehr jagen gehen, hat sich die menschliche Reaktion auf Stress über die Jahrtausende nur wenig verändert. Was für den Höhlenmenschen das Mammut war, ist für den Büromenschen die Mammutaufgabe. Der Anblick eines Mammuts löste beim Höhlenmenschen augenblicklich körperliche Stressreaktionen aus. So mobilisierte er im Angesicht der Gefahr alle Kräfte, die er für den anstehenden Kampf oder die Flucht brauchte. Durch die enorme körperliche Betätigung (laufen Sie mal einem Mammut davon!) nutzte der Höhlenmensch die Stressreaktionen aus, baute sie ab und kam wieder in Einklang mit sich.

Der Büromensch reagiert im Angesicht seiner Mammutaufgabe mit ähnlichen Symptomen: Das Herz klopft, die Atmung wird schneller, der Blutdruck steigt. Zur Vorbereitung auf den bevorstehenden Kampf wird mehr Blut in die Lungen gepumpt und die Durchblutung der Muskeln verbessert. Leider sind heutzutage weder Kampf noch Flucht Reaktionen, für die im Berufsalltag besonders viel Verständnis zu erwarten ist. Der moderne Büromensch muss also andere Möglichkeiten finden, mit der Stressreaktion seines Körpers umzugehen. Da ist es ein glücklicher Zufall, dass das liebste Werkzeug der (meisten) Büromenschen nicht mehr die Keule, sondern das Köpfchen ist. Mit Köpfchen lassen sich die meisten heutigen Stresssituationen gut bewältigen. Wie das geht, erfahren Sie in diesem Kapitel.

Stress entsteht im Kopf

Stress lässt sich nicht nur mit Köpfchen bewältigen, er entsteht auch ganz wesentlich dort. Der größte Teil Ihres Stresses entsteht durch Sie selbst, durch die Art und Weise, wie Sie auf Ereignisse reagieren und wie Sie Situationen bewerten. Und eigentlich ist das sogar eine gute Nachricht, denn wenn Sie sich den Stress selbst eingebrockt haben, können Sie ihn auch wieder loswerden.

Das ABC-Modell des Psychologen Albert Ellis erklärt, wie Stress entsteht. Hinter der Abkürzung ABC verbirgt sich ein **A**ctivating Event, hinter B stehen **B**eliefs und hinter C emotional **C**onsequences. Das ABC-Modell erläutert Stress mit folgender Verkettung (ungünstiger) Umstände:

✔ Am Anfang steht das Activating Event, ein Ereignis, das Sie womöglich als problematisch, gefährlich, unangenehm – kurzum, als stressig interpretieren könnten. Das Ereignis kann eine harmlos aussehende E-Mail sein. In der E-Mail teilt Ihr Chef Ihnen allerdings mit, dass das Meeting heute zwei Stunden früher beginnt.

✔ Getreu dem Motto »Wer A sagt, muss auch B sagen« melden sich nun Ihre Beliefs, Ihre Gedanken und Überzeugungen mit einer Bewertung des Ereignisses. Das hört sich in Ihrem Kopf vielleicht so an: »Zwei Stunden früher? Das sind zwei Stunden weniger Vorbereitungszeit, das kann man gar nicht schaffen!«

✔ Dieser Kommentar verhallt (leider) nicht im Nichts, sondern hat emotionale Konsequenzen: Und Ihr Stress ist da.

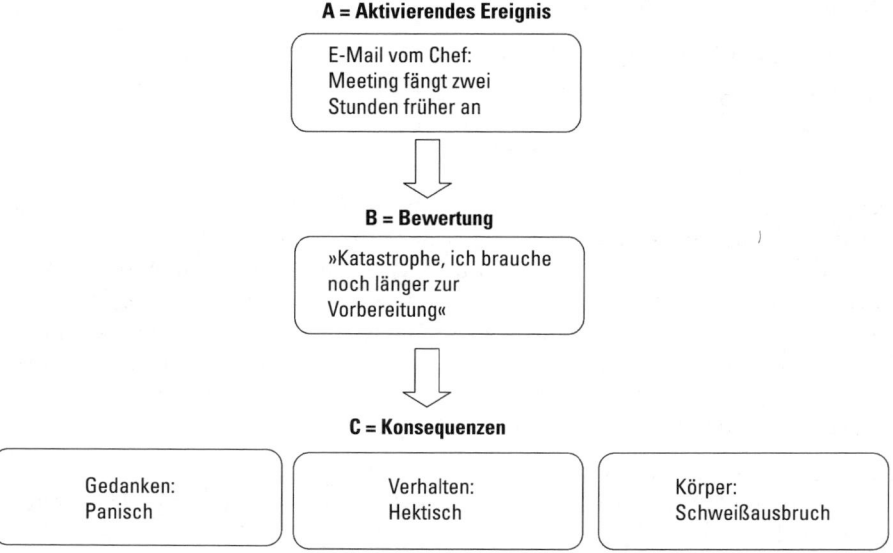

Abbildung 12.1: Das ABC vom Stress

Sie werden nun einwenden, Sie könnten ja nichts dafür, wenn das Meeting vorverlegt wird. Es ist also Ihr Chef und nicht Sie verantwortlich für Ihren Stress. Die Antwort darauf ist eindeutig Ja und Nein. Nach dem ABC-Modell tragen drei Umstände zur Stressentstehung bei. Sie haben also ganze drei Mal die Chance, dem Stress den Wind aus den Segeln zu nehmen. Sie können

✔ Vorsorge treffen, dass ein Ereignis nicht eintritt, oder in Betracht ziehen, dass das Ereignis eintritt und sich darauf vorbereiten,

✔ das Ereignis oder die Situation anders bewerten und kommentieren und

✔ lernen, besser mit Stress umzugehen und sich vom Stress nicht stressen zu lassen.

Folgende Denkfehler sollten Sie vermeiden, wenn Sie Ihren Stress nicht noch erhöhen wollen:

✔ dramatisieren und sich in die Sache hineinsteigern, indem Sie

- das Ereignis übertrieben bewerten. Beliebte Beteuerungen für Übertreibungen sind »Das macht mich fertig« statt »Das gefällt mir nicht« und »Ich halte das nicht aus« anstelle der einfachen Feststellung »Ich mag das nicht«.

- zu viel in das Ereignis hineininterpretieren und es wichtiger machen, als es ist.

- ✔ destruktive Selbstgespräche führen
- ✔ vorschnelle Schlüsse ziehen
- ✔ innerlich aufgeben (»Hat ja alles eh keinen Sinn ...«)
- ✔ generalisieren (»Das ist immer das Gleiche, nie klappt etwas«)
- ✔ Vergangenem nachtrauern (»Hätte ich doch nur ...«)

Auch unrealistische Erwartungen, die Sie an sich oder andere stellen, sind gut geeignet, Sie in Stress zu versetzen. Der Kollege schafft es wider Erwarten nicht, Ihren 120-Seiten-Bericht innerhalb von einer Stunde Korrektur zu lesen. Sie ärgern sich, weil Sie sich auf die Unterstützung verlassen hatten, und geraten in Panik, weil Sie nun allein für Fehlerfreiheit sorgen müssen. Schon haben Sie Stress.

Persönliche Stresssituationen erkennen

In Stress geraten Sie immer dann, wenn Sie eine Situation als bedrohlich interpretieren und bewusst oder unbewusst zu dem Schluss kommen, der Sache nicht gewachsen zu sein. Eine Situation, die Sie in Stress bringt, hat also den Stellenwert eines persönlichen Notfalls. Auf diesen Notfall reagiert Ihr Körper mit den typischen Stressreaktionen. Da es sich aber selten um einen echten Notfall handelt (Mammuts sind ausgestorben), reagiert Ihr Körper nicht nur, sondern er reagiert vor allem über.

Wenn Sie verstehen, wann und warum Sie in Stress geraten, haben Sie den ersten Schritt in Richtung Stressbewältigung getan. Wenn Sie durchschauen, was Ihren Stress verursacht, können Sie zielgerichtet dagegen angehen.

Sie kommen dem Stress auf die Schliche, wenn Sie Folgendes in einem Stresstagebuch notieren:

- ✔ das Ereignis, das den Stress ausgelöst hat
- ✔ Ihre Bewertung des Ereignisses, also zum Beispiel die Bewertung als »ungünstig«, »unangenehm«, »unbedeutend«, »kein Problem« oder »erhebliches Problem«
- ✔ das Selbstgespräch, das Sie mit sich selbst führen
- ✔ den Stellenwert der Situation für Sie auf einer Skala von 1 (unwichtig) bis 10 (sehr wichtig)
- ✔ Ihre Reaktion auf das bewertete Ereignis
- ✔ wie gestresst Sie sich fühlen auf einer Skala von 1 (erste Stressstufe) bis 10 (GAU)

Tabelle 12.1 zeigt, wie Ihr Stresstagebuch aussehen könnte.

Ereignis	Bewertung des Ereignisses Selbstgespräch Stellenwert des Ereignis	Reaktion und Stressstufe
Chef verlegt Meeting vor	✔ Ungünstig, ausgerechnet heute! ✔ »Keine Zeit, keine Zeit, keine Zeit« ✔ Stellenwert: 3, nicht so wichtiges Meeting	Ärger, Hilflosigkeit, Stressstufe 5
Muss Präsentation halten und habe meinen Text im Drucker liegen lassen	✔ Großes Problem ✔ »Ich bin geliefert« ✔ Stellenwert: 6, wichtiges Publikum	Panik, Lampenfieber, Stressstufe 10
Finde den Meetingraum nicht und komme zu spät	✔ Sehr schlecht, sieht unzuverlässig aus ✔ »Ich hasse es, zu spät zu kommen!« ✔ Stellenwert: 2	Hektik, Stressstufe 7

Tabelle 12.1: Das Stresstagebuch

 Tragen Sie stressige Situationen gleich in das Tagebuch ein, sobald Sie sie überlebt haben. Mit wachsendem zeitlichem Abstand kann die Bewertung der Situation sich verändern und Sie wissen vielleicht gar nicht mehr genau, was Sie so gestresst hat.

Dem Stress den Wind aus den Segeln nehmen

Wenn sich das Tagebuch mit einigen stressigen Situationen gefüllt hat, beginnt die Anti-Stress-Offensive.

Die Situation klären

Zunächst ist es hilfreich, sich einen Überblick über die Stresssituation zu verschaffen und die Situation zu analysieren. Sie werden interessante und vielleicht auch überraschende Erkenntnisse machen. Und beim nächsten Mal werden Sie viel gelassener auf das Ereignis reagieren.

✔ Warum genau haben Sie das Ereignis als stressig empfunden?

✔ Was haben Sie dazu beigetragen, dass Sie in die Situation gekommen sind?

✔ Können Sie etwas tun, um ähnliche Situation zukünftig zu vermeiden? Falls nicht, überlegen Sie, wie Sie sich besser auf ähnliche Ereignisse vorbereiten können.

Die Bewertung der Situation verändern

Denken Sie daran, dass ein Ereignis Sie nur dann stressen kann, wenn Sie es zulassen. Damit ein Ereignis die typischen Stresssymptome auslösen kann, müssen Sie es erst als persönlichen Notfall bewerten.

Testen Sie ruhig einmal das Notfallpotenzial der Situation, indem Sie es übertreiben: »Hilfe, mein Chef hat das Meeting vorverlegt! Feuerwehr, Polizei, Notarzt, alle herbei!« Passt die Reaktion zum Ereignis, oder schießen Sie mit Kanonen auf Spatzen? Dann sollten Sie sich behutsam klarmachen, dass Sie sich zwar in einer unangenehmen, aber nicht in einer Notlage befinden.

✔ Geht die Situation auch bei näherer Betrachtung noch als Notfall durch?

✔ Wie könnten Sie das Ereignis zur Kenntnis nehmen, ohne es zu bewerten?

✔ Wie könnten Sie das Ereignis ganz anders bewerten?

✔ Was müsste geschehen, damit Sie ein ähnliches Ereignis nicht als Notfall einstufen?

Alternativen erkennen

Wer Alternativen sieht, ist unabhängiger und je unabhängiger man ist, desto entspannter lässt es sich auf potenziell stressige Situationen reagieren. Denken Sie daher daran, dass Sie Alternativen haben und das Ereignis aller Voraussicht nach weder Ihren Untergang noch den der Welt besiegelt. Notfalls können Sie Ihrem Chef im vorverlegten Meeting eben nicht alle Schaubilder präsentieren. Dann weisen Sie ihn stattdessen darauf hin, was Sie noch bis wann nachliefern werden.

Die Reaktion auf Stress verbessern

Sie haben es nicht geschafft, das Ereignis zu verhindern oder besser darauf zu reagieren, und haben Stress? Nicht weiter schlimm, das Stressgefühl lässt sich immer noch in den Griff bekommen und sogar nutzen. Stress setzt Energien frei. Und da Sie weder kämpfen noch weglaufen werden, haben Sie nun die Wahl, was Sie mit diesem Energieschub anfangen.

✔ Bewerten Sie die Anspannung positiv und freuen Sie sich über den Energiekick.

✔ Nutzen Sie die freigesetzte Energie und starten Sie mit ganzer Kraft in die anstehende Aufgabe.

Ihre ursprüngliche Stressreaktion (Ärger, Panik oder Ähnliches) bringt Sie zwar der Verzweiflung, nicht aber Ihrem Ziel näher. Überlegen Sie daher, welche Reaktion Ihnen in der stressigen Situation wirklich geholfen hätte. Das kann eine einfache Atemübung sein, schnell die fünf Stockwerke zu Ihrem Büro rauf- und runtersprinten oder einfach die innere Stimme, die Ihnen gut zuredet.

✔ Was bräuchten Sie in der stressigen Situation, um den Kopf wieder frei zu bekommen?

✔ Wie können Sie das erreichen? Was können Sie im Vorwege schon planen?

Bedenken Sie, dass starker Stress für Sie auch starker Stress für Ihren Körper ist. Sie sollten großen Stress daher durch sportliche Betätigung oder körperliche Anstrengung ausgleichen. Bewegung baut die Energien wieder ab, die durch die Stressreaktion zur Verfügung gestellt wurden, und Sie kommen schneller wieder ins Gleichgewicht.

Die Kommentare in den Selbstgesprächen verändern

Sie wissen nun, was Sie in einer Stresssituation brauchen. Erinnern Sie sich daran in Ihren Selbstgesprächen und feuern Sie sich an, anstatt sich abzuwerten.

- ✔ Mit welchen Worten hätten Sie den Stress entschärfen können?
- ✔ Was hätten Sie zur Aufmunterung gerne gehört?
- ✔ An welche Möglichkeiten, auf den Stress zu reagieren, werden Sie sich zukünftig im Selbstgespräch erinnern?

Der Abschnitt »Die mentale Stärke erhöhen« weiter hinten in diesem Kapitel gibt Ihnen einige Anregungen für stärkende Sätze, mit denen Sie sich umprogrammieren können.

Sie kennen sicher das Sprichwort »Übung macht den Meister«. Auch wenn Ihnen das in Zusammenhang mit Stress komisch vorkommt, Sie können trainieren, mit stressigen Situationen besser zurechtzukommen.

- ✔ Begeben Sie sich bewusst in eine unkritische Situation, die Sie normalerweise als stressig empfinden. Ergreifen Sie zum Beispiel in großer Runde ungefragt das Wort, schauen Sie nicht auf Ihren Redetext während des Vortrags oder parken Sie freiwillig möglichst weit entfernt vom Haupteingang Ihrer Firma.
- ✔ Bewältigen Sie die Situation! Sie können sich zum Beispiel im Selbstgespräch beruhigen und Mut zusprechen und durch bewusstes Atmen Ihre körperlichen Reaktionen regulieren.
- ✔ Nachdem Sie die Stresssituation gemeistert haben, gleichen Sie die Anspannung aus und belohnen Sie sich.

Den Stress wegatmen (funktioniert wirklich)

Auch wenn Sie schon beim Lesen der Wörter »wegatmen« und »Atemübung« den dringenden Reflex verspüren weiterzublättern, versuchen Sie, wenigstens noch drei Sätze weiterzulesen. Atemübungen sind nicht nur beliebt in Geburtsvorbereitungskursen, sondern leisten mittlerweile Managern ebenso wie Erfolgsprofis gute Dienste. Und auch Sie können von den einfachen Übungen profitieren.

Körper und Geist – oder mentale Vorgänge und körperliche Reaktionen – hängen zusammen und bedingen sich gegenseitig. Das Stressgefühl ist erst durch Ihre Bewertung des Ereignisses entstanden (»Oh Gott, der Chef kommt, Hilfe!« statt »Wie schön, der Chef kommt, super«). Ihre Gedanken und Emotionen sind hochgekocht, Ihr Körper hat mit einer extra Portion Stresshormonen und Herzklopfen geantwortet. Wenn Sie sich aber in eine Stresssituation versetzen können, können Sie sich auch in eine Entspannungssituation versetzen. Und dabei hilft Ihnen Ihre Atmung.

Atemübung für den Notfall

Wenn plötzlich großer Stress über Sie hereingebrochen ist oder Sie ahnen, dass es in spätestens drei Sekunden passieren wird (Sie sehen Ihren Chef mit finsterer Miene auf sich zumarschieren), hilft folgendes Durchatmen:

1. Atmen Sie möglichst langsam durch die Nase ein. Schöpfen Sie Ihr Atemvolumen voll aus.
2. Lenken Sie die Atmung zuerst in den Bauch und füllen Sie dann Ihre Lunge mit frischer Luft.
3. Halten Sie den Atem einige Sekunden, während Sie zählen: einundzwanzig, zweiundzwanzig.
4. Atmen Sie langsam und vollständig durch leicht geöffnete Lippen wieder aus. Lassen Sie sich Zeit; wenn Sie in Stress sind, darf das Ausatmen länger dauern als das Einatmen. Sie vermindern damit das Risiko, zu hyperventilieren.

Sie können sich vergewissern, dass Sie in den Bauch atmen (Zwerchfellatmung). Dafür legen Sie Ihre Hände auf den Bauch, etwa in Höhe des Bauchnabels. Nun achten Sie darauf, dass Ihre Atmung die Hände bewegt: nach oben beim Einatmen und zurück nach unten beim Ausatmen.

Die Atmung beobachten

Mit der Beobachtung der Atmung lässt sich leicht ein Zustand innerer Ruhe erreichen.

1. Ziehen Sie sich aus dem Alltagsgeschehen zurück und sagen Sie sich, dass Sie nun einige Momente in Ruhe genießen werden.
2. Atmen Sie tief und ruhig durch die Nase ein. Für eine ruhige Atmung hilft die Vorstellung, dass eine Kerze, die vor Ihnen steht, durch Ihre Atmung nicht ins Flackern geraten sollte.
3. Atmen Sie möglichst genauso lange aus, wie Sie eingeatmet haben.
4. Zählen Sie die Atemzüge beim Ausatmen. Versuchen Sie, an nichts anderes zu denken als daran, die Atemzüge beim Ausatmen zu zählen. Zählen Sie zwölf Atemzüge und fangen Sie dann wieder von vorn an.
5. Beobachten Sie, wie das erneute Einatmen von sich aus einsetzt.

Wenn Ihnen noch viele Gedanken durch den Kopf gehen, bleiben Sie gelassen und ärgern Sie sich nicht. Stellen Sie sich vor, Sie würden auf einer Wolke sitzen und die Gedanken oder Sorgen würden unter Ihnen vorbeiziehen. Es ist in Ordnung, dass die Gedanken auftauchen. Sie können die Gedanken von der Wolke aus beobachten, aber bewerten und kommentieren Sie sie nicht. Lassen Sie die Gedanken einfach weiterziehen.

Die mentale Stärke erhöhen

Sie wissen, dass Sie die Aufgabe meistern können. Ein Teil von Ihnen weiß es jedenfalls (oder ahnt es zumindest). Der andere Teil bekommt allein bei dem Gedanken an die bevorstehende Aufgabe Schweißausbrüche. Eigentlich verfügen Sie über alle wichtigen Fähigkeiten und sind gut vorbereitet. Trotzdem fühlen Sie sich gestresst, nervös, unsicher. Denn eines fehlt Ihnen: die innere Selbstsicherheit, dass diese Sache eine Ihrer leichtesten Übungen sein wird. Was Sie jetzt brauchen, ist jemand, der Sie durch die Situation lenkt und Sie mit Zuversicht an Ihr Ziel bringt. Erhöhen Sie Ihre mentale Stärke und werden Sie selbst zu Ihrem »Kraftzuflüsterer«.

Von Sportlern lernen: Das Spiel im Kopf gewinnen

Nach einem Wettkampf werden Sportler oft gefragt, was ihnen zu ihrer Leistung verholfen habe. Immer wieder fallen dann Antworten wie diese: »Ich habe natürlich durch intensives Training beste Voraussetzungen geschaffen. Entscheidend war aber, dass ich meine Konzentration aufrechterhalten konnte. So habe ich in den letzten Minuten noch einmal die Kraft gefunden, das Spiel zu drehen. Ich habe das Spiel eigentlich im Kopf gewonnen.«

Spitzensportler verlassen sich nicht nur auf ihre körperliche Leistungsfähigkeit. Sie sorgen ebenso dafür, dass sie der Anspannung und dem Druck im Kopf standhalten und mit Ablenkungen oder Rückschlägen umgehen können. Diese mentalen Fähigkeiten entscheiden ganz wesentlich über Sieg oder Niederlage.

»Schön und gut«, werden Sie denken, »aber was hat das mit mir zu tun?«. Eine ganze Menge: Sie stehen im Wettbewerb mit anderen hoch qualifizierten Karrierewilligen. Und wie bei Sportlern wird derjenige die Nase vorn haben, der sich und sein Wissen am wirkungsvollsten durch den Wettbewerbsparcours »Unternehmenswelt« führen kann. Lernen Sie also von den Sportlern und entscheiden Sie das Spiel für sich.

Sich auf Erfolgskurs bringen

Spitzensportler bereiten sich auf einen wichtigen Wettkampf nicht nur körperlich, sondern auch mental vor. Das mentale Training umfasst insbesondere

- ✔ ein Training zur Regulierung des Erregungsniveaus,
- ✔ Übungen, die dabei helfen, die Aufmerksamkeit gezielt zu steuern,
- ✔ eine Stärkung der realistischen Selbsteinschätzung,
- ✔ die Kontrolle der Selbstgespräche.

Sie können diese Techniken für sich nutzen, um sich fit für Ihren beruflichen Erfolg zu machen.

Sie stehen vor Ihrem Team und führen durch eine Präsentation. Alles läuft bestens. Bis eine Kollegin plötzlich anfängt, den Kopf zu schütteln. Warum, was hat sie? Haben Sie etwas Falsches gesagt, ist das ganze Team womöglich nicht zufrieden mit Ihren Ausführungen? Mal kurz zum Chef rübergeschaut, ob seine Miene

etwas verrät. Sieht aus, als würde er schlafen. Ist Ihre Präsentation so langweilig? Hätten Sie doch nur diesen originellen Cartoon eingebaut, vielleicht sollten Sie mal einen Witz, eine kurze Pause oder am besten gleich Schluss machen. Alles läuft schief.

Damit Sie so gut sind, wie Sie sein können, brauchen Sie die Unterstützung Ihrer Konzentration.

✔ Lassen Sie sich nicht von äußeren Faktoren ablenken.

✔ Denken Sie nicht nach vorn oder zurück, sondern bleiben Sie mit voller Konzentration in dem jetzigen Moment.

✔ Negative Gedanken oder ablenkende Dinge können Sie zur Kenntnis nehmen, aber im Moment nicht aufnehmen. So könnten Sie darauf reagieren: »Aha, die Kollegin schüttelt den Kopf. Wer weiß, warum. Ist im Moment nicht wichtig, darum kümmere ich mich später. Jetzt geht es um meine Präsentation.«

Die Konzentration auf den Moment schätzen übrigens nicht nur Spitzensportler. Die gesamte Lehre der »Achtsamkeit« basiert ebenfalls darauf.

Das Vertrauen in die eigenen Leistungen stärken

In kritischen Situationen schwindet der Glaube an sich selbst oft schneller als die Kraft und das Können. Unglücklicherweise neigt Ihre persönliche Leistungsfähigkeit aber dazu, sich im gleichen Maße zu verabschieden, wie Sie an sich zweifeln. Stärken Sie daher Ihre Überzeugung, dass Sie auch schwierige Situationen meistern können. Verlassen Sie sich darauf, dass Sie Ihr Wissen und Ihre Fähigkeiten auch im Ernstfall abrufen können. Das gelingt Ihnen, wenn Sie sich einen Merkzettel mit Ihren persönlichen Stärken erstellen und sich in schwierigen Situationen daran erinnern. Wie das geht, steht im Abschnitt »Die mentale Stärke erhöhen« weiter vorn in diesem Kapitel.

Die richtige Balance zwischen Stress und Tiefschlaf finden

Sie sind am erfolgreichsten, wenn Sie wach und aktiv, nicht zu aufgeregt, aber auch nicht zu ruhig sind. Wenn Sie merken, dass Ihnen Spannung fehlt, können Sie sich selbst »pushen«. Das gelingt Ihnen dadurch, dass Sie sich selbst mit aufweckenden Worten antreiben und anspornen. (»Jetzt ist mein Moment, ich habe lange darauf gewartet und jetzt werde ich zeigen, was ich kann.«) Vermutlich passiert es Ihnen aber häufiger, dass Sie eher Spannung abbauen möchten, weil Sie zu angespannt, aufgeregt oder gestresst sind. Dann wirken Entspannungsübungen Wunder. Im Abschnitt »Abschalten zum Auftanken« weiter hinten in diesem Kapitel lernen Sie einige effektive Methoden kennen. Auch Atemübungen, wie im Abschnitt »Den Stress wegatmen (funktioniert wirklich)« weiter vorn in diesem Kapitel beschrieben, helfen Ihnen, sich zu beruhigen.

Auf die Selbstgespräche achten

Bewusst oder unbewusst sind Sie nahezu die ganze Zeit im Gespräch mit sich. »Klappt ja super«, »Oh nein, auch das noch«, »Heute ist (nicht) mein Tag«, Ihre innere Stimme meldet sich ständig mit allerlei Kommentaren zu Wort. Sorgen Sie dafür, dass Ihre innere Stimme Sie stärkt und nicht verunsichert. Dafür ist es manchmal notwendig, den Redetext aktiv vorzugeben. In Kapitel 14 erfahren Sie, wie das geht. Zusätzliche Tipps finden Sie in Kapitel 7 im Abschnitt »Mit Selbstzweifeln und hinderlichen Einstellungen umgehen und sie entlarven«.

Mit Leistungsdruck umgehen

Die Tatsache, dass Diamanten unter Druck entstehen, ist schon in vielen Unternehmen bemüht worden, um einen hohen Leistungsdruck zu rechtfertigen. Sicherlich gibt es einige Menschen, die erst unter Druck zur Höchstform auflaufen. (Wenn Sie sich dazu zählen, dürfen Sie sich glücklich schätzen und den nächsten Abschnitt überblättern.) Auf die große Mehrheit wirkt übermäßiger Leistungsdruck aber nicht ermutigend, sondern erdrückend. Zeigen Sie, dass in Ihnen ein Diamant schlummert, aber lassen Sie sich nicht von Leistungsdruck erdrücken.

Die Ursache von Leistungsdruck erkennen

Am wirkungsvollsten wehren Sie sich gegen Leistungsdruck, wenn Sie zunächst verstehen, woher der Druck kommt. Je wichtiger die Aufgabe ist, desto eher laufen Sie Gefahr, unter Leistungsdruck zu geraten. Oftmals entsteht der meiste Druck im Kopf (»Das darf ich jetzt nicht versemmeln.«). In diesem Fall können Sie sich auch selbst helfen: Lernen Sie, Ihre mentale Stärke zu erhöhen mit den Übungen im vorangegangenen Abschnitt. Und schulen Sie Ihr Problemlösungspotenzial. Das gelingt Ihnen mit den Übungen, die ich Ihnen in Kapitel 7 vorstelle. Sie können die Situation neu bewerten (»Prima, eine Herausforderung!«), Ihre Motivationsquellen anzapfen und Ihren Selbstzweifeln die Rote Karte zeigen.

Unglücklicherweise passen Arbeitsbelastung und zur Verfügung stehende Zeit nicht immer zusammen. Wenn Sie in zwei Tagen das Arbeitspensum von einer Woche erledigen sollen, geraten Sie wohl oder übel unter Druck. Geben Sie Ihrem Auftraggeber auf jeden Fall rechtzeitig ein ehrliches Feedback und lassen Sie ihn nicht erst fünf Minuten vor dem Abgabetermin wissen, dass die Zeit zu knapp war für die Aufgabe. In Kapitel 9 erfahren Sie im Abschnitt »Heiß und fettig (oder dringend und wichtig)«, wie Sie mit dringenden, wichtigen Aufgaben umgehen.

Es kann durchaus passieren, dass Sie Aufgaben bekommen, die Sie (noch) nicht erfüllen können. Dann sollten Sie ehrlich zugeben, dass Sie im Moment etwas überfordert sind. Damit zeigen Sie, dass Sie Ihre Fähigkeiten realistisch einschätzen können. Gleichzeitig sollten Sie aber mit Lösungsvorschlägen aufwarten, wie Sie sich für die neue Herausforderung fit machen.

Mit überhöhten Anforderungen umgehen

Wenn Sie Anforderungen erfüllen sollen, die Ihrer Rolle nicht entsprechen, stellt sich unweigerlich das Gefühl von Leistungsdruck ein. Finden Sie zunächst heraus, warum die Erwartungen nicht zu Ihnen passen.

12 ➤ Stresssituationen verstehen und entschärfen

✔ Sie haben noch keine Erfahrung, wie so eine Aufgabe angegangen wird.

✔ Ihr unternehmens- oder aufgabenspezifisches Wissen ist noch lückenhaft.

✔ Sie bekommen von verschiedenen Personen widersprüchliche Aufgaben. Kollegen und Vorgesetzte stellen gegensätzliche Erwartungen an Sie.

Wenn Sie wissen, warum Sie überfordert sind, suchen Sie das Gespräch mit Ihrem Auftraggeber.

✔ Erklären Sie ihm, warum Sie die Aufgabe (noch) nicht erfüllen können. Bleiben Sie sachlich und konstruktiv (also möglichst kein »Wie stellen Sie sich das denn vor, das geht auf keinen Fall!«).

✔ Überlegen Sie im Voraus, was Sie noch brauchen, um die Aufgabe zu meistern. Sie brauchen vielleicht mehr Zeit, mehr Informationen, mehr Mithelfer oder mehr Kompetenzen, beispielsweise um andere zur Mitarbeit bewegen zu können.

Auch wenn Sie nicht weiterwissen, müssen Sie nicht mit leeren Händen und vielen Fragen vor Ihren Chef treten. Erstellen Sie stattdessen eine Entscheidungsvorlage mit allem, was Sie bereits zum Thema in Erfahrung gebracht haben. Sie können Möglichkeiten aufwerfen, Ihre eigenen Ideen oder einfach eine Übersicht mit zu klärenden Fragen präsentieren. Mit einer gut vorbereitenden Entscheidungsvorlage zeigen Sie Ihrem Chef, dass Sie sich des Themas angenommen, es unternehmerisch durchdacht, Ihre Grenzen erkannt, aber deswegen noch lange nicht aufgegeben haben.

✔ Präsentieren Sie Lösungen, wie Sie sich auf den Stand der Dinge bringen könnten.

Das könnten Sie Ihrem Chef mitteilen:

✔ »Im Moment fehlt mir noch der Einblick in das Unternehmen. Ich würde gerne mit Ihnen über die Strukturen im Einkauf sprechen, um besser zu verstehen, welche Prozesse ich beachten muss.«

✔ »Ich kenne die deutschen und europäischen Rechnungslegungsstandards gut, aber mit den amerikanischen Standards habe ich bisher nicht gearbeitet. Ich werde mich mit den relevanten Vorschriften vertraut machen. Anschließend würde ich gerne kurz mit unserem Wirtschaftsprüfer über das Thema sprechen, um sicher zu sein, dass ich alles richtig verstanden habe.«

✔ »Ich erstelle gerne noch diese Woche die Soll/Ist-Analyse. Die Kollegen gehen allerdings davon aus, dass ich sie bei der Erstellung des Quartalsberichts unterstütze. Welche Aufgabe hat Priorität für mich?«

Die Aufgabe ist beherrschbar, die Erwartungen sind eindeutig – und Ihr Unmut ebenso. Denn Sie haben sich den Job ganz anders vorgestellt. Die Anforderungen sind nicht überhöht, aber grundverschieden von dem, was Sie erwartet haben. In so einer Situation sollten Sie den Tatsachen ins Auge sehen. Klären Sie im Gespräch mit Ihrem Chef, inwiefern Sie in Ihrem Job überhaupt die Rolle spielen können, die Sie spielen wollen. Gibt der Job überhaupt die Aufgaben her, die Sie sich vorstellen? Häufig werden Pflicht- und Küraufgaben in einer Stelle gebün-

delt und Sie bekommen die spannenden Projekte (mit denen man Sie geködert hat), sobald die Routineaufgaben erledigt sind. Falls die spannenden Aufgaben wie die berühmte Karotte ewig vor Ihrer Nase baumeln, sprechen Sie Klartext. Fordern Sie mehr Projekte und Verantwortung ein und machen Sie Ihrem Chef Vorschläge, wie er Ihnen den Job versüßen kann. Wenn das alles nichts hilft, treffen Sie eine Wahl: Entweder Sie arrangieren sich mit Ihrer Position, oder Sie halten Ausschau nach neuen Herausforderungen.

Abschalten zum Auftanken

In aufreibenden Zeiten gerät man schnell in einen Teufelskreis: Immer mehr Arbeit macht immer mehr Stress, es bleibt immer weniger Zeit zum Abschalten, das macht noch mehr Stress und so weiter. Je anstrengender Ihr Alltag ist, desto wichtiger ist ein Ausgleich. Denn Sie bleiben nur dann langfristig gesund, munter und leistungsfähig, wenn Sie nicht aus dem Gleichgewicht geraten.

Yoga und Co.

Sie meinen, dass Sie nicht die Ruhe für ein Entspannungstraining haben? Dann brauchen Sie es umso dringender! Denn innere Ruhe und Gelassenheit sind das Ergebnis Ihrer Entspannungsübungen, nicht die Voraussetzungen dafür. Sie versorgen sich ständig mit Stress, da ist es nur fair, dass Sie sich zur Abwechslung auch mal Entspannung zukommen lassen. Im Unterschied zum Stress kommt die Entspannung nur leider nicht wie von selbst. Zu einer Entspannungsübung müssen Sie sich entschließen. Das kostet Zeit und Überwindung, zahlt sich aber schnell aus.

 Entspannung ist nicht nur entspannend. Auch innere Handlungsanweisungen (wie »Natürlich kann ich das« oder »Ich trete souverän und selbstsicher auf«) wirken stärker, wenn Sie diese Sätze in einem entspannten Zustand in Ihrem Bewusstsein verankern.

Entspannt entspannen

Mit dem Entspannen ist es wie mit dem Einschlafen: Je mehr Sie es wollen, desto weniger gelingt es. Sie können jedoch lernen, sich nach oder sogar in schwierigen Situationen schnell zu entspannen. Am besten gelingt Ihnen das, wenn Sie möglichst regelmäßig Entspannung trainieren. Dafür eignen sich viele Entspannungsmethoden. Zu den bekanntesten und wichtigsten Methoden zählen das aus Indien stammende Yoga und die westlichen Methoden Autogenes Training und Progressive Muskelentspannung nach Jacobson.

✔ Yoga ist mehr als ein Entspannungsgarant: Hinter Yoga steht eine ganzheitliche Körper-Geist-Seele-Philosophie. Aber keine Sorge, um von dem positiven Entspannungseffekt zu profitieren, müssen Sie nicht in die Lehre einsteigen. Sie konzentrieren sich einfach auf die praktischen Yoga-Übungen. Diese bestehen aus bestimmten Körperhaltungen, Bewegungsabläufen und Atemübungen. Erlernen können Sie Yoga sowohl allein mit einem guten Ratgeber als auch in der Gruppe in einem Yoga-Kurs.

- ✔ Bei der Progressiven Muskelentspannung nach Jacobson konzentrieren Sie sich nacheinander auf verschiedene Körperteile, spannen diese aktiv an und lassen die Spannung wieder weichen. So entspannen Sie im Laufe der Übung alle wichtigen Muskelgruppen. Die progressive Muskelentspannung ist einfach und mit geringem Zeitaufwand auch im Alleingang zu erlernen.

- ✔ Beim Autogenen Training konzentrieren Sie sich nacheinander darauf, dass Ihre Arme und Beine erst schwer und dann warm werden. Anschließend konzentrieren Sie sich auf Atmung und Herzschlag, den Solarplexus und die Stirn. Sie können Autogenes Training im Selbststudium mithilfe von Büchern erlernen. Es ist aber einfacher – und wird daher oft empfohlen –, die Methode mit professioneller Unterstützung einzuüben.

Zu den Methoden gibt es eine große Auswahl an Büchern (zum Beispiel *Autogenes Training für Dummies* und *Yoga für Dummies*) sowie Kurse.

Wenn Sie gerade keine Muße haben, Yoga, Autogenes Training oder Progressive Muskelentspannung zu erlernen, müssen Sie nicht auf Entspannung verzichten. Folgendes Kurzprogramm können Sie schnell und unkompliziert in viele Gelegenheiten (im Fahrstuhl, im Auto vor dem Aussteigen, sogar auf der Toilette) einbauen:

1. Nehmen Sie eine bequeme, ruhige Position ein.

2. Schließen Sie die Augen.

3. Konzentrieren Sie sich auf Ihre Atmung, einen kurzen Satz oder einen Begriff (»Ich bin ganz ruhig« oder einfach nur »Ruhe«). Wichtig ist, dass die Worte Sie ansprechen und es Ihnen gelingt, sich ganz auf die Worte zu konzentrieren. Alles, was um Sie herum geschieht, sollte in dem Moment von untergeordneter Bedeutung sein.

4. Lassen Sie bewusst die Anspannung aus Ihrem Körper weichen. Gehen Sie in Gedanken durch Ihren Körper und prüfen Sie, ob Ihre Muskeln entspannt sind. Sie werden überrascht sein, wie oft beispielsweise Ihre Gesichtsmuskeln angespannt sind, obwohl Ihnen das gar nicht bewusst ist.

5. Atmen Sie langsam und natürlich ein und aus. Sagen Sie sich bei jedem Ausatmen die gewählten Worte vor.

6. Beenden Sie die Entspannungsphase, indem Sie mit kraftvollen Bewegungen (zum Beispiel Fäuste ballen, Gesichtsmuskeln spielen lassen oder recken und strecken) wieder ins Hier und Jetzt zurückkehren.

Bewegung

Einer der besten Erste-Hilfe-Tipps bei Stress ist ebenso einfach wie effektiv: »Schuhe an und loslaufen!«. Stress versetzt nicht nur Ihre Gedanken, sondern auch Ihren Körper in Aufruhr. Durch regelmäßige Bewegung bauen Sie die Stresssymptome zuverlässig ab. Dadurch steigern Sie Ihr Wohlbefinden und Ihre Leistungsfähigkeit. Überwinden Sie also den inneren Schweinehund und legen Sie los! Besonders geeignet sind Ausdauersportarten wie zum Beispiel Laufen, Schwimmen oder Fahrrad fahren. Versuchen Sie, mindestens dreimal pro Woche 30 Minuten Sport zu treiben.

Die eine Sache für mehr Zufriedenheit

Stephen Covey, der Autor des Bestsellers »Die 7 Wege zur Effektivität«, gibt im Rahmen seiner Prinzipien des persönlichen Managements einen einfachen, aber wirksamen Rat: Suchen Sie Ihre eine Sache für mehr Zufriedenheit.

- ✔ Welche eine Sache könnten Sie tun, die Sie zurzeit nicht tun und die einen großen positiven Einfluss auf Ihr persönliches Leben hätte, wenn Sie sich regelmäßig dafür Zeit nehmen würden? Für den einen besteht diese eine Sache vielleicht in einem regelmäßigen Lauftraining, für den anderen ist sie ein wöchentliches Telefongespräch mit einem wichtigen Freund und für einen Dritten ein monatlicher Entrümpelungstag.

- ✔ Welche eine Sache gibt es, die auf Ihr Berufsleben einen ebenso positiven Einfluss ausüben würde? Womöglich würde es einen riesigen Unterschied machen, wenn Sie jeden Abend Ihren Schreibtisch leer räumen würden und dann am nächsten Tag äußerlich wie innerlich aufgeräumt neu starten könnten. Vielleicht wäre die eine Sache aber auch, dass Sie sich täglich etwas Zeit für die Kollegen nehmen und sich so fester ins soziale Team eingliedern. Was es auch ist, machen Sie sich auf die Suche nach Ihrer einen Sache und nehmen Sie die Sache in Angriff!

 Ihre eine Sache ist zwar sehr wichtig, erscheint aber häufig nicht sehr dringend. Nehmen Sie sich der Sache daher aktiv an und planen Sie die Tätigkeit in Ihren Zeitplan ein. Sie können die eine Sache in Ihrer Lieblingsfarbe markieren, sodass sie Ihnen auf den ersten Blick im Kalender ins Auge springt. Dann wissen Sie sofort, dass Sie heute etwas Sinnvolles für sich tun werden – und dass diese Zeit auf jeden Fall geblockt ist und nicht für andere Dinge zur Verfügung steht.

Das macht Spaß

Nun haben Sie gearbeitet, sich gestresst, sich »professionell« entspannt, sich bewegt und auch noch an die eine sinnvolle Sache gedacht. Jetzt dürfen Sie an sich denken. Denken Sie nur an Ihren Spaß, daran, was Sie gerne tun und was Ihnen Freude bringt. Sie haben bestimmt eine Lieblingsbeschäftigung, bei der Sie herrlich abschalten und sich erholen können. Vielleicht gehen Sie gerne ins Kino, spielen Poker, lesen, hören Musik oder mixen Cocktails. Ihrer Fantasie sind keine Grenzen gesetzt, es geht jetzt nur um Sie.

- ✔ Planen Sie in Ihren Zeitplan feste Termine für sich selbst ein. In dieser Zeit tun Sie das, was Sie wollen, und nicht das, was Sie sollten.

- ✔ Genießen Sie Ihr Rendezvous mit sich selbst und verbannen Sie jedes aufkommende Pflichtgefühl (»Eigentlich müsste ich aufräumen«). Aufräumen müssen Sie (oder auch nicht: Lassen Sie aufräumen.), aber nicht jetzt. Jetzt müssen Sie Spaß haben.

Teil V

Coaching-Klassiker, die immer helfen

In diesem Teil ...

Hier lernen Sie Klassiker der Coaching-Praxis kennen. Sie klären mithilfe des Modells vom inneren Team, wie es in Ihnen aussieht, und sorgen dafür, dass Sie einen echten Grund für ein selbstbewusstes Auftreten bekommen: ein gesundes Selbstbewusstsein. Sie blicken hinter die Kulissen der Kommunikation und lernen, zwischen den Zeilen zu lesen und das zu hören (und zu sagen), was nicht ausgesprochen wird.

Das eigene innere Team führen

In diesem Kapitel

▸ Das eigene innere Team kennen- und führen lernen

▸ Verstehen, wie das innere Team Entscheidungen trifft

▸ Besser reagieren in zwiespältigen Situationen mithilfe des inneren Teams

---

*W*illst du ein guter Kommunikator sein, dann schau auch in dich selbst hinein« rät der Hamburger Kommunikationspsychologe Friedemann Schulz von Thun. Dieser Ratschlag sowie der daraus abgeleitete Tipp »Willst du mit dir im Reinen sein, dann schau mal in dich selbst hinein« sind nicht nur leicht gegeben, sie lassen sich auch leicht umsetzen. Schulz von Thun liefert mit seinem Modell vom inneren Team ein ebenso einfaches wie wirkungsvolles Instrument, mit dem dieser Blick auf die innere Stimmungslage nicht nur gelingt, sondern auch noch Spaß bringt. Denn jeder kennt sie, die Stimmen im eigenen Kopf, die sich in schwierigen, aber auch alltäglichen Situationen lautstark zu Wort melden. Selbst der Weg durch die Kantine wird von Wortbeiträgen unterschiedlicher Fasson begleitet (»Hm, der Kuchen sieht aber lecker aus, greif zu!«, »Disziplin!«, »Ach, eine kleine Belohnung für den guten Deal heute Morgen.«, »Standhaft bleiben!« und so weiter.). Die inneren Stimmen sind dabei nur selten einer Meinung und bisweilen sogar ein recht zerstrittener Haufen. Diese innere Zerstrittenheit, das Gefühl »eigentlich nicht, vielleicht aber doch« kann lähmend sein. Aber mit dem Modell des inneren Teams steht Ihnen ein Instrument zur Verfügung, mit dem Sie Ihre inneren Stimmen ordnen und (wieder) unter einen Hut bekommen können.

In diesem Kapitel erfahren Sie, wie Sie durch die Arbeit mit Ihrem inneren Team auch in zwiespältigen Situationen stimmige Entscheidungen treffen. Sie finden heraus, wie Sie Ordnung in das Stimmenwirrwarr in Ihrem Kopf bringen. Und Sie sehen, dass Sie die Vielstimmigkeit in Ihrem Kopf nutzen können, um die richtigen Entscheidungen für sich zu finden.

Zwei Seelen wohnen, ach, in meiner Brust

Wohl jeder kennt diesen Ausruf innerer Zerrissenheit von Goethes Faust. Und jeder kennt eine ähnliche Stimmungslage bei sich selbst: »Will ich das eine oder das andere?«, »Soll ich oder soll ich nicht?«, »einerseits ja und andererseits nein«. Im Berufsleben kann sich fast schon glücklich schätzen, wer nur zwei Seelen in seiner Brust wahrnimmt. Meistens sind es nämlich weit mehr innere Stimmen, die gefragt oder ungefragt einen Beitrag leisten.

Friedemann Schulz von Thun illustriert diese innere Vielstimmigkeit mit seiner Metapher vom »inneren Team«. Er empfiehlt, jeder inneren Stimme einen Namen zu geben, der das Wesen der Stimme erfasst. Mit den so entstehenden Teammitgliedern können Sie dann produktiv umgehen und arbeiten.

Das Modell vom »inneren Team«

Die Mitglieder des »inneren Teams« bestehen aus den eigenen inneren Stimmen, die beim Namen genannt und wie eigenständige Persönlichkeiten behandelt werden. So unterschiedlich wie die Menschen sind auch die inneren Teams der Menschen. Einige Merkmale gelten jedoch für alle innere Teams und helfen, das Modell umfassend zu verstehen:

- ✔ Das innere Team setzt sich situationsabhängig immer wieder neu zusammen. Manchmal bildet sich ein großes Team, manchmal ein kleines.

- ✔ Die einzelnen Teammitglieder verkörpern jeweils nur eine bestimmte Ansicht, einen Wunsch oder einen Gedanken. Ihr Name drückt aus, wofür sie stehen. Abbildung 13.1 illustriert das innere Team, das sich bei Kollege Karriere infolge der Bitte eines Teamkollegen (»Hilfst du mir bei meiner Präsentation?«) zusammensetzt. Der Gedanke »Dazu hab ich gar keine Lust« wird zum Beispiel zu dem Teammitglied »der Lustlose«. Ein »Ich will besser dastehen. Meine Präsentation muss besser sein als deine.« entschlüpft »dem Rivalen« und »der Gutmütige« tritt mit dem Gedanken »Ach komm, ich helfe dir trotzdem« in Erscheinung.

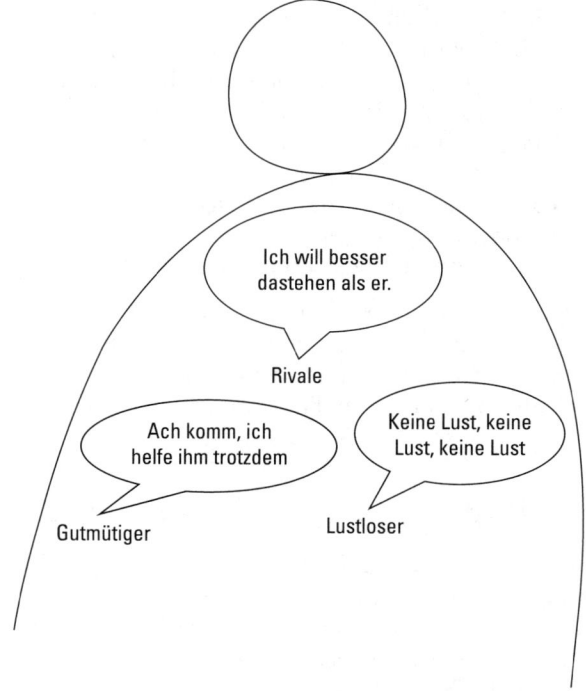

Abbildung 13.1: Ein inneres Team zur Frage »Hilfst du mir?«

- ✔ Einige Teammitglieder sind fest engagierte Mitspieler, die immer auf der inneren Bühne mitspielen. Andere treten nur in bestimmten Situationen auf und einige haben nur hin und wieder mal einen Gastauftritt.

 Lassen Sie sich Zeit bei der Teamaufstellung. Nicht alle Teammitglieder sind auf den ersten Blick zu erkennen. Manchmal dauert es ein Weilchen, bis ein inneres diffuses Unbehagen in Worte gefasst und im Wesen ergriffen ist.

✔ Auch wenn im Inneren lebhafte Teamdiskussionen im Gange sind, im Außenkontakt sollte mit einer möglichst klaren und stimmigen Antwort aufgewartet werden. Das Oberhaupt im inneren Team hat daher die Aufgabe, eine solche Antwort in einer Teamkonferenz zu bestimmen.

Wer in seinem Inneren ein besonders buntes Team ausmacht, dem kann schon einmal der Gedanke »Das ist ja zum Verrücktwerden« durch den Kopf schießen. Aber keine Angst, die Arbeit mit dem Modell des inneren Teams macht Sie (in aller Regel) nicht zu einem Anwärter für die Psychiatrie. Ganz im Gegenteil, wenn Sie sich Ihre innere Vielstimmigkeit bewusst machen und lernen, damit umzugehen, kann Sie das in vielen Situationen vor dem »alltäglichen Verrücktwerden« bewahren.

Anlässe für die Arbeit mit dem inneren Team

Die Arbeit mit dem inneren Team bietet sich für jeden an, der in einer bestimmten Situation nicht so reagiert hat, wie er es selbst für wünschenswert gehalten hätte. Auch wenn Sie bei einem bestimmten Thema ein gewisses Unbehagen fühlen, das Sie nicht richtig fassen, aber auch nicht ignorieren können, hilft ein Blick auf das innere Team oft weiter. Zudem bietet sich die Arbeit mit dem inneren Team als Klärungshilfe an, wenn Sie in einer Entscheidungssituation hin- und hergerissen sind.

 Mit dem Modell vom inneren Team steht Ihnen ein Instrument zur Verfügung, das Sie nutzen können, um

✔ Situationen zu untersuchen, in denen Sie ein deutliches oder undeutliches Unbehagen mit Ihrer eigenen Reaktion verspüren.

✔ die eigene Selbstklärung zu unterstützen. (Was wollen Sie eigentlich genau?)

✔ die innere Stimmungslage zu erfassen. (Wie geht es Ihnen eigentlich genau?)

✔ alle Facetten Ihrer eigenen Persönlichkeit zu erkennen und zu würdigen.

✔ Ordnung in das innere Durcheinander zu bringen. (»Ich weiß gar nicht, was ich denken soll.«)

✔ innerlich widersprüchliche Argumente abzuwägen.

✔ innere und äußere Konflikte zu verstehen und zu klären.

✔ eine stimmige Antwort für die Außenkommunikation zu finden.

Das innere Team setzt sich je nach Situation und »Tagesverfassung« spontan zusammen. Bei der Arbeit mit dem inneren Team konzentrieren Sie sich daher auf eine konkrete Situation oder eine bestimmte Fragestellung.

Das kann sein:

- eine Situation, die sich im Umgang mit anderen Personen ergeben hat. Sie können mithilfe des inneren Teams Gespräche untersuchen und selbstverständlich auch Diskussionen mit mehreren Teilnehmern führen. Sie können das innere Team aber auch betrachten, wenn Sie sich Klarheit über Ihren Anteil an einer schwierigen Beziehungsdynamik verschaffen wollen.

- eine Fragestellung, die für die eigene Person von Bedeutung ist. Sie können zum Beispiel überprüfen, wie Sie zu Ihrer jetziger Jobposition stehen oder welche Ziele Sie in den nächsten Jahren erreichen möchten. Auch wenn Sie »nur mal schauen möchten«, wie es so in Ihnen aussieht, können Sie das innere Team befragen: Konzentrieren Sie sich einfach auf eine konkrete Fragestellung und schauen Sie genau hin, wer sich in Ihnen zu diesem Thema meldet.

Mithilfe des inneren Teams lässt sich auch analysieren, was hinter der eigenen körpersprachlichen Kommunikation steckt. Wer die Schultern hängen lässt, die Arme ablehnend verschränkt oder während seiner Präsentationen nicht still stehen kann, kann Gründe für seine Körpersprache durch einen genauen Blick auf das innere Team finden.

Das innere Team kennenlernen

Die Arbeit mit dem inneren Team fängt damit an, es genau unter die Lupe zu nehmen: Wer steht eigentlich auf der inneren Bühne, wer spielt sich in den Vordergrund, wer taucht nur als Statist auf – und wer souffliert aus dem Hintergrund? Im nachfolgenden Beispiel spürt die junge Führungskraft Kathrin Sturm nach einem missglückten Feedbackgespräch ihr inneres Team auf.

Kathrin Sturm hat gerade ihr erstes Beurteilungsgespräch mit ihrer Mitarbeiterin, Trude Trödel, geführt. Sie hörte sich sagen: »Also eigentlich haben Sie das ja ganz gut gemacht, nur etwas spät vielleicht. Ich weiß natürlich, dass die Termine oft sehr knapp sind. Trotzdem wäre es eigentlich ganz gut, wenn Sie versuchen könnten, die Termine einzuhalten, also wenn das irgendwie geht, meine ich.«

Nach dem Gespräch ist Kathrin nicht sehr zufrieden mit sich selbst. Sowohl die Gesprächsführung als auch das Gesprächsergebnis hatte sie sich deutlich anders vorgestellt. Sie untersucht ihr inneres Team, um herauszufinden, wer oder was in ihr diese undeutlichen Worte an Trude Trödel verzapft hat. In ihrem inneren Team, das in Abbildung 13.2 dargestellt ist, erkennt sie folgende Mitglieder:

- Die Genervte: »Diese Unpünktlichkeit nervt.«

- Die Schüchterne: »Ich traue mich einfach nicht, ihr das so deutlich zu sagen.«

- Die Chefin: »So geht das nicht. Trudes Unpünktlichkeit wirkt sich negativ auf die Abläufe und Atmosphäre im Team aus. Jeder Mitarbeiter muss seine Arbeit nicht nur gut, sondern auch zeitgerecht fertigstellen.«

- ✔ Die Diplomatin: »Erst loben, dann kritisieren. Fall nur nicht mit der Tür ins Haus.«
- ✔ Die Selbstbewusste: »Sprich Klartext! Sag ihr, was du von ihr willst, das wirst du doch wohl über die Lippen bekommen.«
- ✔ Die Unsichere: »Mache ich alles richtig? Wie führt man noch mal ein Beurteilungsgespräch, was haben die im Seminar noch mal gesagt?«

 Beachten Sie bei der Aufstellung des inneren Teams auch Gedanken und Gefühlsregungen, die nur kurz über die innere Bühne huschen. Suchen Sie so lange nach Teammitgliedern, bis auch das letzte bisschen ungutes Gefühl in Worte gefasst ist. Sie riskieren sonst, dass das ungute Gefühl in einem ungünstigen Moment doch auf die innere Bühne springt, das gesamte innere Team durcheinanderbringt und Entscheidungen im letzten Moment boykottiert.

Nachdem Kathrin diese Mitglieder beim Namen genannt hat, spürt sie in sich hinein, ob sie alle Stimmen erfasst hat. Sie bemerkt ein immer noch ungutes Gefühl in der Magengegend. Kathrin braucht einige Zeit, um diesem Gefühl auf die Schliche zu kommen. Schließlich gelingt es ihr, das Gefühl in dem Wesen der »Versagerin« einzufangen und ihm folgende Worte zu geben: »Siehst du, du kannst es nicht. Du bist einfach nicht als Führungskraft geeignet.« Kathrin nimmt die Versagerin wohl oder übel in das innere Team mit auf.

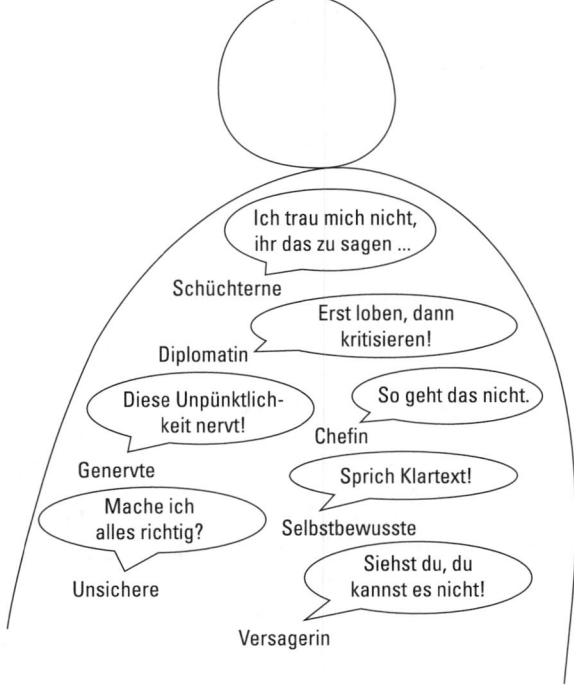

Abbildung 13.2: Das innere Team beim Feedbackgespräch

Die Teammitglieder identifizieren

Das eigene innere Team rufen Sie auf die Bühne, indem Sie sich gedanklich in die gewählte Situation versetzen. Erforschen Sie nun gründlich, welche unterschiedlichen Stimmen sich in Ihnen zum Thema melden.

- ✔ Finden Sie heraus, wofür die inneren Stimmen stehen und nennen Sie ihr Wesen beim Namen (»die Genervte«, »die Ängstliche« und so weiter).

- ✔ Trauen Sie sich, auch politisch nicht ganz korrekte Gedanken zu Teammitgliedern zuzulassen. Auch ein »Schadenfroher«, ein »Aggressiver« oder eine »Zicke« gehören bisweilen auf den Spielplan. Gefährlich werden Ihnen diese Teammitgliedern vor allem dann, wenn Sie versuchen, sie zu ignorieren: Dann besteht die Gefahr, dass sie irgendwann einmal vorpreschen und sich Gehör verschaffen.

Manchmal verstecken sich mehrere Teammitglieder hinter einen »Frontmann«. Fragen Sie sich daher bei jedem Teammitglied, ob noch jemand anders hinter dieser Stimme steckt. Wer sich zum Beispiel wie gelähmt fühlt, erkennt auf den ersten Blick zunächst das Teammitglied »der Gelähmte«. Der Gelähmte tritt jedoch häufig in Erscheinung, wenn andere Teammitglieder so widersprüchliche Forderungen stellen, dass der Entscheidungsträger wie gelähmt und weder ein Vor noch ein Zurück mehr möglich ist. Hinter den Worten des Gelähmten (»Ich bin nicht in der Lage, eine Entscheidung zu treffen.«) können sich zum Beispiel

- ✔ ein Ängstlicher (»Wenn ich mich so entscheide, mögen mich die Kollegen nicht mehr.«),

- ✔ ein Perfektionist (»Meine Entscheidung muss zu 100 Prozent richtig sein.«) und/oder

- ✔ ein innerer Kritiker (»Wer sich nicht entscheiden kann, ist ein Feigling.«)

stecken.

Die Arbeit mit dem inneren Team ist dann besonders effektiv, wenn Sie alle Mitglieder hinter dem Frontmann hervorlocken.

Die Teammitglieder zu Wort kommen lassen

Nachdem alle Teammitglieder benannt sind, kann sich jeder Einzelne ausführlich äußern. Diese Äußerung darf weit über den kurzen Satz (wie »Wer sich nicht entscheiden kann, ist ein Feigling.«) hinausgehen, mit dem Sie den Teilnehmer ins innere Team aufgenommen haben. Lassen Sie jedes Teammitglied seine (noch so verquere) Meinung vortragen, ohne es zu unterbrechen und ohne dass es sich rechtfertigen müsste. Erst wenn alle Ansichten ausgesprochen auf dem Tisch liegen, sollte das Oberhaupt des inneren Teams in Erscheinung treten und eine Teamkonferenz moderieren.

Das Oberhaupt des inneren Teams

Wie jedes Team braucht auch das innere Team ein Oberhaupt und das ist das neutrale Ich. Die Psychoanalytikerin Ruth Cohn drückt es folgendermaßen aus: »Sei dein eigener Chairman, der Vorsitzende deiner selbst«.

Während Sie diesen Text lesen, regt sich in Ihnen vielleicht der Skeptiker und flüstert: »So ein Quatsch, warum soll ich denn ein Oberhaupt erfinden, das dann die Diskussion meiner inneren Stimmen moderiert? Und wie soll das überhaupt funktionieren?« Dann können Sie Ihrem inneren Skeptiker erklären, dass »das Oberhaupt« für nichts weiter als einen abwägenden Entscheidungsfinder steht. Dieser Entscheidungsfinder sind natürlich Sie selbst. Die Personifizierung in einem »Oberhaupt« soll Ihnen diese Aufgabe lediglich verbildlichen und erleichtern. Wenn Sie die Rolle des Oberhaupts bewusst aufgreifen, fällt es Ihnen leichter, sich über die innere Vielstimmigkeit zu erheben und diese (so objektiv wie möglich und so subjektiv wie nötig) zu beobachten.

Geben Sie dem Oberhaupt des inneren Teams je nach Situation einen passenden Charakter. In typischen Situationen aus Ihrem beruflichen Alltag kann das Oberhaupt zum Beispiel als Manager auftreten, freundschaftliche Fragen können von einem Dirigenten geleitet werden, Notfälle von einem Krisenmanager. Vielleicht wünschen Sie sich Ihr Oberhaupt aber auch als Häuptling, Rudelführer oder Präsident – horchen Sie in sich hinein und finden Sie eine Rolle, die Sie in der konkreten Situation für stimmig halten.

Das Oberhaupt des inneren Teams hat, wie jede Führungskraft, vielfältige Aufgaben. Nach Friedemann Schulz von Thun sind seine wichtigsten Aufgaben:

✔ die Moderation innerer Teambesprechungen durchführen

✔ die Kontrolle über das Selbst ausüben, indem es zum Beispiel zu eilig vorpreschende Teammitglieder zurückhält. Machen Sie sich also bewusst, dass Sie nicht nur »ein Hilfsbereiter«, »eine nette Kollegin« oder »eine fleißige Biene« sind und dementsprechend besagte Gestalten auch nicht das Recht einer alleinigen Vertretung nach außen haben.

✔ die Teamentwicklung voranbringen und für ein harmonisches Klima sorgen. Das Oberhaupt hat die Aufgabe, aus der inneren Bande ein inneres Team zu machen und auch Außenseiter einzubeziehen.

Ein harmonisches Klima in Ihrem inneren Team können Sie fördern, indem Sie lernen, jedes Teammitglied zu schätzen. Machen Sie sich klar, dass jedes einzelne Teammitglied ein Teil von Ihnen, sein Beitrag grundsätzlich wichtig und für das Gelingen des Ganzen von Bedeutung ist. Und hadern Sie nicht damit, dass sich auch politisch nicht korrekte Teammitglieder zeigen. Das Leben ist nun einmal nicht immer politisch korrekt. Mit dem Wertequadrat, das in Kapitel 3 beschrieben wird, gelingt es Ihnen, positive Facetten an ungeliebten Teammitgliedern zu entdecken. So wird es Ihnen (und den anderen Teammitgliedern) leichter fallen, politisch nicht korrekte Stimmen zu akzeptieren und anzuhören. Zudem können Sie sich versichern, dass Sie den wenig beliebten Teammitgliedern zwar Zeit zum Zuhören, aber keine alleinige Entscheidungsfreiheit schenken.

✔ die richtige Teamaufstellung sicherstellen. Das Oberhaupt muss dafür sorgen, dass die passenden Teammitglieder in der jeweiligen Situation aktiv werden. Hierfür müssen manchmal auch freie Stellen ausgeschrieben und besetzt werden.

✔ abschließende Entscheidung treffen. Das Oberhaupt muss den einzelnen Teammitgliedern Gewicht und Bedeutung zuweisen. Zwar ist erst einmal jede Stimme willkommen. Jedes Teammitglied darf sich äußern und sollte angehört werden. Für die jeweilige Situation ist jedoch nicht jede Ansicht von gleicher Bedeutung und Wichtigkeit. Nach der Teamdiskussion ist es daher an dem Oberhaupt, eine Entscheidung zu treffen. Bis zu diesem Moment sollte das Oberhaupt aber neutral bleiben, damit alle Teammitglieder gleichermaßen zu Wort kommen.

Ein befangenes Oberhaupt verhilft dem inneren Team nicht unbedingt zu der besten Lösung. Steckt in dem Oberhaupt zum Beispiel ein »Lustloser«, neigt dieser unter Umständen dazu, einfallsreiche Ausreden gegen sämtliche Wortbeiträge der Teammitglieder zu finden. Auch ein »Diplomat« oder ein »Angsthase« wird alles in seinem Licht sehen und auslegen. Sorgen Sie also dafür, dass das Oberhaupt nicht unter der Regie eines anderen Teammitglieds steht, sondern unabhängig und neutral bleibt. Nur so gelingt es Ihnen, letztendlich eine Entscheidung zu treffen, die der Situation sowie dem gesamten inneren Team gleichermaßen angemessen ist.

Mit dem inneren Team arbeiten

Mit dem Modell vom inneren Team zu arbeiten, bringt nicht nur Erkenntnisse, sondern auch noch Spaß. Bühne frei für Ihr inneres Team.

Eine innere Teamkonferenz abhalten

Die Teamkonferenz startet damit, dass die einzelnen Teammitglieder identifiziert werden und Sie das innere Team benennen. Anschließend sollte jedes Teammitglied ungestört zu Wort kommen. Praktisch bedeutet das für Sie, dass Sie auch den ungeliebten Stimmen in sich zuhören, ohne sie bei ihren (absurden) Ausführungen zu unterbrechen. Wenn sich alle Teammitglieder geäußert haben, fängt die eigentliche Arbeit für Ihr inneres Oberhaupt an. Abbildung 13.3 illustriert, was zu tun ist.

✔ **Innere Dialoge fördern:** Lassen Sie zwei widersprüchliche Stimmen ruhig einmal miteinander diskutieren und Argumente austauschen. Moderieren Sie das Geschehen bewusst aus dem Rollenverständnis des Oberhaupts heraus. Das kann Ihnen dabei helfen, die Rolle produktiv auszufüllen und einen sinnvollen Abstand zu dem Durcheinander in dem inneren Team zu wahren. Ein pessimistisches Teammitglied wie »die Versagerin« im obigen Beispiel, darf seine Ansicht zwar äußern, nicht aber die anderen lähmen. Das Oberhaupt könnte zum Wohl des gesamten Teams beispielsweise beschließen: »Du, Versagerin, hast deine Sorgen jetzt geäußert. Wir haben besprochen, was geschehen müsste, damit du deine Meinung änderst. (Das nächste Feedbackgespräch müsste professioneller ablaufen.) Nun geh doch bitte einen Kaffee trinken (oder sei einfach ruhig), damit wir daran arbeiten können.«

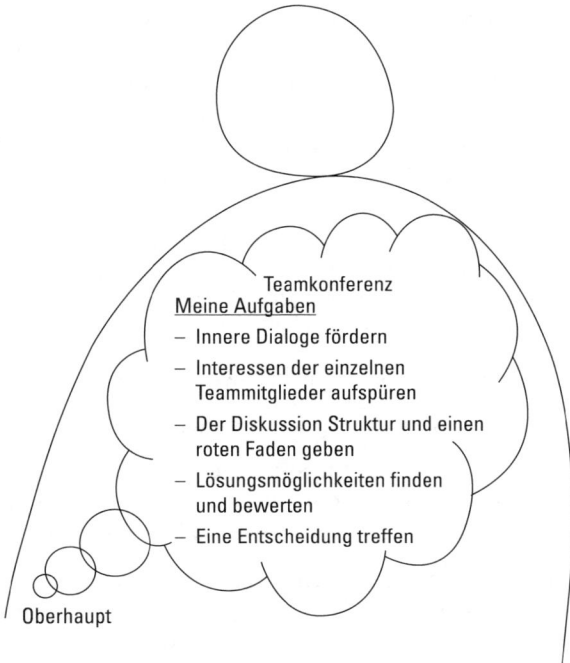

Abbildung 13.3: Aufgaben des Oberhaupts auf der Teamkonferenz

✔ **Die Interessen der einzelnen Teammitglieder aufspüren:** Wenn »die Ängstliche« aus dem inneren Team im Eingangsbeispiel sagt: »Ich traue mich nicht, so harte Worte zu sagen«, fragen Sie sich, welches Interesse die Ängstliche hat. Vielleicht würde sie ihr Interesse so ausdrücken: »Ich möchte Worte finden, die ich gut aussprechen kann.« In diesem Interesse liegt ein Ansatzpunkt, den die weiteren Teammitglieder aufgreifen können. Die Genervte, die eigentlich Klartext sprechen möchte, könnte darauf antworten: »In Ordnung, harte Worte sind nicht notwendig, aber es sollte deutlich werden, dass es so nicht weitergeht.« Daraufhin könnte sich die Chefin melden mit: »Harte Worte sind mir auch nicht wichtig, dass sich etwas ändert schon. Ich möchte vor allem reibungslose Abläufe in der Abteilung sicherstellen.« Der Tipp, sich auf das Interesse statt auf die Position von Gesprächsteilnehmern zu konzentrieren, entspringt dem Harvard-Verhandlungsprinzip, über das Sie in Kapitel 10 mehr erfahren können.

✔ **Der Diskussion Struktur und einen roten Faden geben:** Das Oberhaupt fasst die Argumente der Teamteilnehmer zusammen und bringt strittige Fragen auf den Punkt. Das Oberhaupt im inneren Team von Kathrin Sturm könnte Folgendes festhalten: »Es geht anscheinend vor allem um Folgendes:

- Die Unpünktlichkeit der Mitarbeiterin geht zulasten des ganzen Teams und kann daher nicht akzeptiert werden.
- Die Frage ist, mit welchen Worten der Mitarbeiterin dieses mitgeteilt werden soll.
- Außerdem zeigt sich, dass Unsicherheit mit der neuen Rolle einer Führungskraft sowie die Angst, ihr nicht gerecht zu werden, besteht.«

✔ **Lösungsmöglichkeiten finden, bewerten und eine Entscheidung treffen:** In den Interessen der einzelnen Mitarbeiter lassen sich häufig bereits Ansätze für Lösungsmöglichkeiten erkennen, die das Oberhaupt aufgreifen kann. In diesem Beispiel könnte das Oberhaupt feststellen: »Die Ängstliche hat zwar Angst vor einer harten Auseinandersetzung, sie ist aber nicht gegen eine Aussprache, solange die richtigen Worte dafür gefunden werden. Die Genervte möchte, dass die Botschaft klar ankommt, und die Chefin gibt uns eigentlich einen sehr schönen Aufhänger für das ganze Gespräch.« Das Oberhaupt könnte nun der Ängstliche und der Genervte folgenden Vorschlag machen: Eine deutliche Bitte um mehr Pünktlichkeit wird mit Hinblick darauf ausgesprochen, dass dies für ein reibungsloses Funktionieren der Teamabläufe notwendig ist. Das Oberhaupt sollte auch die anderen Teammitglieder befragen,

- ob jeder mit der vorgeschlagenen Vorgehensweise einverstanden ist beziehungsweise
- wie die Vorgehensweise verändert werden müsste, damit jeder zustimmen kann.

Die optimale Reaktion wird so Stück für Stück ausgearbeitet, bis alle Teammitglieder sich darin wiederfinden. Die Unsichere könnte zum Beispiel noch darauf drängen, die Seminarunterlagen über Feedbackgespräche noch einmal durchzublättern.

Lassen Sie sich nicht von einem renitenten inneren Teammitglied vorführen! Manchmal sind sich alle einig, nur einer will und will keine Ruhe geben. Bevor Sie in die zehnte Teamdiskussionsrunde gehen, bedenken Sie, dass es in jeder Situation wichtigere und unwichtigere Stimmen gibt. Diese werden zwar alle angehört, dennoch sind die Beiträge nicht unbedingt gleich wichtig und der Situation gleichermaßen angemessen. Lassen Sie das Oberhaupt entscheiden, von welcher Bedeutung die Meinung eines renitenten Teammitglieds in der gegebenen Situation ist. Davon wird abhängen, ob Sie dem Boykott per Machtwort ein Ende setzen oder die Verhandlung tatsächlich neu starten müssen. Eine Lustlose, die sich in das obige Beispiel mit den Worten einbringt: »Ob das Feedbackgespräch gut gelaufen ist oder nicht – ich hab einfach keine Lust es noch einmal zu wiederholen.«, dürften Sie getrost anzählen und überstimmen.

Zerstrittene Teammitglieder versöhnen

Wie im echten Leben, treten auch im inneren Team von Zeit zu Zeit widerspenstige Widersacher auf. Diese legen sich mit allen oder auch nur einem anderen Teammitglied an und schon stehen die Zeichen auf Streit. Da eine innere Streiterei nicht nur unangenehm, sondern auch ungesund ist, ist eine ebenso schnelle wie gute Lösung zur Versöhnung der Streithähne gefragt.

Der Weg zum Frieden beginnt mit einer Teamkonferenz, wie sie im vorhergehenden Abschnitt beschrieben wurde. Bei mächtigen Meinungsunterschieden der Teilnehmer kann die Konferenz jedoch bald ins Stocken geraten. Wenn nichts mehr geht, hilft Folgendes:

✔ **Akzeptanz herstellen:** Streitenden Teammitgliedern tut es gut, Akzeptanz für die Position des »Gegners« aufzubauen. Das gelingt, indem sie der Existenz des Streitpartners etwas Positives abgewinnen (»Wozu ist es gut, dass du auch da bist?«). Platzieren Sie die Ansichten der Streithähne in dem Wertequadrat aus Kapitel 3 und entdecken Sie so, wovor jeder Einzelne Sie bewahrt.

✔ **Wichtige Aspekte würdigen und offen sein für neue Lösungsmöglichkeiten:** Suchen Sie positive Ansätze in den Wortmeldungen der einzelnen Teammitglieder. Ein Fünkchen Wahrheit findet sich meistens und mit diesem Fünkchen lässt sich durchaus weiterarbeiten (»Ich finde zwar, du übertreibst, aber inhaltlich machst du uns auf einen wichtigen Punkt aufmerksam: ...«).

Unterstellen Sie einem schwierigen Teammitglied eine gute Absicht und fragen Sie sich: Was könnte sein Ziel sein und wie lässt sich dieses Ziel mit anderen Mitteln erreichen?

Wenn sich das Team nicht zu einem klaren »Ja« oder »Nein« durchringen kann, lassen Sie Platz für neue Lösungen. Vielleicht findet sich ein »Ja, wenn ...« oder ein »Nein, aber ...«.

✔ **Gegenspieler engagieren:** Bei einigen Teammitgliedern ist Dauerstreit vorprogrammiert. So werden ein Perfektionist (»Ich muss immer 100 Prozent geben.«) und ein Eiliger (»Es muss vor allem schnell gehen.«) zum Beispiel ständig aneinandergeraten. In so einem Fall ist das Oberhaupt im inneren Team gefragt. Es muss prüfen, ob der Perfektionist oder der Eilige wertvolle Tugenden in das innere Team einbringen oder ob die Grenze zum Extremen überschritten ist. Im letzteren Fall wird das Oberhaupt gut daran tun, geeignete Gegenspieler zu engagieren und dem ausufernden Teammitglied an die Seite zu stellen. Das könnte zum Beispiel ein Gelassener sein, der dem Perfektionisten zuflüstert: »Du darfst auch Lücken haben.« Der Eilige hingegen könnte von einem Entspannten profitieren, der ihn erinnert: »Du darfst dir Zeit lassen.«

Spontan falsch reagiert – ein Beispiel zum Nichtnachmachen

Einige Situationen erfordern spontane Entscheidungen, obwohl innerlich noch nichts entschieden ist. Dann drängelt sich häufig ein besonders lautes und forsches Teammitglied in den Vordergrund der inneren Bühne und ergreift das Wort nach außen. Die Antwort, die dann aus Ihnen (nicht selten zu Ihrer eigenen Überraschung) heraussprudelt, ist leider oftmals weder der Situation noch Ihnen angemessen.

Die Situation

Alex und Claudia arbeiten zusammen in einem Projektteam, das die Einführung einer neuen Hautpflegemarke vorbereitet. Die beiden sind innerhalb des Teams für die weltweiten Marktanalysen zuständig und haben die Märkte unter sich aufgeteilt: Claudia beschäftigt sich mit Europa sowie Nord- und Südamerika und Alex nimmt Asien und Australien unter die Lupe. Einmal pro Woche präsentieren sie ihren Projektstand in einem Jour fixe der Projektgruppe dem gemeinsamen Chef. Morgen um 9 Uhr steht der nächste Jour fixe an. Alex hat seinen Teil fertiggestellt und macht um 19 Uhr Feierabend.

Als er beim Hinausgehen mit einem »Schönen Feierabend« an Claudias Schreibtisch vorbeigeht, antwortet diese: »Ja, danke, dir auch einen schönen Feierabend. Ach und übrigens, ich komme morgen später, du kannst mich ja bei Dr. Müller entschuldigen. Der Heizungsmonteur kommt endlich, hab dir ja erzählt, dass meine Heizung Ärger macht. Ich hab aber die Zahlen für Europa schon fast zusammen, ich lege sie dir auf deinen Tisch, dann kannst du sie noch ein bisschen in Form bringen und dem Projektteam erläutern.«

Das innere Team

Alex ist überrumpelt, sein inneres Team setzt sich in Sekundenschnelle automatisch zusammen und präsentiert sich wie folgt:

✔ Der Empörte: »Wie bitte?! Das ist ja unverschämt, was sie sich da herausnimmt!«

✔ Der Projektvertreter: »Es ist schlecht für die Projektgruppe, wenn nicht das gesamte Projektteam teilnimmt. Immerhin bringen wir uns im Jour fixe alle auf den neuesten Stand und das ist wichtig für unser Projekt.«

✔ Der Schürzenjäger: »Du willst doch noch mit ihr Essen gehen, also mach jetzt bloß kein Drama daraus.«

✔ Der Karriererist: »Warum sollte ich ihr die Arbeit abnehmen? Ist ganz gut, wenn der Chef mal merkt, wer hier besser und verlässlicher ist.«

✔ Der liebe Kollege: »Du weißt doch, ihre Heizung ist echt kaputt. Jetzt sei doch hilfsbereit.«

✔ Der Pflichtbewusste: »Ich kann sie nicht einfach entschuldigen, sie braucht die Erlaubnis vom Chef, wenn sie nicht kommen will.«

✔ Der Ich-habe-Feierabend: »Ich will los, wenn ich das jetzt diskutiere, dann verpasse ich den Bus.«

Die Reaktion nach außen

Angesichts des Durcheinanders im inneren Team setzt sich der Ich-habe-Feierabend in Alex durch, ergreift das Wort und lässt laut vernehmen: »Ich weiß nicht, ob ich das schaffe, ich schau mal, aber jetzt muss ich laufen.«

Noch auf dem Weg zum Fahrstuhl drängelt sich der Verärgerte auf die innere Bühne: »So etwas Blödes, jetzt muss ich mich darum auch noch kümmern, warum hab ich ihr nicht einfach die Meinung gesagt?!« Ein Lustloser unterstützt den Verärgerten mit einem deutlichen: »Ich habe überhaupt gar keine Lust, ihre Arbeit zu erledigen.«

In zwiespältigen Situationen gleicht das innere Team weniger einem »Team«, sondern mehr einer uneinigen Bande. So ein inneres Gezanke kann unterschiedliche, aber gleichermaßen unerwünschte Auswirkungen haben:

✔ Um jemandem »die« Meinung zu sagen, muss es erst einmal »die« Meinung geben. Angesichts eines heftigen Stimmenwirrwarrs im inneren Team ergreift nicht selten ein Außenseiter das Wort: der »Sture«, das »trotzige Kind« oder der »Lustlose« hat dann ein leichtes Spiel. Bevor Sie also etwas sagen, das Sie eigentlich nie sagen würden, bringen Sie zunächst einmal Ihre inneren Stimmen wieder unter einen Hut.

✔ Das innere Gezanke kann sich lähmend auswirken: Die inneren Widersprüche führen nicht selten zu einer Entscheidungsunfähigkeit. Viele Projekte, die aufgeschoben und nochmals aufgeschoben werden, kranken an einem zerstrittenen inneren Team. Auch wer sich zu etwas partout nicht durchringen kann (es aber eigentlich will/muss/sollte), kann den Knoten oft durch einen Blick auf sein inneres Team lösen.

Die bessere Lösung (zum Nachmachen)

In Anbetracht der inneren Zerrissenheit schleicht »der Analyst« aus Alex Team langsam auf die Bühne. Er gehört zwar zum festen Ensemble, braucht aber für jeden Auftritt eine Extra-Einladung. Das gibt schnelleren Teammitgliedern die Chance, sich vorzudrängeln. Alex sollte daher den Analysten stärken und ihn zu einem routinierten und aktiven Spieler zu entwickeln.

Der Analyst analysiert die Situation folgendermaßen:

1. Claudia will morgen nicht am Jour fixe teilnehmen. Das muss sie selbst mit dem Chef besprechen.
2. Der Chef wird entscheiden, ob Claudia dem Jour fixe fernbleiben darf und was gegebenenfalls mit ihrem Beitrag geschehen soll.
3. Der Analyst kommt zu dem Ergebnis, dass »der Lustlose« lediglich ein Frontmann ist, hinter dessen Rücken sich zwei andere Stimmen verstecken:
   - Claudia hat eine Bitte (»Bitte entschuldige mich morgen und übernimm meinen Beitrag.«), die sie aber als Information vorträgt. Das gefällt »dem Höflichen« nicht, der sich allerdings hinter dem Lustlosen versteckt.
   - Claudias Information ist kurzfristig und zwischen Tür und Angel. Eine Übergabe oder Einarbeitung in ihren Beitrag ist nicht mehr möglich. Das gefällt »dem Gründlichen« nicht, der sich ebenfalls hinter dem Lustlosen steckt.

Nach dieser Analyse fällt es dem Oberhaupt in Alex Team leicht, eine Entscheidung zu treffen. Alex ruft Claudia aus dem Bus an und sagt: »Claudia, ich war eben etwas überrumpelt und habe vorschnell geantwortet. Ich möchte dich bitten, selbst den Chef zu informieren, damit er über das weitere Vorgehen entscheiden kann. Ich bin gerne bereit, dich mal zu vertreten im Jour fixe, wenn du mich darum bittest. Mit so einem Zuruf zwischen Tür und Angel fühle ich mich aber nicht wohl und ich würde dich bitten, dass wir dann rechtzeitig eine Übergabe machen.«

Spontan richtig reagiert – eine Anleitung zum Nachmachen

Das Modell des inneren Teams ist genau das richtige Werkzeug, um verbesserte Reaktionen in mehr oder weniger typischen Situationen vorzubereiten.

Wenn Sie eine verbesserte Reaktion für typische Situationen planen wollen, lassen Sie das Oberhaupt doch in die Rolle des Intendanten oder Regisseurs schlüpfen. Das Oberhaupt hat dann die Aufgabe, das optimale Team für die jeweilige Situation aufzustellen. Als Intendant wird es festlegen, welche Antwort gespielt wird und welche Teammitglieder dazu auf der Bühne gebraucht werden. Und der Intendant wird festlegen, welche Teammitglieder hinter dem Vorhang bleiben müssen.

Vergangene Fehlentscheidungen analysieren

Zunächst ist es wichtig zu verstehen, wie es in der Vergangenheit zu Fehlentscheidungen gekommen ist. Erinnern Sie sich dafür an Situationen, in denen Sie eine Fehlentscheidung getroffen haben.

- ✔ Welche Teammitglieder haben sich in Ihrem Kopf zu Wort gemeldet? Nehmen Sie sich die Zeit, das gesamte innere Team aufzuspüren, und schenken Sie auch den leisen Stimmen Beachtung.

- ✔ Welches Teammitglied ist vorgeprescht und hat die Entscheidung, die sich als Fehlentscheidung entpuppte, vorgetragen? Im oben beschriebenen Beispiel hat der Ich-habe-Feierabend in Alex das Wort nach außen ergriffen und geantwortet.

- ✔ Welche Argumente welcher anderen Teammitglieder hätten Sie gerne in die Entscheidung mit einbezogen?

- ✔ Welches Teammitglied könnte Ihr inneres Team gebrauchen, um eine vorpreschende Stimme aufzuhalten? Vielleicht kommen Sie zu dem Ergebnis, dass Sie wie Alex einen Analysten einstellen sollten. Eventuell brauchen Sie auch einen Diplomaten mit festem Engagement oder einen Selbstverfechter. Der Selbstverfechter erbringt in dem innere Team von jedem, der nicht Nein sagen kann, wertvolle Dienste.

Sie merken, dass Ihnen für eine stimmige Antwort vor allem eines fehlt und das ist Zeit zum Überlegen. Dann etablieren Sie doch einen »Nicht-jetzt-Diplomaten«. Dieser erklärt diplomatisch, aber deutlich, dass er noch etwas Zeit für die Entscheidung braucht. Typische Sätze für den Nicht-jetzt-Diplomaten könnten sein: »Ich denke gerne darüber nach«, »Lass mich kurz darüber nachdenken, ich gebe dir dann Bescheid« oder »Ich melde mich morgen dazu«.

Statisten zu Hauptpersonen machen

Oftmals gibt es im inneren Team eigentlich schon jemanden, der zu eilig vorpreschende Mitglieder und ihre Fehlentscheidungen bremsen könnte. Dieses Teammitglied steht aber manchmal wie ein Statist im Hintergrund, ist einfach zu leise oder zu langsam, um auf der inneren Bühne wahrgenommen zu werden. So können Sie wichtige, aber passive Teammitglieder ermutigen:

- ✔ Forschen Sie in sich nach, wer im Hintergrund ganz leise einen Gedanken murmelt. Im Fall von Alex murmelte der Analyst im Hintergrund: »Moment, das passt doch alles nicht, das müsste man doch ganz anders regeln. Eigentlich sollten wir folgendermaßen vorgehen: ...«

- ✔ Holen Sie dieses Teammitglied auf die Bühne und lassen Sie es zu Wort kommen.

- ✔ Forschen Sie nach, wofür das Teammitglied steht, und geben Sie ihm eine Rolle, also einen Namen.

- ✔ Stärken Sie das Mitglied, indem Sie es in verschiedenen Situationen ganz bewusst zu Wort kommen lassen. Ziel ist es, dass es für das Mitglied zur Gewohnheit wird, sich an Entscheidungen lautstark zu beteiligen.

Eine neue Stelle ausschreiben

Manchmal stellen Sie fest, dass Sie eine ganz neue Rolle in Ihrem inneren Team zu vergeben haben. Insbesondere bei veränderten beruflichen Aufgaben, werden oft neue Stimmen im inneren Team gebraucht. Wer erstmalig Führungsverantwortung übertragen bekommt, mag es zum Beispiel hilfreich (und notwendig) finden, sein inneres Team um neue Mitglieder wie einen »Chef«, einen »Mentor« oder einen »Unternehmensvertreter« zu erweitern.

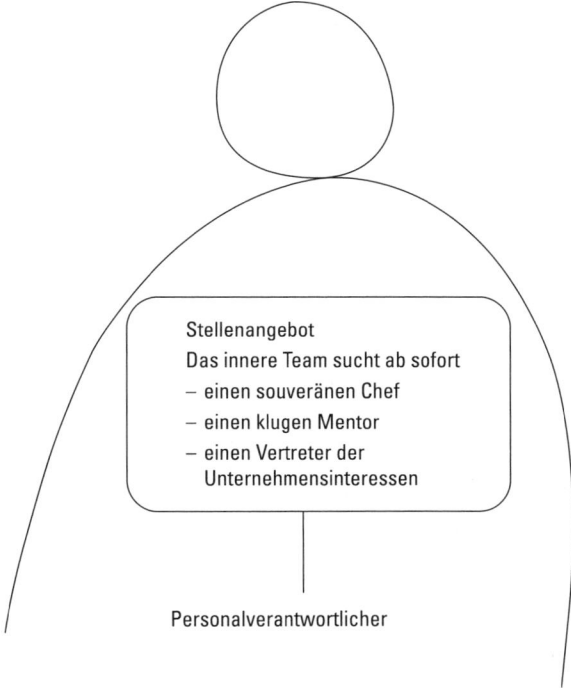

Abbildung 13.4: Stelle zu besetzen

 Führen Sie Proben mit Ihrem neuen inneren Team durch, damit es beim ersten gemeinsamen Auftritt nicht alles drunter und drüber geht. Das neue wichtige Mitglied muss sich daran gewöhnen, im Rampenlicht zu stehen. Und die anderen Teammitglieder müssen sich daran gewöhnen, dass es einen neuen (Haupt-)Darsteller und ein neues Drehbuch gibt. Sie können dem neuen Teammitglied auch kurze, knackige Slogans vorgeben, mit denen es sich direkt in Ihr Ohr spielt: »Zeit gewinnen« kann der Leitsatz des »Nicht-jetzt-Diplomaten« sein, der Analyst flüstert Ihnen: »Erst denken, dann lenken« ins Ohr, und der Diplomat wirft ein: »Win-win denken«.

Stark wie Popeye (auch ohne Spinat)

In diesem Kapitel

▸ Selbstbewusstsein und Persönlichkeit aufbauen

▸ Selbstzweifel überwinden

▸ Konfliktgespräche selbstsicher führen

Die meisten Menschen denken bei »Selbstbewusstsein« an Dinge wie ein sicheres Auftreten, Souveränität und Durchsetzungskraft. Tatsächlich begründen diese Eigenschaften jedoch nicht das Selbstbewusstsein, sondern sind die Früchte eines gesunden Selbstbewusstseins. Ein gesundes Selbstbewusstsein zu haben, bedeutet vor allem, sich seiner selbst bewusst zu sein und die eigenen Stärken zu kennen und zu schätzen. Selbstbewusst auftreten kann derjenige, der überzeugt von seinen eigenen Fähigkeiten ist (und dabei realistisch bleibt). Wer das anstrebt, bekommt die eingangs aufgeführten Eigenschaften quasi als Zugabe dazu.

In diesem Kapitel erfahren Sie, wie Sie Ihr Selbstbewusstsein auf Vordermann bringen. Sie erhalten ein Rezept für den Umgang mit Selbstzweifeln und eine Anleitung für den Aufbau von schwierigen Gesprächen. Und Sie werden merken, dass ein starkes Selbstbewusstsein zwar etwas Arbeit, aber bei Weitem keine Hexerei ist.

Eine starke Basis: Selbstbewusstsein und Persönlichkeit

Starke Persönlichkeiten haben eine starke Wirkung. Starke Persönlichkeiten faszinieren ihre Mitmenschen. Nicht zuletzt dadurch, dass sie in vielen von ihnen den Wunsch wecken, genauso stark, wirkungsvoll und charismatisch zu werden. Sie können gleich anfangen, Ihre Persönlichkeit zu stärken. Folgende Zutaten brauchen Sie dafür:

✔ eine ordentliche Portion Selbstbewusstsein. Im nächsten Abschnitt erfahren Sie, wie Sie Ihrem Selbstbewusstsein auf die Sprünge helfen.

✔ eine eigene Meinung und die Standhaftigkeit, diese auch gegen Widerstände zu vertreten

✔ den Mut, Konflikte anzusprechen, und die Fähigkeit, Konflikte diplomatisch zu lösen. Im Abschnitt »Ein starker Auftritt – selbstbewusst in Konfliktgesprächen« weiter hinten in diesem Kapitel finden Sie das notwendige Handwerkszeug hierfür.

✔ Aktivität. Starke Persönlichkeiten sind meistens sehr aktive Menschen. Sie schaffen Fakten und handeln, anstatt auf andere zu warten und zu reagieren.

✔ ein gutes Maß an Gelassenheit gepaart mit innerer Unabhängigkeit. Starke Persönlichkeiten ruhen in sich selbst und machen ihren Wert nicht von der Anerkennung anderer abhängig.

✔ leitende Werte und eine eigene und einheitliche Identität (also nicht heute so und morgen so)

Suchen Sie sich ein Vorbild, eine starke Persönlichkeit zum Nachmachen. Überlegen Sie, welche starken Persönlichkeiten Sie kennen, und nehmen Sie sie unter die Lupe: Was macht diese Personen zu starken Persönlichkeiten? Welche Eigenschaften finden Sie gut, welche positiven Charakterzüge erkennen Sie und was empfinden Sie eher als unangenehm? Was an diesen Personen eignet sich als Vorbild für Sie?

Selbstbewusstsein aufbauen

Jeder wünscht sich ein gesundes Selbstbewusstsein und – das ist die gute Nachricht – jeder kann es sich erarbeiten (das ist die schlechte Nachricht: Arbeit muss sein, von nichts kommt nichts, man kann nur ernten, was man sät und so weiter). So starten Sie das Projekt »Selbstbewusstsein«:

✔ **Sich seiner selbst bewusst werden:** Ein gesundes Selbstbewusstsein fängt damit an, sich seiner selbst bewusst zu werden. Das bedeutet, die eigenen Stärken, Schwächen, Werte und Vorstellungen zu erkennen. Die Anleitungen in Kapitel 4 helfen Ihnen, eine umfassende Bestandsaufnahme Ihrer Fähigkeiten durchzuführen. Mit der SWOT-Analyse in Kapitel 11 können Sie zudem Ihre Stärken und Schwächen in konkreten Situationen beleuchten.

✔ **Sich selbst akzeptieren:** Sie sind (wahrscheinlich) nicht Supermann und auch nicht Superfrau und das ist auch gut so, denn das macht Sie zu einem Menschen. Und perfekte Menschen gibt es nun einmal nicht. Zu dem Gesamtpaket »Mensch« gehören Schwächen und Marotten wie das Salz in die Suppe. Akzeptieren Sie, wer und was Sie sind, und gestehen Sie sich Ihre Schwächen zu.

Ihr Selbstbewusstsein steht und fällt damit, ob Sie sich selbst akzeptieren. Wenn Sie es nicht lassen können, sich Ihre kleineren und größeren Schwächen unter die Nase zu reiben, halten Sie sich selbst klein. Machen Sie daher kurzen Prozess mit Ihren Schwächen: Erkennen Sie die Stärke in der Schwäche und erstellen Sie einen Entwicklungsplan, um die Schwäche abzuschwächen, zum Beispiel mithilfe des Wertequadrats in Kapitel 3. Wenn Sie sich dazu nicht durchringen können, gibt es nur eines: still sein und die Schwäche annehmen.

✔ **Die eigene Geschichte bewusst erzählen:** Für Ihre Mitmenschen (und auch für sich selbst) sind Sie das, was Sie von sich erzählen. Wie Sie von alltäglichen Erlebnissen berichten, formt das Bild ebenso wie die Auswahl der Anekdoten, die Sie zum Besten geben. In jede Ihrer Erzählungen bringen Sie eine individuelle Färbung ein. Sie betonen einen Aspekt stärker, vergessen einen anderen und bewerten Erlebnisse und Geschehnisse. Schauen Sie sich genau an, was Sie von sich und der Welt berichten: Ist Ihre Geschichte eine Erfolgsgeschichte oder steht sie unter einem Alles-geht-schief-Stern? Entscheiden

Sie bewusst, welches Bild Sie sich selbst und den anderen durch Ihre Geschichten und alltäglichen Berichte vermitteln wollen. Ein paar hilfreiche Tipps:

- Machen Sie sich bewusst, was Sie wem von sich berichten: Geben Sie sich je nach Gesprächspartner unterschiedlich oder setzen Sie immer die gleichen Akzente?
- Welches Bild möchten Sie gerne von sich vermitteln? Was und wie könnten Sie von sich erzählen, um bei anderen dieses Bild entstehen zu lassen?
- Lernen Sie von Ihren selbstbewussten Mitmenschen: Hören Sie genau zu, wie diese ihre Geschichte erzählen und welches Motto ihr Leitthema sein könnte. Wie finden Sie die Erzählungen der anderen? In welcher Weise beeinflusst das, was jemand erzählt, sein Ansehen?
- Welches Motto würden Sie gerne zum Leitthema Ihrer Geschichten machen? Fangen Sie an, Ihre Geschichten bewusst nach Ihrem Motto (zum Beispiel »geht nicht, gibt es nicht«) auszurichten.

Manchmal wird ein und dieselbe Geschichte je nach Gesprächspartner sehr selbstbewusst oder eher schüchtern vorgetragen. Das liegt dann meistens nicht an der Geschichte, sondern an der Vermutung, wie das Gegenüber diese Geschichte wohl findet. Lösen Sie sich also von der Überlegung, was der andere von Ihnen hält. Oder stellen Sie sich wenigstens vor, er würde Sie für eine Königin oder einen König halten. Und dann erzählen Sie ihm Ihre Geschichte noch einmal.

Das Selbstbewusstsein stärken

Wer hätte gedacht, dass es so einfach ist: Ein sicherer Weg zu einem gesunden Selbstbewusstsein ist die Selbstbehauptung. Mit anderen Worten: Selbstbewusst auftreten und sich selbst behaupten steigert das Selbstbewusstsein. Das Schöne daran ist, dass Sie sofort loslegen können, sogar wenn Sie sich noch gar nicht selbstbewusst fühlen. Es ist nämlich genauso wirkungsvoll, einfach so zu tun, als ob Sie das alleinige Recht auf Selbstbewusstsein gepachtet hätten.

Warum haben mehr Menschen Flugangst als »Autoangst«? Viele halten Fliegen intuitiv für gefährlicher als Autofahren und das meist wider besseres Wissen. Denn die Wahrscheinlichkeit, bei einem Autounfall ums Leben zu kommen, ist erheblich höher als das gleiche Schicksal infolge eines Flugzeugabsturzes zu erleiden. Ein Flugzeugabsturz mit vielen Opfern schafft es jedoch nicht nur in sämtliche TV-Nachrichten und Zeitungen, sondern brennt sich auch im Kopf der Informierten mit seinem ganzen Schrecken ein. Es fällt leicht, sich an so ein Unglück zu erinnern und die entsprechenden Bilder sind in der eigenen Erinnerung schnell verfügbar. Und genau damit ist der Grundstein gelegt für ein Phänomen, das die Psychologen auf den Namen »Verfügbarkeitsfehler« getauft haben. Ereignisse, an die Sie sich leicht erinnern, halten Sie demnach für bedeutender oder wahrscheinlicher als Ereignisse, an die Sie sich nicht so leicht erinnern.

Für Sie bedeutet das:

- ✔ Wenn Ihre Wahrnehmung Sie schon an der Nase herumführt, sorgen Sie wenigstens dafür, dass es in Ihrem Sinne ist.

- ✔ Stärken Sie Ihren Glauben an die eigene Selbstsicherheit: Sammeln Sie zum Beispiel 20 Situationen, in denen Sie sehr unsicher waren. Anschließend notieren Sie fünf Situationen, in denen Sie sehr selbstsicher aufgetreten sind. Da es Ihnen (hoffentlich) leichter fällt, sich an fünf starke als an 20 schwache Situationen zu erinnern, erledigt der Verfügbarkeitsfehler den Rest für Sie und in Ihrer eigenen Wahrnehmung werden Sie sich als selbstsicherer beurteilen.

- ✔ Umgekehrt können Sie auch die Macht einer persönlichen Blamage oder eines Fehlers (der Blackout beim wichtigen Vortrag, die Absage vom Wunscharbeitgeber oder das Betanken Ihres Dieselautos mit Benzin) abmildern, indem Sie sich den Verfügbarkeitsfehler bewusst machen. Wenn Sie eine Wiederholung dieses Ereignisses für sehr wahrscheinlich halten und fürchten, dann vor allem deshalb, weil Sie sich noch so gut daran erinnern (beziehungsweise an die Rechnung für den neuen Motor von der Kfz-Werkstatt).

- ✔ Wenn Sie sensibel auf schlechte Nachrichten reagieren, dann meiden Sie schlechte Nachrichten. Schalten Sie ab, wenn es um Verkehrstote, Atomunfälle oder Erdbeben geht, und konzentrieren Sie sich auf die schönen Dinge des Lebens. Je leichter Sie sich nämlich an schöne Dinge erinnern, für desto wahrscheinlicher halten Sie es, dass diese auch Bestandteil Ihres eigenen Lebens werden.

So tun als ob

Nach dem US-amerikanischen Soziologen und Sozialpsychologen Charles Cooley hängt das eigene Selbstbewusstsein wesentlich von der eigenen Vermutung ab, was der andere wohl über einen denkt. Wer annimmt, andere würden ihn für etwas Besseres halten, baut spielend ein hohes Selbstbewusstsein auf. Wer denkt, der andere halte ihn für einen Quatschkopf, fühlt sich auch wie einer. Das Selbstbewusstsein ist oft genauso gut oder schlecht wie die vermutete Bewertung der eigenen Person durch den anderen. So stärken Sie Ihr Selbstbewusstsein:

- ✔ Was, meinen Sie, hält Ihr Gegenüber von Ihnen? Wenn Sie vermuten, er hielte nur das Beste von Ihnen, bleiben Sie bei der Vermutung. Wenn Sie jedoch vermuten, er hielte nicht so viel von Ihnen, werden Sie aktiv: Wie kommen Sie zu dieser Annahme, welche Hinweise gibt es, die Ihrer Annahme widersprechen? Finden Sie ausreichend Hinweise, um Ihre Annahme zu korrigieren.

- ✔ Sie bleiben dabei, dass der andere Sie nicht mag? Muss er auch nicht, Sie haben genügend Freunde. Allerdings sollte sein (gestörtes) Verhältnis zu Ihnen nicht zulasten Ihres Selbstbewusstseins gehen. Machen Sie sich also bewusst, dass viele Menschen Sie mögen und dass Sie gut damit umgehen können, auch einmal auf einige Sympathiepunkte zu verzichten.

 Sie würden sich dennoch wohler fühlen, wenn der andere gut über Sie denken würde? Dann tun Sie eben so, als ob er das täte. Stellen Sie sich vor, er wäre Ihr größter Fan. Mit dieser Vorstellung werden Sie sich besser fühlen, besser auftreten und besser überzeugen. Und wer weiß, vielleicht verwandelt sich Ihr Gegenüber dadurch wirklich in Ihren Fan.

Probieren Sie die Kraft der eigenen Vorstellung am besten gleich mal aus. Fangen Sie mit einem Kollegen an. Beim nächsten Gespräch stellen Sie sich kurz vor, der Kollege würde sie für ein Genie halten. Sie werden merken, wie Ihr Selbstbewusstsein wächst und Sie Gefallen an dem Gespräch mit dem vermeintlichen Bewunderer finden. Beim nächsten Termin mit dem Chef gehen Sie einfach davon aus, Ihr Chef ist ebenso überzeugt wie Sie, dass Sie das beste Pferd im Stall sind.

Sich selbst behaupten

Wer sich selbst behauptet, stärkt sein Selbstbewusstsein. Probieren Sie Folgendes aus:

- ✔ Setzen Sie Grenzen. Nutzen Sie die nächste Gelegenheit und trauen Sie sich, »Nein« oder »Das geht zu weit« zu sagen. Sie trauen sich nicht? Dann überlegen Sie einmal, vor wem Sie selbst mehr Respekt haben: vor jemandem, von dem keine Widerworte zu erwarten sind, oder vor jemandem, der auch mal freundlich »Bis hierhin und nicht weiter« sagt.

- ✔ Verteidigen Sie die eigene Meinung. Bleiben Sie bei Ihrer Ansicht und halten Sie auch Widerstand aus. Wer nicht wie das Fähnchen im Winde ist, wird als deutlich selbstbewusster wahrgenommen.

- ✔ Üben Sie, sich selbst zu behaupten. Nehmen Sie etwas in Angriff, das Sie Mut kostet. Ob Sie den lästernden Kollegen in die Schranken weisen oder beim nächsten Kleiderkauf die Nerven des Verkäufers (über)strapazieren – je öfter Sie sich behaupten und je mehr Situationen Sie meistern, desto selbstbewusster werden Sie.

- ✔ Treten Sie nicht zu bescheiden auf, sondern stehen Sie zu Ihren Erfolgen und behaupten Sie sich im Kollegenkreis. In Kapitel 11 finden Sie Tipps, wie das gut gelingt.

Den eigenen Status erhöhen

Sie würden sich ja gerne behaupten, aber Ihr Gesprächspartner buttert Sie unter? Dann spielen Sie »Kaiser« oder »Kaiserin« und nehmen Sie ein Hochstatusverhalten an. Einige Verhaltensweisen und Gesten verleihen Ihnen nämlich im Nu einen hohen Status und eine gewisse Überlegenheit gegenüber dem Gesprächspartner. Mit folgenden Verhaltensweisen machen Sie den kleinen, aber feinen Unterschied:

- ✔ Lächeln bringt zwar Sympathien, aber keinen Hochstatus. Also ruhig mal ernst bleiben. Das wird so manchen Mitmenschen dazu animieren, sich ins Zeug zu legen und es Ihnen recht zu machen, um Ihnen doch noch ein Lächeln zu entlocken.

- ✔ Setzen Sie auf sparsame und ruhige Gesten. Wenn Queen Elisabeth II. den Massen zuwinkt, bewegt sie nur ihre Hand und das gerade so viel, wie ein Winken eben erfordert. Also nicht herumhampeln, mit den Füßen wackeln oder aufgeregt vor und zurück wippen.

- ✔ Berühren Sie nicht den eigenen Körper, vor allem nicht Ihr Gesicht. Das heißt weder Haarsträhnen aus dem Gesicht streichen noch mit Denkergeste das Kinn berühren oder sich über den Arm streichen.

- ✔ Lassen Sie sich nicht von Ihrem Gesprächspartner berühren, ohne sich umgehend dafür zu revanchieren: zum Beispiel indem Sie ihm ebenfalls die Hand auf die Schulter legen oder auf den Oberarm klopfen. Betrachten Sie Fotos von Staatsoberhäuptern: Sie werden feststellen, dass beide stets bemüht sind, den anderen mindestens so ausgiebig zu berühren, wie sie selbst an Berührung einstecken (müssen). So kommt es, dass viele Staatsoberhäupter ihrem Gegenüber nicht nur die Hand reichen, sondern ihre freie Hand auch noch auf dessen Oberarm platzieren. Die klare Botschaft: »Ich darf dich berühren, sogar zweimal, denn ich kann mir das erlauben.«

- ✔ Legen Sie den Kopf nicht schief, sondern halten Sie ihn gerade. Schauen Sie Ihrem Gegenüber in die Augen und blinzeln Sie möglichst wenig. Wer wegschaut, hat aber nicht unbedingt (den Hochstatus) verloren. Wenn Sie sich im Gespräch beiläufig, als hätten Sie gerade etwas Wichtigeres entdeckt, umschauen und dabei weitersprechen, landet Ihr Gegenüber in einem niedrigeren Warte- und Zuschauerstatus und Sie selbst bleiben im Hochstatus. Gesprochen würde die Botschaft in etwa so klingen: »Du hörst mir sowieso zu, ich kann es mir erlauben, nebenher noch nach Wichtigerem zu sehen.«

- ✔ Lassen Sie sich nicht unterbrechen. Sogar dann nicht, wenn Sie sich das Wort erschummelt haben, indem Sie Ihr Gegenüber unterbrochen haben.

- ✔ Sprechen Sie in Erfolgsgeschichten von sich und setzen Sie auf die Erfolge des anderen ruhig noch einen drauf.

 Ja, Sie haben recht: Hochstatusverhalten erzeugt zwar eine gewisse Überlegenheit, bringt aber nicht unbedingt Rekordsympathiewerte. Dosieren Sie das Hochstatusverhalten also fein.

In Abbildung 14.1 sind weitere Verhaltensweisen aufgeführt, mit denen Sie Ihren Status erhöhen oder senken können. Letzteres kann übrigens manchmal durchaus gewollt sein: Um das eigene Ziel zu erreichen, lohnt es sich oft, den anderen ein wenig zu hofieren und ihn damit geradewegs in die richtige (die eigene) Richtung zu bugsieren.

Selbstzweifeln selbstbewusst entgegentreten

Manchmal reicht ein einziger Misserfolg aus, um einen Selbstzweifel scheinbar ins Unermessliche wachsen zu lassen. Wenn das der Fall ist, war der Misserfolg oftmals »nur« der Tropfen, der das Fass zum Überlaufen gebracht hat. In dem Fass nämlich lagern zahlreiche andere Situationen aus Ihrem Leben, in denen Sie ähnlich unschöne Erlebnisse hatten. Wenn die aktuelle Niederlage sich nun zu den anderen Situationen gesellt, läuft das Fass über und das heißt für Sie: Herzlich willkommen, Selbstzweifel!

14 ➤ Stark wie Popeye (auch ohne Spinat)

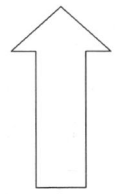

Hochstatusverhalten

- ✓ Ruhig und mit fester Stimme sprechen (»Ich darf mir Zeit lassen mit meinen Ausführungen. Ihr hört mir sowieso zu.«)
- ✓ Aufrechter Gang, erwarten, dass andere einem ausweichen
- ✓ Raum einnehmen, zum Beispiel den eigenen Stuhl voll ausfüllen
- ✓ Klartext sprechen, andere korrigieren
- ✓ Ungebeten Ratschlag geben (»Du brauchst meine Hilfe.«)
- ✓ Aussagen treffen, die einen als Chef erscheinen lassen (»Wir machen jetzt Folgendes: ...«, aber auch: »Gut gemacht, Peter!«)
- ✓ Die eigene Leistung rühmen
- ✓ Nicht auf die Aussagen der anderen eingehen und über etwas anderes sprechen

Niederstatusverhalten

- ✓ Schnelles Sprechen (»Ich muss schnell alles loswerden, bevor keiner mehr zuhört.«) mit hoher Stimme
- ✓ Den Satz nicht zu Ende sprechen oder von anderen beenden lassen
- ✓ Zusammengesunkener Gang, anderen zuvorkommend ausweichen
- ✓ Möglichst wenig Raum einnehmen, zum Beispiel auf der Stuhlkante sitzen
- ✓ Um den heißen Brei herumreden, nach Zustimmung fragen (»Findest Du nicht auch?«)
- ✓ Um Erlaubnis oder Entschuldigung bitten
- ✓ Eigene Fehler oder Schwächen erwähnen

Abbildung 14.1: Hoch- und Niederstatusverhalten

 Die meisten Selbstzweifel sind ein wenig unangenehm, aber kein echtes Problem. Zu einem ärgerlichen Hindernis werden sie jedoch, sobald sie sich anschicken, die Regie in Ihrem Leben zu übernehmen. Wenn Ihre Selbstzweifel Sie dazu bringen, bestimmte Situationen zu vermeiden, sollten Sie handeln. Sie haben die Wahl zwischen Coach und Couch und solange Sie sich keine ernsthaften Sorgen um sich machen, dürfen Sie beim Coach bleiben. Und der Coach sind Sie, also legen Sie los.

Zudem gibt es leider immer irgendjemand, der nicht nur irgendetwas besser kann, sondern auch das, woran Sie sich gerade versuchen. So ist es durchaus verständlich, wenn das eigene Selbstwertgefühl hin und wieder ins Wanken gerät.

Das Beste, was Sie mit dem Selbstzweifel anfangen, ist, ihn gründlich zu untersuchen und zu überprüfen. So kann es Ihnen gelingen, ihn abzumildern oder sogar abzuschaffen.

Die Situation genau betrachten

Alle Menschen haben im Laufe des Lebens Einstellungen und Überzeugungen gesammelt und einige sind ihnen – bewusst oder unbewusst – in Fleisch und Blut übergegangen und zu Lebensregeln geworden. In der Psychologie werden solche Lebensregeln als *Glaubenssätze* bezeichnet. Ein Glaubenssatz hat nichts mit Religion zu tun, sondern nur mit Ihnen selbst. Er drückt eine tief gehende Überzeugung aus, die Ihre Persönlichkeit prägt und für viele Ihrer »typischen« Gedanken und Reaktionen und Selbstzweifel verantwortlich ist.

Jeder Mensch hat neben allgemeinen Glaubenssätzen viele Glaubenssätze, die sich auf die eigene Person beziehen. Diese schalten sich automatisch ein und geben ihren Senf dazu, sobald Sie in eine bestimmte Situation kommen. Die Glaubenssätze beeinflussen Ihr Verhalten und Wohlbefinden enorm: Sie bestimmen, wie Sie eine Situation bewerten und ob Sie sich der Situation gewachsen fühlen oder ins Zweifeln geraten.

Der erste Schritt, Selbstzweifel und dahinterstehende Glaubenssätze unschädlich zu machen, besteht darin, sie zu verstehen.

Die folgenden Fragen helfen Ihnen dabei:

- ✔ Warum meldet sich der Selbstzweifel in dieser Situation, was ruft Ihr Unbehagen hervor?
- ✔ Warum glauben Sie, dass Sie dieses oder jenes in der konkreten Situation nicht gut machen?
- ✔ Was erwarten die anderen Beteiligten Ihrer Meinung nach von Ihnen?
- ✔ Wie sicher sind Sie, dass Sie die Erwartung der anderen richtig einschätzen?
- ✔ Was erwarten Sie von sich?
- ✔ Sind Ihre Erwartungen und die Erwartungen der anderen realistisch?

Die Situation mit früheren Erfahrungen vergleichen

Nachdem Sie die Situation eingehend untersucht haben, forschen Sie nach vergleichbaren Ereignissen in Ihrer Vergangenheit. Erinnern Sie sich, ob in ähnlichen Situationen bereits vergleichbare Zweifelrufe in Ihnen laut und zu allem Überfluss auch noch bestätigt wurden. Wenn Sie das bejahen (müssen), gehen Sie ins Detail und untersuchen, inwieweit die Situationen vergleichbar sind.

- ✔ Ist der Selbstzweifel ein alter Bekannter?
- ✔ In welchen Situationen taucht der Selbstzweifel mit Vorliebe auf?
- ✔ Welche Erfahrungen haben Sie in vergleichbaren Situationen gemacht?
- ✔ Wie unterscheidet sich Ihre jetzige Situation von der vergleichbaren früheren Situation?
- ✔ Wie haben Sie sich verändert seit damals, was haben Sie dazugelernt?
- ✔ Welche Reaktionsmöglichkeiten kennen Sie heute, die Ihnen damals nicht zur Verfügung standen?

14 ➤ Stark wie Popeye (auch ohne Spinat)

Versuchen Sie, die heutige Situation unabhängig von Ihren bisherigen Erfahrungen zu bewerten. So können Sie vermeiden, dass der heutige Anlass – der an sich vielleicht eher nichtig ist – mehr Bedeutung erhält, als ihm zukommt. Wenn Sie den Anlass überbewerten, wird er schnell zu dem Tropfen, der das Fass zum Überlaufen bringt.

Positive Erfahrungen ins Spiel bringen

Im ersten Moment glauben Sie vielleicht, dass Sie über keine positiven Erfahrungen verfügen, mit denen Sie den Selbstzweifel entkräften können. Das stimmt fast nie, machen Sie sich also auf die Suche nach positiven Gegenbeispielen:

✔ Kehren Sie Ihren Selbstzweifel um (»Meine Ideen sind gut.«) und denken Sie an eine Situation, in der sich diese positive Aussage bestätigt hat.

✔ Wie genau haben Sie das erreicht, womit haben Sie überzeugt?

✔ Wie haben Sie sich in der erfolgreichen Situation gefühlt? Welchen Tipp würde Ihr damaliges Ich Ihnen für Ihre heutige Situation geben?

✔ Was würden Ihre Freunde sagen, wenn sie gefragt würden, warum Ihre Ideen gut sind?

Wenn Sie einige Gegenbeispiele gesammelt haben, rufen Sie sich Ihren Selbstzweifel noch einmal in Erinnerung. Stellen Sie sich vor, Ihr größter Rivale käme zu Ihnen und würde diese Auffassung vertreten: »Deine Ideen sind schlecht.« Mit welchen Argumenten wehren Sie sich gegen diesen Angriff? Schreiben Sie Ihre Antworten auf.

Indem Sie sich auf Situationen konzentrieren, in denen Sie sich wohl und stark gefühlt haben, richten Sie den Blick auf Ihre Fähigkeiten. Das Gleiche geschieht, wenn Sie sich Ihrem Rivalen gegenüber verteidigen. Je mehr Beispiele und Argumente Sie sammeln, desto schwerer wird der Selbstzweifel es haben, Sie künftig zu behindern.

Selbstzweifel durch Starkmacher ersetzen

Nachdem Sie den Selbstzweifel gründlich untersucht und durch positive Erfahrungen ins Wanken gebracht haben, entscheiden Sie über sein künftiges Schicksal: Sie können den Selbstzweifel in Ihren inneren Selbstgesprächen abmildern oder Sie können ihn aus dem Repertoire streichen und durch einen stärkenden Gedanken ersetzen.

In Tabelle 14.1 sind einige typische »Miesmacher«, Selbstzweifel und ungünstige Glaubenssätze, aufgeführt. Die »Starkmacher« sind Beispiele für Gegenmittel, mit denen Sie es schaffen, Ihre Situation günstiger zu bewerten. Welche Kommentare hören Sie von Ihrer inneren Stimme, erkennen Sie eine Einstellung wieder, die Sie unter Druck setzt?

Starkmacher formulieren

Sie können sich dafür entscheiden, Ihren Miesmacher »umzuprogrammieren« und durch einen Starkmacher zu ersetzen.

»Miesmacher«-Glaubenssätze	»Starkmacher«-Glaubenssätze
Ich kann das nicht.	Ich kann das noch nicht, aber das wird sich ändern. Ich schaffe das ganz sicher. Ich habe schon ganz andere Sachen geschafft.
Ich muss beweisen, dass ich gut bin.	Ich bin gut und das habe ich schon oft bewiesen.
Ich darf jetzt keinen Fehler machen.	Ich bin gut vorbereitet. Jeder macht mal Fehler, damit kann ich umgehen. Aus Fehlern werde ich lernen.
Die anderen sind besser.	Die anderen kochen auch nur mit Wasser. Große Klappe, nichts dahinter.
Kritik bedeutet, dass ich schlecht bin.	Ich kenne meine Stärken. Über konstruktive Kritik freue ich mich und werde noch besser. Unangemessene Kritik interessiert mich nicht und geht »hier rein, da raus«.
Nichts klappt, ich werde nie vorankommen.	Jeder erlebt mal Rückschläge, das gehört zum Spiel dazu. Auch Umwege führen zum Ziel. Und ich weiß, dass ich das Ziel erreichen werde.
Die Sache ist extrem wichtig.	Nur wenige Sachen sind wirklich wichtig.
Man muss immer 100 Prozent Leistung erbringen.	80 Prozent sind meistens völlig ausreichend.
Ich bin nervös.	Ich bin ruhig und stark.
Ich kann das nicht.	Ich kann das noch nicht, aber wartet mal ab …
Ich muss zu viele Probleme gleichzeitig lösen.	Nicht alles ist gleich wichtig und ich mache das Wichtigste zuerst. Der Rest kann warten. Ich lasse mich nicht hetzen.
Das ist ein großes Problem.	Das ist eine große Herausforderung.
Ich bin schuld.	Es geht nicht um Schuld, sondern um Lösungen. Und ich bin nicht für alles allein verantwortlich.
Ich muss andere zufriedenstellen.	Ich darf »Nein« sagen. Ich muss vor allem auf mich achten. Nicht jeder muss mich mögen, ich bin trotzdem okay.
Ich muss mich beeilen.	In der Ruhe liegt die Kraft.
Ich bin dafür zu schüchtern.	Ich habe viele Stärken und möchte das auch zeigen. Ich brauche mich nicht zu verstecken.

Tabelle 14.1: Selbstzweifel und Glaubenssätze

14 ➤ Stark wie Popeye (auch ohne Spinat)

✔ Identifizieren Sie Ihre wichtigsten persönlichen Miesmacher. Formulieren Sie Starkmacher-Glaubenssätze, mit denen Sie die Miesmacher ersetzen können. Sie können einen Satz aus Tabelle 14.1 wählen und ihn abwandeln, sodass er gut zu Ihnen passt. Oder Sie formulieren Ihren einen ganz persönlichen Starkmacher. Nehmen Sie sich genug Zeit, um Ihre Starkmacher zu formulieren. Ihre Starkmacher sind umso stärker, je intensiver Sie sich angespornt und emotional angesprochen fühlen. Horchen Sie also in sich hinein und formulieren Sie so lange an dem Starkmacher, bis es »klick« macht und Sie sich mit dem Satz wirklich wohlfühlen.

Gute Starkmacher sind kurz und griffig und haben eine ganz persönliche Färbung. Manchmal reichen schon ein, zwei Wörter oder eine besondere Betonung aus, um einen Allerweltssatz in Ihre persönliche Formel zu verwandeln. »Ich kann das« klingt anders als »*Natürlich* kann ich das«. Sie können auch Redewendungen wie »In der Ruhe liegt die Kraft« oder eine Zeile aus Ihrem Lieblingssong zu Ihrem persönlichen Begleiter bestimmen.

✔ Manchmal ist ein Miesmacher schon ein so etabliertes Mitglied Ihrer Persönlichkeit, dass es schwerfällt, ihm zu Leibe zu rücken. In diesem Fall kann Folgendes helfen:

- Denken Sie an Situationen, in denen Sie besonders stark und erfolgreich waren. Erinnern Sie sich zum Beispiel an Ihren souveränen Auftritt in der Teambesprechung, an das erfolgreiche Vorstellungsgespräch oder an das Gespräch, in dem Sie Ihrem Chef Paroli geboten und Ihre Idee verkauft haben. Welche Eigenschaften haben Sie in der Situation bewiesen, was hat Sie stark gemacht?

- Erstellen Sie sich einen persönlichen Merkzettel, auf dem nichts anders als Ihre Stärken und Vorzüge stehen. Der Merkzettel wird Ihr »Starkzettel«. Schreiben Sie starke Situationen und Ihre Eigenschaften auf den Zettel. Halten Sie Erfolge, Komplimente und positives Feedback fest. Schreiben Sie auch auf, was Sie an sich selbst schätzen und was Sie gut können. Etwas Gutes über sich selbst zu schreiben ist übrigens nicht peinlich, sondern vernünftig. Denn Sie brauchen Munition für Ihre Miesmacher.

- Lernen Sie Ihren »Starkzettel« Wort für Wort auswendig. Nein, kleiner Spaß, Sie müssen den Starkzettel natürlich nicht frei aufsagen können. Sie sollten aber seinen Inhalt und »Spirit« so sehr verinnerlichen, dass Sie ihn sich jederzeit ins Gedächtnis rufen können.

- Denken Sie in schwierigen Situationen an Ihren Starkzettel. Dort steht, was Sie können und was andere an Ihnen schätzen. Haben Sie das vergessen? Scheuchen Sie den Miesmacher mit dem Starkzettel fort und denken Sie an Ihren Starkmacher.

Küren Sie den Starkmacher, der Ihnen am wichtigsten erscheint, zum Top-Starkmacher des Jahres. Bedenken Sie, dass mächtige Miesmacher unter anderem deswegen mächtig sind, weil sie schon einen festen Platz in Ihrem Kopf einnehmen. Ebenso darf es eine ganze Weile dauern, bis aus einem Satz ein echter Starkmacher-Glaubenssatz erwachsen ist. Gerade wenn ein Miesmacher Sie mehrere Jahre begleitet hat, brauchen Sie vielleicht sogar ein ganzes Jahr, bis Sie Ihren Starkmacher verinnerlicht und zu mehr als nur einem Lippenbekenntnis gemacht haben.

Ein starker Auftritt – selbstbewusst in Konfliktgesprächen

Konflikte gehören zum beruflichen Alltag wie der Papierstau zum Kopierer. Sie sind ähnlich beliebt und ähnlich tückisch: Ignoriert man den Konflikt, wächst er – zunächst unbemerkt – auf eine stattliche Größe an. Die oft gewählte Lösungsstrategie im Falle des blockierten Kopierers – hoffen, dass jemand den Stau beseitigt, und in der Zwischenzeit einen anderen Kopierer benutzen – ist bei Konflikten wenig aussichtsreich. Ihren Kollegen und Vorgesetzten können Sie nur zeitweilig aus dem Weg gehen und ohne dass Sie und Ihr Konfliktpartner miteinander sprechen, löst sich der Konflikt nicht auf. Bleibt nur eines: das Konfliktgespräch.

In dem Gespräch mit dem Konfliktpartner gilt es, die eigene Position selbstbewusst zu vertreten, Widerstand auszuhalten und gleichzeitig offen für die Sicht des anderen zu bleiben. Dabei hilft neben einem starken Selbstbewusstsein ein ebenso starker Gesprächsplan. Abbildung 14.2 illustriert, welche Bestandteile eine runde Sache aus Ihrem Konfliktgespräch machen.

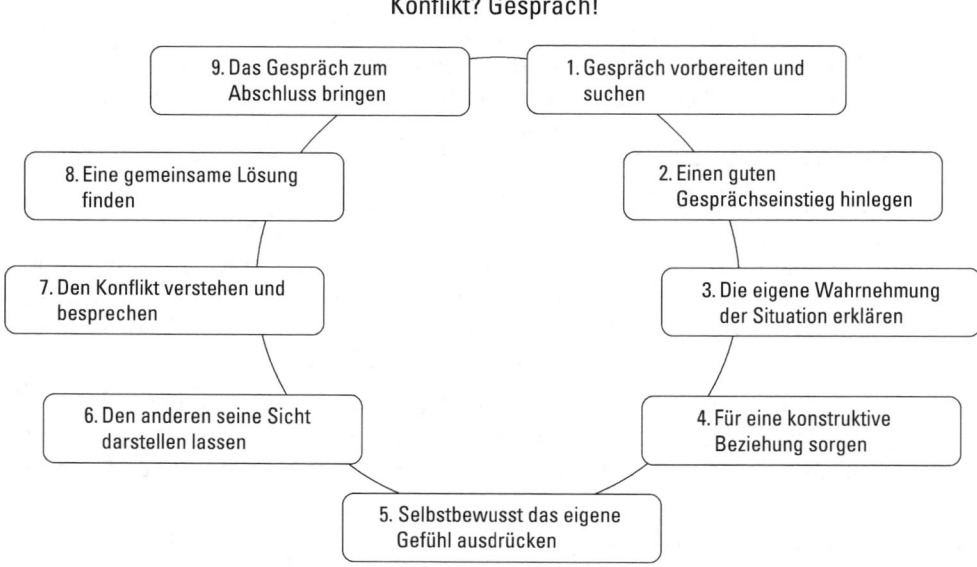

Abbildung 14.2: Eine runde Sache: das Konfliktgespräch

Machen Sie sich stark für das Konfliktgespräch und führen Sie sich und Ihren Konfliktpartner selbstbewusst zu einer einvernehmlichen Lösung. Die folgenden Abschnitte erläutern, worauf es in den einzelnen Phasen ankommt.

Nur Mut: Das Gespräch vorbereiten und suchen

Vorbereitung ist nicht nur das halbe Leben, sondern und auch das halbe Gespräch. Daher ist es hilfreich, das Gespräch sorgsam zu planen.

Wichtig ist dabei Folgendes:

✔ **Den Konflikt verstehen:** Bevor Sie mit Ihrem Konfliktpartner sprechen, sollten Sie sich ein Bild von der Lage verschaffen.

Geben Sie sich Antworten auf folgende Fragen:

- Worum geht es in dem Konflikt aus meiner Sicht?
- Wie ist der Konflikt aus meiner Sicht entstanden?
- Worum geht es für den anderen vermutlich?
- Wie ist der Konflikt aus Sicht des anderen wohl entstanden?

✔ **Die Beziehung zwischen den Konfliktpartnern klären:** Die Beziehung zwischen Ihnen und Ihrem Konfliktpartner bildet die Grundlage, auf der Sie das Gespräch aufbauen. Sie sprechen mit Ihrem Konfliktpartner entweder auf Augenhöhe, sind ihm über- oder untergeordnet. In der Praxis heißt das: Sie werden mit Ihrem Chef anders sprechen (müssen) als mit Ihrem Kollegen, mit einem Freund anders als mit jemandem, den Sie nicht gut kennen. Ihre Mitteilungen sollten sich im Ausdruck und Inhalt daran orientieren, wie sie im persönlichen und hierarchischen Verhältnis zueinander stehen.

Manchmal sieht es auf den ersten Blick so aus, als wären die Konfliktpartner auf Augenhöhe. Auf den zweiten Blick zeigt sich aber ein unter- oder übergeordnetes Verhältnis, zum Beispiel wenn der eine mehr Erfahrung im strittigen Thema hat als der andere. Ein ungleiches Verhältnis liegt auch vor, wenn einer der beiden stärker von dem anderen abhängig ist. Das könnte beispielsweise der Fall sein, wenn ein neuer Mitarbeiter von den Kollegen in den Kollegenkreis aufgenommen werden möchte.

In einer guten persönlichen Beziehung können Sie sich auch mal spontan und umgangssprachlich äußern. In einer schlechten Beziehung hingegen kann es erforderlich sein, (fast) jedes Wort auf die Waagschale zu legen. Das ist spontan eher schwierig, daher ist die Vorbereitung in diesem Fall umso wichtiger.

✔ **Den roten Faden spannen:** Um den roten Faden zu spannen, müssen Sie nicht nur den Konflikt, sondern vor allem auch Ihre eigene Position verstehen. Sie sollten sich darüber klar werden,

- ob der Grund für Ihre Verstimmung auf der inhaltlichen oder auf der Beziehungsebene liegt (oder auf beiden),
- was Sie von wem bis wann wollen,
- warum Sie das erreichen möchten, was also Ihr Interesse ist,
- was Sie mitteilen wollen und was Sie *von sich* mitteilen wollen (zum Beispiel wie Sie sich fühlen),
- worüber Sie nicht sprechen wollen,
- dass Sie selbstbewusst Ihre Position an den Mann oder an die Frau bringen können und dieses Konfliktgespräch führen wollen.

 Wenn Sie noch nicht so genau wissen, was Sie sagen sollen, nutzen Sie das Modell des Kommunikationsquadrats von Friedemann Schulz von Thun, das in Kapitel 15 im Abschnitt »Die vier Seiten einer Nachricht« vorgestellt wird. Werden Sie sich darüber klar, was Sie Ihrem Gegenüber auf den verschiedenen Ebenen mitteilen wollen. Auch wenn Sie lieber gar nichts von sich selbst offenbaren würden: Denken Sie daran, dass Sie Ihrem Konfliktpartner in jedem Fall etwas über sich mitteilen (und sei es, dass Sie sich anscheinend nicht trauen, bestimmte Themen anzusprechen). Sorgen Sie deshalb dafür, dass er Sie so versteht, wie Sie verstanden werden wollen.

Wenn Sie wissen, was Sie sagen wollen, können Sie planen, in welcher Reihenfolge Sie Ihre Gedanken dem Konfliktpartner mitteilen werden. In den folgenden Abschnitten erfahren Sie, wie Sie das Gespräch strukturieren.

Besonders wichtig ist es, dass Sie sich vor dem Gespräch Gedanken über Lösungen machen, die für Sie erstrebenswert bis akzeptabel sind. Bedenken Sie, dass die Lösung auch für Ihren Konfliktpartner annehmbar sein muss, und bleiben Sie realistisch. Am besten legen Sie sich eine Wunschlösung, eine realistische Lösung und eine Mindestlösung zurecht.

 Die Mindestlösung ist Ihre Schmerzgrenze. Weniger als diese Lösung wollten und sollten Sie nicht akzeptieren. Sonst werden Sie mit einem ungutem Gefühl aus dem Gespräch herausgehen und der nächste Konflikt ist vorprogrammiert. Überlegen Sie vor dem Gespräch, was Sie tun, wenn Sie Ihre Mindestlösung nicht erreichen. Sie können zum Beispiel vorschlagen, Unterstützung von außen zu holen. Das kann je nach Situation Ihr Vorgesetzter oder auch ein neutraler Schlichter sein.

✔ **Wählen Sie die richtige Umgebung für das Gespräch.** Zwischen Tür und Angel lassen sich selten Konflikte lösen. Auch Großraumbüros mit vielen neugierigen Zuhörern sind keine gute Wahl. Sorgen Sie daher für eine angemessene und angenehme Umgebung, in der Sie ungestört unter vier Augen mit Ihrem Konfliktpartner sprechen können.

✔ **Laden Sie Ihren Konfliktpartner zum Gespräch ein.** Auch der Konfliktpartner sollte Gelegenheit haben, sich vorzubereiten. Sie können ihm diese Möglichkeit bieten, indem Sie einen Gesprächstermin vereinbaren und dabei kurz das Thema nennen, um das es gehen soll.

Wenn die Vorbereitungen abgeschlossen sind, kann es losgehen: Das Gespräch steht an.

 Widerstehen Sie der Versuchung, den Konflikt per E-Mail zu lösen. Zum einen liefert ein geschriebener Text Raum für Missverständnisse und könnte den Konflikt verschlimmern. Zum anderen löst sich ein Konflikt meistens nur im Dialog so, dass beide zufrieden sind. Das persönliche Gespräch ist das Mittel der Wahl!

Einen guten Gesprächseinstieg hinlegen

Das Gespräch fängt mit einer höflichen bis freundlichen Begrüßung an. Denken Sie daran, dass Sie Ihrem Gesprächspartner auch durch Ihre Mimik und Körpersprache Signale senden. Ihren Gruß sollten Sie daher mit einem passenden Gesichtsausdruck begleiten.

Da beide wissen, dass ein hoffentlich konstruktives, vermutlich aber unangenehmes Gespräch bevorsteht, dürfen Sie auf den üblichen Small Talk verzichten. Zur Sache kommen Sie, indem Sie kurz wiederholen, was Ihr Gesprächspartner schon weiß: Nennen Sie das Thema, über das Sie mit ihm sprechen möchten, kurz beim Namen.

Wenn Sie Ihrem Gesprächspartner vorgesetzt oder hierarchisch gleichgestellt sind, schlagen Sie nun vor, wie das Gespräch ablaufen *sollte* (falls Sie der Vorgesetzte sind) oder *könnte* (wenn Sie Kollegen sind). Im Gespräch mit Ihrem Chef verzichten Sie besser darauf. Er könnte das als Versuch deuten, ihm die Zügel aus der Hand zu nehmen. (Das wäre für Ihren Chef eventuell eine unangemessene Botschaft auf der Beziehungsebene, die er ablehnen wird, selbst wenn er Ihrem Gesprächsaufbau zustimmt.)

Das könnte Ihr Einstieg sein: »Guten Tag, Herr Weber, schön, dass wir uns heute zusammengefunden haben. Wie ich Ihnen bereits gesagt habe, möchte ich gern mit Ihnen über unsere Zusammenarbeit sprechen. Ich schlage vor, wir gehen dabei folgendermaßen vor: Ich würde gerne damit anfangen, meinen Standpunkt zu schildern. Danach würde ich gerne Ihre Sichtweise verstehen. Anschließend sollten wir dann versuchen, eine Lösung zu finden. Ist das für Sie in Ordnung?«

Die eigene Wahrnehmung der Situation erklären

Jetzt dürfen Sie Ihrem Konfliktpartner mitteilen, wie Sie die Situation sehen. Das gelingt Ihnen am besten mit einer kurzen und bündigen Ausführung in klarer Sprache. Versuchen Sie nicht, die Sache kleiner zu machen, als sie für Sie ist (»Ist ja eigentlich nicht so schlimm.«), sondern sprechen Sie Klartext. Denken Sie aber daran, dass Sie Ihrem Gegenüber Ihre Sicht der Dinge vor*tragen* und nicht vor*werfen*, und das klappt am besten, wenn Sie ganz sachlich bleiben.

Da Sie Ihre eigene Wahrnehmung ausdrücken, sollten Sie überwiegend in Ich-Botschaften sprechen. Achten Sie aber darauf, dass sich keine verdeckten Du-Botschaften (»Ich finde, Sie sind schuld.«) einschleichen. Auch alte Streitereien, die nichts mit dem aktuellen Konflikt zu tun haben, gehören nicht auf den Tisch. Bleiben Sie beim Thema und stellen Sie Ihre Position unmissverständlich dar, damit haben Sie sich genug vorgenommen.

Gesprächspausen können den anderen dazu verführen, aktiv in den Dialog einzusteigen. Machen Sie daher keine zu langen Pausen während Ihrer Ausführungen, damit Ihr Konfliktpartner nicht jetzt schon anfängt, seine Sicht Ihrer gegenüberzustellen.

Für eine konstruktive Beziehung sorgen

Nachdem Sie Ihren Konfliktpartner mit Ihrer Wahrheit konfrontiert haben, ist es passend, ihm eine Brücke zu bauen. Sie sorgen damit für eine konstruktive Gesprächsatmosphäre. Wenn Sie ihm entgegenkommen, machen Sie es ihm zudem leichter, sich Ihren Ansichten zu öffnen. Zum Brückenbauen eignen sich wohlwollende Nachrichten (auf der Beziehungsebene), die dem anderen signalisieren, dass Sie grundsätzlich an das Gute in ihm glauben. Sie können zum Beispiel seine Perspektive einnehmen und ihm das mitteilen (»Sie finden wahrscheinlich, …«). Durch diesen Perspektivwechsel würdigen Sie die Tatsache, dass Ihr Konfliktpartner andere Ansichten hat als Sie, und gestehen ihm diese zu.

Wenn es Ihnen schwerfällt, Ihrem Konfliktpartner entgegenzukommen, versuchen Sie einen Satz wie »Ich nehme an, dass Sie …« fortzuführen, beispielsweise so:

»Ich nehme an/vermute/gehe davon aus, dass Sie

- ✔ Gründe für Ihr Verhalten haben.«
- ✔ eine ganz andere Sicht der Dinge haben.«
- ✔ nicht gemerkt haben, dass Ihr Verhalten mich stört.«
- ✔ ohne böse Absicht gehandelt haben.«
- ✔ so gehandelt haben, weil Sie selbst unter Druck standen.« (Hier geht es darum zu vermuten, der andere habe aus Schwäche heraus gehandelt, weil er selbst verletzt, verärgert oder im Stress war.)

Selbstbewusst das eigene Gefühl ausdrücken

Sie haben für eine konstruktive Atmosphäre gesorgt, nun dürfen Sie wieder loslegen. Jetzt können Sie Ihrem Konfliktpartner mitteilen, wie Sie sich gefühlt haben oder fühlen. Ihr Konfliktpartner kann dann besser verstehen, wie es Ihnen in der Konfliktsituation ergeht. Vielleicht überrascht Ihr Befinden ihn, vielleicht kann er es nachvollziehen – auf jeden Fall macht es den Konflikt greifbarer, wenn Sie Ihre Gefühle aussprechen, und das kann wesentlich zur Lösung beitragen.

 Wenn es Ihnen leichter fällt, können Sie Ihre Gefühle auch in einer Vergangenheitsform ausdrücken (»Ich war ganz schön ärgerlich.«). Auch wenn Sie mit Ihrem Vorgesetzten sprechen, ist es oft passender, Ihren Ärger in der Vergangenheit zu platzieren. Damit nehmen Sie den Gefühlen etwas von ihrer Brisanz und muten Ihrem Gegenüber zwar Ihre Wahrheit zu, aber nicht ganz so direkt.

Den anderen seine Sicht darstellen lassen

Nun ist Ihr Konfliktpartner an der Reihe und darf Ihnen mitteilen, wie er die Sache sieht. Sie haben jetzt nicht viel zu tun, nur eines: Sie dürfen sich zurücklehnen und zuhören. Denken Sie daran, Ihr Gegenüber ausreden zu lassen, auch wenn sich Widerspruch in Ihnen breitmacht. Im Moment geht es darum, dass Ihr Konfliktpartner seine Wahrnehmung und Gefühle loswerden darf. Es ist weder schicklich noch sinnvoll, die Ansichten und Gefühle des anderen zu unterdrücken. Damit würde nur riskiert, dass diese Emotionen unter der Oberfläche weiter rumoren und bald der nächste Konflikt ansteht.

Falls Sie Verständnisfragen haben, merken Sie sich diese. Sie können Ihre Fragen stellen, wenn Ihr Gesprächspartner mit seinen Ausführungen fertig ist.

Den Konflikt verstehen und besprechen

Nachdem jeder seine Perspektive dargelegt hat, fängt der Wortwechsel zwischen den Konfliktpartnern an. Jetzt ist der Zeitpunkt gekommen, einander Fragen zu stellen und Argumente auszutauschen. Sie dürfen so lange nachhaken, bis Sie die Position des anderen wirklich verstanden haben. Dabei lassen Sie sich am besten von der Ansicht leiten, dass Ihr Gegenüber beziehungsweise sein Standpunkt einen guten Kern hat, den es zu finden gilt.

Eine angenehme Gesprächsatmosphäre trägt viel zur Lösung bei. Bei einigen Gesprächspartnern stellt sie sich automatisch ein, bei anderen ist sie überhaupt nicht in Sicht. Je weiter Sie von einer guten Atmosphäre entfernt sind, desto stärker sollten Sie sich bemühen, diese aufzubauen. Versuchen Sie, zu Personen, die Sie eigentlich nicht mögen, aktiv eine gute Beziehung herzustellen. Denn wie man in den Wald hineinruft, so schallt es heraus.

Das ist förderlich:

- ✔ **Hören Sie aufmerksam zu.** Aktives Zuhören hilft Ihnen, den anderen richtig zu verstehen. Gleichzeitig machen Sie einen interessierten Eindruck und tun damit etwas für die Gesprächsatmosphäre. Konkret bedeutet aktives Zuhören, dass Sie sich bemühen, Ihren Konfliktpartner umfassend zu verstehen. Sie können zum Beispiel überprüfen, ob seine Aussage richtig bei Ihnen angekommen ist, indem Sie nachfragen: »Verstehe ich Sie richtig, dass …« Eine andere Möglichkeit ist, dass Sie das, was Sie verstanden haben, mit Ihren eigenen Worten zusammenfassen (»Sie meinen also …«).

  Manche haben Bedenken, dass sie dem anderen mit einem nachforschenden Zuhören eine unangemessene Bühne für seine »verqueren« Ansichten bieten. Sie befürchten, dass er womöglich glaubt, er bekäme nicht nur die Gelegenheit, sich zu erklären, sondern auch recht. Aber jemanden verstehen zu wollen, heißt nicht, einverstanden zu sein. Und im Moment geht es nicht um Recht oder Unrecht. Sondern es geht darum, dass Sie ergründen, worin der Konflikt liegt und warum er entstanden ist. Und es geht darum zu signalisieren, dass Sie bereit sind, konstruktiv über Ihre unterschiedlichen Standpunkte zu reden. Sie können das ausdrücken, indem Sie beispielsweise sagen: »Ich heiße Ihr Verhalten nicht gut, aber ich möchte es verstehen. Sie haben also so gehandelt, weil …?«

- ✔ **Setzen Sie auf gute Argumente.** Schließlich wollen Sie Ihren Konfliktpartner überzeugen und nicht überreden. Jetzt zahlt es sich aus, wenn Sie sich in der Vorbereitung auf das Gespräch gründlich mit der Situation auseinandergesetzt haben.

- ✔ **Reagieren Sie gelassen auf Unsachlichkeit.** Bleiben Sie gelassen, falls Ihr Gegenüber sich verleiten lässt, Sie erneut zu beleidigen oder anzugreifen. So können Sie reagieren:
  - Sie überhören den Seitenhieb. Sie wirken souverän, wenn es Ihnen gelingt, sich völlig unbeeindruckt von seiner Entgleisung zu zeigen.
  - Sie teilen Ihrem Gesprächspartner unaufgeregt mit, was sein Angriff bei Ihnen auslöst: »Wenn Sie mich so beleidigen, fällt es mir schwer, in Ruhe mit Ihnen über unser Problem zu sprechen. Wir sitzen hier aber zusammen, um unseren Konflikt zu lösen. Daher würde ich Sie bitten, mich nicht weiter zu beleidigen.«

- Sie können den Angriff sachlich parieren: »Sie halten mich also für unzuverlässig. An welche Situation in unserem Konflikt denken Sie dabei?«

- Den Angriff auf der persönlichen Eben weisen Sie ab, bleiben aber auf der Inhaltsebene beim Thema: »Vielleicht haben Sie in der Sache sogar recht, aber wie Sie mit mir reden, finde ich nicht gut. Bitte unterlassen Sie weitere Beleidigungen. Zur Sache möchte ich sagen, ...«

- Wenn Ihr Gegenüber Sie immer wieder angreift oder Sie sich über den Angriff sehr ärgern, sollten Sie deutliche Grenzen setzen: »Ich kann und möchte mit Ihnen nicht reden, wenn Sie in diesem Tonfall mit mir sprechen. Wenn Sie damit nicht aufhören, sehe ich keinen Sinn darin, das Gespräch heute weiterzuführen. Vielleicht sollten wir uns vertagen.«

Das gehört nicht ins Konfliktgespräch:

- ✔ den anderen nicht aussprechen zu lassen
- ✔ zu generalisieren (ständig, immer, nie, alle, keiner, jeder und wo weiter)
- ✔ Versuche, den anderen zu erziehen
- ✔ Aussagen, mit denen der andere bewertet oder abgewertet wird
- ✔ sich mit anderen Dingen zu beschäftigen, während der Konfliktpartner redet
- ✔ alte Konflikte und unerfreuliche Vorfälle, die nichts mit der aktuellen Situation zu tun haben
- ✔ den Konfliktpartner anzugreifen oder zu beleidigen

Es ist zudem wenig hilfreich,

- ✔ schon die eigenen Argumente im Kopf vorzuformulieren, während der andere noch redet,
- ✔ scheinbar zuzustimmen, um schnell selbst wieder das Wort zu bekommen (»Ja ja, verstehe, aber ...«),
- ✔ die Nerven zu verlieren angesichts der aus Ihrer Sicht womöglich haarsträubenden Argumente.

Wenn das Konfliktgespräch stockt und Sie überhaupt nicht vorankommen, liegt die Ursache dafür häufig auf der Beziehungsebene. Dann ist es sinnvoll, das Gespräch um die Sache zu vertagen und zunächst die persönlichen Unstimmigkeiten auszuräumen. Wenn Sie Ihr Gegenüber als besonders störrisch erleben, kommen Sie schnell zu der Ansicht, dass Sie beide einfach nicht zusammenpassen. Das soll es geben. In der Regel aber liegt die Wurzel des Übels in einem bestimmten Verhalten oder Nichtverhalten der anderen Person. Versuchen Sie daher, den Kern des Problems möglichst genau zu erfassen und auszudrücken. Es ist zielführender, wenn Sie statt »Wir passen nicht zusammen« sagen können: »Dieses Verhalten von dir passt mir nicht«.

Eine gemeinsame Lösung finden

Jetzt ist es an der Zeit, den Blick nach vorn zu richten, die Suche nach einer Lösung des Konflikts zu beginnen.

Manchmal fällt es schwer, den Schalter von Konfliktbesprechung auf Lösungssuche umzulegen. Häufig hilft es, wenn Sie die Phase »Konflikt verstehen« erkennbar abschließen, zum Beispiel durch eine kurze Zusammenfassung des bisherigen Gesprächs.

»Wir sind uns also einig, dass wir zukünftig besser zusammenarbeiten wollen. Sie verstehen, dass ich Ihre Ergebnisse brauche, um selbst weiterarbeiten zu können. Ihnen ist vor allem wichtig, dass ich Sie nicht drängele. Ich verstehe, dass Sie nicht unter Druck gesetzt werden möchten. Mir ist wichtig, Ihr Arbeitspaket so schnell wie möglich zu erhalten, damit ich selbst weiterarbeiten kann. Wir sind uns noch nicht einig, wie wir das zusammenbekommen. Lassen Sie uns dafür jetzt nach einer Lösung suchen. Ich würde mir wünschen ...«

Sie haben nun die Gelegenheit, Ihren Wunsch vorzubringen. Wenn Sie Ihrem Konfliktpartner vorgesetzt oder gleichgestellt sind, können Sie eine Erwartung formulieren. Im Gespräch mit Ihrem Chef bleiben Sie lieber bei einem Wunsch.

Denken Sie daran, Ihren Appell nicht zu überfrachten. Eine lange Wunschliste wird sich Ihr Gesprächspartner nicht merken können und wollen. Konzentrieren Sie sich daher auf das, was Ihnen wirklich wichtig ist.

Das Gespräch zum Abschluss bringen

Wenn Sie eine Lösung gefunden haben, mit der Sie beide leben können, können Sie das Gespräch Richtung Schluss lenken. Am besten fassen Sie die wesentlichen Gesprächsergebnisse noch einmal kurz zusammen. Im Gespräch mit Ihrem Kollegen oder Mitarbeiter können Sie zudem eine Vereinbarung formulieren. Sie können zum Beispiel vereinbaren, dass Sie und Ihr Gegenüber zu einem bestimmten Zeitpunkt wieder zusammenkommen und besprechen, ob die Lösung erfolgreich umgesetzt wurde. Falls Ihr Konfliktpartner Ihnen zum Beispiel als Chef übergeordnet ist, können Sie ihm schlecht eine Vereinbarung vorgeben. Trotzdem kann es sinnvoll sein, dass Sie das Gespräch kurz zusammenzufassen.

Anschließend ist es an der Zeit, das Gespräch abzuschließen. Dies geschieht wiederum mit höflichen bis freundlichen Worten. Wenn Sie es passend finden, dürfen Sie sich nun bei Ihrem Gesprächspartner für das – hoffentlich konstruktive – Gespräch bedanken. Betonen Sie Ihren gemeinsamen Erfolg und sie werden beide mit einem guten Gefühl den Raum verlassen: »Vielen Dank, dass Sie so kooperativ waren. Ich bin ganz zuversichtlich, dass wir die Sache in den Griff bekommen werden, wir haben zusammen eine gute Lösung gefunden.«

Bei einigen Konflikten brauchen die Konfliktpartner Unterstützung von außen. Das ist oft bei sogenannten Verteilungskonflikten der Fall. Solche Konflikte entstehen, wenn etwas, das beide haben wollen, verteilt werden muss. Das kann zum Beispiel der wichtige Kunde sein, den beide empfangen wollen. Oder die Chance, vor dem Aufsichtsrat das Projekt zu präsentieren. Nehmen Sie in solchen Situationen Ihren Vorgesetzten in die Pflicht, nicht ohne für sich selbst zu werben, natürlich. Die nächsthöhere Hierarchiestufe muss dann in die Konfliktlösung eingreifen.

Eine Nachricht an den Mann (oder die Frau) bringen

In diesem Kapitel

▶ Verstehen, wie Kommunikation funktioniert
▶ Die vier Seiten einer Nachricht verstehen und nutzen

Der Begriff *Kommunikation* stammt aus dem Lateinischen und bedeutet so viel wie jemandem etwas mitteilen oder jemanden an etwas teilhaben lassen. Was auf den ersten Blick ganz harmlos klingt, birgt im zwischenmenschlichen Kontakt manchmal eine Menge Zündstoff – wer hat sich nicht schon einmal um Kopf und Kragen geredet –, aber auch ebenso viele Chancen. Und Ihre Chancen können Sie erhöhen, denn sie stehen umso besser, je genauer Sie die Spielregeln durchschauen. Nun können Sie sich zwar aussuchen, mit wem Sie privat gern eine Partie Schach spielen. Im beruflichen Alltag sind Ihre Mitspieler in dem großen Spiel, das Kommunikation heißt, allerdings gesetzt. Das ist ein Unterschied zu Ihrer privaten Schachpartie. Der zweite, wichtigere Unterschied liegt darin, dass es beim Kommunikationsspiel nicht darum geht, den anderen schachmatt zu setzen. Im Gegenteil: Wenn Sie mit statt gegen Ihren Gesprächspartner spielen, werden Sie erheblich erfolgreicher sein – und mehr Spaß macht es dann auch. Ihnen und Ihrem Gesprächspartner. Und das ist gut für Sie: Denn je besser Ihr Gesprächspartner sich mit Ihnen fühlt, desto eher werden Sie ihn auch inhaltlich für sich einnehmen.

In diesem Kapitel erfahren Sie, wie Sie erfolgreiche Gespräche führen und was Sie brauchen, um in der Kommunikationsbundesliga zu spielen – ohne Abstiegsgefahr.

Grundregeln der Kommunikation

Der Kommunikationsforscher Paul Watzlawick hat einige Regeln formuliert, die erklären, wie die zwischenmenschliche Kommunikation funktioniert. Zudem machen diese Regeln deutlich, wann Gespräche gut verlaufen und wie Schwierigkeiten entstehen können. Sie können diese Regeln für Ihre Kommunikation nutzen, indem Sie sich die Chancen und Fallstricke, die darin liegen, bewusst machen und verinnerlichen.

Man kann nicht nicht kommunizieren

Jedes Verhalten kann als eine Mitteilung an die anwesenden Mitmenschen verstanden werden und ist insofern Kommunikation. Da man sich immer irgendwie verhält – man kann sich schließlich nicht nicht verhalten –, ist es auch unmöglich, nicht zu kommunizieren.

 Beobachten Sie einmal, was das Verhalten, das Auftreten, die Körpersprache und Mimik Ihrer Mitmenschen Ihnen über sich mitteilen. Ebenso teilen Sie Ihrer Umwelt etwas von sich mit, ohne dass Sie ein Wort sagen. Sorgen Sie daher dafür, dass das, was Sie sagen, zu dem passt, wie Sie von Ihren Mitmenschen wahrgenommen werden wollen. Sie steigern die Wirksamkeit Ihrer Kommunikation enorm, wenn Sie Ihre Aussagen durch ein passendes und gekonntes Auftreten unterstreichen.

Sobald jemand einen Raum betritt, teilt er sich den anderen Anwesenden durch seine Verhaltensweisen mit, noch bevor er ein Wort gesagt hat. Stellen Sie sich vor, während eines Meetings klopft es zaghaft an der Tür, der verspätete Kollege tritt in leicht gebückter Haltung herein und huscht mit gesenktem Blick auf einen der hinteren Plätze. Es ist zwar kein Wort gefallen und doch hat Ihr Kollege Ihnen deutlich etwas mitgeteilt. Vielleicht hätte er es so ausgedrückt: »Es ist mir peinlich, dass ich zu spät bin, und nun möchte ich nicht noch mehr stören.«

 Sie teilen Ihren Mitmenschen auch in den Momenten etwas über sich mit, in denen Sie vermeintlich gar nichts machen und eigentlich gar nicht kommunizieren wollen. Ein unbewusstes Verhalten kann Sie in einem anderen Licht erscheinen lassen, auch wenn Sie das gar nicht bemerken. Das, was Sie sagen, passt dann eventuell nicht mehr dazu, wie Sie wahrgenommen werden. Damit vergeben Sie wichtige Punkte.

Die zwei Ebenen der Kommunikation

Die Grundzüge der Kommunikation sind schnell beschrieben: Ein Mensch, nennen wir ihn Sender, teilt einem anderen, genannt Empfänger, etwas mit: eine Nachricht. *Eine* Nachricht? Nein. Eine ganze Menge Nachrichten! Bei näherem Hinschauen stellt sich heraus, dass jede vermeintlich noch so klare Nachricht immer verschiedene Botschaften enthält. Zu der eigentlichen Information, dem Sachinhalt auf der Inhaltsebene, gesellt sich immer auch noch eine persönliche Botschaft auf der Beziehungsebene.

Tonfall, Mimik und Gestik begleiten den Sachinhalt, informieren den Empfänger, wie der Sachinhalt zu verstehen ist, und bestimmen ihn so. Gleichzeitig wird dadurch deutlich, welche Beziehung der Sprechende im Verhältnis zu seinem Gesprächspartner einnimmt.

 Auch die besten Argumente werden es im Gespräch schwer haben, wenn Sie und Ihr Gesprächspartner sich auf der Beziehungsebene missverstehen. Die meisten Konflikte haben ihren Anfang irgendwo auf der Beziehungsebene. In einer guten Beziehung wachsen sich sogar erhebliche inhaltliche Meinungsverschiedenheiten selten zu einem echten Konflikt aus.

Stellen Sie sich vor, Ihr Chef empfängt Sie mit den Worten: »Ich habe mir Ihre Präsentation angeschaut.« Der Sachinhalt der Nachricht ist leicht ausgemacht: Ihr Chef hat offensichtlich die Zeit gefunden, Ihre Präsentation durchzusehen. Aber was kommt nun auf Sie zu, Anerkennung oder viel Arbeit? Wenn Ihr Chef kein geübter Pokerspieler ist, der nichts von sich preisgibt, werden Sie durch die Art, wie er Ihnen diese Information unterbreitet, schon einen ersten Anhaltspunkt bekommen. Die persönliche Nachricht auf der Beziehungsebene bestimmt also darüber, ob Sie sich entspannt hinsetzen oder innerlich bereits Überstunden einlegen.

15 ➤ Eine Nachricht an den Mann (oder die Frau) bringen

Die meisten Menschen lassen sich bewusst oder unbewusst davon leiten, wie sympathisch ihnen der Gesprächspartner ist. Sie können das für sich nutzen, indem Sie Ihre sachlichen Informationen mit wertschätzenden persönlichen Signalen auf den Weg bringen. Besonders hilfreich ist das bei Gesprächspartnern, die Sie eigentlich nicht so mögen.

Wie alles anfing, ist Ansichtssache

Montagmorgen, die Woche fängt an, nicht aber das Verhältnis der Kollegen: Die alte Streiterei nimmt wieder ihren Lauf. Für den einen mag es zwar so aussehen, als würde die neue Woche auch einen neuen Anfang im Gespräch miteinander markieren. Das ist sicherlich eine vernünftige Ansicht. Trotzdem ist es nicht abwegig, dass der Gesprächspartner sich noch über den fehlenden »Schönes-Wochenende-Gruß« von Freitagabend ärgert und dieses Versäumnis als Beginn des angespannten Miteinanders versteht. So ist er vielleicht der Ansicht, dass er nur auf Sie reagiert, wenn er nun seinerseits keinen Guten Morgen wünscht.

Kommunikation hat keinen klaren Anfang, sondern entsteht immer im Wechselspiel von Ursache und Wirkung. Insbesondere dann, wenn Sie mit jemandem immer wieder Knatsch haben, geraten Sie schnell in einen Kreislauf. Jeder ist dann der Ansicht, mit seinem Verhalten nur auf das Verhalten des anderen zu reagieren. Und beide sehen den Anfang des Dilemmas jeweils an einem anderen Punkt, in der Regel beim Gesprächspartner.

Abbildung 15.1 veranschaulicht folgendes Beispiel einer Ihnen hoffentlich unbekannten Situation: Da ist ein Projektleiter, der die Arbeit seines Teams penibel kontrolliert und wiederholt kritisiert. Und da ist ein Team, das zugegebenermaßen etwas unmotiviert und schlampig arbeitet. Das Team allerdings arbeitet unmotiviert und schlampig, weil der Projektleiter ja sowieso alles übertrieben kontrolliert und kritisiert. Das allerdings muss er auch tun, da das Team recht schlampig arbeitet. Weil der Projektleiter ... und so weiter. Schon befinden sich das Team und der Projektleiter in einem Teufelskreis. Wer angefangen hat? Schwer zu sagen. Meistens ist das ebenso schwierig zu beantworten, wie die Frage, was eher da war, das Huhn oder das Ei. Einfacher ist es zu sagen, wer aufhören und den Teufelskreis durchbrechen kann: alle beide.

Fragen Sie sich, auf welches Verhalten Ihres Gesprächspartners Sie reagieren. Erforschen Sie, ob Sie und Ihr Gesprächspartner das gleiche Verständnis von dem Anfang der aktuellen Situation haben. Durch ein klärendes Gespräch können Sie Platz für einen Neuanfang schaffen und ohne Altlasten miteinander umgehen.

Wenn Sie erkannt haben, dass Sie mit jemandem in einem kommunikativen Teufelskreis stecken, können Sie sich daraus befreien. Das geschieht am besten dadurch, dass Sie den Mechanismus thematisieren. Besprechen Sie mit Ihrem Gesprächspartner, wie sie beide sich aus Ihrer Sicht gegenseitig hochschaukeln, und holen Sie seine Meinung ein. Und beschließen Sie, dass beide mit dem unerwünschten Verhalten aufhören. Gleichzeitig.

Die Frage, wer denn nun Schuld an dem Dilemma ist oder angefangen hat, ist nicht nur nervenzehrend, sondern auch müßig. Sie führt lediglich in einen weiteren Teufelskreis, in dem jeder jedem mangelnde Einsicht attestiert. Zeigen Sie mehr Interesse daran, die Situation heute zu lösen, als darum zu streiten, wer gestern recht hatte.

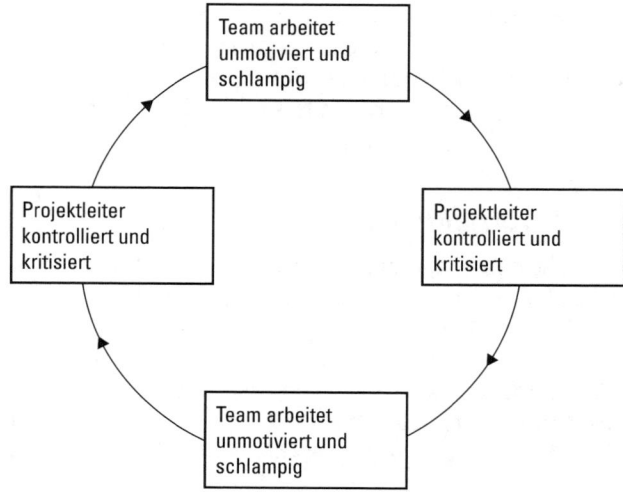

Abbildung 15.1: Der Teufelskreis zwischen Team und Projektleiter

Das Verhältnis zwischen den Gesprächspartnern

Die Beziehung zwischen Gesprächspartnern wird entscheidend dadurch geprägt, welchen Status die beiden im Verhältnis zueinander einnehmen. Die beiden können entweder gleichwertig auftreten und auf Augenhöhe kommunizieren, was in einer sogenannten symmetrischen Kommunikationsbeziehung der Fall ist. Oder sie nehmen komplementäre – das heißt so viel wie sich ergänzende – Positionen ein, bei denen der eine sich dem anderen über- beziehungsweise unterordnet. In einem Gespräch zwischen hierarchisch gleichgestellten Gesprächspartnern darf sich jeder das Gleiche erlauben. Das ist zum Beispiel der Fall bei Gesprächen zwischen Kollegen oder Freunden.

Gerade in beruflichen Hierarchien bestehen aber offensichtliche Statusunterschiede zwischen den Gesprächspartnern. Der eine spielt dann die überlegene und der andere die unterlegene Rolle. Die meisten komplementären Beziehungen im Berufsalltag ergeben sich ganz natürlich durch die äußeren Umstände, etwa ein Vorgesetzten-Mitarbeiter-Verhältnis. Gespräche zwischen Ihnen und Ihren Mitarbeitern oder Ihren Vorgesetzten haben diese Struktur und beide Parteien fügen sich meistens problemlos: Beide verhalten sich so, wie es die Position des anderen voraussetzt und bedingen oder ermöglichen diese damit ihrerseits. Einfacher ausgedrückt: Der Chef wird als Chef akzeptiert und fertig.

 Manchmal deckt sich die Kommunikationsstruktur nicht mit der Beziehung zwischen den Gesprächspartnern: Jemand, der Ihnen eigentlich nichts zu sagen hat, versucht genau das zu tun. Sie können sich davon befreien, indem Sie deutlich signalisieren, dass Sie sich nicht in die untergeordnete Beziehungsposition drängen lassen. Ausführliche Tipps, wie Sie das machen, finden Sie in Kapitel 14.

15 ➤ Eine Nachricht an den Mann (oder die Frau) bringen

Statusunterschiede entstehen jedoch nicht nur durch unterschiedliche Stellungen in der Hierarchie. Sie tauchen auch in Kommunikationsbeziehungen auf, in denen die Gesprächspartner an sich gleichgestellt sind. Wenn Sie im Gespräch mit Ihrem Kollegen auf Ihr Expertengebiet zu sprechen kommen, werden Sie vermutlich bemerken, wie Sie auf einmal die Oberhand im Gespräch gewinnen.

Kurzzeitige Statuswechsel zwischen Ihnen und Ihrem Gesprächspartner während eines Gesprächs können wesentlich dazu beitragen, dass Sie sich wohler fühlen. Loten Sie in der Vorbereitung auf das Gespräch aus, welche Position Sie im Verhältnis zu Ihrem Gesprächspartner einnehmen. Fragen Sie sich, welche Möglichkeiten Sie haben, zeitweilige Statuswechsel herbeizuführen. Ein Vorsprung an Fachwissen kann dafür geeignet sein, vielleicht sind Sie aber auch spontaner oder im Small Talk geübter als Ihr Vorgesetzter. Dieser ist als private Person womöglich sogar unsicherer als Sie und gewinnt seine Sicherheit nur durch seinen Rang.

Wahr ist das, was wahrgenommen wird

Zusätzlich zu diesen Regeln ist es hilfreich, sich bewusst zu machen: Es gibt keine absolute Wahrheit, sondern nur persönliche Wahrnehmungen. Das ist die eigentliche Quintessenz dessen, was Sie in den vorangegangenen Abschnitten über Kommunikation erfahren haben.

Erinnern Sie sich an den verspäteten Kollegen, der Ihnen durch sein Verhalten etwas mitgeteilt hat, ohne ein Wort zu sagen. Das, was Sie aus seinem Verhalten herausgelesen haben, sagt ebenso viel über Sie wie über ihn. Vermutlich sogar mehr. Denn es ist gar nicht so unwahrscheinlich, dass verschiedene Beobachter der Szene Ihrem Kollegen ganz unterschiedliche Aussagen in den Mund legen würden.

Ihr eigener Erfahrungshintergrund führt zwangsläufig dazu, dass Sie eine bestimmte Geste so oder so interpretieren oder einem Tonfall diese oder jene Bedeutung zuordnen. Da kann es schon einmal passieren, dass Sie in einem Gespräch auf der Beziehungsebene etwas wahrnehmen, was der andere gar nicht ausdrücken wollte. Und schon nimmt der Schlamassel seinen Lauf.

Auch die Frage, wann eine Kommunikation eigentlich angefangen hat, war nicht eindeutig zu klären und lag im Bereich der persönlichen Wahrnehmung.

Es scheint also, als würde jeder sich sein Bild von der Wirklichkeit malen, so wie er sie eben sieht. Da Sie notwendigerweise immer einen – nicht unbeträchtlichen – Teil der Nachricht interpretieren, konstruieren Sie tatsächlich Ihre ganz eigene Wahrheit und Wirklichkeit. Das klingt nicht nur philosophisch, es ist es auch: Paul Watzlawicks Einsichten lieferten einen bedeutenden Beitrag zum philosophischen Konstruktivismus.

Die vier Seiten einer Nachricht

Der Kommunikationspsychologe Friedemann Schulz von Thun hat ein Modell entwickelt, das darstellt, welche verschiedenen Botschaften in einer vermeintlich klaren Nachricht enthalten sind: das Nachrichtenquadrat (auch als Kommunikationsquadrat bekannt). Schulz von Thun illustriert damit, dass Kommunikation immer auf einer Inhaltsebene und auf einer Beziehungsebene gleichzeitig abläuft. Er gliedert dabei insbesondere die Botschaften weiter auf, die auf der persönlichen Ebene gesendet werden. Das Nachrichtenquadrat hat, wenig überraschend, vier Seiten und damit hat auch jede Nachricht, schon überraschender, vier Aspekte.

Das Nachrichtenquadrat oder was alles schiefgehen kann

Wann immer nun einer etwas kundtut (und damit in kommunikationswissenschaftlicher Sprache zum Sender wird), empfängt der Gesprächspartner (der Empfänger des Gesagten) eine vierdimensionale Nachricht:

- ✔ Die Sachseite enthält den sachlichen Inhalt – das, worum es geht.
- ✔ Auf der Selbstoffenbarungsseite tut der Sender etwas über sich selbst kund.
- ✔ Die Beziehungsseite informiert darüber, wie der Sender zum Empfänger steht und was er von ihm hält.
- ✔ Die Appellseite drückt aus, wozu der Sender den Empfänger veranlassen möchte.

Stellen Sie sich vor, Sie arbeiten gemeinsam mit Ihrem Kollegen an einem Projekt. Er kümmert sich um die Organisation der Veranstaltung, Sie erstellen die zugehörige Präsentation. Nun tritt der Kollege mit dem letzten Zwischenstand Ihrer Präsentation an Ihren Tisch und sagt: »Die Präsentation hat keinen roten Faden.« Abbildung 15.2 visualisiert die vier Seiten dieser Mitteilung.

So weit, so vielseitig. Es fällt nicht schwer, sich vorzustellen, dass diese Vielseitigkeit einige Hindernisse birgt, die Spielraum für Missverständnisse schaffen:

- ✔ Der Sender macht sich häufig gar nicht klar, welche Botschaften er zusätzlich zum Sachinhalt sendet. (»Ich hab doch nur mal festgestellt, dass die Präsentation keinen roten Faden hat.«)
- ✔ Der Sender kann nur vermuten, welche Seite seiner Nachricht der Empfänger am lautesten hören wird. (»Der nimmt auch sonst immer alles gleich persönlich.«)
- ✔ Der Empfänger reagiert auf eine der Nachrichtenseiten stärker als auf andere. (»Arroganter Zeitgenosse, immer weiß er alles besser.«)
- ✔ Der Empfänger muss den Sender interpretieren, um die unausgesprochenen Botschaften zu verstehen. (»Soll das heißen, ich soll das jetzt umarbeiten, oder wie?«)

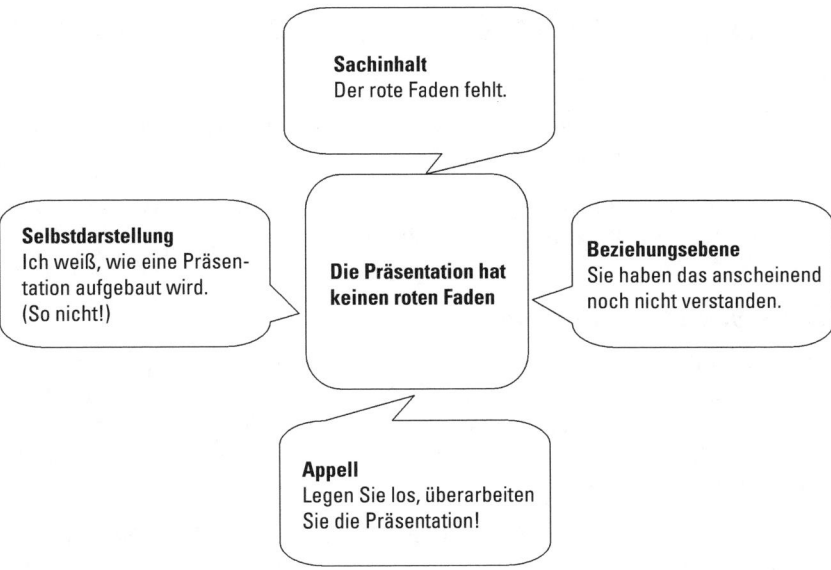

Abbildung 15.2: Die vier Seiten einer Nachricht

Anlässe für einen Blick auf das Nachrichtenquadrat

Das Nachrichtenquadrat hilft Ihnen, die inhaltlichen und persönlichen Seiten Ihrer gesendeten und empfangenen Nachrichten zu trennen und besser zu verstehen.

✔ Sie können Aussagen damit untersuchen. Insbesondere, wenn diese zu Verstimmungen geführt haben, können Sie herausfinden, wie es dazu gekommen ist. Sie sind mit dem Modell in der Lage, Ihr eigenes Kommunikationsverhalten zu überprüfen. So finden Sie heraus, auf welchen Ebenen Sie bevorzugt senden.

✔ Das Nachrichtenquadrat kann Ihnen helfen (schwierige) Gespräche vorzubereiten. Gehen Sie vor dem Gespräch die einzelnen Seiten Ihrer Nachricht durch und werden Sie sich darüber klar, welche Botschaften Sie senden wollen. Dann werden Sie auch die besten Worte dafür finden.

In der Praxis besteht die Nachricht selten nur aus einem kurzen Satz. Sie können selbstverständlich auch ganze Gespräche oder sogar ein Schweigen in die Mitte des Quadrats treten lassen und untersuchen. In den folgenden Abschnitten finden Sie nähere Ausführungen zu den einzelnen Seiten der Nachricht, die Ihnen die alltägliche Kommunikation erleichtern werden.

Freie Fahrt für die Sache: Die Sachseite richtig nutzen

Zwei Dinge stören das sachliche Gespräch besonders:

- ✔ Unsachlichkeit: Oft fällt es den Gesprächspartnern schwer, bei der Sache zu bleiben und nicht auf die persönliche Ebene abzudriften.

- ✔ Schlechte Verständlichkeit: Die sachliche Information ist manchmal so umständlich verpackt, dass sie für den anderen nicht verständlich ist.

Sachlich bleiben leicht gemacht

Unsachlichkeit ist nicht nur störend, sondern auch unangenehm. Sie kennen sicher auch Zeitgenossen, die laufend versichern, ihnen ginge es nur um die Sache, denen Sie trotzdem höchst ungern zustimmen. Denn sie senden mit dem – vielleicht sogar vernünftigen – Sachinhalt gleichzeitig Botschaften auf den anderen Ebenen aus, die es Ihnen schwer machen, dem Gesamtpaket zuzustimmen.

Nun werden einem im Gespräch die Nachrichten aber nicht in Form des Nachrichtenquadrats präsentiert. Und so ist es manchmal auch gar nicht so einfach in Worte zu fassen, was das Unbehagen verursacht. Sonst würden Sie vielleicht sagen: »Sachlich stimme ich dir zu, aber wie du mit mir sprichst (Beziehungsebene) lehne ich ab, und auch deine Überheblichkeit (Selbstdarstellung) geht mir gehörig gegen den Strich.« Im Büroalltag ist man geneigt, einfach auf das zu reagieren, was man am deutlichsten gehört hat – und das ist in verzwickten Situationen selten der Sachinhalt der Nachricht.

Wie kommt man also zurück zur Sache? Grundsätzlich gibt es zwei Strategien, mit denen die Sache wieder in den Mittelpunkt gestellt werden kann.

- ✔ Die erste Strategie ist gekennzeichnet durch Sätze wie »Lassen Sie uns sachlich bleiben« und »Das gehört nicht hierher«. Dadurch versucht der eine Gesprächsteilnehmer, den anderen sozusagen gewaltsam davon abzubringen, auf Botschaften der persönlichen Ebene zu reagieren oder solche auszusprechen. Die Strategie kann in stressigen Situationen, in denen es schnell gehen muss, eine geeignete Notlösung sein. Auf Dauer zahlt es sich aber nicht aus, persönliche Unstimmigkeiten zu ignorieren und mit einem »Darum geht es jetzt nicht« wegzuwischen. Und so kommt Strategie zwei ins Spiel.

- ✔ Die zweite Strategie folgt der Devise: Erst für einen reinen Tisch, dann für die Sache sorgen. Die Psychologin Ruth Cohn hat mit ihrer Formulierung »Störungen haben Vorrang« beschrieben, dass Störungen wie Ärger, Irritationen, Enttäuschungen oder andere Gefühle sich sowieso vordrängeln: Sie lassen die Sachebene in den Hintergrund treten. Zudem hemmen sie jede kreative Atmosphäre, die in guten zwischenmenschlichen Beziehungen das sachliche Gespräch ankurbelt und weiterentwickelt. Erst wenn die Gesprächspartner die Störungen zufriedenstellend geklärt haben, können sie auch langfristig inhaltlich bereichernde Gespräche führen. Hinzu kommt, dass vertuschte Störungen dazu neigen, im Stillen weiterzuwachsen und sich irgendwann in einer Explosion Gehör zu verschaffen.

15 ➤ Eine Nachricht an den Mann (oder die Frau) bringen

In einer Arbeitssituation merkt man schnell, wann es hakt und der Kollege nicht zugänglich ist. Vielleicht haben Sie sogar einen Verdacht, wodurch Ihr persönliches Verhältnis beschwert wurde. So können Sie die Unsachlichkeit vorerst verbannen, um zügig und produktiv weiterzuarbeiten:

- ✔ Verlassen Sie kurz die Sachebene und sprechen Sie Ihren Kollegen persönlich an. Würdigen Sie dabei seine Gefühle (»Mir scheint, dass Sie noch verärgert sind wegen der Sache während des Meetings gestern.«).

- ✔ Schlagen Sie vor, später ein klärendes Gespräch zu führen (»Ich würde gerne später noch einmal mit Ihnen darüber sprechen und das klären.«).

- ✔ Dann richten Sie das Augenmerk wieder auf das gemeinsame Projekt, wobei Sie dem Kollegen gern schmeicheln dürfen – wenn Ihnen danach ist (»Jetzt würde ich gern mit Ihnen über die Absatzzahlen sprechen und mit Ihrer Expertise finden wir sicher eine Erklärung für die rückläufige Entwicklung.«).

Wer verstanden werden will, muss sich verständlich machen

Ist die Unsachlichkeit verbannt, kommt es darauf an, die Informationen verständlich rüberzubringen. Ihre Nachrichten – ob Einzelnachrichten oder längere Botschaften – sind gut verständlich, wenn sie folgende Kriterien erfüllen:

- ✔ **Die Nachricht ist auf den Empfänger abgestimmt.** Das heißt, dass Sie den Informationsstand des Empfängers berücksichtigen. Dabei ist es angenehm, wenn Sie die neuen Informationen für den Empfänger in einen Zusammenhang einordnen. Sie können zum Beispiel kurz an das letzte Gesprächsergebnis zum Thema erinnern, sodass Sie beide wieder im Thema sind, und dann daran anknüpfen.

- ✔ **Die Nachricht ist einfach.** Ihr Gesprächspartner kann Ihnen gut folgen, wenn Sie in kurzen, klaren Sätzen sprechen. Er wird es Ihnen danken, wenn Sie auf überflüssige Fremdwörter verzichten. In Gesprächen unter Experten dürfen und sollten Sie natürlich dennoch die üblichen Fachwörter verwenden. Man versteht Sie besser, wenn Sie sich möglichst aktiv statt passiv ausdrücken und anstatt ein Wort zu nominalisieren einfach beim Infinitiv bleiben.

- ✔ **Die Nachricht fügt sich nachvollziehbar in den Gesprächsaufbau ein.** Dafür ist es nützlich, das Gespräch – wenigstens im Kopf – vorzubereiten und die Gedankenschritte sinnvoll zu ordnen. Bieten Sie Ihrem Gesprächspartner im Gespräch einen roten Faden an, damit er selbigen nicht verliert. Das kann zum Beispiel dadurch geschehen, dass Sie Ihre Informationen gliedern (»Erst spreche ich über die Personalkosten, dann sage ich etwas zu den Betriebskosten.«). Fassen Sie Zwischenergebnisse ruhig zusammen, wenn Sie mit Ihren Ausführungen fertig sind.

- ✔ **Die Nachricht passt zum Thema.** Wenn Sie genau wissen, wovon Sie mit welchem Ziel sprechen wollen, dann tun Sie das. Vermeiden Sie unnötige Informationen, die der Sache nicht dienen und Ihren Gesprächspartner eher verwirren. Und auch die wichtigen Informationen sollten Sie nicht alle auf einmal präsentieren, sondern gut verdaubar aufeinander abstimmen.

✔ **Die Nachricht baut dem Empfänger Eselsbrücken.** Konstruieren Sie Eselsbrücken, damit sich Ihr Gesprächspartner etwas gut merken kann, oder Erinnerungsbrücken, indem Sie an eine besondere Situation erinnern und das Gespräch somit farbiger gestalten. Wenn Ihr Gesprächspartner die neue Information mit einem bedeutenden Ereignis in Zusammenhang bringt, vergisst er sie nicht so schnell wieder. Auch ein intelligentes Wortspiel oder ein amüsanter Vergleich können Ihrer Nachricht gut stehen.

Die Appellseite nutzen

Auch wenn es immer wieder Mitmenschen gibt, die »nur so« vor sich her plappern: Die meisten wollen mit dem, was sie sagen, auch etwas erreichen. Und in der Regel gehört dazu auch, dass sie mehr oder weniger großen Einfluss auf ihren Gesprächspartner nehmen und ihn zu einem bestimmten Verhalten veranlassen wollen. Appelle können offen ausgesprochen werden (»Ich möchte dich bitten, mir zu helfen.«) oder aber versteckt an den Empfänger gebracht werden (»Ich komme nicht weiter, Du kannst das doch so gut.«). Beides hat Vor- und Nachteile, die in Abbildung 15.3 aufgeführt werden.

Offener Appell (»Ich sage, was ich möchte.«)	**Verdeckter Appell** (»Errate, was ich möchte.«)
Vorteile	**Vorteile**
✔ Appell wird erkannt und verstanden	✔ Lotet die Stimmungslage aus
✔ Offene Aussprache wirkt selbstbewusst	✔ Möglichkeit, sich rauszureden (»So habe ich das nicht gemeint.«) ist gegeben
✔ Fördert das Image »Der sagt, was er denkt.«	✔ Eine Niederlage ist ebenso versteckt wie der Appell
	✔ Appell lässt sich auf Beziehungsebene senden
Nachteile	**Nachteile**
✔ Sender muss Verantwortung für den Appell übernehmen (»Ja, das habe ich gesagt.«)	✔ Fördert das Image »Der redet um den heißen Brei herum«
✔ Blitzt der Appell ab, ist die »Niederlage« des Senders für beide Gesprächspartner deutlich	✔ Verdeckte Aussprache wirkt nicht selbstbewusst (»Die Bitte ist ihm anscheinend selbst unangenehm.«)
	✔ Empfänger erkennt Appell eventuell nicht oder ignoriert ihn

Abbildung 15.3: Alles hat Vor- und Nachteile: Offener Appell und verdeckter Appell im Vergleich

Chancen und Risiken von versteckten Appellen

Stellen Sie sich vor, Sie erwarten geschäftlichen Besuch und die Präsentationen liegen noch nicht im Besprechungszimmer bereit. Im Vorbeigehen sagen Sie daher zu Ihrer Assistentin: »Die Präsentationen sind noch nicht verteilt«. Den Appell, der in dieser Nachricht steckt

(»Bitte legen Sie die Präsentationen aus.«) sprechen Sie nicht offen aus. Sie gehen davon aus, dass die Assistentin versteht, was sie zu tun hat. Sie jedoch muss Ihren Wunsch erst einmal erraten. Das ist zugegebenermaßen in diesem Fall nicht schwierig, birgt aber Risiken. Denn wer die Freiheit hat zu interpretieren, der wird es oft tun. Das geschieht zum einen leider nicht immer nach bestem Wissen und Gewissen. Und zum anderen kann selbst das beste Wissen und Gewissen nicht sicherstellen, dass der Empfänger den Appell genauso versteht, wie der Sender ihn gemeint hat.

Im beruflichen Umfeld ist es besonders wichtig, dass Sie Ihren Gesprächspartnern deutlich vermitteln, was Sie von ihnen erwarten. Schließlich haben Sie keine Zeit, jeden Tag bei einem Käffchen Unstimmigkeiten wieder auszubügeln. Sprechen Sie Aufforderungen, die Ihnen wichtig sind, daher ausdrücklich aus. So vermeiden Sie auch zeitraubende Diskussionen à la »Das haben Sie aber nicht gesagt«.

Appelle können auch ganz bewusst hinter einer vermeintlichen Sachbotschaft versteckt werden. Versteckte Appelle werden entweder absichtlich oder unbewusst zum Beispiel dann ausgesendet, wenn jemand etwas erreichen möchte, der Gesprächspartner das aber nicht merken soll.

Die Vorstandsvorsitzende hat letzte Woche mit ihrem Vertriebsvorstand eine emotionale Diskussion über die anstehende Umstrukturierung geführt. Der Vertriebsvorstand soll die Leitung einiger Abteilungen an den Marketingvorstand übergeben. Da er damit nicht einverstanden ist, versucht er die Sache hinauszuzögern. In der Mittagspause setzt sich nun die Vorstandsvorsitzende unvermittelt zu ihm an den Tisch. Daraufhin eröffnet der Vertriebsvorstand das Gespräch mit: »Wie schön, dass wir beide endlich mal wieder in Ruhe zusammen Mittagessen können, ohne diese ganzen geschäftlichen Themen.«

Der versteckte Appell (»Bitte nicht schon wieder die Umstrukturierung«) trifft die Vorstandsvorsitzende auf einer persönlichen Ebene. Auf dieser Ebene ist sie eher geneigt, auf den Appell zu reagieren. Auf die sachlich ausgesprochene Information »Ich möchte jetzt nicht schon wieder über die Umstrukturierung sprechen« hätte sie eventuell ganz anders reagiert. Vielleicht hätte sie in dem Fall ebenfalls mit Verweis auf die Inhaltsebene – »Für das Unternehmen ist eine schnelle Klärung wichtig« – das Gespräch erneut aufgenommen.

Was heißt das alles nun für Sie? Das heißt, dass verdeckte Appelle aus taktischen Gründen für Sie attraktiv sein können:

✔ Verdeckte Appelle sind oft erfolgreicher als deutlich geäußerte Interessen. Das liegt daran, dass Sie den Empfänger dabei nicht auf der Sachebene, sondern auf der Beziehungsebene ansprechen. Dabei kann sowohl die Beziehungsseite (»Wir sind doch Freunde«) als auch die Selbstoffenbarungsseite (»Ich brauche deine Hilfe«) in den Vordergrund treten. Der Empfänger wird so in eine emotionale Stimmung versetzt und ist eher bereit, auf den Appell zu reagieren.

✔ Mit verdeckten Appellen kann ausgelotet werden, inwiefern der Gesprächspartner bereit ist und ob er es als zumutbar empfindet, dem Wunsch zu entsprechen (»Jetzt habe ich gar kein Handy mit, gibt es hier irgendwo ein Telefon?«).

✔ Für einen verdeckten Appell braucht man keine Verantwortung zu übernehmen. Notfalls können Sie sich in ein »So habe ich das nicht gemeint« flüchten.

Offene Appelle richtig aussprechen

Mit verdeckten Appellen gehen Sie allerdings auch einige Risiken ein:

✔ Die Appelle können wirkungslos verhallen, weil Ihr Gesprächspartner sie nicht erkennt oder gar nicht erkennen will.

✔ Wenn Sie schon viele verdeckte Appelle erfolglos ausgesendet haben, werden Sie vermutlich langsam unzufrieden. Dass Sie dann zunehmend gereizter reagieren, ist zwar aus Ihrer Sicht verständlich, aber für Ihren Gesprächspartner womöglich nicht nachvollziehbar. Das kann nicht nur Ihr Verhältnis zueinander belasten, Sie steuern zudem womöglich auf einen wirklichen Konflikt zu, was es zu vermeiden gilt.

✔ Aufmerksame Gesprächspartner durchschauen Ihre Taktik schnell und in dem Fall dürfen Sie nicht damit rechnen, dass Ihr Ansehen steigt.

✔ Auch wenn Ihr Gesprächspartner Ihre Taktik nicht erkennt: Er wird es auf Dauer wenig erfreulich finden, mit Ihnen zu sprechen, wenn Sie immer um den heißen Brei herumreden und er sich in Ratespielchen üben muss.

Es ist daher besser, wenn Sie statt verdeckter Appelle Ihren Wunsch offen aussprechen und dabei gleichzeitig die (vermutliche) Position Ihres Gegenübers im Blick haben. Wenn Sie der Vertriebsvorstand wären, könnten Sie so vorgehen:

1. Transparenz schaffen: »Ich möchte jetzt nicht über die Umstrukturierung sprechen.«
2. Grund erklären: »Für mich ist das ein ganz schwieriges Thema und jetzt beim Essen würde ich gerne abschalten.«
3. Interesse des anderen ansprechen: »Ich nehme an, Sie würden gerne die Gelegenheit nutzen und die Diskussion fortführen.«
4. Verständnis zeigen: »Das verstehe ich auch aus Ihrer Sicht, es ist ja ein wichtiges Thema für unser Unternehmen.«
5. Kompromiss anbieten: »Wie wäre es, wenn wir uns während des Essens über andere Dinge unterhalten und morgen in unserem Jour fixe das Thema wieder aufnehmen würden?«

Bemerken Sie es, wenn jemand Sie um den Finger wickelt, zum Beispiel durch vermeintliche Hilflosigkeit? Manche Menschen entwickeln eine große Fähigkeit darin, andere dazu zu bringen, ihnen zu helfen: »Ohne dich wäre ich aufgeschmissen« oder »Wie toll du das kannst, das würde ich nie schaffen« – wer hört das nicht gern? Diese offen ausgesprochene Schwäche führt dazu, dass der andere gerne den Part des Starken übernimmt. Schließlich ist es auch sehr schmeichelhaft, wenn jemand einen offensichtlich stark, klug und hoch kompetent findet. Das hört das eigene Ego gerne und schon haben Sie eine Aufgabe mehr.

Die Macht der Beziehungsebene verstehen

In einem Gespräch sprechen die Gesprächsteilnehmer nicht nur miteinander, sie behandeln einander dabei auch auf eine bestimmte Weise. Wie sie miteinander reden und wie sie sich gegenseitig ansprechen, drückt zweierlei aus:

15 ➤ Eine Nachricht an den Mann (oder die Frau) bringen

✔ Jeder teilt dem anderen mit, was er von ihm hält (Du bist so und so).

✔ Jeder teilt mit, wie er das Verhältnis untereinander sieht (Wir stehen so und so zueinander).

Diese Mitteilungen werden natürlich nicht laut ausgesprochen, sondern sind in dem Gesamtpaket der Nachricht enthalten – leider verschlüsselt. Somit besteht wieder die Gefahr, dass der eine Gesprächspartner etwas hört, was der andere nicht gemeint hat. Oder aber, dass er gar nichts hört. Letzteres ist allerdings eher selten, denn die meisten Menschen hören auch sehr feine Beziehungsbotschaften sehr deutlich. Und nicht wenige hören die Flöhe husten.

In Tabelle 15.1 ist an einem Beispiel dargestellt, wie die gleiche inhaltliche Information mit unterschiedlichen Nachrichten auf der Beziehungsebene kombiniert wird.

Die Abteilungsleiterin liest im Bericht ihrer Mitarbeiterin, Annika Richter: »Im Berichtszeitraum hat sich die Anzahl der Mitarbeiter von 100 auf 140 und damit um 4 Prozent erhöht.«	
Die Abteilungsleiterin sagt wörtlich:	… und drückt damit unausgesprochen auf der Beziehungsebene aus:
Frau Richter, hier haben Sie sich verschrieben, die Mitarbeiteranzahl stieg um 40 Prozent, nicht um 4 Prozent.	Ich schätze Sie als Teammitglied. Sie haben sich verschrieben, das kann ja mal passieren. Ich weise Sie darauf hin, weil ich Ihnen im Projekt fachlich vorgesetzt bin.
Frau Richter, bitte lesen Sie doch Ihre Texte Korrektur, bevor Sie den Bericht an mich weiterreichen. Ich habe wirklich keine Zeit, Ihre ganzen Flüchtigkeitsfehler zu korrigieren.	Ich finde Ihre Arbeitsweise etwas schlampig. Sie machen mir Arbeit und das ärgert mich, ich bin ja nicht Ihr Kindermädchen. Es sollte doch möglich sein, dass Sie Flüchtigkeitsfehler selber korrigieren.
Frau Richter, wenn die Mitarbeiterzahl von 100 auf 140 ansteigt, dann sind 40 Mitarbeiter hinzugekommen. Und 40 neue Mitarbeiter sind bei 100 alten Mitarbeitern keine 4 Prozent Zuwachs, sondern 40 Prozent. Da müssen Sie Prozentrechnung anwenden. Können Sie das noch? Ich erkläre Ihnen das mal …	Tja, was sagt sie? Entweder ist sie schon so genervt von immer wiederkehrenden Fehlerchen, dass sie ihrem Ärger in einem überspitzten Lehrerverhalten Ausdruck verleiht. Oder sie hält Frau Richter wirklich für unfähig, Prozente richtig zu errechnen. Durch die Frage »Können Sie das noch?« zeigt sie, dass sie der Mitarbeiterin elementare Lücken im Grundlagenwissen zutraut und setzt sie damit noch mehr herab.
Sagen Sie, Frau Richter, können Sie nicht rechnen oder nicht tippen? Die Mitarbeiterzahl wuchs um 40 Prozent, nicht um 4 Prozent.	Sie drückt klare Geringschätzung aus, abfällig und absolut nicht nachahmenswert. Die Beziehung zu Frau Richter schätzt sie vermutlich als weniger gut ein. Womit sie spätestens nach dieser Antwort sicher recht hat.
Annika, kannst du meine 100 Euro auch mal um deine 4 Prozent erhöhen?	Humorvoll, kollegial, auf Augenhöhe. Die Beziehung zwischen den beiden empfindet sie als freundschaftlich und locker und hat es nicht nötig, sich als Vorgesetzte zu positionieren.

Tabelle 15.1: Eine inhaltliche Information – fünf Aussagen über die Beziehung

Was können Sie tun, damit Ihre Botschaften auf der Beziehungsebene nicht – unbeabsichtigt – für Verstimmungen sorgen?

Zwei Dinge sollten Sie beachten:

✔ **Wertschätzung ausdrücken:** Sie sollten Ihren Gesprächspartner wertschätzend behandeln. Keiner wird gern herabgesetzt. Auch nicht und erst recht nicht von einem Vorgesetzten, dem dieses aus hierarchischen Gründen leicht gelingt. Auch Expertenwissen verleitet manchmal dazu, den anderen deutlich spüren zu lassen, was er nicht kann oder weiß. Am besten fahren Sie, wenn Sie Ihrer Umwelt immer so begegnen, wie Sie es sich auch selbst wünschen: mit Wertschätzung und Höflichkeit.

Jemanden wertschätzend zu behandeln, ist am einfachsten, wenn Sie ihn wirklich schätzen. Suchen Sie also etwas, was Sie an dem anderen gut finden. (Fast) Alle Menschen haben etwas, das man wertschätzen kann – bei manchen muss man nur genauer hinsehen. Jemand redet viel, sagt aber wenig? Klingt nach einem geborenen Redner. Vielleicht kann er in einem weitschweifigen Gespräch einen guten Draht zu Ihrem schwierigen Kunden herstellen.

✔ **So wenig lenken wie möglich und so viel wie nötig:** Geben Sie Ihrem Gesprächspartner nach Möglichkeit die Chance, eigene Entscheidungen zu treffen oder wenigstens das Gefühl, dass er selbst entschieden hat. Bevormundung, auch wenn Ihr Wissen oder Ihre Position Sie dazu berechtigen, schmeckt den allermeisten Menschen nicht besonders gut. Auch Vorgesetzte müssen nicht alles für ihre Mitarbeiter entscheiden. Sie können eigene Entscheidungen fördern, indem anstelle von Schritt-für-Schritt-Anleitungen die Ziele selbst vorgegeben werden.

Bei Komplimenten kann man schon mal extra dick auftragen, um den anderen für sich zu gewinnen. Befürchtungen, dass der andere das Spielchen durchschaut, dürfen sich im Rahmen halten: Die meisten Menschen neigen nämlich dazu, auch eine Extraportion Anerkennung durchaus für angemessen zu halten. Sprechen Sie aber nur dann Ihre Anerkennung aus, wenn die Sache es wert ist, sonst fliegen Sie auf.

Die Selbstoffenbarungsseite überarbeiten

In jeder Nachricht klingt auch etwas über denjenigen durch, von dem sie kommt. Und das geht über den Klang der Stimme, die fest und sicher oder leise und flatterig ist, hinaus. Insbesondere im beruflichen Umfeld dienen Gespräche gern als Bühne zur Selbstdarstellung. Da geht es schnell nicht mehr um die Sache, sondern darum, Kompetenz und Stärke zu zeigen. Auch wenn Selbstmarketing ohne Frage wichtig ist: Der inhaltliche Austausch sollte dadurch nicht beeinträchtigt werden. Gerade in neuen Teams behindert die Rangelei um die beste Position in der (inoffiziellen) Hierarchie aber nicht selten die sachliche Diskussion.

Sie können in Ihren Nachrichten neben Kompetenz noch etwas ebenso Wichtiges – das oft unterschätzt wird – vermitteln: dass Sie ehrlich, transparent und vertrauenswürdig sind. Damit legen Sie den Grundstein für gut funktionierende Beziehungen und werden fachlich sowie persönlich geschätzt. Und wenn die anderen Ihnen wohlgesonnen sind, ist das nur positiv für Ihre berufliche Entwicklung.

Kompetenz zeigen

In Maßen können und sollten Sie Ihre Nachrichten auf der Selbstoffenbarungsseite aber dazu nutzen, um Ihre Vorzüge ins rechte Licht zu rücken.

Mit folgenden Methoden gelingt es Ihnen, Kompetenz zu zeigen:

✔ Lenken Sie das Gespräch auf Ihr Expertengebiet. Bei einem Heimspiel werden Sie automatisch so souverän und stark auftreten, wie Sie wahrgenommen werden wollen.

✔ Schreiben Sie sich Ihre Erfolge – aber nur Ihre eigenen! – mit klaren Ich-Botschaften zu (»Die Analysen, die ich vorbereitet hatte, haben die Bereichsleiter sofort überzeugt.«).

✔ Versuchen Sie, möglichst unauffällig auffällige Informationen unterzubringen à la »Ja, diesen Aspekt halte ich auch für wichtig, darüber habe ich unseren Vorstand auch schon informiert«. Klingt, als hätten Sie einen Termin auf höchster Ebene gehabt. Muss ja keiner wissen, dass Sie Ihren Vorstand nur zufällig auf dem stillen Örtchen getroffen haben. Dieses Vorgehen ist allerdings zugegebenermaßen eine Gratwanderung und daher eher für den Notfall – jemand will Sie vom Thron schubsen – geeignet. Auf Dauer ist es anstrengend und macht Sie Ihren Mitmenschen eher nicht sympathischer.

Wichtig ist, dass Sie bei aller Selbstdarstellung Ihr Thema nicht aus den Augen verlieren. Führen Sie sich und Ihre Gesprächspartner immer zurück zur Sache. Ein Zuviel an Selbstdarstellung wirkt nicht nur unangenehm, es stachelt auch die anderen dazu an, ebenfalls noch einen draufzulegen. Dann wird es schnell schwierig, noch sachlich miteinander zu reden.

Viele finden es schick, ihren Gesprächspartner mit Fremdwörtern überzuversorgen. Das klingt häufig sehr gewollt und etwas aufgeblasen. Punkten Sie lieber mit brandaktuellen Informationen. Auch mit klugen Gedanken rücken Sie sich politisch korrekt ins rechte Bild.

Ausführliche Tipps für Ihr Selbstmarketing finden Sie in Kapitel 11.

Die unbewusste Selbstenthüllung erkennen

Neben der gewollten Selbstdarstellung steckt in Ihren Nachrichten oft auch noch ein Stückchen Selbst*enthüllung*. Etwas, das Sie eigentlich gar nicht über sich mitteilen wollten. Eine flatterige Stimme enthüllt zum Beispiel die Nervosität des Sprechers. Bedenken Sie daher, was Sie Ihrem Umfeld über sich mitteilen, ohne es auszusprechen.

Überlegen Sie, was Sie von sich mitteilen, wenn Sie schweigen. Viele Menschen sagen lieber gar nichts, aus Angst, sie könnten etwas Falsches sagen und sich damit blamieren. Auch wenn man sich bei manchen Zeitgenossen wünscht, sie wählten diese Strategie häufiger, für Sie aber liegen darin einige Risiken: Ihre Gesprächspartner werden Ihr Schweigen deuten. Bestenfalls als Schüchternheit, vielleicht aber auch als Desinteresse oder sogar Inkompetenz.

✔ Bedenken Sie, was Sie Ihren Mitmenschen vermitteln, wenn Sie Ich-Botschaften vermeiden. Damit ist gemeint, dass Sie zum Beispiel »Man wird ärgerlich« statt »Ich werde ärgerlich« sagen. Oder, als Du-Botschaft, »Du machst mich ärgerlich«. Manche verstecken sich auch gern hinter einer Gruppe und sprechen nur von »wir«. Das kann sehr verbindend sein und der Zusammenarbeit guttun. Sie rücken damit allerdings sehr in den

Hintergrund – was vermutlich unbewusster Teil Ihres Plans ist. Denn nicht von sich selbst zu sprechen, schützt vor der Gefahr, zu viel von sich preiszugeben und Gegenwind ertragen zu müssen. Aber so teilen Sie den anderen mit, dass Sie unsicher sind und sich nicht trauen, Ihre Meinung deutlich zu äußern.

Wenn Sie gerade nichts Umwerfendes beizutragen haben, müssen Sie nicht schweigen oder von »man« sprechen: Sie haben immer die Möglichkeit, Ihr Sachverständnis dadurch zu beweisen, dass Sie die richtigen Fragen stellen und damit interessante Diskussionen anstoßen.

Auch jemand, der die eigenen Vorzüge zu ausdauernd betont, enthüllt unbewusst etwas: Dass er von seiner Umwelt noch nicht die Anerkennung bekommen hat, die er sich wünscht. Hier empfiehlt es sich, je nach Typ unterschiedlich zu reagieren:

✔ Da sind zum einen die an sich sympathischen Mitmenschen ohne ausgeprägte arrogante Züge, die sich und andere vielleicht einfach nur von der eigenen Unsicherheit ablenken wollen. In diesem Fall kann eine anerkennende Gesprächshaltung hilfreich sein. So können Sie Ihrem unsicheren Gesprächspartner die Sicherheit geben, dass er akzeptiert wird, auch ohne sich anzupreisen.

✔ Es gibt aber auch noch die unsympathischere Ausführung des Blenders. Diesen selbstverliebten Alleswisser stellen Sie am besten durch Ihre eigene überragende Leistung ins Aus. Hier zählt Handeln statt Worte. Das sollten Sie auch von Ihrem Alleswisser fordern: Nicht reden, machen!

Teil VI

Der Top-Ten-Teil

In diesem Teil ... liegt die Würze in der Kürze. Hier erhalten Sie zehn Ratschläge, die ebenso leicht zu lesen wie umzusetzen sind und mit denen Sie sich Erste Hilfe bei drängenden Problemen leisten können. Sie erfahren, welche zehn Dinge Sie beherzigen sollten, um der eigenen Karriere nicht selbst im Wege zu stehen. Und da Männlein und Weiblein durchaus unterschiedlich sind, unterscheiden sich auch die Karrieretipps.

Zehn Erste-Hilfe-Tipps für dringende Fälle

In diesem Kapitel
- Richtig reagieren in aufwühlenden Situationen
- Herr (oder Frau) der Lage bleiben
- Beleidigungen souverän parieren

Nicht ärgern, nur wundern« empfiehlt eine alte deutsche Redensart. Leichter gesagt als getan, weiß jeder, dem schon einmal eine mehr oder weniger große Ungerechtigkeit widerfahren ist. In diesem Kapitel erfahren Sie, wie Sie in schwierigen Situationen klug und kontrolliert reagieren und damit die Oberhand zurückgewinnen.

Einundzwanzig, zweiundzwanzig: Ruhe bewahren

Mit einem Hitzkopf lassen sich die meisten Sachen weit weniger klug lösen als mit einem kühlen Kopf. Daher gilt es, in schwierigen Momenten Ruhe zu bewahren. Das hilft in einer aufreibenden Situation:

- ✔ Atmen Sie erst einmal richtig durch. Es ist so einfach, wie es klingt: In einer stressigen Situation atmen Sie nämlich automatisch schneller, flacher und lediglich in den Brustkorb statt in den Bauchraum. Damit verstärken sich die unangenehmen Stressgefühle. Probieren Sie es stattdessen mit folgender Atmung:
  - Atmen Sie langsam durch die Nase ein und lenken Sie den Atem bewusst in den Bauchraum.
  - Lassen Sie sich einen Moment Zeit, bevor Sie durch den leicht geöffneten Mund wieder ausatmen. Atmen Sie in einer stressigen Situation ruhig etwas länger aus, als Sie eingeatmet haben.
- ✔ Konzentrieren Sie sich kurz auf etwas anderes, wenn Sie merken, dass Sie nahe daran sind, die Fassung zu verlieren. Sie können sich beispielsweise auf Ihre Atmung konzentrieren, die Sie bewusst steuern, oder auch auf den schwarzen Fleck auf den Schuhen Ihres Gegenübers. Damit bewahren Sie sich davor, sich in die aktuelle Situation hineinzusteigern.
- ✔ Manche Menschen haben ein unumstößliches Gemüt und sind scheinbar durch nichts aus der Ruhe zu bringen. Wer nicht von Natur aus mit einem ebensolchen Gemüt gesegnet ist, kann nachhelfen. Hierfür steht ein breites Sortiment an westlichen und fernöstlichen Entspannungstechniken zur Verfügung. Einen ersten Überblick und eine kurze Übung für Eilige finden Sie in Kapitel 12.

- ✔ Manchmal reicht es, die erste Schrecksekunde zu überspielen und sich Zeit für eine Reaktion zu verschaffen. Antworten wie »Darüber möchte ich noch einmal nachdenken«, »Ich gebe Ihnen später Bescheid«, »Das kann ich aus dem Stegreif nicht beantworten, aber ich komme später gerne auf Sie zurück« sind zwar nicht sehr einfallsreich, tun aber ihren Dienst und lassen Sie Zeit für eine wirklich einfallsreiche Reaktion gewinnen.

- ✔ Bereiten Sie sich auf die Ungerechtigkeiten dieser Welt vor, indem Sie durchschauen, wie Stress und Krisen entstehen. In aller Regel ist es neben einer (ungünstigen) Situation und (vermeintlich) eingeschränkten Handlungsmöglichkeiten vor allem die eigene Beurteilung der Lage, die ein Ereignis zu einem stressigen Ereignis oder gar einer Krise macht. In Kapitel 12 erfahren Sie, was Sie tun können, um sich auch von widrigen Umständen nicht stressen zu lassen. In Kapitel 4 steht, wie Sie sich in einer Krise stark machen.

Ärger bringt in aller Regel nichts als Ärger. Denn wer sich leidenschaftlich ärgert, erhält sich zum einen übermäßig lange das ärgerliche Gefühl. Zum anderen wird wertvolle Zeit, die wahrlich besser genutzt werden könnte, an den Ärger verschwendet. Verzichten Sie also darauf, die alltäglichen Ärgernisse zu einem abendfüllenden Bericht aufzubauschen. Geben Sie Ihrem Partner einen kurzen Überblick und runden Sie ihn mit einer Ausführung dazu ab, wie und mit welcher positiven Einstellung Sie die Sache aus der Welt schaffen werden.

Die Situation von außen betrachten

Mit schwierigen Situationen ist es häufig wie mit dem Wald: Wenn man mittendrin steckt, sieht man ihn vor lauter Bäumen nicht mehr. In einer schwierigen Situation die Perspektive zu wechseln, bringt Ihnen nicht nur einen gewissen Abstand, sondern auch einen guten Überblick über die Lage der Dinge ein.

Versuchen Sie, innerlich einige Schritte zurückzutreten, und betrachten Sie die Situation von außen.

- ✔ Was sehen Sie, was passiert dort gerade? Was würde ein unbeteiligter Dritter sehen? Geht dort tatsächlich gerade Ihre Karriere den Bach herunter? Oder ist da vielmehr ein aufgeregter Chef, der (zu Unrecht) in seinem Stress einem Mitarbeiter (Ihnen) ebenfalls Stress macht?

- ✔ Was würden Sie sehen, wenn Sie nicht sich selbst, sondern einen Unbekannten in der gleichen Situation beobachten würden?

- ✔ Wie würden andere Menschen (Freunde, Kollegen, Familienangehörige etc.) die Situation sehen?

- ✔ Was würde ein Kabarettist aus der ganzen Sache machen, wie würde ein Diplomat reagieren, wie ein Anwalt? »Da könnte man als Kabarettist schon etwas draus machen ...«, meinen Sie, »... aber was bringt mir das?« Ihnen bringt das vor allem einen heiteren Blick auf Ihre Notlage (»Humor ist, wenn man trotzdem lacht«), eventuell frische Impulse und ziemlich sicher eine gewisse innere Gelassenheit.

✔ Was würden andere Menschen und insbesondere Ihre Vorbilder in der gleichen Situation denken, sagen oder tun? Welche Reaktion finden Sie gelungen? Was bräuchten Sie, damit Sie sich zu der gleichen Reaktion entschließen könnten? Wie können Sie sich das verschaffen, was Sie bräuchten? Sie kommen vielleicht zu dem Schluss, dass Sie nicht nur lehr-, sondern auch bilderbuchmäßig reagieren könnten, wenn Sie nur nicht so schüchtern wären.

- Erinnern Sie sich an gelungene Auftritte: In welchen Situationen waren Sie bereits sehr viel weniger schüchtern und haben einen starken Auftritt hingelegt?

- Überprüfen Sie, ob Sie sich selbst durch Selbstzweifel oder hinderliche Einstellungen einschüchtern. In Kapitel 7 erfahren Sie, wie Sie hinderliche Einstellungen vor Gericht stellen. Tipps für den Umgang mit Selbstzweifeln erhalten Sie in Kapitel 14.

- Es nützt alles nichts und Sie fühlen sich nach wie vor schüchtern? Dann spielen Sie doch einfach »stark«. Malen Sie sich aus, wie »Tanja Stark« sich verhält, wie sie auftritt, was zu ihrer Rolle gehört und wie bravourös sie diese spielt. Und dann schlüpfen Sie aus Ihrer Rolle »Tanja Schüchtern« in die Rolle »Tanja Stark« und spielen sich zum Erfolg.

Die Rollenverteilung klären

In Notsituationen fühlt sich so manch einer neben der Rolle. Um auf die richtige Spur zurückzukommen, hilft häufig ein bewusster Blick auf die eigene Rolle. Denn jeder Mensch spielt im Leben nicht nur eine, sondern mehrere Rollen. Diese Rollen können je nach Umfeld und Situation sehr unterschiedlich sein. Mitarbeiter, Vorgesetzter, Freund, Nachbar, Partner, Tochter oder Sohn – das sind nur einige der typischen Rollen, die viele Menschen Tag für Tag spielen. Jede Rolle folgt ihrem eigenen Skript und ein und dasselbe Verhalten kann je nach Rolle als angemessen oder als höchst unangemessen empfunden werden.

In der Rolle des Vorgesetzten ist es durchaus angemessen, Entscheidungen im Alleingang zu fällen und mit markantem Auftreten und klaren Befehlen für die Umsetzung zu sorgen. Im Zusammensein mit Freunden kommt dasselbe Verhalten nur selten gut an. Im Gegenzug handelt sich ein Vorgesetzter, der mehr Wert auf Harmonie und gute Gespräche als auf Effektivität und Ergebnisse legt, schnell das Prädikat »als Führungskraft ungeeignet« ein.

In einer schwierigen Situation hilft der Blick auf die Rollen der einzelnen Beteiligten dabei, die Situation besser zu verstehen und Ansatzpunkte für eine Lösung zu finden. Zu verstehen, welche Rolle Sie spielen und welche Rolle der andere spielt, bringt Ihnen so einiges:

✔ Sie verstehen die eigene Motivation und die Motivation des anderen besser.

✔ Sie können Handlungsansätze erkennen, indem Sie sich fragen, was von Ihnen und Ihrem Gegenüber in ihren jeweiligen Rollen erwartet wird. Sie können zudem überprüfen, wie eine Reaktion aussehen müsste, damit sie keinen Schaden auf der Beziehungsebene hinterlässt (und kein »Wie redet der mit mir«, »Was erlaubt die sich« oder »Das muss ich mir von ihr nicht sagen lassen« nach sich zieht).

- ✔ Sie können die eigenen Erwartungen kontrollieren und überprüfen, ob diese angemessen sind und zu der Rollenverteilung passen.
- ✔ Sie können die Erwartungen des anderen hinterfragen.

Diese Fragen helfen weiter:

- ✔ Welche Rolle ist aus Ihrer Sicht Ihre Hauptrolle in der betrachteten Situation?

Bei der Frage, welche Rolle Sie in der Situation spielen (und spielen sollten), hilft Ihnen das Modell vom inneren Team, das in Kapitel 13 vorgestellt wird. Mit diesem Modell können Sie klären, welche Rollen in Ihnen zum Thema laut werden. Und Sie können entscheiden, in welcher Funktion Sie das Wort nach außen ergreifen werden.

- ✔ Welche Rolle sieht der andere wohl als Ihre Hauptrolle an?
- ✔ Gibt es eine Rolle, aus deren Blickwinkel Sie die Situation ebenfalls und mit ganz anderen Empfindungen betrachten könnten?

Ein Mitarbeiter, der beispielsweise von seinem Vorgesetzten korrigiert und belehrt wird, kann die Rolle des Verteidigers annehmen und sich gegen die Belehrung wehren. Er kann sich aber auch in der Rolle des Lernenden sehen und damit zu einer ganz anderen Bewertung der Situation gelangen.

- ✔ Was gehört aus Ihrer Sicht zu Ihrer Hauptrolle? Wie ist beispielsweise ein guter Freund, ein aufmerksamer Kollege oder ein echter Teamplayer?
- ✔ Was gehört womöglich aus Sicht des anderen auch noch zu Ihrer Rolle? Sind die Erwartungen berechtigt? Wenn Sie feststellen, dass der andere Erwartungen an Sie stellt, die Sie weder in Ihrer Rolle begründet sehen noch erfüllen möchten, sollten Sie das Gespräch suchen. Sie können dann anhand der Rollenverteilung erklären, welche Leistungen Ihr Gegenüber gerne von Ihnen erwarten darf und welche Leistungen nicht zu Ihrer Rolle gehören.
- ✔ Welche Rolle spielt der andere? Was gehört zu der Rolle aus Ihrer Sicht dazu? Lässt sich das Verhalten, das Sie empört, aus der Rolle erklären? Falls Sie die letzten Fragen bejahen müssen, stellen Sie sich noch diese Fragen:
  - Hatte der andere überhaupt die Gelegenheit, anders zu reagieren? Was können Sie dazu beitragen, damit er eine Gelegenheit bekommt und nutzen kann? Ein Chef beispielsweise, der von seinem Mitarbeiter mehr eigenes Engagement fordert, muss dem Mitarbeiter Raum dafür geben, anstatt jedes Detail vorzugeben.
  - Darf der andere in der gegebenen Situation anders reagieren?
  - Kann der andere anders reagieren, hat er die Fähigkeiten dazu? Und falls er diese hat: Will er überhaupt anders reagieren?

Innere Selbstklärung durchführen

In Konflikt- oder Entscheidungssituationen ist häufig vor allem eines klar: Es muss sich etwas ändern. Was genau das ist und wie genau es sich ändern soll, ist nicht selten wesentlich unklarer. Bevor Sie die Situation daher bearbeiten, bearbeiten Sie erst einmal sich selbst und finden Sie heraus, mit welcher Lösung Sie wirklich zufrieden sind. Diese Fragen sollten Sie sich beantworten:

✔ Was wollen Sie selbst und warum? Oftmals gibt es ein einerseits und ein andererseits, das die Antwort auf diese Frage erschwert. Mit dem Modell vom inneren Team, über das Sie in Kapitel 13 mehr erfahren, schaffen Sie Klarheit über die eigenen Vorstellungen.

✔ Welches konkrete Ziel verfolgen Sie? Welche Bedürfnisse möchten Sie mit diesem Ziel erfüllen? Eignet sich das Ziel bei näherer Betrachtung für die Erfüllung des Bedürfnisses? In Kapitel 5 finden Sie Anregungen, wie Sie sich Ihrer Ziele bewusst werden.

✔ Welche anderen Menschen sind von Ihrer Entscheidung in welcher Weise betroffen? Auf die Interessen welcher Menschen wollen oder müssen Sie Rücksicht nehmen (zum Beispiel weil Sie von ihrer Unterstützung abhängig sind)? Bei welchen Menschen können Sie damit leben, dass Sie Sympathiepunkte verspielen?

 Führen Sie die innere Selbstklärung durch, bevor Sie mit Ihren Mitmenschen in Kontakt treten. Zum einen vermeiden Sie damit, erst »hü« und dann »hott« sagen zu müssen. Zum anderen können Sie nur dann überzeugend und authentisch auftreten, wenn Sie vorher geklärt haben, wie es in Ihnen aussieht.

✔ Welche Gefühle weckt der Konflikt oder die Entscheidungssituation in Ihnen? Was ist der Grund dafür? Warum zum Beispiel ärgern Sie sich so sehr und können nicht gelassen reagieren? Was bräuchten Sie, um gelassen bleiben zu können?

✔ Welche inneren Hindernisse wie Selbstzweifel oder Glaubenssätze (»So etwas macht man nicht«) mischen sich in Ihre Entscheidungsfindung ein? In Kapitel 14 finden Sie Tipps, wie Sie unbewussten Lebensregeln auf die Schliche kommen. Wie Sie hinderlichen Einstellungen den Prozess machen, erfahren Sie in Kapitel 7.

Sich auf bewährte Handlungsmuster besinnen

Jeder Mensch hat in seinem Leben schon so manche schwierige Situation überstanden. Im Laufe der Zeit hat sich so ein reicher Erfahrungsschatz angesammelt, der Ihnen nun zugutekommen kann. Wenn Sie in einer vertrackten Situation weder ein noch aus wissen, schummeln Sie doch einfach und schauen bei sich selbst oder bei anderen ab. Denn auch wenn es sich so anfühlt, Sie sind vermutlich weder zum ersten noch zum letzten Mal in einer schwierigen Situation. Sie sind auch nicht der einzige Mensch, der sich jemals einer schwierigen Situation ausgesetzt sah. Gucken Sie also genau hin und erkennen Sie, wie Sie und andere in der Vergangenheit schwierige Situationen gemeistert haben. Und nehmen Sie sich aus dem Erfahrungsschatz das, was Sie brauchen, um heute erfolgreich zu sein.

Bei sich selbst abgucken:

✔ In welchen vergangenen Situationen haben Sie sich ähnlich gefühlt? Rufen Sie sich vergangene Situationen ins Gedächtnis und schauen Sie genau hin: Manchmal sehen die Umstände auf den ersten Blick ganz unterschiedlich aus. Auf den zweiten Blick aber zeigt sich womöglich, dass die Wurzel allen Übels damals wie heute in Ihrem (schwachen) Durchsetzungsvermögen, Ihrer Schüchternheit oder in Ihrem Talent, sich um Kopf und Kragen zu reden, liegt.

✔ Wie sind Sie damals mit der Situation umgegangen? Welche Verhaltensweisen haben sich im Nachhinein als genau richtig erwiesen und auf welche Verhaltensweisen werden Sie zukünftig lieber verzichten?

✔ Wer oder was hat Ihnen damals besonders geholfen, wie haben Sie schließlich den Durchbruch geschafft?

Blicken Sie mit Ihrem heutigen Wissen auf die damalige Situation zurück: Welchen persönlichen Tipp würden Sie sich im Nachhinein gerne geben? Inwiefern könnte Ihnen dieser Tipp auch in der aktuellen Situation nützen?

Bei anderen abgucken:

✔ Wen kennen Sie, der bereits in einer ähnlichen Situation gewesen ist? Wie hat derjenige damals reagiert, was hat er gut gemacht, was wollen Sie besser machen?

✔ Wie haben andere das Verhalten Ihres Vorgängers bewertet? Welche Tipps haben Sie gehört (wenn auch hinter vorgehaltener Hand), was hätte Ihr Vorgänger besser anders gemacht? Welchen dieser Tipps können Sie etwas für Ihre aktuelle Situation abgewinnen?

✔ Wie würde Ihr berufliches Vorbild, Ihr Freund oder Ihre Kollegin in dieser Situation reagieren?

✔ Kennen Sie jemanden, der diese Situation spielend meistern würde? Wie würde derjenige das machen, welche Eigenschaften würde er einsetzen, mit welcher Einstellung würde er zu Werke schreiten? Was bräuchten Sie, um es diesem Vorbild gleichzutun, und wie bekommen Sie das, was Sie brauchen? Überlisten Sie sich doch einmal selbst und spielen Sie, dass Sie alles hätten, was Sie brauchen. Spielen Sie, dass Sie können, was das Vorbild kann, und lösen Sie Ihr Problem im wahrsten Sinne des Wortes »spielend«.

Reaktionen unter Druck durchschauen (die eigenen und die der anderen)

Streit mit dem Kollegen, ein Rüffel von der Vorgesetzten oder ein Angriff aus den Reihen der eigenen Mitarbeiter: Situationen wie diese erzeugen puren Stress. In Stresssituationen schalten die meisten Menschen automatisch ihren Stress-Autopiloten ein. Sie zeigen dann Reaktionen, die ihre Mitmenschen gerne kommentieren mit Sätzen wie »Typisch Frau Schuster, immer eine Ausrede parat«.

16 ➤ Zehn Erste-Hilfe-Tipps für dringende Fälle

 In Stresssituationen reagieren Menschen »typisch«. Die Familientherapeutin Virginia Satir hat vier typische Stressreaktionen identifiziert und als »Überlebenshaltungen« beschrieben: Beschwichtigen, Anklagen, Rationalisieren oder Ablenken. So unterschiedlich diese Reaktionen sind, sie dienen dem gleichen Ziel. Wer unter Druck geraten ist, versucht sich mit der gewählten Strategie selbst zu schützen und sein Selbstwertgefühl vor Schaden zu bewahren.

Sie können mit dem Wissen um diese typischen Reaktionen so einiges anfangen:

✔ In Stresssituationen können Sie sich schnell orientieren. Sie können die Reaktionen der Beteiligten einschätzen und Rückschlüsse auf deren Gefühlslage ziehen.

✔ Sie können sich für die verschiedenen Typen rüsten und sich Strategien für den Umgang mit den einzelnen Exemplaren zurechtlegen.

✔ Sie können herausfinden, zu welcher Reaktion Sie selbst neigen und diese Reaktion überprüfen. Das bietet Ihnen die Chance, künftig nicht mehr typisch gestresst, sondern ausgeglichen und stimmig zu reagieren. Damit werden Sie nicht nur Ihren eigenen Stresslevel senken, sondern auch Wertschätzung von Ihren Mitmenschen erfahren und in Konfliktsituationen lösungsorientiert und zielführend reagieren.

Die einzelnen Reaktionen lassen sich danach unterscheiden, auf was der unter Druck geratene Mensch am stärksten reagiert: auf den Kontext der Situation, auf seine eigene Befindlichkeit, auf die Befindlichkeit des anderen – oder aber auf überhaupt nichts davon.

✔ **Der Beschwichtiger:** Die Botschaft, die der Beschwichtiger an sein Gegenüber sendet lautet »Bitte rege dich nicht auf«. Der Beschwichtiger legt sich mächtig ins Zeug, das aufgebrachte Gegenüber zu beruhigen und das gerne auch auf eigene Kosten. Der Beschwichtiger blendet seine eigenen Bedürfnisse zugunsten des anderen aus. Mit zustimmenden, entschuldigenden Worten und einer Körpersprache, die Unterwerfung ausdrückt, nimmt er die Schuld auf sich.

✔ **Der Ankläger:** Der Ankläger überstrapaziert die Strategie »Angriff ist die beste Verteidigung« und holt in stressigen Situationen zum (verbalen) Rundumschlag aus. Sein Motto könnte mit Blick auf den anderen lauten »Alles deine Schuld«. Er tritt aggressiv, dominant und einschüchternd auf und ist so sehr damit beschäftigt, seine eigenen Interessen zu vertreten (und seine Haut zu retten), dass er die Bedürfnisse des anderen völlig ausblendet.

✔ **Der Rationalisierer:** Der Rationalisierer ist hochlogisch, wenig emotional und ausschließlich an den harten Fakten interessiert. Nach dem Motto »Hier geht es nur um Fakten« konzentriert er sich ausschließlich auf den Kontext der Situation und würdigt die Gefühlslage seines Gegenübers ebenso wenig wie seine eigene. Der Rationalisierer bemüht sich, sehr objektiv zu sein und seine Argumentation auf sicheren Regeln, logischen Erklärungen und folgerichtigen Argumenten aufzubauen.

✔ **Der Ablenker:** Der Ablenker hat nicht selten eine Karriere als Klassenclown hinter sich. Er versteht es, mit vielen Worten nichts zu sagen, und das häufig in ausgesprochen amüsanter Art und Weise. Der Ablenker geht mit seiner Reaktion weder auf den Kontext der Situation ein noch auf seine eigene Befindlichkeit oder auf die des anderen. Er spricht lieber über Gott und die Welt, anstatt sich der leidvollen stressigen Situation zu stellen.

Nicht den Kopf verlieren unter Druck

Eine Stunde vor der Aufsichtsratssitzung ruft der Vorgesetzte seinen Mitarbeiter, der die Präsentation für die Sitzung erstellen hat, zu sich. Kaum ist der Mitarbeiter in Blickweite, ruft er nicht mehr, sondern schreit, und zwar seinen Mitarbeiter an: »Sagen Sie, sind Sie eigentlich überhaupt zu irgendetwas in der Lage? Was soll ich denn mit dieser Unterlage anfangen? Die ist etwas für den Schredder, aber doch nicht für den Aufsichtsrat! Es wimmelt nur so vor Fehlern, es ist handwerklich schlecht, es ist eine echte Katastrophe!«

Die meisten Menschen lassen sich von so einem Vorfall direkt in eine der vier typischen Stressreaktionen katapultieren, die im obigen Abschnitt »Reaktionen unter Druck durchschauen (die eigenen und die der anderen)« aufgeführt sind. Das ist zwar verständlich, aber nicht unbedingt förderlich. Deutlich besser ist derjenige dran, der es schafft, eine konstruktive und stimmige Reaktion an den Tag zu legen.

Eine stimmige Reaktion ist nach der Familientherapeutin Virginia Satir eine Reaktion, mit der Sie gleichermaßen auf den Kontext der Situation, das Gegenüber und die eigenen Bedürfnisse reagieren. (Virginia Satir bezeichnet eine solche Reaktion auch als »kongruente Reaktion«.) Mit einer stimmigen Reaktion führen Sie sich und Ihr Gegenüber nicht nur auf einen konstruktiven Weg in Richtung einvernehmliche Lösung. Sie wahren gleichzeitig Ihr Gesicht und helfen dem anderen, sein Gesicht zu wahren. Und spätestens dann, wenn Sie in der Zukunft erneut mit dem gleichen Zeitgenossen in einen (anderen) Konflikt geraten, kommt Ihnen diese Mühe zugute.

Das sollten Sie tun, um konstruktiv und stimmig zu reagieren:

- ✓ **Tief durchatmen.**

- ✓ **Noch einmal tief durchatmen – und noch einmal.** Anschließend dürfen Sie sich an die Analyse der Situation wagen. Kümmern Sie sich zunächst um Ihr inneres Gleichgewicht, das brauchen Sie nämlich, um sich im Eifer des Gefechts nicht umwerfen zu lassen. Bedenken Sie, dass Sie nur dann etwas unter Druck setzen kann, wenn Sie das zulassen. Stress erzeugt nämlich in aller Regel nicht der Vorfall selbst, sondern die eigene Bewertung des Vorfalls. Wer den schreienden Chef achselzuckend stehen lässt und zu sich selbst sagt, der Gute übertreibt mal wieder völlig und in zehn Minuten sieht die Welt schon wieder ganz anders aus, verspürt weit weniger Aufregung als derjenige, der zu dem Wüterich in den Ring steigt und mitspielt. In Kapitel 12 können Sie nachlesen, wie Stress entsteht und wie Sie dem Stress den Wind aus den Segeln nehmen können.

- ✓ **Die eigenen Gefühle, die Befindlichkeiten des anderen und den Kontext gleichermaßen erkennen und akzeptieren.** Bemühen Sie sich um eine gemäßigte Sicht der Dinge und vermeiden Sie Dramatisierungen, Generalisierungen (»Das ist immer das Gleiche mit Ihnen«) und Schwarzmalerei (»Das war es jetzt, da ist nichts mehr zu retten«).

- ✓ **Dem Gegenüber aufmerksam zuhören.** Ein überflüssiger Hinweis, denken Sie vielleicht, denn Zuhören ist doch selbstverständlich. Im gefassten Zustand wird Ihnen sicher jeder zustimmen. Doch im Eifer des Gefechts ist Zuhören weit weniger beliebt und verbreitet, als es sein sollte. Hören Sie auch der Körpersprache des anderen zu. Körpersprache,

Stimmlage und Mimik berichten Ihnen oft sehr viel mehr über die innere Verfasstheit Ihres Gesprächspartners als seine gesprochenen Worte.

✔ **Die Signale des eigenen Körpers erkennen, annehmen und darauf reagieren.** Wer zum Beispiel merkt, dass ihm ein Kommentar des Kollegen ernste Bauchschmerzen bereitet, sollte das nicht ignorieren. Die Gefahr des Ignorierens liegt darin, dass der Kommentar zwar verfliegt, das ungute Gefühl sich aber als außerordentlich beständig erweisen kann. Gerne begleitet es Sie auch in die nächste Besprechung mit dem betreffenden Kollegen und hält Sie zu einer besonders kritischen Haltung an. So lassen Sie zu, dass der eine Kommentar (an den der Kollege sich gar nicht mehr erinnert) nicht nur auf ein, sondern auf zwei oder noch mehr Gespräche mit dem Kollegen einen Schatten wirft. Also lieber gleich die Sache klären und unbelastet in die Zukunft starten.

✔ **Die eigenen Abwehrstrategien und wenig konstruktiven Reaktionsmuster kennenlernen und überprüfen (und über Bord werfen).** Stellen Sie sich vor, Sie müssten feststellen, dass Sie dazu neigen, unter Druck Ihr Gegenüber anzugreifen. Jetzt, so ganz ohne Druck, finden Sie diese Strategie vermutlich selbst nicht besonders glorreich. Nutzen Sie also die Chance und legen Sie sich eine glorreichere Taktik für den Ernstfall zurecht. Mit welchen Worten werden Sie sich davon abhalten, in die alte (destruktive) Strategie zu verfallen? Woran werden Sie stattdessen denken, welche Handlungsanweisungen werden Sie sich ins Ohr flüstern?

 Sie können sich den Weg zu einer stimmigen Reaktion erleichtern. Führen Sie dafür erst eine Selbstklärung durch, wie in diesem Kapitel beschrieben. Anschließend können Sie das Modell »Vier Seiten einer Nachricht«, das in Kapitel 15 beschrieben wird, nutzen. Mithilfe des Modells können Sie nicht nur leicht, sondern auch sorgfältig vorbereiten, was Sie zu den verschiedenen Facetten des Konflikts, der Sache und den persönlichen Befindlichkeiten sagen möchten.

Sich nicht um Kopf und Kragen reden

»Was halten Sie von meinem Vorschlag?«, »Sie mögen mich wohl nicht?«, »Haben Sie etwas dagegen, dieses Wochenende durchzuarbeiten?« – es gibt viele Fragen, bei deren Beantwortung Sie sich ganz wunderbar um Kopf und Kragen reden können. Wenn dann noch eine hitzige Gesprächsatmosphäre die Gemüter anheizt, schießt einem so mancher Kommentar durch den Kopf, der es besser nicht bis zu den Lippen schaffen sollte. Sorgen Sie daher dafür, dass Sie auch in überraschenden und turbulenten Situationen Herr über Ihre Zunge bleiben und nichts aussprechen, das weder durchdacht noch von Vorteil für Sie ist.

Machen Sie sich in der weisen Voraussicht, dass überraschende Situationen überall lauern, folgendes Kommunikationsverhalten zu eigen:

✔ Bedenken Sie, dass jede Nachricht vier Seiten hat. Sie sagen gleichzeitig etwas aus über
- die Sache, um die es geht,
- die Beziehung zwischen Ihnen und Ihrem Gegenüber,
- über sich selbst und
- das, was Sie eigentlich erreichen wollen.

Üben Sie sich darin, die einzelnen Facetten zu berücksichtigen und bewusst zu gestalten. In Kapitel 15 können Sie sich ausführlich über das Modell der vier Seiten einer Nachricht informieren.

- ✔ Bringen Sie auf den Punkt, worum es Ihnen inhaltlich geht. Welche Informationen wollen Sie in jedem Fall an das Gegenüber bringen?

- ✔ Machen Sie sich bewusst, was Sie Ihrem Gesprächspartner auf der persönlichen Ebene mitteilen möchten.

- ✔ Klären Sie, in welchem Verhältnis Sie zu Ihrem Gegenüber stehen. Mit dem Vorgesetzten reden Sie vermutlich anders als mit einem Kollegen, mit einem Freund anders als mit einem Unbekannten. Passen Sie Ihre Botschaften und die Form, in der Sie sie überbringen (von formal über höflich bis hin zu salopp), an das Verhältnis zwischen Ihnen und Ihrem Gesprächspartner an. Wie scheint Ihr Gegenüber die Beziehung zwischen Ihnen einzuschätzen? Teilen Sie diese Einschätzung?

- ✔ Überlegen Sie, was Sie von sich selbst preisgeben möchten. Bedenken Sie, dass Sie auch Bände sprechen, wenn Sie gar nicht sprechen, und achten Sie auf die (verräterischen) Botschaften Ihrer Körpersprache. Was teilt Ihnen Ihr Gesprächspartner bewusst und unbewusst von sich mit?

- ✔ Formulieren Sie für sich vor, was Sie von Ihrem Gegenüber möchten. In aller Regel wollen Sie nicht nur, dass der andere Ihnen zuhört, sondern wünschen sich zudem auch eine bestimmte Reaktion. Sie können die Wahrscheinlichkeit, dass Sie die entsprechende Reaktion erzielen, enorm steigern: Stimmen Sie das Gesamtpaket Ihrer Nachricht darauf ab. Wer sich Unterstützung wünscht, sollte den anderen beispielsweise auf keiner der vier Ebenen verprellen.

Verbalattacken mit Format begegnen

Im Eifer des Gefechts lässt sich so mancher Zeitgenosse zu unfairen Angriffen, persönlichen Beleidigungen und verbalen Attacken verleiten. Das ist lästig, stört die fachliche Arbeit und verpestet die Atmosphäre. Aber auch wenn es Ihnen in den Fingern juckt: Steigen Sie nicht in den verbalen Kampfring ein, sondern lassen Sie den Angreifer auflaufen und zeigen Sie ihm, was es heißt, Format zu haben.

Sehen Sie es als persönliche Schwäche des Angreifers, dass er es nicht schafft, sachlich zu bleiben. Offensichtlich fühlt er sich so bedrängt oder unter Druck, dass er in seiner Verzweiflung zu unlauteren Mitteln greift. Das kann einen zwar ärgern, genauso gut kann es einem aber auch leidtun. Versuchen Sie es mal damit: »Schade, dass Sie es nicht schaffen, sachlich zu bleiben. Ich würde vorschlagen, wir machen eine kurze Pause und wenn Sie in der Lage sind, auf sachlichem Niveau wieder einzusteigen, bin ich gerne dabei.«

So reagieren Sie mit Format auf persönliche Angriffe aller Art:

- ✔ **Gar nicht reagieren:** Ja, Sie haben richtig gelesen. Ignorieren Sie die Attacken. Gar nicht zu reagieren, ist bei vielen Anlässen eine starke Reaktion. Sie sagt so viel wie: »Auf das

16 ➤ Zehn Erste-Hilfe-Tipps für dringende Fälle

Niveau lasse ich mich nicht herab.« Sie sagt aber auch: »*Du* kannst mich gar nicht provozieren.« Damit schlagen Sie mehrere Fliegen mit einer Klappe. Sie geben dem Angreifer zu verstehen, dass seine Person nicht bedeutend genug ist, um Sie auf die Palme zu bringen. Bedenken Sie, dass nur derjenige Sie wirklich beleidigen kann, dem Sie dies zugestehen. Der Rest kann unqualifizierte Kommentare von sich geben, die Sie zwar hören, aber nicht an sich heranlassen – womit wir zu den anderen Fliegen kommen: Sie zeigen durch diese Reaktion, dass Sie unabhängig von der persönlichen Meinung des Angreifers sind und zudem eine starke Persönlichkeit haben, die sich nicht so schnell aus dem Gleichgewicht und in den verbalen Kleinkrieg bringen lässt.

✔ **Ankündigen, dass keine Reaktion erfolgen wird:** Der Angreifer ignoriert, dass Sie seine Angriffe ignorieren? Dann machen Sie Ihre Reaktion zum Thema und lassen Sie ihn wissen: »Ich habe Ihre persönlichen Anmerkungen zur Kenntnis genommen, aber ich möchte nicht darauf eingehen. Zur Sache möchte ich sagen ...« Wenn der Angreifer sich auch davon nicht bremsen lässt, gehen Sie über zur nächsten Stufe und kontern gekonnt.

Sie möchten gerne auf den Angriff reagieren? Dann parieren Sie ihn doch mit Humor, Ironie oder Schlagfertigkeit. Nichts lässt den Angreifer blasser aussehen als ein humorvoller Kommentar, mit dem Sie alle Lacher auf Ihre Seite ziehen. Wenn Ihnen partout nichts Witziges einfallen will, zwingen Sie den anderen in die sachliche Diskussion zurück: »Ich habe noch nichts von Ihnen gehört, mit dem Sie meine Position widerlegt hätten. Wie lauten denn nun Ihre sachlichen Argumente, ich bin sehr daran interessiert.«

✔ **Gekonnt kontern:** Manche Angreifer fühlen sich bemüßigt, noch ein wenig nachzulegen, wenn der Beleidigte keine Reaktion zeigt. Sollte Ihr Gesprächspartner deutlich über die Stränge schlagen, kann ein gekonnter Konter ihn in seine Grenzen weisen. Wenn Ihnen sachliche Ahnungslosigkeit unterstellt wird, können Sie zum Beispiel antworten: »Ich weiß sehr gut, wovon ich rede. Ich bin mir nur nicht sicher, ob Sie auch wissen, wovon Sie reden. Denn Ihre Argumente haben einige Schwächen: ...« Besonders unfaire Angreifer dürfen Sie auch härter angehen: »Sind Sie heute mit dem falschen Fuß aufgestanden oder argumentieren Sie immer so unsachlich?«

Lassen Sie sich nicht dazu verleiten, sich zu rechtfertigen. Wenn Ihnen in beleidigender Weise die Kompetenz abgesprochen wird, ist es wenig hilfreich, die eigenen Verdienste, die gute Ausbildung oder die Superbeurteilung als Gegenbeweis ins Feld zu führen. Damit lassen Sie zu, dass etwas infrage gestellt wird, was erstens außer Frage und zweitens gar nicht zur Diskussion steht: Ihre Kompetenz. Außerdem interessiert sich ein Beleidiger in der Regel nicht für diese Fakten, sondern lässt lediglich seinem Frust in Form von Verbalattacken freien Lauf.

✔ **Zur Sachlichkeit aufrufen:** Das Gespräch läuft aus dem Ruder und entfernt sich immer mehr vom sachlichen Thema? Dann unterbrechen Sie die laufende Diskussion und führen Sie ein kurzes Gespräch über das Gespräch. »Ich finde, unser Gespräch läuft nicht in die richtige Richtung. Ich möchte mit Ihnen gerne über die Sache sprechen und würde Sie bitten, mich nicht zu beleidigen. Sonst gerate ich in eine Verteidigungshaltung und wir entfernen uns immer mehr vom eigentlichen Sachthema. Zur Sache möchte ich sagen ...« Im Dienste der guten Sache dürfen Sie Ihrem Gesprächspartner auch den Weg zurück in das sachliche Gespräch ebnen mit Versöhnungshäppchen à la »Ich kann verstehen, dass dieses Thema für Sie sehr emotional ist«. Weitere Tipps für den Umgang mit unfairen Angriffen finden Sie in Kapitel 14 im Abschnitt »Den Konflikt verstehen und besprechen«.

✔ **Gespräch beenden:** Einige Angreifer stören das fachliche Gespräch durch ihre unsachliche Gesprächsführung derart, dass keine sachlichen Fortschritte mehr erzielbar sind. Wenn alle diplomatischen Bemühungen, zurück zur Sache zu kommen, ins Leere laufen, ziehen Sie die Reißleine. Beenden Sie das Gespräch, aber zeigen Sie sich gesprächsbereit: »Ich würde sagen, wir beenden das Gespräch an dieser Stelle, denn so kommen wir nicht weiter. Ich bin aber gerne bereit, auf sachliche und faire Weise weiter mit Ihnen nach einer Lösung für unser Thema zu suchen, und schlage daher vor, dass wir uns später noch einmal zusammensetzen.«

Unterstützung suchen

Auch wenn es sich manchmal so anfühlt: Es ist doch recht selten, dass einer allein gegen den Rest der Welt antritt (es sei denn, er heißt Superman).

Wer Unterstützung sucht, findet so einiges:

✔ Durch den Austausch mit den lieben Mitmenschen haben Sie die Chance, neue Perspektiven einzunehmen. Denn auch wenn es überraschend erscheint, es gibt fast immer mehrere Möglichkeiten, die Dinge zu sehen und zu bewerten. Lassen Sie sich also auf neue Ideen bringen und relativieren Sie die eigene (düstere) Weltsicht.

✔ Sie erhalten womöglich nützliche Informationen. Sprechen Sie mit anderen Menschen über deren Erfahrungen und finden Sie heraus, wie sie eine ähnliche Situation gemeistert haben. Wenn Sie vor allem fachliche Informationen brauchen, wenden Sie sich an Experten. Gehen Sie Ihr Netzwerk durch und prüfen Sie, wer Ihnen nützlich sein kann: Wer kennt sich mit dem Thema aus, wer war schon in einer ähnlichen Situation, wer kennt jemanden, der jemanden kennt, der sich auskennt …

✔ Sie finden Unterstützer, die auf Ihrer Seite sind und mit denen Sie eine Allianz bilden können. Suchen Sie Verbündete, mit denen Sie Ihre Stimme bündeln und stärken können. Mithilfe einer Akteursanalyse, die in Kapitel 6 dargestellt wird, können Sie sich einen Überblick über mögliche Verbündete verschaffen.

Zehn Business-Tipps für Frauen

In diesem Kapitel
▶ Sich Anerkennung und Respekt verschaffen

▶ Mit dem richtigen Verhalten die Karriereleiter hinaufklettern

▶ Eine karriereförderliche innere Einstellung annehmen

Haben Sie schon einmal diese Situation beobachtet: Eine Frau klingt sich freundlich in eine (männliche) Gesprächsrunde ein und trägt eine Idee vor. Oder besser gesagt, sie versucht, eine Idee vorzutragen. Weit kommt sie nämlich nicht, da sie weder wirklich wahr- noch ernst genommen wird. Mit der verzweifelten Frage: »Könnte mir bitte auch mal jemand zuhören?« begräbt sie schließlich die letzte Chance auf Respekt und Anerkennung. In diesem Kapitel steht, was frau beherzigen sollte, um sich gut zu positionieren.

Nicht fragen, sondern machen

Stellen Sie sich vor, Ihr Chef oder Kollege würde versuchen, in einem Meeting mit folgendem Satz zu Wort zu kommen: »Darf ich auch mal etwas sagen?« Das können Sie sich nicht vorstellen? Verständlich, denn ein Mann bittet nicht um Redezeit, er nimmt sie sich einfach (Ausnahmen bestätigen die Regel).

Auch ein »Darf ich aussprechen?« mag den ein oder anderen Unterbrecher zwar verstummen lassen. Ansehen allerdings bringt das nicht ein. Und abgebrühte Machtmenschen könnten die Frage sogar mit einem »Nein, jetzt rede ich« beantworten.

So verhalten Sie sich richtig und bekommen nicht nur Aufmerksamkeit, sondern auch Anerkennung:

✔ Stellen Sie nicht infrage, was außer Frage steht. Natürlich dürfen und sollen Sie aussprechen, Beiträge einbringen und Ideen vortragen. Fragen Sie also nicht, sondern tun Sie es einfach.

 Man(n) kann Sie nur unterbrechen, wenn Sie sich unterbrechen lassen. Sprechen Sie daher einfach unbeirrt weiter und ignorieren Sie die Störung. Das fühlt sich anfangs vielleicht ein wenig merkwürdig an, wird Ihnen aber nicht nur Redezeit, sondern auch Respekt einbringen (»Die lässt sich das nicht gefallen«).

✔ Sie präsentieren, aber alle sind schwer beschäftigt mit ihren Handys und Co.? Lassen Sie sich bloß nicht zu einem »Kann mir mal bitte jemand zuhören?« hinreißen. Das klingt nach Betteln um Aufmerksamkeit. Unterbrechen Sie stattdessen Ihre Präsentation. Hören Sie einfach auf zu sprechen, ganz selbstbewusst und entschieden. Den Hintergedanken »Ich gebe Ihnen nun die Gelegenheit, Ihre wichtige Kommunikation zu regeln. Anschließend fahre ich fort.« können Sie, müssen Sie aber nicht aussprechen. In aller Regel spricht die plötzliche Stille für sich selbst und für Sie.

✔ In einem Meeting können Sie die Aufmerksamkeit für Ihren Beitrag erhöhen, indem Sie diesen mit dem Namen des Ranghöchsten einleiten: »Wie Dr. Maier gesagt hat, ist xyz besonders wichtig. Meine Lösung dafür lautet …«

✔ Bringen Sie Ihre Ideen zu Papier und teilen Sie eine Arbeitsunterlage im Meeting aus. Und zwar ohne zu fragen, ob Sie das dürfen. Tun Sie es einfach mit selbstbewusster Geste und ebensolchen Worten (»Ich habe die wichtigsten Punkte zusammengestellt«).

Bitte nicht (zu viel) lächeln

Ein Lächeln öffnet Türen, das hat jeder schon am eigenen Leib erfahren. Da ist es verzwickt, dass ein Lächeln nicht nur Türen öffnen, sondern ebenso Türen verschließen kann. Und hinter den verschlossenen Türen verbergen sich häufig durchaus erstrebenswerte Dinge wie Anerkennung, Respekt oder sogar ein Karrieresprung. Nun ist man als Frau zumeist sehr freundlich und höflich gestimmt. Und so lächelt frau viel und freundlich und oft unbewusst und merkt dabei gar nicht, dass frau sich – ebenfalls unbewusst – soeben eine Tür zugelächelt hat.

»Moment mal«, werden Sie denken, »aber es ist doch sehr nett zu lächeln.« Richtig, es ist nett. Aber Sie wollen nicht einfach nett, sondern vor allem erfolgreich sein. Und dabei dürfen und sollen Sie zwar lächeln. Sie sollten jedoch ebenso verstehen, welche (falschen) Signale Sie unbewusst in einem Lächeln verpackt senden. Ein Zuwenig an Lächeln ist ebenso wenig förderlich wie ein Zuviel an Lächeln. Und daher gilt es, wie so oft im Leben, die richtige Dosierung zu finden.

Entwicklungsgeschichtlich ist Lächeln eine Unterwerfungsgeste, die im Tierreich immer noch einen festen Platz hat: Affen zum Beispiel beschwichtigen ranghöhere Artgenossen oder Gegner mit einem Lächeln. Das Lächeln sagt so viel wie »Ich tue dir nichts, bitte tue du mir auch nichts«. Was Sympathie und Schutz bringt, kostet allerdings Rang und Anerkennung. Und das ist nicht nur am Affenfelsen gut zu beobachten, sondern auch in heimischen Büros.

✔ Präsentieren Sie Ihre Ideen, Ergebnisse und Verbesserungsvorschläge nicht lächelnd, sondern entschlossen.

✔ Lassen Sie sich nicht von versteinerten Mienen verunsichern. Denken Sie daran, dass Sie sich inmitten eines (männlichen) Spiels um Anerkennung und Respekt befinden, und spielen Sie einfach mit.

Machen Sie sich bewusst, welche Signale in einem Lächeln stecken, indem Sie eine Studie am lebenden Objekt durchführen. Beobachten Sie Ihre Mitmenschen einmal genau:

- Erforschen Sie, was Ihre Mitmenschen mit ihrem Lächeln ausdrücken. Drückt das Lächeln Freude, Schadenfreude, Zufriedenheit oder Unsicherheit aus?

- Bewerten Sie, wie der Lächelnde auf Sie wirkt: sympathisch oder eher nicht, selbstbewusst oder unsicher, krampfhaft bemüht oder fröhlich und locker?

- Beobachten Sie, wie sparsam Machtmenschen und Respektpersonen lächeln.

✔ Gewinnen Sie das »Wer zuletzt lächelt, lächelt am besten«-Spiel. Wenn Kinder spielen »Wer zuerst wegschaut, hat verloren«, verliert derjenige, der den Blick zuerst abwendet und sich damit unterordnet. Gleiches gilt für denjenigen, der in Konkurrenzsituationen zuerst (und zu viel) lächelt: Er ordnet sich unter und verliert den Hochstatus. In Kapitel 14 finden Sie im Abschnitt »Das Selbstbewusstsein stärken« Tipps, mit welchen Verhaltensweisen Sie Ihren Status erhöhen können.

✔ Bewahren Sie sich das Lächeln für die Momente auf, in denen Ihnen wahrlich danach zumute ist. Damit erhöhen Sie Ihre Authentizität, was Ihre Glaubwürdigkeit und gesamte Wirkung wiederum positiv beeinflusst.

Von Pokerspielern lernen

Der beste Pokerspieler ist nicht unbedingt der Spieler mit den besten Karten. Der beste Spieler ist derjenige, der – neben Wahrscheinlichkeitsrechnung – vor allem eines beherrscht: Er beherrscht seine Mimik und seine Körpersprache und setzt ein neutrales Pokerface auf. Damit zeigt er seinen Mitspielern keine Gefühlsregung. Die Mitspieler können daher nicht einschätzen, wie stark die Hand des Pokerface ist, und müssen ihn als Gegner ernst nehmen.

Und darum, ernst genommen zu werden, geht es auch im Berufsleben. Sicherlich findet Ihr Gegenüber Sie sympathischer, wenn Sie sich offen, lesbar und harmoniewillig zeigen. Er findet Sie sympathisch, aber harmlos – harmlos, wenn es darum geht, wer von Ihnen beiden den Kampf um Rang und Anerkennung für sich entscheidet.

»Welchen Kampf um Rang und Anerkennung?« fragen Sie sich vielleicht. Vielen Frauen ist gar nicht bewusst, dass es (zumindest den männlichen Kollegen) in aller Regel um Rang und Anerkennung geht. Und wer den Wettkampf nicht erkennt, verliert ihn. Auch wenn es Ihnen nicht gefällt: Im Berufsleben haben Sie oft einfach mehr Konkurrenten als Freunde.

✔ Vermeiden Sie es, Ihrem Gegenüber bereits vor dem Anpfiff durch Ihr Auftreten und Ihre Körpersprache zu vermitteln, dass Sie sich ihm unterordnen. Also keine Kleinmädchensignale wie Dauerlächeln, in den Haaren spielen, hohe Stimme und so weiter. Denn leider nehmen nicht wenige Männer im Berufsleben diese Gesten zum Anlass, nicht besonders gut, sondern besonders überheblich zu sein. Sie merken das daran, dass Ihnen nicht richtig zugehört wird, dass Ihre Ideen nicht gewürdigt, Ihre Argumente nicht aufgenommen werden – um es kurz zu machen: Sie merken es daran, dass Sie nicht ernst genommen werden.

✔ Setzen Sie ein Pokerface auf und sehen Sie das ganze Treiben ruhig als Spiel. Sie haben nur dafür zu sorgen, dass Sie gewinnen.

Nicht jeder muss Sie mögen – aber akzeptieren

Natürlich weiß frau, dass es im Beruf nicht darum geht, Freundschaften zu schließen. Und dass es nicht wichtig sein sollte, ob man(n) sie mag oder nicht. Die Crux an der Sache ist, dass es einem oft trotzdem wichtig ist. Es ist nun einmal schöner, von allen gemocht zu werden, anstatt mit Kritik oder Ablehnung konfrontiert zu werden.

So halten Sie es aus, wenn jemand Sie kritisiert, nicht mag oder gar beides tut:

✔ Machen Sie sich klar, dass es sich bei Ihrem Kritiker um eine Einzelperson handelt und damit um eine einzelne Meinung. Sie entscheiden, welchen Stellenwert Sie dem Kritiker und seiner Kritik beimessen und wie ernst Sie diese somit nehmen. In Kapitel 8 erfahren Sie im Abschnitt »Fremdeinschätzungen schätzen«, warum Sie sogar dankbar für Kritik sein sollten.

✔ Konzentrieren Sie sich weniger auf denjenigen, der Sie nicht mag, und mehr auf diejenigen Menschen, die Ihnen freundschaftlich verbunden sind. Gehen Sie in Gedanken ruhig jeden einzelnen Ihrer Freunde oder Familienangehörigen durch. Vergessen Sie nicht den Nachbarn oder die Bäckerin, mit denen Sie sich gut verstehen. Sie werden sehen, es gibt viele Menschen, mit denen Sie gut können. Ist es da so wichtig, ob Kollege XY Ihnen nun auch noch wohlgesonnen ist oder nicht? (Das ist eine rhetorische Frage, die Antwort darauf ein klares »Nein«.)

✔ Machen Sie sich bewusst, dass Sie eigentlich nie als gesamte Person abgelehnt oder infrage gestellt werden. Meistens richtet sich die Ablehnung auf ein bestimmtes Verhalten: Sie haben etwas getan oder gesagt, das dem anderen nicht gefällt. Manche Menschen können aber ein einzelnes »Ärgernis« nicht losgelöst von dem Rest des Menschen sehen und lehnen der Einfachheit halber das Gesamtpaket ab. »Den mag ich nicht« zu denken ist eben für viele leichter als ein differenziertes »Dieses Verhalten mag ich nicht, aber jene Ansicht finde ich ganz okay«.

✔ Wer es allen recht machen will, bleibt schnell selbst auf der Strecke. Was bringt es Ihnen, wenn der Kollege Sie nett findet, weil Sie ihm Arbeit abnehmen, Sie dadurch aber Ihre eigenen Termine nicht halten können? Richtig, gar nichts außer Ärger mit dem Chef. Sorgen Sie also dafür, dass Sie in erster Linie Ihre eigenen Aufgaben erfüllen und Ihre Ziele erreichen. Und akzeptieren Sie, dass das nicht jedem gefallen wird.

 Überlegen Sie einmal, wer in Ihrer Achtung höher steht: derjenige, der zu allem Ja und Amen sagt, oder derjenige, um den man sich bemühen muss. Alles, was leicht und schnell zu haben ist, hat oft nur geringen Wert. Verschenken Sie daher auch Ihre Sympathien nicht wie Bonbons im Karneval, sondern geben Sie sich ruhig ein wenig unnahbar. Damit machen Sie sich deutlich interessanter.

Sich breitmachen

In einer Männerrunde den Chef der Truppe zu erkennen, ist meistens nicht sehr schwierig. Der Ranghöchste sendet deutliche Signale aus und dazu gehört häufig, dass er auch räumlich eine besondere Position einnimmt. Oft beansprucht er mehr Platz für sich und der Abstand zwischen ihm und den anderen ist größer als innerhalb der Gruppe.

Sie können Ihre Wirkung verbessern, wenn Sie sich nicht wie ein Mäuschen, sondern wie eine Königin verhalten.

✔ Machen Sie sich groß und nehmen Sie eine königliche Haltung an. Stellen Sie sich einfach vor, Sie müssten doppelt so groß erscheinen, wie Sie sind. Schon werden Sie anfangen, sich zu strecken, aufrecht zu stehen und den Kopf gerade zu halten.

- ✔ Stellen Sie sich vor den Spiegel und schauen Sie sich an, wie Sie »in groß« aussehen. Analysieren Sie Ihre Haltung und Ihren Ausdruck genau. Sie können sich einen persönlichen Merkspruch zurechtlegen, der Sie daran erinnert, wie Sie die königliche Haltung einnehmen. Oder halten Sie es mit dem Klassiker »Kopf hoch, Bauch rein, Brust raus«.
- ✔ Machen Sie sich vor dem Spiegel klein wie ein Mäuschen. Sie werden merken, wie schnell Ihre Wirkung in sich zusammenfällt. Machen Sie sich bewusst, welche Bewegungen Sie klein gemacht haben, und merken Sie sich, was Sie stattdessen künftig machen werden. Also statt mit schiefem Kopf und überkreuzten Beinen werden Sie mit schulterbreit auseinander stehenden Beinen kerzengerade stehen.
- ✔ Lassen Sie auch Ihre Stimme Raum einnehmen. Damit ist nicht gemeint, dass Sie schreien sollten, ganz im Gegenteil. Schreien ist ein Niedrigstatusverhalten, denn ein wahrer Hochstatus hat es gar nicht nötig zu schreien. Versuchen Sie aber, eine tiefere Stimmlage einzunehmen und mit ruhiger und voller Stimme zu sprechen.

Im nächsten Meeting probieren Sie Folgendes:

- ✔ Setzen Sie sich in eine zentrale Position, anstatt am Rand des Geschehens zu bleiben.
- ✔ Nehmen Sie Ihren Stuhl ein, füllen Sie ihn aus. Setzen Sie sich also nicht nur halb auf den Stuhl oder nur auf eine Seite. Anstatt die Hände in Ihrem Schoß zu verstecken, legen Sie Ihre Arme auf die Stuhllehne oder auf den Tisch vor Ihnen. Fangen Sie niemals an zu schreien, um Hintergrundgeräusche zu übertönen. Sie erhalten im Gegenteil mehr Aufmerksamkeit, wenn Sie mit leiser, aber nicht mit hoher Singsangstimme sprechen.
- ✔ Lassen Sie sich Zeit mit Ihren Ausführungen. Sprechen Sie lieber zu langsam als zu schnell. Wer zu schnell spricht, scheint zu meinen, er dürfe nicht zu viel der kostbaren Zeit beanspruchen. Wer jedoch langsam spricht zeigt, dass er davon ausgeht, dass er seinen Zuhörern so viel Zeit abverlangen darf, wie er sich eben lassen möchte.
- ✔ Schmücken Sie Ihre Ausführungen ruhig aus. Zwar liegt in der Kürze die Würze, aber im beruflichen Alltag sind wortreiche Redebeiträge durchaus empfehlenswert. Man(n) wird sich zwar nicht mehr daran erinnern, was Sie gesagt haben, aber dennoch daran, dass Ihre Ausführungen einiges an Zeit beansprucht haben. Vielen Männern ist dieses Prinzip schon lange in Fleisch und Blut übergegangen. Oder was meinen Sie, warum Kollege Müller immer so viel redet und dabei eigentlich nichts sagt?

Gefühle sind gut, unter Kontrolle noch besser

Gefühle hätten im Business nichts zu suchen, heißt es gerne. Dabei wird allerdings verkannt, dass Gefühle zum Menschen gehören wie die Luft zum Atmen.

Gefühle sind nicht nur das Salz in der Suppe des Lebens, sie erfüllen auch sehr wichtige Funktionen. Angst mahnt zur Vorsicht und Ärger ermutigt, Grenzen zu setzen. Damit Sie die Macht der Gefühle positiv nutzen können, dürfen Sie sich allerdings nicht von Ihren Gefühlen vorführen lassen und vor dem Chef in Tränen ausbrechen. Stattdessen sollten Sie lernen, unerwünschte Emotionen beiseitezulegen wie einen getragenen Rock und hilfreiche Emotionen zu fördern und zu nutzen. Dann wird aus der Gefühlsduselei eine echte Hilfe für Ihre Entwicklung.

So gehen Sie intelligent mit aufbrausenden Gefühlen um:

- Machen Sie sich klar, dass Sie die Gefühle und nicht die Gefühle Sie steuern.

- Erkennen Sie, wie Sie sich fühlen, und akzeptieren Sie das erst einmal. Stellen Sie zum Beispiel fest, dass Sie sich überfordert fühlen und Ihnen zum Heulen zumute ist.

- Treten Sie innerlich einen Schritt zurück und betrachten Sie die Situation von außen. Wodurch sind die Gefühle ausgelöst worden? Sie werden feststellen, dass der »Übeltäter« häufig ein einfacher Gedanke ist. Vielleicht hat Ihr Chef soeben eine dicke Extra-Aufgabe auf Ihrem Schreibtisch abgeladen. Und Sie haben das innerlich mit einem »Wie bitte, das soll ich auch noch alles machen? Das ist eine Katastrophe!« quittiert.

Bedenken Sie, dass oftmals erst Ihre Bewertung der Situation ein Ereignis zum Problem macht. Entscheiden Sie doch einfach, dass der hässliche Kommentar des Kollegen für Sie vollkommen überflüssig und bedeutungslos ist. Machen Sie sich bewusst, dass andere Sie nur insoweit ärgern können, wie Sie das selbst zulassen.

- Finden Sie eine günstigere Bewertung der Situation. Dazu gehört, dass Sie Dramatisierungen vermeiden und sich selbst nicht schwach reden (»Das schaffe ich sowieso nicht«). Sie könnten so zu dem Schluss kommen, dass Sie bereits viel zu tun haben und sich nicht zutrauen, noch mehr Aufgaben in gewohnter Qualität zu erledigen. Da hat Ihr Chef Ihre Arbeitsbelastung wohl anders eingeschätzt. Macht nichts, denn darüber lässt sich reden.

- Machen Sie sich bewusst, dass Sie Handlungsmöglichkeiten und Alternativen haben. Sehen Sie sich nicht als Opfer einer Situation, sondern werden Sie aktiv und zum Handelnden. Im Falle der Extra-Aufgabe können Sie das Gespräch mit Ihrem Chef suchen. Vertrauen Sie darauf, dass Sie ihm schon klarmachen werden, dass Sie entweder die Extra-Aufgabe oder Ihre zahlreichen anderen Aufgaben erledigen können.

»Kann ich nicht« stimmt oft nicht

Kennen Sie auch solche Stimmen in Ihrem Kopf, die sich in allen möglichen und unmöglichen Momenten mit pessimistischen Einflüsterungen einmischen? »Das kann ich nicht«, »Das klappt nie«, »Kollege X kann das besser«. Wer solche Selbsteinschätzungen in seinem Kopf laut werden lässt, betreibt reine Selbstsabotage. Das hilft:

- Zeigen Sie den negativen Gedanken die Rote Karte. Formulieren Sie die pessimistischen Kommentare rigoros um in neutrale und unschädlichere Aussagen (»Das kann ich noch nicht«, »Mal sehen, was daraus wird«, »Kollege X hat mehr Erfahrung, aber Übung macht den Meister«).

- Erinnern Sie sich an ähnliche Situationen, die Sie gemeistert haben. Wie haben Sie das damals geschafft? Welche Ihrer Fähigkeiten könnte auch in der aktuellen Situation hilfreich sein?

✔ Seien Sie nicht zu kritisch mit sich selbst. Sie müssen nicht immer 110 Prozent geben, auch 80 Prozent reichen meistens völlig aus.

✔ Lassen Sie sich nicht von ungünstigen Umständen abschrecken. Konzentrieren Sie sich nicht darauf, was alles nicht geht, sondern darauf, was Sie alles anstellen könnten. Machen Sie sich also bewusst, welche unterschiedlichen Handlungsmöglichkeiten Sie haben. Wenn Ihnen nichts einfällt, werden Sie kreativ: Schreiben Sie auf, wie Ihr Chef, Ihr Freund oder Kollege und Ihr größtes Vorbild vermutlich reagieren würden, wenn sie in Ihrer Haut steckten. Ist etwas für Sie dabei?

✔ Finden Sie heraus, wer oder was Ihnen helfen kann, die Aufgabe zu bewältigen. Und beschaffen Sie sich die Hilfe.

✔ Sie meinen, Sie könnten dieses oder jenes nicht tun, weil Kollege Müller dann verärgert sein könnte? Rücksicht nehmen ist gut, aber nicht selten haben Sie dadurch am Ende das Nachsehen. Hüten Sie sich also vor zu viel Rücksichtnahme. Sie dürfen getrost davon ausgehen, dass Mann weit weniger Skrupel hätte, Frau mal dezent auf die Füße zu treten, wenn es für die eigene Sache wichtig ist.

Nutzen Sie dieses Buch:

- Kapitel 7 hält viele Tipps bereit, mit deren Hilfe Sie Lösungen in verzwickten Situationen finden.

- In Kapitel 14 erfahren Sie im Abschnitt »Selbstzweifeln selbstbewusst entgegentreten«, wie Sie Selbstzweifel in den Griff bekommen.

- Kapitel 12 hält Tipps bereit, wie Sie Stresssituationen entschärfen.

Ideen sind keine Fragen

Mittwochmorgen, Abteilungsmeeting eines Modehauses für Damenbekleidung. Kollegin Richter beugt sich vor und sagt beziehungsweise fragt in die Runde: »Und wenn wir in unseren Boutiquen kostenlos WLAN im Bereich vor den Umkleidekabinen anbieten? Dann ließen die Ehemänner unsere Kundinnen bestimmt mehr Zeit zum An- und Ausprobieren.«

Selbst eine gute Idee wird oft überhört, wenn sie nicht richtig vorgetragen wird. Im schlimmsten Fall wird die Idee so fragend vorgetragen, dass nur noch eine Frage, aber keine Idee mehr darin zu erkennen ist. Wenn Ihnen eine Idee etwas wert ist, sollten Sie sich und Ihre Ideen ins rechte Licht rücken:

✔ Nehmen Sie Blickkontakt zum Chef auf und behalten Sie die wichtigsten Details Ihrer Idee so lange für sich, bis Sie diese dem Entscheidungsträger vortragen können.

✔ Verkaufen Sie Ihre Idee. Knüpfen Sie an alte Probleme an, die Ihr Chef schon immer lösen wollte. Erklären Sie ihm, wie Ihre Idee seinen Kummer löst.

✔ Eine Frage lässt sich schneller abbügeln als ein selbstbewusst vorgetragener Vorschlag. Je stärker Sie Ihren Vorschlag präsentieren, desto größer sind auch seine Chancen. Bereiten Sie ruhig eine Entscheidungsvorlage vor, in der Sie alle Vorteile Ihrer Idee zusammenstellen.

 Stellen Sie nicht aus Angst vor Ablehnung Ihre Idee als Frage und damit infrage. Sie können auch mal einen Vorschlag machen, der nicht angenommen wird. Das ist nicht peinlich, sondern gehört dazu. Wenn eine Frau aber eine Idee als Frage formuliert, fühlt sich so mancher Mann berufen, (s)einen Beschluss daraus zu machen: »Ich schlage vor, wir machen das so und so.«

Bescheidenheit ist keine Zier

Soeben hat die Kollegin einen millionenschweren Auftrag an Land gezogen. Der Chef dankt es ihr vor dem gesamten Team mit warmen Worten, worauf die Kollegin leicht errötend zu Bedenken gibt: »Ach, danke, aber das war vor allem Glück. Der Kunde hatte heute einen guten Tag. Jeder hätte es geschafft, ihn zur Unterschrift zu bringen.«

Am nächsten Tag schließt Kollege Meier einen klitzekleinen Auftrag ab. Da der Chef keine Anstalten macht, ihn für den klitzekleinen Auftrag öffentlich zu loben, stellt der Kollege sich in die geöffnete Tür zum Chefbüro und verkündet unüberhörbar für alle: »Ja, Chef, es ist mir gelungen, den Kunden zu gewinnen. Dank meines Verkaufstalents habe ich die Verhandlung mit Erfolg abgeschlossen.«

Unsympathisch finden Sie das? Mag sein, aber darum geht es nicht (und Übertreibung macht anschaulich). Es geht darum, die eigenen Erfolge als eigene Erfolge zu verbuchen. Und es geht darum, das eigene Image zu polieren und Anerkennung zu genießen.

✔ Trauen Sie sich, sich Ihre eigenen Erfolge klar und deutlich zuzusprechen. Sprechen Sie in Ich-Botschaften und stehen Sie zu Ihren Leistungen: »Ja, ich habe den Kunden für uns gewonnen. Das ist ein toller Auftrag.«

✔ Denken Sie daran, dass alles, was Sie so von sich geben, das Bild formt, das die anderen von Ihnen haben. Wollen Sie also die Schüchterne sein, die hin und wieder einfach etwas Glück hat? Oder wollen Sie, dass die anderen Ihre Leistungen zu schätzen wissen?

✔ Dokumentieren Sie Ihre Erfolge. Wenn Ihr Chef nichts von Ihrer Leistung mitbekommen hat, informieren Sie ihn. Dafür eignet sich eine E-Mail (»Zu Ihrer Information: Projekt erfolgreich abgeschlossen«) ebenso wie der wöchentlich Jour fixe. Ihre Erfolgsliste ist außerdem Ihr stärkstes Argument im nächsten Gehaltsgespräch.

 Beobachten Sie einmal, wie unbescheiden viele Karriere-Aufsteiger ihre Position festigen:

✔ Wie positionieren sie ihre Leistungen, mit welchen Worten sprechen sie von sich?

✔ Welche Mimik, Gestik und Körpersprache nutzen sie, um klarzustellen, dass sie zu den besten Pferden im Stall gehören?

✔ Woran erkennen Sie den Ranghöchsten in einer Gruppe? Wie verhält der Ranghöchste sich den anderen gegenüber? Welche Verhaltensweisen der »Unterlegenen« bestätigen ihren niedrigeren Status?

Sie sollen nicht gleich zum nächsten Gewinner des Alpha-Tierchen-Wettbewerbs werden. Aber Sie sollten lernen, sich selbstbewusst in Szene zu setzen.

Zwei Dinge, die Frau sich bei Mann abgucken kann

Mittlerweile herrscht in den Personalabteilungen weite Einigkeit, dass einige (angeblich) typisch weibliche Eigenschaften wichtige Zutaten für eine Karriere sind: Kommunikationsgeschick, Einfühlungsvermögen und Intuition beispielsweise zählen längst zu den wichtigen Schlüsselqualifikationen.

Frauen, die sich wie echte Männer benehmen, erhöhen vielleicht ihren Unterhaltungswert, nicht aber ihre Karrierechancen. Wenn Frau sich gewollt männlich präsentiert, kann sie damit genauso zur (mehr oder weniger liebenswerten) Lachnummer werden wie Männer, die weiblicher sind als die weiblichste Frau.

Bleiben Sie also weiblich, aber setzen Sie Ihre weiblichen Vorzüge (die rein charakterlich, natürlich) richtig ein. Und zu diesem Zwecke dürfen Sie sich durchaus einiges bei den männlichen Kollegen abgucken und in Ihr weibliches Repertoire aufnehmen.

✔ Frauen kommunizieren, um sich selbst mitzuteilen und die Beziehung zum anderen zu pflegen. Das ist gut und schön, aber im Beruf (bestenfalls) zweitrangig. Lernen Sie von den Herren der Schöpfung. Diese nämlich kommunizieren in erster Linie, um sich selbst zu präsentieren, Macht zu demonstrieren oder wenn es ein konkretes Problem zu lösen gibt. Dann aber reden sie selten um den heißen Brei herum, sondern formulieren ihr Anliegen klipp und klar (man könnte auch sagen: »ohne Rücksicht auf Verluste«).

Sie ahnen es: Wie so oft im Leben ist der Mittelweg die beste Wahl. Nutzen Sie daher Ihr Kommunikationsgeschick,

- um sich selbst ins beste Licht zu rücken,
- Lösungen für Probleme zu entwickeln und
- gleichzeitig eine tragfähige Beziehung für künftige berufliche Gespräche aufzubauen.

✔ Frauen orientieren sich im Beruf oft nach Sympathie. In einem Raum voller Kollegen sehen Frauen die netten und die weniger netten Exemplare. Männer hingegen sehen Ranghohe und Rangniedere, also Chefs, Gleichgestellte und Untergeordnete. Ihrer Karriere wird es guttun, wenn Sie die Kollegen auch einmal durch diese Hierarchiebrille sehen. Suchen Sie bei nächster Gelegenheit also ruhig mal das Gespräch mit den ranghohen Exemplaren – auch wenn Sie deren Assistenten sehr viel netter finden.

Sie sitzen einem Eisblock gegenüber und menscheln was das Zeug hält, um ihn aufzutauen und Zeichen der Sympathie zu entlocken? Geben Sie sich keine Mühe. Sie riskieren, dass nicht der Eisblock, sondern Ihr Image dahinschmilzt. Je mehr Sie sich ins Zeug legen, desto bemühter erscheinen Sie. Und je bemühter, desto schwächer, unsicherer und unterlegener werden Sie wahrgenommen. Sehen Sie die Situation lieber so nüchtern wie Mann sie vermutlich sieht: Wenn es menschlich gerade nicht passt, passt es eben nicht. Aber darunter sollte die Sache nicht leiden. Bedenken Sie, dass Sie nicht allein verantwortlich sind für eine gute Gesprächsatmosphäre. Sie sind allerdings sehr wohl allein dafür verantwortlich, dass Sie in diesem Gespräch Ihre Gesprächsziele erreichen.

Zehn Business-Tipps (nicht nur) für Männer

In diesem Kapitel

▶ Karriereförderliche Verhaltensweisen kennenlernen

▶ Sich den Chef zum Freund machen

▶ Soziale Beziehungen als Karrierefaktor verstehen

»Selbst ist der Mann« heißt es und auch in Karrierefragen dürfen Männer darauf zählen, dass sie mit vielen »typisch männlichen« Eigenschaften gut vorankommen. Manche karriereförderliche Eigenschaft ist aber, wie so vieles im Leben, nur in Maßen gut und förderlich (und sozialverträglich). Wer immer nur von sich erzählt, vermarktet zwar seine Vorzüge, verspielt aber Sympathien. Wer niemals Fragen stellt, wirkt allwissend, nimmt sich aber die Chance auf Erkenntniszuwachs und interessante Gespräche. Und wer nicht weiß, wie er richtig mit der Kollegin oder dem Vorgesetzten umgeht, vergibt wertvolle Karrierechancen. In diesem Kapitel erfahren Sie, wie Sie auf dem schmalen Grat zwischen einem Zuviel und einem Zuwenig wandeln und Ihre »typisch männlichen« Eigenschaften karriereförderlich aufpolieren.

Wer selbst redet, erfährt nichts Neues

Natürlich hat man(n) den Wunsch, sich gut zu informieren. Noch stärker ist allerdings oftmals der Wunsch, sich gut zu positionieren. Und was eignet sich besser dafür als eine Abhandlung über die eigenen Errungenschaften und Leistungen. Klappern gehört zum Handwerk und natürlich ist das nicht nur gut und schön, sondern auch wichtig. Ebenso wichtig ist es allerdings, beizeiten die Ohren offen und den Mund geschlossen zu halten und die anderen reden zu lassen. Denn auch mit neuem Wissen lässt sich schön klappern und der eigene Wert im sozialen Netzwerk steigern. Und wer immer nur selbst redet, erfährt nichts Neues.

 Fragen Sie sich hin und wieder ganz bewusst, was gerade mehr wert ist: Ist es wertvoller, dass Sie Ihren Gesprächspartner mit eigenen Ausführungen beeindrucken oder dass Sie etwas von ihm erfahren, vielleicht sogar lernen?

Sie finden es langweilig, den anderen zuzuhören, weil Sie lieber selbst aktiv sind? In Ordnung, dann spielen Sie doch Detektiv und hören Sie aktiv zu, um möglichst viel herauszufinden:

✔ Lassen Sie den Redefluss Ihres Gegenübers nicht schweigend über sich ergehen. Zeigen Sie dem anderen, dass Sie noch wach sind, durch kurze Lebensäußerungen à la »Aha«, »Verstehe« und »Interessant«. Sie ermutigen ihn damit weiterzusprechen und Sie noch besser zu informieren.

- ✔ Bleiben Sie gedanklich bei der Sache. Lassen Sie sich also nicht dazu hinreißen, innerlich schon einmal Ihre Gegenantworten zu proben. Versuchen Sie, den anderen wirklich zu verstehen, bevor Sie sich entscheiden, welche Antwort die beste ist.

- ✔ Stellen Sie Zwischenfragen und geben Sie das Verstandene in eigenen Worten wieder. (»Habe ich Sie richtig verstanden, Sie meinen also ...«.) So stellen Sie sicher, dass Sie auf der richtigen Fährte sind. Gleichzeitig bekunden Sie Interesse und dürfen auch mal was sagen.

- ✔ Lesen Sie zwischen den Zeilen: Versuchen Sie doch einmal herauszufinden, welche Botschaften Ihnen der andere auf den einzelnen Seiten der Nachricht sendet (das ist auch für Superdetektive eine echte Aufgabe). Was teilt Ihr Gesprächspartner Ihnen über sein eigenes Befinden mit, was möchte er erreichen, wie schätzt er die Beziehung zwischen Ihnen beiden ein? Und welche Botschaften davon sendet er Ihnen vermutlich gänzlich unbewusst? In Kapitel 15 erfahren Sie, welche Botschaften sich in einer einzelnen Nachricht verstecken. Sie können durch aufmerksames Zuhören nämlich viel mehr über Ihren Gesprächspartner herausfinden, als dieser Ihnen selbst erzählt.

- ✔ Bei Meinungsverschiedenheiten versuchen Sie am besten herauszufinden, welches Interesse der andere verfolgt. Oftmals wird nur über Positionen gesprochen (»Ich will aber auf die Messe fahren ...«) und nicht über das Warum dahinter (»... weil ich das einigen Kunden schon zugesagt habe«).

Jeder spricht gerne über sich selbst und über das, was ihm wichtig ist. Durch geduldiges Zuhören können Sie sich daher neben einem Informationsvorsprung auch noch einen Sympathiebonus verschaffen: Menschen beurteilen ein Gespräch im Nachhinein nämlich meistens umso positiver, je mehr sie selbst dazu beigetragen haben. Selbst wenn Sie fast gar nicht zu Wort gekommen sind, können Sie das positiv sehen: Sie haben zwar nicht Ihr Redebedürfnis, dafür aber das Geltungsbedürfnis Ihres Gegenübers gestillt. Sie dürfen davon ausgehen, dass Ihnen das einige Sympathiepunkte eingebracht hat und der andere das Gespräch mit Ihnen ausgesprochen angenehm fand.

Wer nicht fragt, bleibt dumm

Man(n) muss nicht alles wissen. Man sollte aber wissen, wann es an der Zeit ist, den eigenen Wissensstand aufzustocken und jemand anders zu fragen. Dass Fragen kein Zeichen von Schwäche ist, sollte sich mittlerweile rumgesprochen haben. Fragen sind vielmehr ein Zeichen von realistischer Selbsteinschätzung – und eine Chance auf echten Erkenntniszuwachs.

Spätestens seit der Sesamstraße weiß jeder, wie wichtig es ist, nach dem Wieso, Weshalb und Warum zu fragen. Es lohnt sich aber nicht nur dann jemanden etwas zu fragen, wenn Sie dringend eine Antwort benötigen. Durch gute Fragen können Sie nämlich aus so ziemlich jedem Gespräch mehr für sich herausholen. Gute Fragen leisten einige gute Dienste. Sie können damit:

- ✔ **Die interessantesten Informationen erfragen:** Wenn Sie klug fragen, ersparen Sie sich stundenlange Ausführungen, die Sie nicht die Bohne interessieren. Stattdessen kommen Sie direkt auf das zu sprechen, worum es für Sie geht.

- ✔ **Das Gespräch in Gang bringen oder am Laufen halten:** Wenn eine Frage allerdings mit »Ja« oder »Nein« hinreichend beantwortet werden kann, haben Sie zwar eine Antwort, aber unter Umständen kein Gespräch mehr.

Eine gute Frage bietet dem anderen die Gelegenheit zu einer umfassenden Antwort. Besonders geeignet sind offene Fragen, bei denen der andere etwas mehr bieten muss als ein einfaches »Ja« oder »Nein«. Sie kommen so an mehr Informationen und das Gespräch ist deutlich lebendiger. Offene Fragen stellen Sie mit »W-Fragewörtern«. Neben dem Sesamstraßentrio »wieso, weshalb, warum« können Sie Fragen auch mit »was, woher« oder »wann« beginnen.

- ✔ **Sich eine kurze Redepause verschaffen:** In heiklen Situationen können Sie sich auch eine Pause zum Nachdenken »erfragen«. Es versteht sich von selbst, dass Sie keine wichtigen Fragen stellen sollten, deren Beantwortung Sie dann nicht mitbekommen.
- ✔ **Die Gesprächsatmosphäre aufpolieren:** Fragen signalisieren Interesse. Und Interesse an den eigenen Ausführungen stimmt so gut wie jeden Gesprächspartner froh. Und ein froher Gesprächspartner ist Ihnen freundlich gestimmt, bereit, auf Sie einzugehen, und vielleicht sogar gewillt, Ihnen mehr entgegenzukommen, als er eigentlich vorgesehen hatte.
- ✔ **Das Gespräch steuern:** Es heißt zu Recht: »Wer fragt, der führt«. Durch Ihre Fragen bestimmen Sie nun einmal, worüber geredet wird.

Bei Meinungsverschiedenheiten führt die Frage nach dem »Warum« zwar zu dem Grund, aus dem der andere einen Vorschlag ablehnt. Den Weg zu einer Lösung schlagen Sie jedoch mit Fragen wie »Unter welchen Voraussetzungen könnten Sie meinem Vorschlag zustimmen?«, »Was schlagen Sie stattdessen vor?« oder »Was müssten wir tun, um zu einer einvernehmlichen Lösung zu gelangen?« ein.

Delegieren macht frei

Frisch gekürte junge Führungskräfte machen nicht selten eine überraschende Feststellung: Für einen kontroll- und qualitätsbewussten jungen Chef ist es gar nicht so einfach, die anderen ihre Arbeit machen zu lassen. Immerhin sind Sie jetzt dafür verantwortlich, dass alles gut läuft. So manch einem kitzelt es in den Fingern, die anfallenden Arbeiten – sicherheitshalber – selbst zu übernehmen. Oder aber alles in akribischer Kleinarbeit zu kontrollieren. Mit dieser Einstellung werden Sie jedoch nicht nur im Handumdrehen zu einem sehr unbeliebten, sondern auch zu einem ebenso überarbeiteten Vorgesetzten.

Delegieren macht Sie frei. Und nebenbei macht es auch Ihre Mitarbeiter schlau. Wer immer alles selbst macht, nimmt den Mitarbeitern nämlich nicht nur viele Informationen, sondern auch die Chance dazuzulernen. Beides danken Mitarbeiter einem Vorgesetzten übrigens in der Regel nicht. Wenn Sie einen guten Mitarbeiter halten wollen, sollten Sie also schleunigst anfangen, ihn sinnvoll zu beschäftigen.

So sichern Sie sich Zeit, Sympathien und das Vertrauen in Ihre Führungsqualitäten:

✔ Prüfen Sie genau, welche Aufgaben Sie delegieren können und welche Aufgaben Chefsache sind. Prestigeträchtige Aufgaben, wie die Präsentation vor dem Direktor, übernehmen Sie in der Regel selbst. Bei einem Meeting auf der Arbeitsebene Ihrer Mitarbeiter müssen Sie hingegen nicht mitmischen. Sie sollten Ihre Mitarbeiter aber hin und wieder auch mit prestigeträchtigen Auftritten belohnen, natürlich in Ihrer Begleitung und unter Ihrer Führung.

✔ Jeder Mitarbeiter hat seine Stärken und Schwächen, die Sie unbedingt aufspüren sollten. Dann können Sie den Mitarbeiter optimal einsetzen – zu seiner und zu Ihrer Zufriedenheit. Wenn Sie den geeigneten Mitarbeiter für die Aufgabe gefunden haben, übertragen Sie ihm neben der Aufgabe auch ausdrücklich die Verantwortung für die Aufgabe. Damit erhöhen Sie sein Engagement und (hoffentlich) die Wahrscheinlichkeit, dass Sie nicht eingreifen müssen.

Die Wahrscheinlichkeit, dass die Aufgaben in Ihrem Sinne erledigt werden, können Sie zudem so erhöhen:

✔ Nehmen Sie sich Zeit, die Aufgabe zu erklären. Je weniger Sie erklären, desto mehr muss der andere interpretieren. Und das Ergebnis muss dann nicht unbedingt so ausgehen, wie Sie es sich vorgestellt hatten.

✔ Würdigen Sie die Bedeutung der Aufgabe und ordnen Sie die Aufgabe in den größeren Zusammenhang ein. Der Mitarbeiter versteht so nicht nur besser, worum es eigentlich geht. Er ist oft motivierter, weil er sieht, welchen wichtigen Beitrag seine (unbedeutende) Aufgabe leistet.

✔ Überprüfen Sie, ob Sie alle Informationen weitergegeben haben, die Sie verarbeitet sehen wollen. Sagen Sie dem Mitarbeiter, welchen Input er zudem beschaffen und berücksichtigen soll. Außerdem können Sie gemeinsam mit dem Mitarbeiter überlegen, welche Ressourcen darüber hinaus noch sinnvoll oder notwendig sind.

✔ Vermitteln Sie dem Mitarbeiter eine klare Vorstellung, wie das Endergebnis auszusehen hat. Wünschen Sie sich einen ausführlichen Text, eine kurze (oder eine lange) Präsentation oder eine stichpunktartige Zusammenfassung der Ergebnisse? Je genauer Ihre Vorgaben sind, desto höher ist die Wahrscheinlichkeit, dass Sie bekommen, was Sie wollen. (Überraschungen wird es trotzdem noch genug geben.)

✔ Legen Sie fest, wann die Aufgabe abgeschlossen sein muss. Zudem sollten Sie absprechen, wann und wie Sie über Zwischenstände informiert werden wollen und bis zu welchem Punkt der Mitarbeiter Entscheidungen ohne Rücksprache treffen darf.

Die Einstellung »Ich mache das lieber selbst« ist eine Bankrotterklärung an die eigenen Führungsqualitäten. Sie sagen damit nämlich letztlich Folgendes: »Ich sehe mich nicht in der Lage, meine Mitarbeiter so zu entwickeln, dass sie mit den Aufgaben betraut werden können.« Mitarbeiterentwicklung gehört aber zu den wichtigsten Aufgaben einer Führungskraft. Loben Sie vor anderen Ihre Mitarbeiter also lieber, anstatt darüber zu meckern, dass sie immer noch alles falsch machen (dürfen, weil Sie den Laden nicht im Griff haben).

✔ Andere Menschen erledigen die Dinge häufig anders, als man selbst es getan hätte. Ziehen Sie aber in Betracht, dass »anders« nicht unbedingt »schlechter« sein muss. »Anders« kann sich sogar einmal als »besser« erweisen. Seien Sie großzügig und ersparen Sie es sich, jedes kleine Detail zu korrigieren. Viele Wege führen nach Rom. Eingreifen sollten Sie allerdings, wenn der Mitarbeiter sich auf den Weg zum Nordpol macht.

So klappt es mit dem (oder der) Vorgesetzten

Das Wesen »Chef« rangiert oft irgendwo zwischen Freund und Feind. Damit es Ihnen freundlich gesinnt ist, sollten Sie zu dem werden, was der Chef unter einem guten Mitarbeiter versteht. Und da fangen die Probleme an: Denn jeder Chef hat da so seine eigenen Vorstellungen, was einen Mitarbeiter zu einem guten Mitarbeiter macht.

Was in Ihren Augen eine Glanzleistung ist, mag in den Augen Ihres Chefs weit weniger glänzen. Gehen Sie also nicht einfach davon aus, dass Ihr Chef die Welt in der gleichen Art wie Sie in Gut und Böse unterteilt. Erforschen Sie zunächst, was Ihrem Chef weniger wichtig ist, worauf er nicht verzichten kann und nach welchen Maßstäben er Leistung bewertet. Dann halten Sie den Schlüssel dafür in der Hand, zu dem zu werden, was Ihr Chef für einen guten Mitarbeiter hält.

Die meisten Chefs mögen Folgendes:

✔ Akzeptieren Sie seinen Arbeits- und Führungsstil. Was ein Chef von seinen Mitarbeitern erwartet, ist unter anderem abhängig von seinem Führungsstil. Der eine will oft informiert und auch in kleinere Entscheidungen eingebunden werden. Der andere bevorzugt Mitarbeiter, die weitgehend unabhängig arbeiten und nur bei größeren Entscheidungen auf ihn zukommen. Richten Sie sich nicht nach Ihren Vorlieben (für Alleingänge zum Beispiel), wenn Ihr Chef anders tickt.

✔ Zeigen Sie, dass Sie verstanden haben, welche Ziele Sie erreichen sollen. Und zeigen Sie, dass Sie dazu ganz eigenständig in der Lage sind. Die meisten Chefs freuen sich über Eigeninitiative (die in die richtige Richtung geht) und ein Mindestmaß an unternehmerischem Denken. Treffen Sie Entscheidungen also immer aus Sicht des Unternehmens und bestellen Sie eben graue Neuwagen für die neue Verkaufsniederlassung, auch wenn Sie persönlich auf quietschgelb stehen.

✔ Zeigen Sie Ihrem Chef, dass er sich auf Sie verlassen kann. Dazu gehört, dass Sie die Aufgaben inhaltlich so bearbeiten, wie mit ihm abgesprochen, Termine einhalten, die Interessen der Abteilung vor Dritten vertreten (auch wenn er nicht dabei ist) und ihm selbstverständlich nicht in den Rücken fallen und lästern.

✔ Halten Sie den Chef auf dem Laufenden über Ihre Projekte. Sie können ihn entweder per E-Mail auf den neuesten Stand bringen oder in persönlichen Gesprächen. Halten Sie sich aber kurz, langweilen Sie ihn nicht mit unwichtigen Details und bündeln Sie Ihre Neuigkeiten. Sie wollen ja nicht alle zehn Minuten mit einer neuen Information in seinem Türrahmen stehen (und er will das ganz sicher auch nicht).

So klappt es noch besser mit der (oder dem) Vorgesetzten

Mitarbeiter, gute Mitarbeiter und sehr gute Mitarbeiter unterscheiden sich unter anderem dadurch, wie gut sie ihren Chef bei seiner Sache unterstützen – und wie sehr sie ihn (positiv!) überraschen. Werden Sie zum besten Pferd im Stall:

- ✔ Die eigenen Ziele zu kennen ist gut und schön, aber ehrlich gesagt selbstverständlich. Wenn Sie hingegen auch die Ziele Ihres Chefs kennen, können Sie Ihre Arbeit optimal darauf ausrichten und bei Entscheidungen seine Brille aufsetzen. Ihr Chef wird es Ihnen danken.

- ✔ Leisten Sie immer etwas mehr, als von Ihnen verlangt wird. Fragen Sie sich zum Beispiel, welche Zusatzinformationen zusätzlich hilfreich sein könnten oder welche Fragen im nächsten Schritt auftauchen werden. Und sorgen Sie heute schon für die Antworten.

- ✔ Machen Sie Ihren Chef rechtzeitig und von sich aus auf Schwierigkeiten in Ihrem Verantwortungsbereich aufmerksam; am besten mit einer Entscheidungsvorlage in der Hand, in der Sie ihm die Vor- und Nachteile möglicher Lösungen aufzeigen.

- ✔ Spielen Sie keine Machtspielchen mit beziehungsweise gegen Ihre weibliche Vorgesetzte. Chef ist Chef und Sie sollten sich nicht dazu hinreißen lassen, eine Chefin weniger zu respektieren als einen Geschlechtsgenossen. Verzichten Sie darauf, ihr zu beweisen, was Männer Ihrer Ansicht nach alles besser können. Sie beweisen damit nur eines, nämlich dass Sie die Spielregeln nicht verstanden haben.

Angriff ist die beste Verteidigung

Bevor Sie sich in Kampfposition bringen, lesen Sie bitte weiter: Hier geht es nämlich ausschließlich darum, Schwierigkeiten und Probleme in Angriff zu nehmen. Die weitverbreitete Vogel-Strauß-Technik (Kopf in den Sand stecken und hoffen, dass es vorbei geht) macht Schwierigkeiten nämlich mit einiger Sicherheit nicht besser, sondern schwieriger. Werden Sie also lieber schnell aktiv und nehmen Sie die Sache in Angriff:

- ✔ Informieren Sie Ihren Chef rechtzeitig, wenn es Probleme in Ihrem Verantwortungsbereich gibt. Jammern Sie aber nicht und erwarten Sie auch nicht, dass er alles stehen und liegen lässt und Ihnen zu Hilfe eilt.

Paaren Sie die schlechte Nachricht mit einer guten. Verkünden Sie, was Sie tun werden (oder noch besser: bereits getan haben), um die Situation zu verbessern. Vermitteln Sie das Gefühl, dass Sie Herr der Lage sind.

- ✔ Zeigen Sie Entscheidungsstärke und unternehmerisches Geschick und leiten Sie eigenständig Erste-Hilfe-Maßnahmen in die Wege. Ihnen fallen keine guten Maßnahmen ein? Dann werden Sie kreativ: Schreiben Sie drei verschiedene gute Möglichkeiten auf, wie die Situation verbessert werden könnte. Können Sie eine davon als Sieger küren und in die Tat umsetzen? Wenn Sie keinen Sieger ausmachen können, taufen Sie Ihr Papier mit den drei Möglichkeiten auf den Namen »Ansätze, den Kunden zurückzugewinnen« (oder was auch immer bei Ihnen schiefgelaufen ist). Mit dieser Arbeitsunterlage können Sie nun ruhig den Chef aufsuchen und seine Meinung einholen.

✔ Informieren Sie Ihren Chef darüber, wie Sie diesen Fehler zukünftig verhindern werden.

✔ Übernehmen Sie die Verantwortung für Ihre Missgeschicke und versuchen Sie nicht, sich herauszureden oder anderen die Schuld zu geben.

Bedenken Sie, dass Ihr Chef nicht Ihre Probleme lösen möchte. Denn dafür hat er Sie eingestellt. Auch wenn Ihnen noch so gute Ausreden einfallen: Letztendlich gestehen Sie damit nur ein, dass Sie keinen (oder jedenfalls nicht genügend) Einfluss auf das Geschehen haben. Und das ist für jemanden, der verantwortlich ist, eher ungünstig. Erklären Sie also lieber nicht, dass Sie nichts machen können, weil der Kunde zu widerspenstig, die Aufgabe zu knifflig oder der Input zu spät ist. Damit geben Sie lediglich zu verstehen, dass die Aufgabe mit all ihren Widrigkeiten eine Nummer zu groß für Sie ist.

Gefühle sind besser als ihr Ruf

Der Mann von heute findet Gefühle am Arbeitsplatz in der Regel so wichtig wie die saisonale Dekoration des Schreibtischs. Dabei sind Gefühle weit mehr als nur eine Dekoration für einen scharfen Verstand.

✔ Gefühle ermöglichen eine schnelle Bewertung von Situationen: Viele spontane Gefühle helfen dabei, die Situation schnell und unkompliziert einzuordnen.

✔ Das Gefühl der Angst beispielsweise macht unmissverständlich auf eine (mögliche) Gefahr aufmerksam. Da darf man(n) getrost darauf verzichten zu analysieren, was das helle Feuer im Büroflur im Detail anrichten könnte, und sich einfach in Sicherheit bringen.

✔ Ein gutes Gefühl der Entwarnung (»Alles okay hier«) stellt sich ein, wenn Sie eine Situation oder Umgebung (unbewusst) als ungefährlich bewertet haben. Sie fangen an, sich wohlzufühlen. Sie dürfen Ihren Gefühlen also durchaus Glauben schenken und sie als Orientierungshilfe anerkennen.

Wer sich bei einer Diskussion, einer Verhandlung oder auch einem harmlosen Plausch plötzlich unwohl fühlt, sollte seinem Gefühl unbedingt nachgehen. Seien Sie dankbar für Ihre feine Antenne, anstatt die aufkeimenden Gefühle einfach als Quatsch abzutun. Und analysieren Sie die Situation, um herauszufinden, woher Ihr Magengrummeln kommt. Dazu eignet sich zum Beispiel das Modell des inneren Teams, das Sie in Kapitel 13 kennenlernen. Je eher Sie die Ursache für das ungute Gefühl entdecken, desto schneller können Sie darauf reagieren und den Entwicklungen entgegensteuern.

Die Emotionsforschung hat einige Mythen über Gefühle zumindest entschärft:

✔ Mythos »Gefühle sind irrational«: Viele Männer fühlen sich dem Denken näher als den Gefühlen. Letztere, so die verbreitete Meinung, entspringen nicht dem Verstand. So liegt es in der Natur der Sache, dass ihnen das Prädikat »vernünftig« verwehrt bleibt. Und mit diesem Prädikat schmückt Mann sich nun einmal besonders gerne. Die Forschung zeigt jedoch, dass Gefühle meistens infolge von Gedanken entstehen. Gefühle sind daher häufig genau so vernünftig oder eben unvernünftig wie der Gedanke, der sie ausgelöst hat.

- ✔ Mythos »Denken und Fühlen sind zwei verschiedene Paar Schuhe«: Stellen Sie sich einmal vor, Sie stünden unter enormem Zeitdruck. Den 20-seitigen Abschlussbericht müssen Sie innerhalb von nur einer Stunde verfassen. Die Projektergebnisse sollen Sie plötzlich statt nächste Woche bereits morgen der Bereichsleiterin vorstellen. Mit einiger Sicherheit wird Ihnen bei diesem Gedanken ganz anders. Genauer gesagt: Sie fühlen sich ganz anders, nämlich unruhig und gestresst. Zum Glück können Sie schnell für gedanklichen Ausgleich sorgen: Versetzen Sie sich gedanklich schnell in Ihren letzten Urlaub. Fühlt sich gut an? Was zu beweisen war.

- ✔ Mythos »Gefühle können nicht gesteuert werden«: Gefühle entstehen oft infolge von Gedanken. Und die Gedanken sind nicht nur frei, sie sind auch kontrollier- und steuerbar. Für Sie bedeutet dass, dass Sie sich im Berufsalltag einen Gefallen tun, indem Sie Ihre Gedanken kontrollieren.

Besonders günstig ist es, wenn Sie durch Ihre Gedanken positive Gefühle heraufbeschwören. Jede Art von innerer Bestätigung (»Ich kriege das hin!«) unterstützt Sie bei Ihrem Vorhaben. Und sei es dadurch, dass sie keinen Raum für Mießmachersprüche wie »Das wird sowieso nichts« lässt.

 Schicken Sie sich gedanklich in den Urlaub, wenn Ihnen nach Urlaub ist. Allein die bildliche Vorstellung des ruhigen blauen Meeres, das in der warmen Sonne glänzt, trägt zur Entspannung bei. Übrigens können Sie auch in Gedanken den Weg für neue Fähigkeiten ebnen. Das funktioniert dank der Spiegelneuronen im Gehirn. Die Spiegelneuronen spiegeln das Verhalten, das Sie beobachten. Sie werden aktiv, wenn Sie beispielsweise Ihrem Chef immer wieder dabei zuschauen, wie seine Körpersprache in der Verhandlung mit dem Kunden keine Fragen offenlässt. Sie werden ebenfalls aktiv, wenn Sie sich vorstellen, ebenso überzeugend aufzutreten oder aber es tatsächlich tun. Das Schöne ist nun, dass die Spiegelneuronen dank der überzeugenden Auftritte des Chefs vorprogrammiert sind und Ihnen beim ersten Mal einen gewaltigen Startvorsprung verschaffen.

Beim anderen Geschlecht punkten

Die Kollegin kann im Büroalltag zu einer starken Verbündeten werden. Dafür müssen Sie sie jedoch für sich einnehmen – und zwar ohne Ihr übliches Flirtrepertoire abzuspulen. Denn im Büro wollen Frauen nicht beflirtet, sondern vor allem respektiert und als gleichwertige Gesprächspartner anerkannt werden. Gewisse weibliche Vorlieben legen sie allerdings auch im Büro nicht ab und daher hilft Folgendes, um ihre Gunst (und Unterstützung) zu gewinnen:

- ✔ Frauen schätzen verständnisvolle Zuhörer. Hören Sie also aufmerksam zu und unterbrechen Sie Ihre Gesprächspartnerin nicht. Zeigen Sie Interesse an den Themen Ihrer

Gesprächspartnerin. Vergessen Sie aber nicht die kleine, aber wichtigen Qualifikation des Zuhörers: Verständnisvoll sollte er nämlich sein. Frauen schätzen es besonders, wenn ihr Gegenüber nicht nur auf Inhalte, sondern auch auf Stimmungen und Gefühle reagiert. Ein verständnisvolles »Ja, das verstehe ich, dass du nun im Stress bist« mag Ihnen zwar inhaltslos erscheinen, ist aber oftmals genau das Richtige.

✔ Widerstehen Sie dem Reflex, ungefragt Ratschläge zu verteilen. Natürlich führt Frau Sie in Versuchung, ihre Problemchen zu lösen, wenn sie sich bei Ihnen ausheult. Geben Sie der Versuchung aber nicht nach, denn oftmals wollen Frauen gar keine Lösung, sondern nur einen Zuhörer (den verständnisvollen, wohlbemerkt). Bedenken Sie, dass Frauen gerne kommunizieren, um sich mitzuteilen und ihre Unzufriedenheit mit Gott und der Welt (oder dem Chef und dem Unternehmen) loszuwerden.

Wenn Sie sich ungebeten anschicken, die Probleme einer Kollegin zu lösen, kann dies schlimmstenfalls sogar nach hinten losgehen. Denn Frau könnte das so deuten, dass Sie ihr nicht zutrauen, die Sache allein zu regeln. Ehe Sie sich versehen, werden Sie dann in den Augen der Kollegin vom verständnisvollen Zuhörer zum besserwisserischen Aufschneider. Undank ist der Welt Lohn.

✔ Viele Frauen neigen dazu, sehr selbstkritisch zu sein und ihr Licht unter den Scheffel zu stellen. Wenn eine Frau selbstkritisch von sich spricht, sollten Sie das nicht als Aufforderung verstehen, mit einzustimmen. Vielleicht erhofft Frau sich einfach etwas Widerspruch und Aufmunterung. Auch wenn die Kollegin Ihnen von einem Fehler erzählt, der ihr unterlaufen ist, sollten Sie einfühlsam bleiben und den Fauxpas nicht mit »Anfängerfehler!« quittieren. Untereinander reagieren Frauen auf Fehlereingeständnisse übrigens häufig mit Verständnis und Mitgefühl à la »Das hätte mir auch passieren können«.

Ein Netzwerk aufbauen

Ein gutes Netzwerk aufzubauen und zu unterhalten, ist eine Menge Arbeit. Diese Arbeit zahlt sich aber spätestens dann aus, wenn Sie als Erster von der neuen unbesetzten Stelle erfahren. Und wenn Sie dann »zufällig« nicht nur den zukünftigen Chef, sondern auch die Kollegin aus der Personalabteilung kennen.

Ein gutes Netzwerk bietet viele Vorteile:

✔ Sie erhalten viele Informationen und sind immer auf dem neuesten Stand.

✔ Sie können eigene Informationen schnell und weit verteilen. Wer als Selbstständiger Leistungen anbietet, nutzt sein Netzwerk als Marketingkanal.

✔ Sie können Kontakt mit Entscheidern und Meinungsträgern aufnehmen.

✔ Wenn Sie Netzwerkpartner aus unterschiedlichen Bereichen haben, haben Sie immer die Möglichkeit, über den eigenen Tellerrand hinauszublicken. Sie kommen mit unterschiedlichen Ideen und Abläufen in Kontakt und können sich etwas für Ihre Entwicklung abschauen. Wer immer up to date ist und zu verschiedenen Themen etwas beitragen kann, ist als Gesprächspartner sehr gefragt.

- ✔ Wer alle und jeden kennt, steigert seinen eigenen Marktwert. Das kann Ihnen auch bei der Bewerbung auf eine neue Position zugutekommen. Denn mit Ihnen sichert sich Ihr zukünftiger Arbeitgeber auch den Zugang zu Ihrem Netzwerk.

So viel zu den Vorteilen eines Netzwerks. Aber woher nun nehmen, wenn nicht stehlen? Ein Netzwerk baut sich nicht von einem Moment auf den anderen auf. Aber es lässt sich in jedem Moment beginnen:

- ✔ Seien Sie mutig und offen und gehen Sie auf andere Menschen zu. Lassen Sie sich dabei nicht nur von Sympathien leiten. Sie wollen sich ja keinen Freundeskreis aufbauen, sondern ein Netzwerk. Und auch wenn Sie den Leiter der Unternehmensentwicklung für arrogant halten, kann er sich durchaus als nützlich erweisen.
- ✔ Werden Sie in virtuellen Netzwerken aktiv. Vernetzen Sie sich mit neuen Bekanntschaften am besten auch in der virtuellen Welt.
- ✔ Halten Sie die Augen offen nach neuen Netzwerkpartnern bei Firmenprojekten, Dienstreisen, Fachmessen, Tagungen oder Seminaren.

 Bei informellen Gelegenheiten ist es besonders einfach, Kontakte zu knüpfen. Das Abendessen nach der Schulung, die Firmenweihnachtsfeier oder der Umtrunk des Kollegen sind nicht nur Spaß-, sondern auch hervorragende Networking-Veranstaltungen. Sprechen Sie ruhig auch mal den unbekannten Kollegen an, der morgens immer in Ihrer Bahn sitzt, oder interessieren Sie sich für Ihren Sitznachbar im Flugzeug.

Business-Tipps für Frauen

Glücklicherweise sind Klischees oft nur Klischees, die mit der Wirklichkeit nicht wirklich viel gemein haben. So beherrscht nicht jeder Mann das vermeintlich typisch männliche Alpha-Tier-Gehabe (zum Glück) und nicht alle Frauen stellen ihr Licht ungefragt unter den Scheffel. Werfen Sie daher ruhig auch mal einen Blick auf die Business-Tipps, die an Ihre Kolleginnen adressiert sind. Das ist nicht nur unterhaltsam, sondern verschafft Ihnen vermutlich auch den ein oder anderen Aha-Effekt. Sie lernen dabei aber nicht nur etwas über das andere Geschlecht. Sie vergegenwärtigen sich gleichzeitig Eigenschaften, die als typisch männlich und zudem als im Berufsleben durchaus förderlich gelten. Und wenn Sie erkennen, dass es bei Ihnen in dem ein oder anderen Bereich gerne noch etwas mehr sein dürfte, dürfen Sie sich ruhig aus der Frauen-Tipp-Kiste bedienen.

Stichwortverzeichnis

A

ABC-Modell 62
   Auslöser 62
   Bewertung 63, 65 f.
ABC-Modell, Stress 243 f.
Ablauforganisation 177
Ablehnung 328
Ablenken 319
Abschalten 254
Abwehrstrategie 197, 321
Achtsamkeit 251
Activating Event *siehe* ABC-Modell
Ärger 302
Äußerung
   destruktive 220
Agenda 217
Aha-Effekt 188
Akteur 135, 137
   Veto-Spieler 135
Akteursanalyse 135 ff.
   Akteure identifizieren 135
Aktiv werden 163
Alleinstellungsmerkmal 231 f.
   formulieren 232
   Merkmale 231
   suchen 232
Allianz bilden 214
Alternative 330
Anerkennung 152, 327
   geben 152, 220
Anforderung
   anders als erwartet 253
   überhöhte 252
Angewohnheit
   unbewusste 51
Angriff
   reagieren auf 209, 322 f.
   unfairer 322
Anklagen 319
Anliegen 216
   formulieren 214
   legitimieren 215
   Unterstützung finden 215
Anspannung 255
Ansprechpartner kennenlernen 178
Anspruch 156
Anteilnahme 206

Anti-Stress-Offensive 246
Antrieb 144
Anweisung, versteckte 180
Appell 300, 304
   versteckter 305 f.
Arbeitsauftrag
   richtig verstehen 192
   Ziel 191
Arbeitsleben 186
Arbeitsorganisation 40
Arbeitsplan 178
Arbeitsprozess, strukturierter 236
Arbeitsunterlage 326
Argument, logisches 216
Assistentin 179
Atemübung 248, 251, 255
Atmen 66, 313
Aufgabe 190
   aufschreiben 195
   bewerten 187
   dringende 193
   lösen 187
   nicht wichtig 193 f.
   nicht wichtig und dringend 188
   nicht wichtig und nicht dringend 188
   unplanmäßig 190
   wichtig 187, 189 f., 195
   wichtig und dringend 177, 187, 190, 191, 192, 195, 252
   wichtig und nicht dringend 188
   zerlegen 196
Aufmerksamkeit
   wecken 240
Aufmunterung 248
Ausdauersportart 255
Aussprechen 325
Authentisch bleiben 170
Autogenes Training 254 f.

B

Bauchgefühl 153 f.
Bedrohung 227 f.
   SWOT-Analyse 226
Bedürfnis 107 f., 184

   befriedigen 107
   erfüllen 144
   hinter einem Ziel 107, 152
   im Berufsleben befriedigen 110
   soziales 109, 111
Bedürfnispyramide 108
   Mangelbedürfnis 108
   Wachstumsbedürfnis 108
Begeisterung 138 f.
Belief *siehe* ABC-Modell
Berufsalltag 186, 190, 243
Berufsanfänger 169
Berufsleben 180
   Alltag 176
   Einstieg ins 176
   Eintrittskarte 176
   mehr Zufriedenheit 256
Bescheidenheit 332
Beschwichtigen 319
Bestechung 214
Beurteilungskriterium
   neutrales 204
Bevormundung 308
Bewegung 66, 247
Beziehungsbotschaften 307
Beziehungsebene 203 ff., 210, 213, 296, 299 f., 302
Beziehungsgestaltung 57, 60
Biermann, Wolf 34
Bilanz 96
   Entwicklungsseite 98, 105
   Kraftseite 96, 98, 101, 105
Bild
   inneres 67
   inneres umdeuten 67
Blickkontakt 219
Botschaft 300 ff.
Brainstorming 41, 43, 208
   bewerten 44
   durchführen 44
   Einzelperson 45
   Erfolgsfaktor 43
   Gruppenbrainstorming 45
   Ziel 43
Bürotyp 203, 218
   umgehen mit schwierigen 218
   Verhaltensweise 220
Buzan, Tony 45

C

Chance 164, 227
   SWOT-Analyse 226 f.
Charakterzug 52
Chef 151, 161, 167, 179, 181, 184, 222, 230, 235, 243, 247, 339 f.
   Anerkennung vom 184
   Arbeitsauftrag verstehen 192
   Arbeitsplan abstimmen 178
   Aufgabe von 188, 190 f.
   Entscheidungsvorlage für 253
   Erwartung von 151, 191 f.
   Feedback von 181
   guter Mitarbeiter aus Sicht des 230
   Konflikt klären 289, 293
   Termin mit 193
   Überforderung mitteilen 253
   überzeugen 186, 230
   Umgang mit 339 f.
   unterstützen 340
   Unterstützung vom 150
   Verhältnis zu 160 f.
   verstecktes Feedback von 180
   Zielsetzung 186
Coach 30, 32, 156, 281
Coachee 30
Coaching, systemisches 34
Cohn, Ruth 265, 302
Cooley, Charles 278
Covey, Stephen 76, 79, 116, 185, 256

D

Denkanstoß 69
Denkblockade überwinden 166
Denken
   logisches 216
   positives 31
Diskussion 149
Dramatisieren 244
Drauflosschreiben 48
Dresscode 175 f.
Dringlichkeit 185, 193
Druck 205
   sich selbst unter Druck setzen 252
Drucker, Peter 85
Durchhalten 142

E

Effekt des ersten Kontakts (Mere-Exposure-Effekt) 233
Effektivität, Die 7 Wege zur (Stephen Covey) 76
Eigenbild 224
Eigenmotivation *siehe* Motivation
Einarbeitung 173, 177
Einarbeitungsplan 177
Einarbeitungszeit 173, 182
Eindruck
   erster 170
   optischer 175, 236
Einfluss
   ausüben 203, 210 f.
   nehmen 38
Einflussbereich 79 f., 86
   sich konzentrieren auf 80
   Unterschied zu Interessenbereich 79
Einfühlungsvermögen 57, 59
   verbessern 58
Einstellung 158 ff.
   hinderliche 154 f., 157, 315
   hinterfragen 158
   Ja, aber 82 ff., 86
   Ja, und 83 ff.
   Nein, weil 83, 84 ff.
   Stärke der 158
   verändern 159
Einwand 221
Eisenhower-Matrix 187, 197
   eigene erstellen 188, 190
   starten 188
Eisenhower-Prinzip 187
Elevator Pitch 238
   anpassen 239, 241
   beherrschen 239
   formulieren 239 f.
   Kurzversion 241
   mittlere Version 241
   Romanversion 241
   trainieren 239
Emotional Consequence *siehe* ABC-Modell
Emotionale Intelligenz 56, 106
   eigene 58
   Vorteil 56
   Zutaten 57
Empfänger 296, 300, 303
Energiekick 247
Entscheidung 153

Entscheidungsfreiheit 123
Entscheidungshilfe 89
Entscheidungskriterium 208
   Beispiel 209
   Merkmal 208
   objektives 208
Entscheidungsstärke 340
Entspannung 185
   Kurzprogramm 255
   trainieren 254
   versetzen in 248
Entspannungstechnik 55
   individuelle 55
   systematische 55
Enttäuschung 302
Ereignis 243
   Bewertung 244 f., 247
Erfahrung
   eigene einsetzen 105
   mangelnde ausgleichen 173
   positive 157, 283
   verweisen auf 236
Erfolg 117, 139, 332
   Bewertungskriterium für 117
   bewusst machen 96, 285
   davon berichten 219
   eigener 71, 332
   verweisen auf 236
Erfolgsdruck 190
Erfolgsfaktor 138, 143
Erfolgsintelligenz 171
Erfolgskriterium, persönliches 118
Ergebnis
   der Arbeit 192
   Verwendungszweck 191
Erklärung 215
Erscheinungsbild 236
Erwartung
   der anderen 156, 173, 177, 282
   eigene 151, 156, 173, 282
   unrealistische 245
   widersprüchliche 177
Experte 143
Expertenwissen 124

F

Fachkompetenz 124
Fachlaufbahn 121
Feedback 180 f., 184
   erbitten 33, 52, 85
   festhalten 285
   formulieren 72

geben 74
nutzen 175
profitieren von 180
sich selbst verschaffen 53
verstecktes 180
Fehler 155, 181 f.
Fokus 143
Frage 41
 gute 235
 lösungsorientierte 41, 165
 problemorientierte 42
 ressourcenorientierte 41
 Skalierungsfrage 42
 Wunderfrage 42
 zirkuläre 43
Frankl, Viktor 76
Fremdbild 50, 224
Fremdeinschätzung *siehe* Feedback
Freundschaft 214, 327
 appellieren an 214
Führungsaufgabe 124
Führungskraft
 Aufgabe 124, 338
 erfolgreiche 146
 ideale 85
 Wert 94
Führungslaufbahn 121
Führungsposition 116
Führungsqualität 338

G

Gedanke
 führen 55
 negativer 251
 typischer 282
Gedankenfluss 48
Gedankenlandkarte *siehe* Mindmap 45
Gefühl 329 f.
 abkühlen 66
 akzeptieren 65
 benennen 61 f.
 führen 56
 negativem Grenzen setzen 57, 62, 66
 Stoppschild 66
 Umgang mit 330
 unangenehmes 65
Gegner 129 f., 135, 138, 145
 erfassen 135
 Umgang mit 137
Gelassenheit 254, 291
General Management 122, 124

Generalisierung 245, 292
 hinterfragen 221
Gespräch 301 ff.
 mit Vorgesetztem 74
 vorbereiten mit Wertequadrat 73
Gesprächsatmosphäre 206, 210, 291, 333
 gute aufbauen 213
Gesprächspartner 295 ff., 302
Gesprächsteilnehmer 302
Gestaltungsfreiraum 123
Gewohnheit 157 ff.
 hinterfragen 158
 Stärke der 158
Glaubenssatz
 Miesmacher 283
 Miesmacher ausschalten 285
 persönlicher 69
 positiven formulieren 285
 Starkmacher 283, 285
Gleichgewicht
 aus dem Gleichgewicht kommen 254
 ins Gleichgewicht kommen 247
Grenze 30 f.
 verweisen in 219
Grundbedürfnis 109 f.
Gruppe, einfügen in 175
Gunster, Berthold 82 f.
Gutachter 159

H

Halo-Effekt 211
Haltung 328
Handlungsanweisung 321
 innere 254
Handlungsmöglichkeit 150, 163
Harvard-Konzept 203 ff.
Harvard-Verhandlungsprinzip 86
Helwig, Paul 72
Herausforderung 122, 160
 meistern im Selbstcoaching 32
Hierarchie 179, 299
 berufliche 298
Hilfsbereitschaft 193, 198
 hilfsbereit sein 199
Hindernis überwinden 142
Hochstatus 327, 329

I

Ich-Botschaft 332
Idealist 123
Idee 144, 160 f.
 Nutzen für andere 144
 richtig vortragen 331 f.
Image aufbauen 170
Impulskontrolle 68
 Belohnungsaufschub 69
 eigene hinterfragen 59
Individualbedürfnis 109, 111
Information 150
 sachliche 297
Informationsgespräch 178
Inhaltsebene 296
Initiative ergreifen 77
Inneres Team 62, 116, 260
 arbeiten mit 266, 268
 Beispiel 269, 271
 Einsatz 261, 266, 268
 Mitglieder identifizieren 262, 264
 Modell 260
 Oberhaupt 265 f., 268
Intelligenz 171
 Erfolgsintelligenz 171
Interesse 204 ff., 208
 des anderen 207
 des anderen erfragen 206
 in Mittelpunkt stellen 207
 Unterschied zu Position 206
 verdecktes 207
 wecken 240
 zeigen 178
Interessenbereich *siehe* Einflussbereich
Irritation 302

J

Jahresplanung 186, 194
Jahresziel 186
Job, neu anfangen 169
Jobrotation 111
Johari-Fenster 51
 blinder Fleck 51
Johari-Fenster, blinder Fleck 51
John, Richard St. 138

K

Karriere 121, 123
 Erfolgsfaktor 49
 Leitsatz 171

Karriereanker 121 ff., 128
  eigene bestimmen 125
Karrierefaktor 121
Karrieretyp 122 ff.
Kierkegaard, Sören 166
Körpersprache 224, 236, 239, 288, 296, 327, 332
  lesen 60
  Wirkung 52
Kognitive Dissonanz 100
Kollege 297 ff., 303
  schwieriger 218
  Verhältnis aufbauen 178
Komfortzone 34, 140
Kommunikation 57, 295, 297, 299
  Ärger ausdrücken 290
  aktives Zuhören 291
  Appellseite 304
  Beziehungsebene 306
  Empfänger 296
  Gesprächspausen 289
  Grundregeln 295
  Hindernisse 300
  reagieren auf Unsachlichkeit 291
  Selbstenthüllung 309
  Selbstoffenbarungsseite 308
  Sender 296
  Störungen 302
  Teufelskreis 297
  überzeugende 236
  Ursache und Wirkung 297
  Wunsch aussprechen 306
  zwischenmenschliche 205
Kommunikationsbeziehung 299
  komplementäre 298
  symmetrische 298
Kommunikationsstruktur 298
Kommunikationsverhalten 301
Kommunizieren, überzeugend 40
Kompetenz
  technisch-funktionale 122, 124
  zeigen 170, 309
Kompromiss 206 f.
Konflikt 150 f., 296
  Anlass 153
  Auslöser 150
  Gründe 151
  Lösung 288
  Mindestlösung 288
  mit anderen 149
  mit sich selbst 153
  Verteilungskonflikt 150

Konfliktgespräch 286, 292
  Begrüßung 288
  Klartext reden 289
  konstruktive Atmosphäre 290
  stockt 292
  Unterstützung von außen 288, 293
Konfliktpartner 151
Konkurrenzsituation 327
Kontern 323
Konzentration 145, 251
Kraft
  förderliche 129 ff., 133 f.
  hinderliche 129 ff., 134
  in Kraftfeldanalyse bewerten 133
Kraftfeld 130
Kraftfeldanalyse 129 f., 133
  durchführen 130
Kreativität
  unternehmerische 123
Kreativität, unternehmerische 122
Krise 77, 101, 103, 105, 188
  eigener Tipp 105
  Entstehung 102
  Job verlieren 104
  meistern 80, 104 ff.
Krisenmanager 190
Kritik siehe Feedback
  berechtigte 171
  umgehen mit 327 f.
Kündigungsschutz 110

L

Lächeln 326 f.
Lebensentwurf 117
Lebensstilintegration 122
Leistung 143
Leistungsdruck 185, 252
Lewin, Karl 129
Lösung
  einvernehmliche 208
  finden 35, 149, 151 f., 206
  kreative 207
  sehen 146
  Standard 207
  suchen 77, 150
  win-win 86
  zweitbeste 209
Lösungsansatz 149
Lösungsmöglichkeit 207 f.
  beurteilen 208

  entwickeln 207
  suchen 160, 204
Loyal sein 199

M

Machtmensch 326
Machtspielchen 217
Malik, Fredmund 145 f.
Mammut-Aufgabe siehe Stress
Managementfunktion 124
Manager 145 f.
  erfolgreicher werden 145
Marke 223, 229, 232, 234
  aufbauen 229
Marke Ich 141, 223 ff., 229, 231, 234
  entwickeln 229
  verkaufen 234, 238
  vermarkten 233
Markenzeichen 234
Marketingmix 229
Marshmallow-Test 68 f.
Maslow, Abraham 108 f.
Maßnahmenplan siehe Zielerreichungsplan
Matrix
  SWOT-Analyse 227
McCarthy, Jerome 229
Meeting 174, 217, 329
  Agenda 217
  Aufmerksamkeit bekommen 326
  gestalten 217
  Teilnehmer 217
  Ziel 217
  zu Wort kommen 325
Mehrwert 229 f.
  bieten 230
Meinung, unterschiedliche 150
Mentale Stärke 250
Merkzettel 285
Mimik 296
Mindmap 45
  Beispiel 47
  Erfolgsfaktor 47
  erstellen 46
  Schlüsselwort 47
  Ziel 45
Mindmapping 41
Misserfolg 155, 280
Missverständnis 300
Mitarbeiter 298
Monatsplan 195

Monatsplanung 186, 194
Motivation 108, 143 f., 173, 181 ff.
Motivationshilfe 187
Motivationsquelle 182, 197, 252
Motivationsschub 107
Motivator 114, 145
Mutmacher 69

N

Nachricht 300 ff.
Nachrichtenquadrat 300 ff.
Nein sagen 193, 199
    nicht können 198
Nervosität 174
    Verhalten bei 174
    Wirkung 174
Networking 188
Netzwerk 106
Neueinsteiger 173, 179
Niederlage 155, 280
    eigene 71
Niederschrift 48
Niedrigstatusverhalten 329
Notfall 246 f.
    Atemübung 249
    Stressreaktion 245

O

Opferrolle 37, 106

P

Pareto, Vilfredo 196
Pareto-Prinzip 187, 196, 200
Parkinson-Gesetz 195
perfektes Ergebnis *siehe* Pareto-Prinzip
Perfektionismus 187, 199 f.
Persönlichkeit 224, 229
    starke 224, 275
Perspektive 158, 165
    neue 39
    verschiedene einnehmen 160
Pflichtbewusstsein 198
Position 206
    aufgeben 206
    in Verhandlung 206
    Unterschied zu Interesse 206
    unvereinbare 206
Praxisschock 176 f.
Priming 212 f.

Prinzip 220
    siehe Effektivität 76
Priorität 150
Prioritäten setzen 185 f., 200
Privatleben 122
Proaktiv sein 106, 166
Probezeit 182
Problem 35
    lösen 166
    verstehen 39
Problemsicht 38
Produkt 229
    erfolgreiches 231
Progressive Muskelentspannung 254 f.

Q

Qualitätsmanagement 236

R

Rat
    anhören 215
    annehmen 159
    bitten um 228
    fragen nach 165, 215
    geben 165
    vom alten Ich 164
Rationalisieren 319
Reaktion
    auf ein Ereignis 245
    destruktiv 221
    konstruktiv 221
    proaktiv wählen 77
    stimmige 320
    typische 282
    übertriebene 221
    unter Druck 318 ff.
Reaktives Verhalten 80
Redezeit 325
Refraiming 162
Regisseur 56
Reiz 76
Resilienz 80
Respekt 206
Ressource 40, 101
    für Zielerreichung 141
Resultatorientierung 145
Risiko
    eingehen 153
    versteckte Appelle 305
Rolle 120
    ablegen 172

    des anderen 315
    des Moderators 217
    des Vorgesetzten 315
    eigene 315
    Führungskraft 94
    gerecht werden 154, 172, 252
    Hauptrolle 316
    Leitsatz 120
    planen 121
    sich einfinden in 37
    verkörpern 225
    Vorstellung von 150, 172, 253
    Ziele für 120
Rollenbild 154, 170, 172
Routineaufgabe 254
Rückschlag 36, 142, 250
Ruf 152
Ruhe bewahren 313

S

Sachebene 205, 300, 302 f.
    Einfluss ausüben auf 210
Sachinhalt 210, 296, 302
Satir, Virginia 319 f.
Schein, Edgar 121, 125
Schlüsselqualifikation 49
Schulz von Thun, Friedemann 72, 259, 288, 300
    Modell vom inneren Team 259
Schutzzone 67
Schwäche 99, 146, 228
    abmildern 228
    annehmen 34
    eigene 98
    Entwicklungsziel 72
    im Selbstmarketing 225
    SWOT-Analyse 226
    überwinden 31
    Umgang mit 99
    Wertequadrat 72 f.
Schweigen 301, 309
Schwierigkeiten 149
Selbstbehauptung 279
    in Konfliktgesprächen 286
    Status erhöhen 279
Selbstbewusst sein 212
Selbstbewusstsein 106
    aufbauen 276
    bei Bewertung von Situationen 64
    im Selbstmarketing 233
    stärken 277 ff., 283, 286
Selbstbild 50

Selbstcoaching
  Anlass 36
  Erfahrung 71
  Ergebnisse festhalten 33
  Herausforderung 32
  Hilfsmittel 41
  Karriere stärken 40
  Kreativitätstechnik 41
  ressourcenorientiert 39
  Termine einplanen 33
  Vorteil 32
  Wirksamkeit 54
  Ziel 54
Selbstdarstellung 302
Selbstführung 50
  Ansatz 54
  Bedeutung 53
  Verführer 53
Selbstgespräch 154 f., 164, 245, 248
  destruktiv 245
Selbsthilfe 30, 56
Selbstklärung 317
Selbstkontrolle 56
Selbstkritik 34
Selbstmanagement
  starten 188
  Ziel 192
Selbstmarketing 41, 223 f., 233, 308
  Ist-Analyse 225
  Marketingmix 229
  planen 225
  Probe bereithalten 235
  Schwäche im 225
  Soll-Analyse 225
  Vertriebskonzept 229
  Ziel 224
Selbstmitleid 172
Selbstmotivation 57, 68, 213
  eigene hinterfragen 59
  Impulskontrolle 68
Selbstoffenbarungsseite 300
Selbstregulierung 57, 59
Selbstsicherheit 90, 212, 250
Selbstständigkeit 122 f.
Selbstvertrauen 171
Selbstverwirklichung 110 f.
Selbstwahrnehmung 30, 57, 60
  eigene hinterfragen 58
  schulen 57, 60
Selbstwertgefühl 109
Selbstwirksamkeit 34, 56, 77, 80
Selbstzweifel 154 ff., 280 ff., 315

erkennen 154
  untersuchen 156, 281
Sender 300
Sicherheit 122, 124
Sicherheitsbedürfnis 109 f.
Sicht der Dinge 150
Signal, wertschätzendes 297
Sinn der Arbeit 123
Situation
  bedrohliche 245
  bewerten 162 ff., 243 f., 283, 330
  Einfluss nehmen auf 167
  entspannen nach schwieriger 254
  erfolgreiche 285
  kritische 251
  schwierige 165, 167, 251, 285, 314 f.
  stressige 245 ff.
  umdeuten 162 f.
  verfahrene 154, 160
Slogan 234
Smart-Prinzip 111
Soft Skills 176
Spannung
  abbauen 251
  aufbauen 251
Spaß 256
Stabilität 122, 124
Stärke 97, 111, 228, 231 f., 251
  ausspielen 227 f.
  bewusst machen 285
  eigene bewusst machen 97
  einer Einstellung 158
  einsetzen 227
  mentale 159, 250, 252
  nutzen 146
  SWOT-Analyse 226 f.
  Wertequadrat 72 f.
Standardaufgabe 177
Standortbestimmung 39
Standpunkt 150
Status, von Gruppen 179
Statusunterschied 298 f.
Statuswechsel 299
Sternberg, Robert 171
Stimme 329
  innere 153
Strategie 224
  Notfall 160
Stress 187, 243 ff., 251, 254
  abbauen 255
  Atemübung 248

durchschauen 245
entschärfen 244, 246, 248
Entstehung 243
nutzen 247
Stressgefühl 247 f.
Stressreaktion 247, 320
  körperliche 243
Stresssituation 243, 248
  bewältigen 243
Stresstagebuch 245
SWOT-Analyse 225 f., 228, 231
  erstellen 226
  Matrix 227
  nutzen 231
  Strategie 227
Sympathie 333

T

Tagesarbeit 191
Tagesaufgabe 196
Tagesordnung 217
Tagesplan 194 f.
  Einarbeitungszeit 178
  erstellen 195
Taktik 209
  reagieren auf unfaire 209 f.
  unfaire 209
Team 178
  einfügen ins 178
  zusammenarbeiten 151 f.
Team, inneres *siehe* Inneres Team
Teamarbeit 111
Teilziel 140 ff.
  definieren 141
Termin 155
  Spielraum 192
Terminanfrage 193
Termindruck 190
Tonfall 296
Transzendenz 110 f.

U

Überblick verschaffen 149
Überzeugung 154, 282
  versteckte 52
Unabhängigkeit 122 f.
Unsachlichkeit 302 f.
Unsicherheit 310
Unternehmenskultur 179
Unterstützer 129 f., 135, 137, 163
  erfassen 135
  Umgang mit 137

Unterstützung erbitten 215
Unterwerfungsgeste 326
Unzufriedenheit 205

V

Veränderungsphase 37
   Prozess gestalten 37
Veränderungsvorhaben 129 f.
Verallgemeinerung 154
Verantwortung 111
   übernehmen 77
   zurückübertragen 221
Verbalattacke 322
Verbesserungsvorschlag
   machen 175
Verbündeter 199
Verfügbarkeitsfehler 277
Vergleich mit Coaching 32
Verhalten 151, 160, 296, 299
   verstehen 151
Verhaltensweise
   nervtötende 220
   unbewusste 51
Verhandeln
   hart oder weich 204
   sachbezogen 207
Verhandlung 207, 210
   aus Sicht des anderen 207
   Einbahnstraße 206
Verhandlungserfolg, verdecktes
   Interesse 207
Verhandlungsmethode *siehe* Harvard-Konzept
Verhandlungspartner 204 f.
   harter 204
   Interesse des 204 f.
   Probleme des 208
   Wertschätzung 206
Verhandlungsstrategie 218
Verkaufsgespräch *siehe* Elevator Pitch
Vermarktung der eigenen Marke 233
Vertrauen 146
   in eigene Leistung 251
Vision 116, 118, 121
   entwerfen 118
   greifbar 120
   persönliche 118

Rollen ableiten 119
Ziele ableiten 119
Visualisierung 36, 114
Vorbild 218
Vorgesetzter 298
Vorsatz formulieren 162
Vorstellung, Kraft der 279

W

Wahrnehmung 150
   des anderen 290
   eigene ausdrücken 289
Watzlawick, Paul 295, 299
Weiterentwicklung 89
Wert 89 f.
   eigene kennenlernen 89, 91
   überprüfen 92
   Wertepyramide 91
Werte 150
Wertequadrat 72 f.
   anwenden 73 f.
   Feedback geben 74 f.
   Ziel 72
Wertschätzung 206
   ausdrücken 308
Wertvorstellung 93
Wichtigkeit 193
   herausfinden 189
Wichtigkeitsbarometer 40, 94
Widerstand begegnen 212
Win-win-Lösungen 207
Wirkung auf andere 210
Wochenplan 194
   Einarbeitungszeit 178
   erstellen 195
Wochenplanung 186
Wunsch, persönlicher 151

Y

Yoga 254

Z

Zeit 185
   verschwenden 200
Zeitdruck 191, 195
Zeitfalle 185, 193
Zeitmanagement 185, 192

Faustregel 189, 194
   ist Selbstmanagement 186
   Planung 186
   starten 188
   Ziel 192
Zeitplan 190
Zeitpuffer 196
Zeiträuber 197, 200
   wertvolle Eigenschaft 198
Zeitvorgabe 190
Ziel 113, 116, 152, 185, 192, 194
   attraktiv 114
   berufliches erreichen 50
   Bewertungskriterium 114
   erreichen 141, 186
   erreichen mit Visualisierung 36
   im Meeting 217
   in Teilziele zerlegen 139 f.
   Karriere 186
   klären 191
   Konflikt 116
   messbar 112
   motivierendes 144
   nicht quantitativ 113
   örtliches erreichen 49
   positiv formulieren 115
   privates 123
   Rangfolge 152
   realistisch 115
   setzen 200
   smart 112
   spezifisch 112
   tragbar 116
   unerreichtes 100
   Unterschied zu Wunsch 114
   unterschiedliches 149
   vorgeben lassen 177
   vorgegeben 186
   Weg zum 186
   Zweck 107
Zielerreichung 115
Zielerreichungsplan 139, 194
Zielgruppe 231
   verstehen 230
Zielliste 186
Zufriedenheit 256
Zufriedenheitsbarometer 40, 94
Zugeständnis 152 f., 205
Zwischenziel 115

IHR WEG ZUM ERFOLG IM BUSINESS

Balanced Scorecard für Dummies
ISBN 978-3-527-70450-7

Beratung und Consulting für Dummies
ISBN 978-3-527-70516-0

Businessplan für Dummies
ISBN 978-3-527-70568-9

BWL für Dummies
ISBN 978-3-527-70437-8

Change Management für Dummies
ISBN 978-3-527-70537-5

Controlling für Dummies
ISBN 978-3-527-70648-8

Erfolgreiches Stressmanagement
für Dummies
ISBN 978-3-527-70754-6

Geschäftsprozesse optimieren
für Dummies
ISBN 978-3-527-70599-3

Management für Dummies
ISBN 978-3-527-70240-4

NLP im Beruf für Dummies
ISBN 978-3-527-70542-9

Projektmanagement für Dummies
ISBN 978-3-527-70736-2

Prozessmanagement für Dummies
ISBN 978-3-527-70371-5

Strategische Planung für Dummies
ISBN 978-3-527-70365-4

Zeitmanagement für Dummies
ISBN 978-3-527-70363-0